全国高等院校土建类专业实用型规划教材

房屋建筑学

主　编　宿晓萍　隋艳娥

副主编　赵万里　常　虹

参　编　常　悦　王利辉

中国电力出版社
CHINA ELECTRIC POWER PRESS

内 容 提 要

本书分为民用建筑与工业建筑两大篇，共 15 章。第 1 篇为民用建筑，包括 12 章，以住宅与常见公共建筑为主，并涉及部分大型公共建筑，讲述民用建筑设计与构造的基本原理和方法；第 2 篇为工业建筑，包括 3 章，以单层工业厂房为主，讲述工业建筑设计与构造的基本原理和方法。

全书图文并茂，并配有专业英语词汇；内容以最新建筑构造做法为重点，兼顾建筑设计的基本知识，注重介绍现行的相关建筑规范与标准，突出新材料、新技术、新成果。

本书既可作为土木工程、工程管理、工程造价等专业的教材和教学参考书，也可作为房地产开发建设、给排水、采暖通风等专业技术人员的教学参考书，也可供从事相关专业的设计和施工技术人员参考使用。

图书在版编目（CIP）数据

房屋建筑学/宿晓萍，隋艳娥主编 . —北京：中国电力出版社，2016.1（2020.8 重印）
全国高等院校土建类专业实用型规划教材
ISBN 978 - 7 - 5123 - 7800 - 1/01

Ⅰ.①房… Ⅱ.①宿…②隋… Ⅲ.①房屋建筑学－高等学校－教材 Ⅳ.①TU22

中国版本图书馆 CIP 数据核字（2015）第 107731 号

中国电力出版社出版发行
北京市东城区北京站西街 19 号　100005　http://www.cepp.sgcc.com.cn
责任编辑：未翠霞　联系电话：010-63412611
责任印制：蔺义舟　责任校对：马　宁
北京雁林吉兆印刷有限公司印刷·各地新华书店经售
2016 年 1 月第 1 版·2020 年 8 月第 2 次印刷
787mm×1092mm　1/16·20.5 印张·500 千字
定价：56.00 元

前　　言

随着经济全球化与工程人才市场国际化进程的日益加快，中国高等工程教育进入了国际化时代，特别是中国加入 WTO 以后，国内教育市场不断开放，中外合作办学方兴未艾，这不仅为中国引进国外优质的教育资源创造了条件，同时也推动了中国高等教育参与国际教育市场的竞争。在这一背景下，高等工科院校纷纷适时调整人才培养方案和目标，培养观念新、视野宽、创新能力及实践能力强的既精通外语、又熟悉国际工程规则的高级专门人才已迫在眉睫，即培养国际型、创新型、复合型的土木工程专业人才，这也符合我国教育部2010 年启动"卓越工程师教育培养计划"的宗旨。本着"适应社会需要，不断改革创新"的原则，编者编写了此书。

本书分为民用建筑与工业建筑两大篇，重点阐述民用与工业建筑设计与构造的基本原理和方法。依据土木工程专业的特点编排内容，信息量大，重点突出，详细得当，实用性强，力求做到建筑设计理论"简明、必须、够用"，建筑构造做法"详细、多样、清晰"，并配有大量的常见专业英语词汇。

本书以文字为主，图文并茂、通俗易懂，尤其增加了常用专业英语词汇，以提高学生的专业英语词汇量，并有利于学生学习后续专业英语课以及提高阅读英文文献和撰写英语摘要的能力。本书内容求宽、求新、求精，注重介绍国家现行的相关建筑规范与标准，设计篇中增加了高层建筑设计、无障碍设计的有关内容。建筑构造做法上突出建筑工程中新材料、新技术、新工艺的运用，尤其补充了建筑节能与建筑节能构造、轻型钢结构厂房的建筑构造，并大量删减落后少用的工业建筑构造。教材配有大量的插图，图例选择上力求经典与现代兼顾、实用与前沿并重，可以供学生进行课程设计与毕业设计时参考使用。

本书共分 15 章，具体分工如下：长春工程学院隋艳娥（第 1、10、12 章），长春工程学院宿晓萍（第 2、5、6、7、8、15 章），长春工程学院赵万里（第 3、9、14 章），吉林建筑大学常悦（第 4 章），吉林建筑大学常虹（第 13 章），内蒙古工业大学王利辉（第 11 章）。全书由宿晓萍统稿。

本书由长春工程学院建筑与设计学院王丽颖教授主审，在本书编写过程中给予了大力支持，并提出了很多宝贵的意见和建议，在此表示衷心的感谢。

限于编者水平，书中难免有不妥之处，恳请广大读者批评指正。

编　者

2015 年 8 月

目　　录

第 2 篇　工业建筑

第 1 篇 民 用 建 筑

第1章

民 用 建 筑 概 论

▣ 教学要求

1. 了解建筑设计的内容和程序。
2. 熟悉建筑的基本构成要素。
3. 掌握建筑设计的要求和设计依据。
4. 重点掌握建筑物的分类及分级；建筑模数和模数制；平面定位轴线的标注和建筑标高的标注。

从广义上讲，建筑是建筑物和构筑物的总称。其中，建筑物是指供人们生活居住、工作学习、文化娱乐和从事工农业生产的房屋或场所，如住宅、学校、办公楼、影剧院、工厂、养殖场等；构筑物是指人们一般不直接在其内进行生产或生活的建筑，如烟囱、水塔、堤坝、蓄水池等。从本质上讲，建筑是指为了满足人们的社会需要，利用所掌握的物质技术手段，通过对内外部空间的组织、限定而人工创造的空间环境。

1.1 建筑的基本构成要素

建筑的基本构成要素包括建筑功能、物质技术条件和建筑形象，通常称为建筑的三要素。

1. 建筑功能

建筑功能（Architectural function）即房屋的使用要求，也是人们建造房屋的目的。不同的功能要求产生了不同的建筑类型，例如，建造工厂是为了生产，修建住宅是为了居住、生活和休息，建造影剧院是为了文化娱乐的需要。随着社会的不断发展和物质文化生活水平的提高，人们对建筑功能的要求也将日益提高。

2. 建筑的物质技术条件

建筑的物质技术条件是实现建筑功能的物质基础和技术手段，它包括建筑材料、建筑结构、建筑设备和建筑施工技术等方面的内容。建筑材料和结构是构成建筑空间环境的骨架；建筑设备是保证建筑达到某种要求的技术条件；而建筑施工技术则是实现建筑生产的过程和方法。例如，钢材、水泥和钢筋混凝土的应用，解决了现代建筑中的大跨度和高层建筑的结构问题。现代各种新材料、新结构、新设备的不断出现，使得多功能大厅、超高层建筑、薄壳、悬索等结构形式得以实现。总之，物资技术条件是建筑发展的重要因素，建筑水平的提高又离不开物质技术条件的发展。

　　3. 建筑形象

　　建筑既是物质产品又是艺术品。以空间组合、建筑体形、立面构图、细部处理、材料的色彩与质感的运用等，构成一定的建筑形象，给人一定的感染力。世界上许多城市因为有了优秀的建筑而闻名于世，这些建筑已成为这些城市的标志或象征。例如，法国巴黎的埃菲尔铁塔，它不仅是一座吸引世界各国游客的观光纪念塔，也是巴黎的象征；悉尼歌舞剧院、罗马大教堂、纽约帝国大厦、北京故宫等，都以不同的建筑形象（Architectural image），反映着各自不同的国家、民族和地域特征。

　　上述三个基本构成要素中，建筑功能是建筑的主要目的，物质技术条件是达到建筑目的的手段，而建筑形象则是建筑功能、技术和艺术内容的综合表现。

1.2　建筑物的分类与分级

1.2.1　建筑物的分类

　　建筑物可以从多方面进行分类，常见的分类方法有以下几种：

　　1. 按建筑物的用途分类

　　(1) 民用建筑（Civil building），即供人们居住和进行公共活动的建筑。

　　1) 居住建筑（Residential building）主要是供家庭和集体长期生活居住的建筑物，如住宅、公寓、宿舍等。

　　2) 公共建筑（Public building）主要是供人们进行各种社会活动的建筑物，公共建筑按使用功能的特点，可分为办公建筑、托幼建筑、商业建筑、医疗建筑、旅馆建筑等很多类型。

　　(2) 工业建筑（Industrial building），是指用于从事工业生产的各类生产用房和为生产服务的附属用房，如生产车间、辅助车间、动力用房、仓储建筑等。

　　(3) 农业建筑（Agricultural building），是指供农业、牧业生产和加工用的建筑，如温室、畜禽饲养场、水产品养殖场、农副产品加工厂等。

　　2. 按建筑物的高度或层数分类

　　民用建筑根据其建筑高度和层数可分为单、多层民用建筑和高层民用建筑。民用建筑的分类应符合表1-1的规定。

表1-1　　　　　　　　　　　　　　　　民 用 建 筑 的 分 类

名称	高层民用建筑		单、多层民用建筑
	一类	二类	
住宅建筑	建筑高度大于54m的住宅建筑（包括设置商业服务网点的住宅建筑）	建筑高度大于27m，但不大于54m的住宅建筑（包括设置商业服务网点的住宅建筑）	建筑高度不大于27m的住宅建筑（包括设置商业服务网点的住宅建筑）

名称	高层民用建筑		单、多层民用建筑
	一类	二类	
公共建筑	1. 建筑高度大于50m的公共建筑。 2. 任一楼层建筑面积大于1000m² 的商店、展览、电信、邮政、财贸金融建筑和其他多种功能组合的建筑。 3. 医疗建筑、重要公共建筑。 4. 省级及以上的广播电视和防灾指挥调度建筑、网局级和省级电力调度建筑。 5. 藏书超过100万册的图书馆、书库	除一类高层公共建筑外的其他高层公共建筑	1. 建筑高度大于24m的单层公共建筑。 2. 建筑高度不大于24m的其他公共建筑

3. **按建筑物承重结构所用材料分类**

(1) 木结构（Timber structure）建筑。其主要承重构件（梁、柱、楼板等）均用木材等制作。由于木材强度低、防火性能差及资源等问题，现已少用。

(2) 混合结构（Composite structure）建筑。其主要承重构件由两种或两种以上的材料组成，例如，砖墙和木楼板构成的砖木结构建筑，砖墙和钢筋混凝土楼板构成的砖混结构建筑，钢屋架和钢筋混凝土柱构成的钢混结构建筑等。其中，砖混结构建筑在低层及多层建筑中应用较为广泛。

(3) 钢筋混凝土结构（Reinforced concrete structure）建筑。其主要承重构件是用钢筋混凝土制作，具有坚固耐久、防火和易成形等优点，是当今建筑领域中应用最为广泛的一种结构形式。

(4) 钢结构（Steel structure）建筑。其主要承重构件是以钢材制成，钢结构力学性能好，结构自重轻，且便于制作和安装，工期短，多用于超高层和大跨度的建筑中。

(5) 其他结构建筑。如生土建筑、充气建筑、塑料建筑等。

4. **按建筑物的规模分类**

(1) 大量性建筑。这类建筑需要量大，建造数量多，分布面广，如住宅、中小学校、商业服务性建筑、医院等。

(2) 大型性建筑。这类房屋需要量不多，但规模大，使用功能和技术条件比较复杂，如大型剧院、火车站、体育馆等。

1.2.2　建筑物的等级划分

建筑物的等级一般按其耐久性与耐火性进行划分。

1. **建筑物的设计使用年限**

建筑物的设计使用年限（Designed service life）主要是指建筑主体结构的设计使用年限。建筑物的设计使用年限是进行基本建设投资、建筑设计和材料选择的重要依据，主要根据建筑等级、重要性来划分。根据《民用建筑设计通则》（GB 50352—2005）中的规定，民用建筑的设计使用年限分为以下四类，见表1-2。

表 1-2   民用建筑的设计使用年限

类别	设计使用年限/年	示　　　例
1	5	临时性建筑
2	25	易于替换结构构件的建筑
3	50	普通建筑和构筑物
4	100	纪念性建筑和特别重要的建筑

2. 建筑物的耐火等级

建筑物的耐火等级（Fire resistance rating）是由建筑物主要构件的燃烧性能（Combustibility）和耐火极限（Fire endurance）两个方面来决定的。

（1）耐火极限是指在标准耐火试验条件下、建筑构件、配件或结构，从受到火的作用时起，到失去承载能力、完整性或隔热性时止所用时间，以小时表示。

（2）燃烧性能是指建筑构件在明火或高温作用下燃烧与否以及燃烧的难易程度。按燃烧性能建筑构件分为不燃烧体（用不燃材料做成）、难燃性体（用难燃烧材料做成或用不燃材料做保护层）和燃性体（用可燃材料做成）。

《建筑设计防火规范》（GB 50016—2014）将民用建筑的耐火等级可分为一、二、三、四级。民用建筑的耐火等级应根据其建筑高度、使用功能、重要性和火灾扑救难度等确定。地下或半地下建筑（室）和一类高层建筑的耐火等级不应低于一级；单、多层重要公共建筑和二类高层建筑的耐火等级不应低于二级。

不同耐火等级建筑相应构件的燃烧性能和耐火极限不应低于表 1-3 的规定。

表 1-3   不同耐火等级建筑相应构件的燃烧性能和耐火极限

构件名称		耐火等级			
		一级	二级	三级	四级
墙	防火墙	不燃性 3.00	不燃性 3.00	不燃性 3.00	不燃性 3.00
	承重墙	不燃性 3.00	不燃性 2.50	不燃性 2.00	难燃性 0.50
	非承重外墙	不燃性 1.00	不燃性 1.00	不燃性 0.50	可燃性
	楼梯间和前室的墙、电梯井的墙、住宅单元之间的墙和分户墙	不燃性 2.00	不燃性 2.00	不燃性 1.50	难燃性 0.50
	疏散走道两侧的隔墙	不燃性 1.00	不燃性 1.00	不燃性 0.50	难燃性 0.25
	房间隔墙	不燃性 0.75	不燃性 0.50	不燃性 0.50	难燃性 0.25

构件名称	耐火等级			
	一级	二级	三级	四级
柱	不燃性 3.00	不燃性 2.50	不燃性 2.00	难燃性 0.50
梁	不燃性 2.00	不燃性 1.50	不燃性 1.00	难燃性 0.50
楼板	不燃性 1.50	不燃性 1.00	不燃性 0.50	可燃性
屋顶承重构件	不燃性 1.50	不燃性 1.00	可燃性 0.50	可燃性
疏散楼梯	不燃性 1.50	不燃性 1.00	不燃性 0.50	可燃性
吊顶（包括吊顶格栅）	不燃性 0.25	难燃性 0.25	难燃性 0.15	可燃性

1.3 建筑设计的内容和程序

1.3.1 建筑设计的内容

每一项工程从拟订计划到建成投入使用都需要经过编制工程建设计划任务书、进行可行性研究、主管部门批准立项，选择建设用地、场地规划勘测、设计、施工、验收和交付使用等几个阶段。设计工作是其中重要环节之一。

建筑工程设计是指设计一个建筑物或建筑群所要做的全部工作，一般包括建筑设计、结构设计、设备设计等几个方面的内容。

1. 建筑设计

建筑设计（Architectural design）是在总体规划的前提下，根据工程设计任务书的要求，综合考虑总体规划、基地环境、功能要求、结构施工、材料设备、建筑经济以及建筑艺术等多方面的问题，着重解决建筑物内部各种使用功能的使用空间的合理安排，建筑物与周围环境的协调配合，内部和外部的艺术效果，各个细部的构造方式等。

建筑设计在整个工程设计中起着主导和先行的作用，除考虑上述要求外，还应考虑建筑与结构、建筑与各种设备等相关技术的综合协调。建筑设计包括总体设计和个体设计两个方面，一般由建筑师来完成。

2. 结构设计

结构设计（Structure design）主要是根据建筑设计选择切实可行的结构方案，进行结构计算及构件设计，结构布置及构造设计等，一般由结构工程师来完成。

3. 设备设计

设备设计（Equipment design）主要包括给水排水、采暖、空调通风、电气照明、通信等方面的设计，由有关的设备工程师配合建筑设计来完成。

以上几方面的工作既有分工，又密切配合，形成一个整体。各专业设计的图纸、计算书、说明书及预算书汇总，构成了一项建筑工程的完整文件，作为建筑工程施工的依据。

1.3.2 建筑设计的程序

1. 设计前的准备工作

（1）落实设计任务。建设单位必须具有上级主管部门对建设项目的批文和城市规划管理部门同意设计的批文后，方可向建筑设计部门办理委托设计手续。

主管部门的批文是指建设单位的上级主管部门对建设单位提出的拟建报告和计划任务书的一个批准文件。该批文表明该项工程已被正式列入建设计划，文件中应包括工程建设项目的性质、内容、用途、总建筑面积、总投资、建筑标准及建筑物使用期限等内容。

城市规划管理部门的批文是经城镇规划管理部门审核同意工程项目用地的批复文件。该文件包括基地范围、地形图、指定用地范围（常称"用地红线"）及建筑控制线（常称"建筑红线"）等，该地段周围道路等规划要求以及城镇建设对该建筑设计的要求（如建筑高度）等内容。

（2）熟悉设计任务书。具体着手设计前，首先需要熟悉设计任务书（Design order），以明确建设项目的设计要求。设计任务书的内容一般有：

1）建设项目总的要求和建造目的的说明。

2）建筑物的具体使用要求、建筑面积以及各类用途房间之间的面积分配。

3）建设项目的总投资和单方造价。

4）建设基地范围、大小，周围原有建筑、道路、地段环境的描述，并附有地形测量图。

5）供电、供水、采暖、空调等设备方面的要求，并附有水源、电源接用许可文件。

6）设计期限和项目的建设进程要求。

设计人员必须认真熟悉计划任务书，在设计过程中必须严格掌握建筑标准、用地范围、面积指标等有关限额。必要时，也可对任务书中的一些内容提出补充或修改意见，但须征得建设单位的同意，涉及用地、造价、使用面积的问题，还须经城市规划部门或主管部门批准。

（3）调查研究、收集必要的设计原始数据。通常建设单位提出的设计任务，主要是从使用要求、建设规模、造价和建设进度方面考虑的，建筑的设计和建造，还需要收集有关的原始数据和设计资料，并在设计前做好调查研究工作。

有关原始数据和设计资料的内容有：

1）气象资料，即所在地区的温度、湿度、日照、雨雪、风向、风速以及冻土深度等。

2）场地地形及地质水文资料，即场地地形标高，土壤种类及承载力、地下水位以及地震烈度等。

3）水电等设备管线资料，即基地地下的给水、排水、电缆等管线布置，基地上的架空线等供电线路情况。

4) 设计规范的要求及有关定额指标，例如，学校教室的面积定额，学生宿舍的面积定额，以及建筑用地、用材等指标。

(4) 设计前的调查研究。

1) 建筑物的使用要求：认真调查同类已有建筑物的实际使用情况，通过分析和总结，对所设计的建筑有一定了解。

2) 所在地区建筑材料供应及结构施工等技术条件：了解地方材料的种类、性能、规格及价格，当地施工技术水平、构件预制能力和起重运输设备等条件，新型建筑材料采用的可能性等。

3) 现场踏勘：深入了解基地的地形、方位、面积和形状等条件，以及基地周围原有建筑、道路、绿化等方面的因素，考虑拟建建筑物的位置和总平面布局的可能性。

4) 了解当地传统建筑设计布局、创作经验和生活习惯：结合拟建建筑物的具体情况，创造出人们喜闻乐见的建筑形式。

2. 设计阶段的划分

建筑设计过程按工程复杂程度、规模大小及审批要求，分阶段进行，一般分三个阶段，即初步设计阶段、技术设计阶段和施工图设计阶段。对于规模较小、技术简单的工程，可以采用两阶段设计，即初步设计阶段与施工图设计阶段。

(1) 初步设计阶段。初步设计又称方案设计，是建筑设计的第一阶段。它的主要任务是提出设计方案，即在已定的基地范围内，按照设计要求，综合技术和艺术要求，提出设计方案。

初步设计的图纸和设计文件有建筑总平面图、各层平面图及主要剖面图、立面图、设计说明书及建筑概算书等。

(2) 技术设计阶段。技术设计是初步设计具体化的阶段，其主要任务是在初步设计的基础上，进一步确定各设计工种之间的技术问题，又称扩大初步设计。

建筑工种的图纸要标明与具体技术工种有关的详细尺寸，并编制建筑部分的技术说明书；结构工种应有建筑结构布置方案图，并附初步计算说明；设备工种应提供相应的设备图纸及说明书。

(3) 施工图设计阶段。施工图设计是建筑设计的最后阶段。在施工图设计阶段中，应确定全部工程尺寸和用料，绘制建筑、结构、设备等全部施工图纸，编制建筑节能计算书、结构计算书和水力平衡、采暖负荷计算书、工程预算书。

施工图设计的图纸及设计文件有建筑总平面图、各层建筑平面图、各个立面及必要的剖面图、建筑构造节点详图、各工种相应配套的施工图、建筑结构及设备等的说明书与计算书及工程预算书等。

1.4　建筑设计的要求和依据

1.4.1　建筑设计的要求

1. 符合总体规划要求

单体建筑是总体规划（General plan）中的组成部分。单体建筑应符合总体规划提出的要求，并充分考虑拟建建筑物与基地周围环境的关系，以形成良好的室外空间环境。例如，原有建筑的状况、周边道路的走向、基地面积大小以及绿化要求等方面和拟建建筑物的关系。

2. 满足建筑功能要求

满足使用功能要求是建筑设计的首要任务。例如，设计学校时，首先要考虑满足教学活动的需要，教室设置应尺度合理，采光通风良好，同时还要合理安排教师备课、办公、储藏和厕所等行政管理和辅助用房，并配置良好的体育场馆和室外活动场地等。

3. 采用合理的技术措施

根据建筑空间组合特点，选择合理的结构、施工方案，正确选用建筑材料，使房屋坚固耐久、建造方便。

4. 具有良好的经济效果

建造房屋是一个复杂的物质生产过程，需要大量人力、物力和资金，在房屋的设计和建造中，要因地制宜、就地取材，尽量做到节省劳动力，节约建筑材料和资金。

5. 考虑建筑物美观要求

建筑物是社会的物质和文化财富，它在满足使用要求的同时，还需要考虑人们对建筑物在美观方面的要求，考虑建筑物所赋予人们在精神上的感受。

1.4.2　建筑设计的依据

1. 国家或行业的强制性标准的要求

在确保工程建设质量的实践中，强制性标准的实施起到关键性的作用，贯穿整个工程建设。在我国境内从事新建、扩建、改建等工程建设活动，必须执行工程建设强制性标准。

建筑设计应遵循国家制定的相关标准、规范以及各地或各部门颁发的标准执行，如《建筑设计防火规范》《建筑采光设计标准》《住宅设计规范》等。

2. 人体尺度和人体活动所需的空间尺度

建筑物中家具、设备的尺寸，踏步、窗台、栏杆的高度，门洞、走廊、楼梯的宽度和高度，以至各类房间的高度和面积大小，都和人体尺度以及人体活动所需的空间尺度直接或间接有关。因此人体尺度和人体活动所需的空间尺度，是确定民用建筑空间的基本依据之一，如图 1-1 所示。

3. 家具、设备的尺寸及使用空间

在进行房间布置时，应先确定家具、设备的数量，了解每件家具、设备的基本尺寸以及人们在使用它们时占用活动空间的大小。这些都是考虑房间内部使用面积的重要依据。

4. 气候条件

温度、湿度、日照、雨雪、风向、风速等气候条件对建筑设计有较大影响。例如，湿热地区，建筑设计要考虑隔热、通风和遮阳等问题；干冷地区，建筑体型尽可能设计得紧凑些，以减少外围护面的散热，有利于室内采暖、保温。

日照和主导风向是确定建筑朝向和间距的主要因素，风速是高层建筑、电视塔等设计中考虑结构布置和建筑体型的重要因素，雨雪量的多少对屋顶形式和构造也有一定影响。在设计前，需要收集当地上述有关的气象资料，将之作为设计的依据。

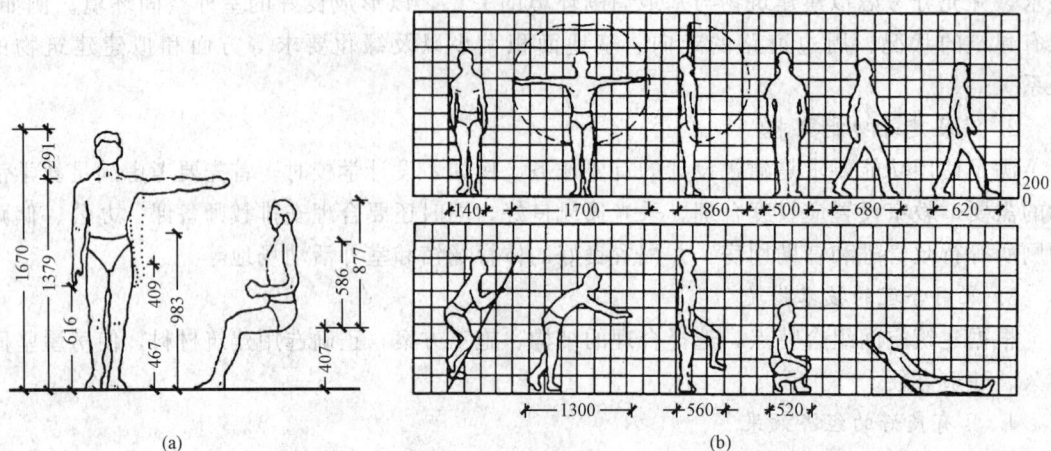

图 1-1　人体尺度和人体活动所需的空间尺度
(a) 人体尺度；(b) 人体活动所需空间尺度

　　风向频率玫瑰图，即风玫瑰图，是根据某一地区多年平均统计的各个方向吹风次数的百分数值，并按一定比例绘制，一般多用 8 个或 16 个罗盘方位表示。风向频率玫瑰图上所表示的风向，指从外面吹向地区中心，如图 1-2 所示。

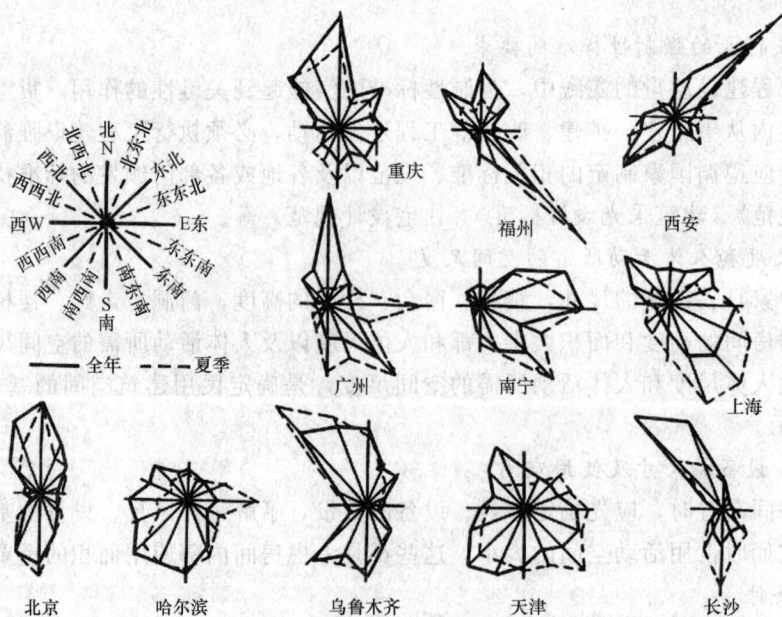

图 1-2　我国部分城市的风向频率玫瑰图

5. 地形、地质条件和地震烈度

　　基地地形的平缓或起伏，基地的地质构成、土壤特性和地耐力的大小，对建筑物的平面组合、结构布置和建筑体型都有明显的影响。如坡度较陡的地形，常使建筑物结合地形错层建造；复杂的地质条件，要求建筑的构成和基础的设置采取相应的结构构造措施。

地震烈度（Seismic intensity）表示地面及建筑物遭受地震破坏的程度。在地震烈度 6 度及 6 度以下地区，地震对建筑物的损坏影响较小；9 度以上地区，由于地震过于强烈，从经济因素及耗用材料考虑，除特殊情况外，一般应尽可能避免在这些地区建设。建筑抗震设防主要针对 6 度及 6 度以上地区。

6. 建筑模数和模数制

为实现建筑工业化，使不同材料、不同形式和不同制造方法的建筑构配件、组合件大规模生产，且具有一定的通用性和互换性，各类不同的建筑物及其组成部分之间的尺寸必须协调，我国 2013 年重新修订、颁布了《建筑模数协调标准》（GB/T 50002—2013）。

建筑模数（Building module）是建筑设计中选定的标准尺寸单位。它是建筑物、建筑构配件、建筑制品以及有关设备尺寸相互间协调的基础。建筑模数包括基本模数和导出模数。

（1）基本模数。基本模数（Basic module）是统一与协调建筑尺度的基本单位，用符号 M 表示，我国规定其数值为 100mm，即：1M＝100mm。

（2）导出模数。导出模数分为扩大模数和分模数，用以适应建筑设计中建筑部位、构件尺寸、构造节点以及断面、缝隙等尺寸的不同要求。

扩大模数为基本模数的整数倍，扩大模数基数应为 2M（200mm）、3M（300mm）、6M（600mm）、12M（1200mm）……

分模数为基本模数的分数倍，分模数基数应为 $\frac{1}{10}$M（10mm）、$\frac{1}{5}$M（20mm）和 $\frac{1}{2}$M（50mm）表示。

（3）模数数列。由基本模数、扩大模数、分模数为基础扩展的系列模数尺寸形成了模数数列，模数数列的应用使不同类型的建筑物及其各组成部分间的尺寸统一与协调，且使尺寸的叠加和分割有较大的灵活性。

1.5 民用建筑定位线

定位线（Ranging line）像坐标一样，是确定建筑物主要结构构件位置及其标志尺寸的基准线，也是施工放线的重要依据。设计中应进行准确的划分与标注。

1.5.1 平面定位轴线的标注

1. 砌体结构（Masonry structure）建筑

外墙定位轴线一般距顶层墙身内缘半砖处，如图 1-3（a）所示，普通砖、KP1 型多孔砖砖长为 240mm，半砖为 120mm；DM 型多孔砖砖长为 190mm，半砖为 100mm。内墙定位轴线一般与顶层墙身中心线相重合，如图 1-3（b）所示。楼梯间墙定位轴线常距楼梯间一侧墙边缘半砖处，如图 1-3（c）所示。

2. 框架结构（Frame structure）建筑

中柱定位轴线一般与顶层柱截面中心线相重合，如图 1-4（a）所示；边柱定位轴线一般与顶层柱截面中心线相重合或距柱外缘 250mm 处，如图 1-4（b）所示。

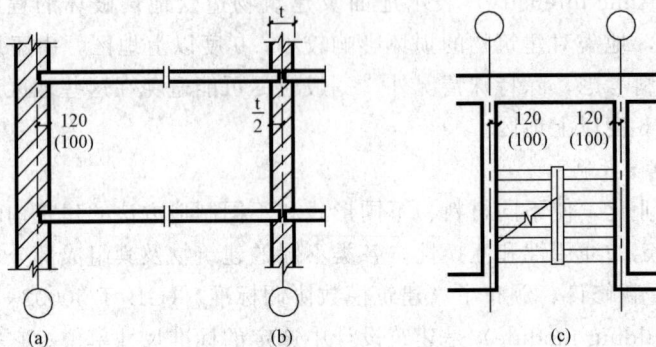

图 1-3 砌体结构墙体定位轴线
（a）外墙；（b）内墙；（c）楼梯间

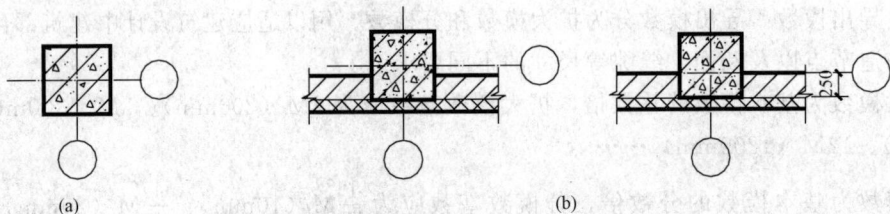

图 1-4 框架结构柱定位轴线
（a）中柱；（b）边柱

1.5.2 标高

建筑物在竖向空间对结构构件（楼板、梁等）的定位，用标高（Elevation）标注，标高单位为 m。

1. 标高的种类及关系

（1）绝对标高（Absolute elevation），又称绝对高程或海拔高度，我国的绝对标高是以青岛港验潮站历年记录的黄海平均海水面为基准，并在青岛市内一个山洞里建立了水准原点，其绝对标高为 72.260m，全国各地的绝对标高都以它为基准测算。

（2）相对标高（Relative elevation），又称假定标高，是工程设计人员根据需要而自行选定的基准面。一般将建筑物底层地面定为相对标高零点，用±0.000 表示。

用于建筑施工图中的标高为建筑标高，一般各楼层的建筑标高标注在楼地面面层上。用于结构图施工中的标高为结构标高，各楼层的结构标高一般标注在结构层表面。

2. 建筑标高的标注

（1）楼地层。楼地层的建筑标高应标在各层楼地层的上表面，如图 1-5 所示。

（2）门窗洞口。门窗洞口的建筑标高应标在结构层表面，如图 1-5 所示。

（3）屋顶。当屋顶为平屋顶时，屋顶的建筑标高应标在屋顶结构层的上表面；当屋顶为坡屋顶时，一般只在剖面图或者立面图上标注标高，而平面图上不标注标高；标注方式以正常使用为原则，一般在关键部位如檐口、屋脊、屋面与梁柱交点等位置标注标高，标高常标

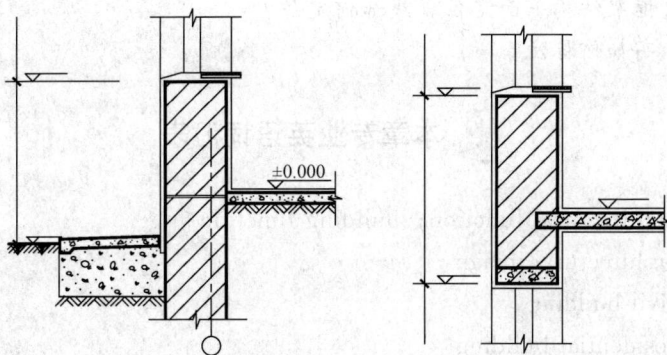

图 1-5　楼地层、门窗洞口建筑标高的标注

在屋顶结构层上表面与定位轴线的相交处，如图 1-6 所示。

（4）檐口。檐口的建筑标高应标在面层的上表面，如图 1-6 所示。

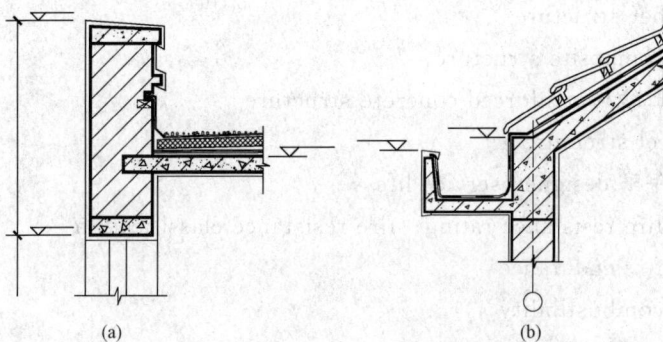

图 1-6　屋顶、檐口建筑标高的标注
（a）平屋顶；（b）坡屋顶

本 章 小 结

　　本章主要介绍了建筑的基本构成要素，建筑物的分类及分级，建筑设计的要求和程序，民用建筑定位线。本章重点是建筑物的分类及分级，建筑模数及定位线的标注。

复习思考题

1．建筑的基本构成要素有哪些？

2．建筑物如何分类？

3．建筑物等级怎样划分？

4．建筑设计分哪几个阶段？

5．建筑设计有何要求？依据有哪些？

6．什么是建筑模数？何谓基本模数？导出模数有哪些？

7. 砌体结构、框架结构平面定位轴线如何定位？

8. 建筑竖向标高如何标注？

📖 本章专业英语词汇表

1. 建筑功能 architectural function；building function

2. 建筑形象 architectural image

3. 民用建筑 civil building

4. 居住建筑 residential building

5. 公共建筑 public building

6. 工业建筑 industrial building

7. 农业建筑 agricultural building

8. 高层建筑 high-rise building

9. 木结构 timber structure

10. 混合结构 composite structure

11. 钢筋混凝土结构 reinforced concrete structure

12. 钢结构 steel structure

13. 设计使用年限 designed service life

14. 耐火等级 fire resistance rating；fire resistance classification

15. 耐火极限 fire endurance

16. 燃烧性能 combustibility

17. 建筑设计 architectural design

18. 结构设计 structure design

19. 设备设计 equipment design

20. 设计任务书 design order

21. 总体规划 general plan；master plan；overall plan

22. 地震烈度 seismic intensity

23. 建筑模数 building module

24. 基本模数 basic module

25. 定位线 ranging line

26. 平面定位轴线 plane positioning axis

27. 砌体结构 masonry structure

28. 框架结构 frame structure

29. 标高 elevation；level；altitude

30. 绝对标高 absolute elevation；absolute altitude；absolute level

31. 相对标高 relative elevation；relative level

第2章

建 筑 平 面 设 计

教学要求

1. 掌握主要、辅助使用空间的平面设计。
2. 掌握走道、楼梯、门厅等交通联系空间的平面设计。
3. 熟悉建筑平面组合设计的方法。

2.1 概述

建筑设计（Architectural design）是一个感性与理性交织的复杂过程，它涉及建筑的功能、形态、空间、技术、经济、人文、历史等多方面问题。人们建造房屋的目的是为了获取使用空间，在设计过程中，建筑师通常将这个抽象、复杂的三维空间简化成更直观、更简单的平面图（Plan drawing）、剖面图（Section drawing）、立面图（Elevation drawing）等二维图及效果图（Rendering）来表达。其中，建筑平面最直接地表达了建筑的功能要求，因此建筑设计往往会先从平面设计入手。在建筑平面设计中，应注意始终与建筑的空间关系紧密联系，结合建筑的剖面和立面，反复推敲，不断修改，使设计趋于完善。

各种类型的民用建筑，其构成平面的各部分功能空间各不相同，从使用性质来分析，可以归纳为使用空间和交通联系空间两大类（图2-1）。

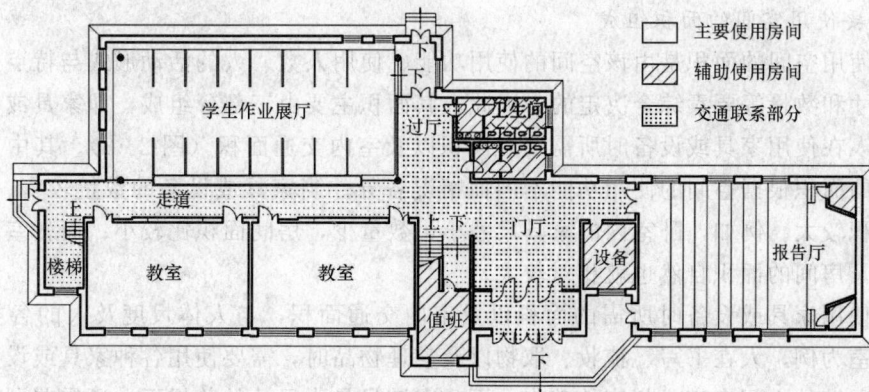

图2-1 某教学楼首层平面图

2.1.1　使用空间

使用空间是指满足各类功能需求的那部分空间，包括主要使用空间（Main usable space）和辅助使用空间（Auxiliary usable space）。主要使用空间承载着建筑的主要使用功能，是建筑的最主要组成部分，例如，住宅中的起居室、卧室，宾馆中的客房，教学楼中的教室等。辅助使用空间是建筑中必不可少的附属部分，配合主要使用空间的功能，如建筑中的卫生间、盥洗室、厨房、贮藏室、设备间等。

2.1.2　交通联系空间

交通联系空间（Transportation space）是用来联系建筑中各使用空间的那部分空间，如建筑中的走道、楼梯、门厅、过厅以及电梯和自动扶梯等。

此外，要将建筑的各部分空间有机地组织在一起，还涉及平面组合问题，它包括总平面布局、平面功能关系的协调、平面组合方法等问题。设计者应遵循从大到小、从整体到局部的原则，逐一解决。

2.2　主要使用空间设计

主要使用空间是建筑中最主要的组成部分，其设计是否合理将直接影响建筑能否达到预期的使用目标。设计中应满足以下几个方面的要求：

（1）空间的面积、形状、尺寸应满足使用功能要求。
（2）门窗设计应满足出入方便、安全疏散及采光通风的要求。
（3）考虑结构合理、便于施工、利于组合。
（4）满足人们的审美要求与心理感受。

2.2.1　主要使用空间的面积

1. 主要使用空间的面积组成

主要使用空间的面积是由该空间的使用功能、使用人数、人的活动形式与特点、家具或设备的尺寸和数量等要素综合决定的，因此，其面积主要由三部分组成，即家具或设备所占的面积，人在使用家具或设备时所需要的面积以及室内交通面积（图2-2）。其中，家具或设备所占的面积根据空间的使用功能不同而情况各异。当家具或设备的数量较多、较大时，空间的面积较大。例如，卧室内的家具尺寸小，数量少，房间面积比较小；而教室内的桌椅数量较多，房间的面积自然也就相对较大。

人在使用家具或设备时所需的面积以及室内交通面积，与人体尺度及人的各类行为相关。以卧室为例，人在书写、梳妆、取物以及整理物品时，需要使用各种家具或设备，设计时应考虑足够的空间来完成相应的动作，而且在满足最小尺寸的前提下，还需兼顾舒适性与经济性要求（图2-3）。

人在房间内行走需要一定的交通面积，且交通面积与人在使用家具或设备时所需的面积应做到互不干扰。对于容纳人数较多、人流相对密集的空间（如影院的观众厅等）来说，室

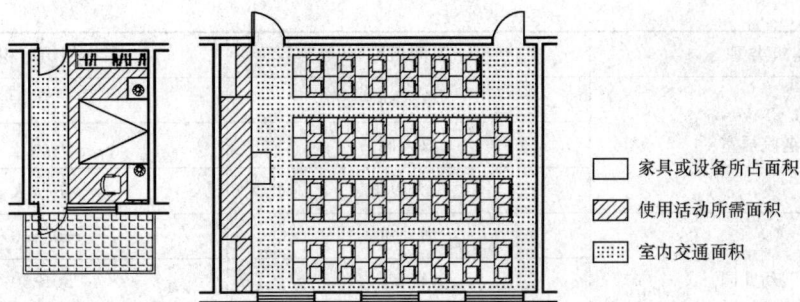

家具或设备所占面积

使用活动所需面积

室内交通面积

图 2-2　卧室及教室的使用面积分析

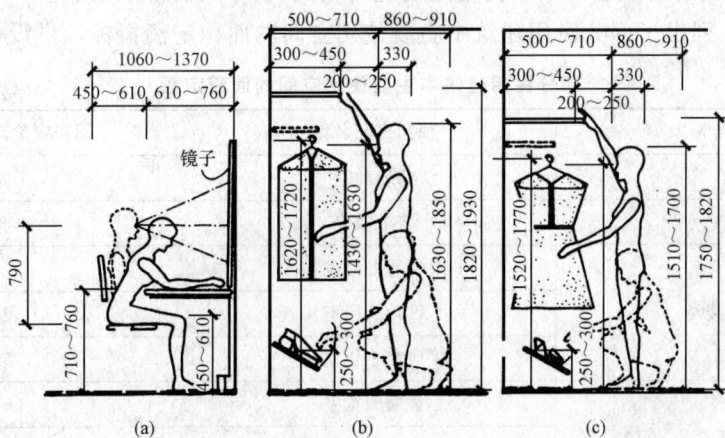

镜子

(a)　　　　　　(b)　　　　　　(c)

图 2-3　卧室中人使用家具所占空间

(a) 书桌与梳妆台；(b) 男性使用的壁橱；(c) 女性使用的壁橱

内过道还应满足疏散宽度的要求，设计时应根据相关的规范予以确定。

2. 主要使用空间面积的确定

主要使用空间面积除了满足以上三部分面积要求外，可结合相关建筑设计规范的具体规定进行设计。表 2-1 为建筑设计规范中规定的部分主要使用空间的最小使用面积指标（Minimum usable floor area index），设计时可参考使用。

表 2-1　　　　　　　　　　部分主要使用空间的最小使用面积指标

建筑类型	房间名称	最小使用面积/m²
住宅	起居室	10
	双人卧室	9
	单人卧室	5
老年人住宅（公寓）	起居室	12
	双人卧室	12
	单人卧室	10

续表

建筑类型	房间名称	最小使用面积/m²
养老院居室	单人间	10
	双人间	16
	三人以上	6m²/人
大型幼儿园	活动室	50～60
	寝室	50～60
	音体室	150

主要使用空间的面积还可根据其使用功能与使用人数，按照相关规范中规定的面积定额来确定。表 2-2 列出了部分民用建筑中主要使用空间的面积定额指标，供设计时参考。

表 2-2　　　　　　　　　部分民用建筑中主要使用空间的面积定额

建筑类型	使用房间名称	面积定额/(m²/人)
小学	普通教室	1.36
中学	普通教室	1.39
办公楼	普通办公室	4
	设计绘图室	6
	研究工作室	5
图书馆	普通阅览室	1.8～2.3
	儿童阅览室	1.8
	专业参考阅览室	3.5
	计算机目录检索	2.0

2.2.2　主要使用空间的平面形状

在初步确定了主要使用空间的面积之后，还需进一步确定空间的平面形状和具体尺寸。由于空间平面形状的选取灵活性很大，在实际设计中，应以满足使用功能为前提，以提高空间的有效使用面积为原则，综合考虑各方面因素来确定。

1. 一般使用功能的空间

民用建筑中，一般使用功能的空间常用平面形状有矩形、正方形、六边形、八边形、圆形等。选择何种形状应根据具体的使用要求和条件确定，以便于家具或设备的布置、保证良好的采光与通风、满足使用者舒适度的要求、充分利用空间等。

以卧室为例，其平面形状常采用方形或近似方形（图 2-4）。这种形状有利于室内家具的摆放，并可缩短交通路线，提高房间面积利用率，同时还具有利于平面组合、结构简单、方便施工的优点。

又如教室，其平面形状常采用矩形、方形或六边形（图 2-5）。矩形教室便于室内桌椅的摆放，同时，较小的进深易与同其他房间尺寸取得一致，因而最常见。方形教室加大了房

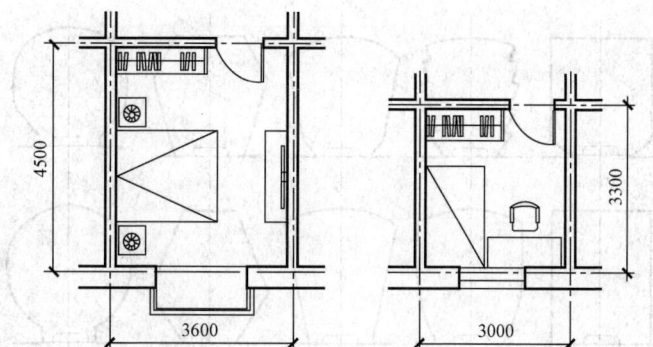

图 2-4　一般卧室的平面形状

间进深，缩小了开间尺寸，可缩短交通流线的长度，使建筑布局更为紧凑，节约用地。但前排边座的水平视角 θ 过小，视觉效果差，若撤去前排边座，则教室前部两侧难以利用的面积增大。六边形教室比矩形平面的面积利用率高，且建筑造型活泼，组合后可在多个六边形教室中心形成过厅，作为教室与走廊之间的缓冲面积。缺点是结构较为复杂，施工麻烦。

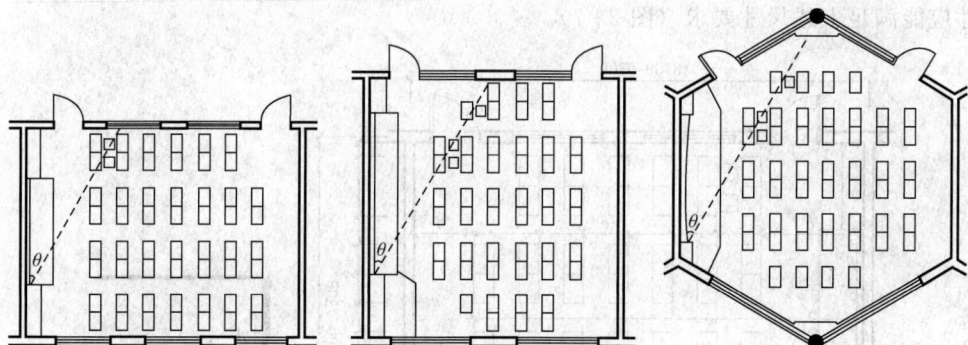

图 2-5　一般教室平面形状

2. 特殊使用功能的空间

对于一些有特殊使用功能的空间，因其使用功能的特殊性使得平面形状多种多样。例如影剧院的观众厅或报告厅，为了满足良好的视听效果，让观众听得清、看得好，平面形式一般为矩形、钟形、扇形、六边形及圆形等（图 2-6）。

2.2.3　主要使用空间的平面尺寸

进一步确定空间的平面尺寸需考虑以下几方面内容：

1. 家具设备的布置及人们活动要求

确定空间的平面尺寸要考虑摆放的家具或设备的种类、数量，兼顾布置灵活性，同时满足人在使用活动中所需的尺寸。

例如，卧室的平面尺寸是依据床、床头柜、壁柜等家具的尺寸及布置方式确定，并根据卧室的等级增减家具的数量。主卧室开间尺寸一般为 3300～3600mm，进深为 4200～4500mm；次卧室开间一般取 2700～3000mm，进深尺寸常取 3300～3600mm（图 2-4）。

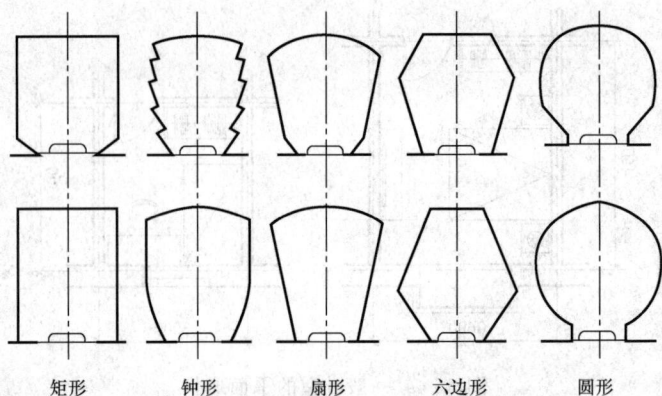

矩形   钟形   扇形   六边形   圆形

图 2-6　观众厅的平面形状

又如中小学普通教室，课桌椅的摆放有如下要求：①排距不宜小于 900mm；②纵向走道宽度不应小于 600mm；③课桌端部与墙面或突出物的净距不宜小于 150mm；④教室后部应设横向疏散走道，最后一排课桌后沿至后墙面或固定家具的净距不应小于 1100mm。教室的尺寸应能满足上述尺寸要求（图 2-7）。

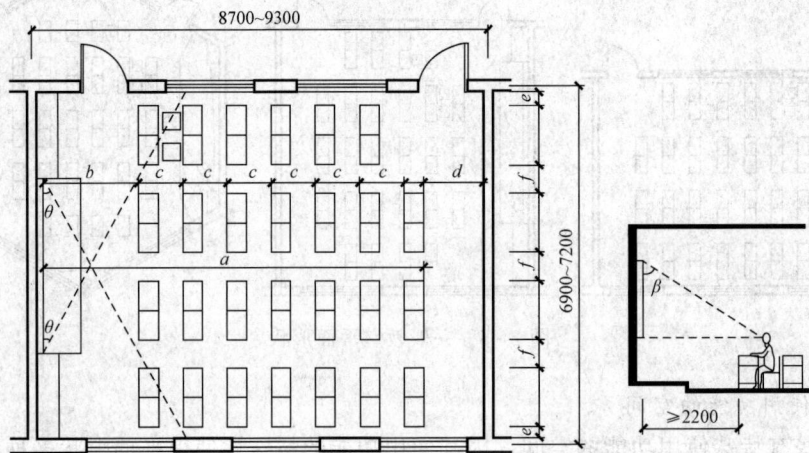

图 2-7　中小学教室布置及相关尺寸

a 小学≤8000mm；a 中学≤9000mm；b≥2200mm；c≥900mm；
d≥1100mm；e≥150mm；f≥600mm；θ≥30°；β≥45°

2. 满足视听要求

有的空间如教室、会议厅、影剧院等，其平面尺寸除了满足家具设备的布置及活动要求外，还要保证有良好的视听效果。

以教室为例，考虑视听效果，平面尺寸还应满足视角与视距的要求：①为防止第一排座位距离黑板太近，要求第一排课桌前沿与黑板的水平距离不宜小于 2200mm；②为避免斜视而影响学生视力，前排边座的学生与黑板远端形成的水平视角 θ 不应小于 30°；③为防止学生仰视，第一排正座学生视线与黑板面形成的垂直视角 β 不应小于 45°；④为避免最后一排学生距离黑板太远，影响听课效果，最后一排课桌后沿与黑板的水平距离：小学不宜大于8000mm，中学不宜大于9000mm。综合以上要求，教室的开间常取8700~9300mm，进深取6900~7200mm（图2-7）。

3. 满足天然采光要求

大量性的民用建筑均要求有良好的天然采光（Natural daylighting）和自然通风（Natural ventilation）。常见的采光形式有单侧采光、双侧采光以及混合采光。单侧采光（One-side daylighting）时，空间的进深尺寸不大于地面至窗上口高度的2倍；双侧采光（Two-side daylighting）时，空间的进深尺寸可较单侧采光时增大1倍，即不大于地面至窗上口高度的4倍；混合采光（Composite daylighting）对空间的进深没有限制（图2-8）。

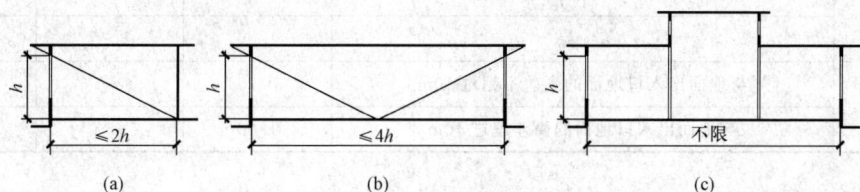

图 2-8　采光方式对空间进深的影响
(a) 单侧采光；(b) 双侧采光；(c) 混合采光

4. 结构的经济合理性

一般民用建筑多采用墙体承重的梁板式结构或框架结构。房间的开间和进深尺寸应尽量使结构构件标准化，尺寸符合经济跨度的要求。例如，采用非预应力钢筋混凝土板，其经济跨度在4000mm以内，而钢筋混凝土梁的经济跨度则为6000~9000mm。

5. 符合建筑模数协调标准的要求

为了提高建筑工业化水平，必须统一构件类型、减少规格。在进行不同功能、不同面积的房间组合时，要充分考虑到开间与进深的尺寸，使其在符合建筑模数协调标准的规定前提下（一般以3M为模数），尽量统一。如旅馆客房、小型办公室的开间一般取3300mm、3600mm、3900mm，进深一般取5400mm、5700mm、6000mm。

2.2.4　门窗设计

门窗设计的合理与否，直接关系到房间的采光、通风、人流疏散、家具布置、建筑外观等多方面的问题。

1. 门的设计

门的设计包括门的规格、数量、位置以及开启方向等问题的确定。

(1) 门的规格。门的规格尺寸主要指门的高度和宽度。

门的高度不宜小于2100mm。如果门上设有亮子时，亮子高度的一般为300~600mm，即门洞口的高度为2400~3000mm。公共建筑的大门高度可视具体要求适当提高。

门的宽度则主要是根据人体尺度、人流股数以及家具与设备的尺寸确定。一般单股人流通行的最小宽度按照550mm考虑，对于通行人数不多的房间门来说，可按照一股人流考虑，门的宽度为700~1000mm。住宅卧室门的宽度为900mm，厨房门为800mm，卫生间门为 700mm；医院的急诊室、病房的门由于经常有担架、轮椅、手推车等设备出入，宽度应在 1100mm 以上。对于通行人数较多的房间门，宽度较大，具体尺寸可根据《建筑设计防火规范》（GB 50016—2014）中规定的每 100 人的最小疏散宽度指标计算得出（表 2-3）。

表 2-3　　　每层的房间疏散门、安全出口、疏散走道和疏散楼梯的

每 100 人最小疏散净宽度　　　　（单位：m/百人）

建筑层数		建筑的耐火等级		
		一、二级	三级	四级
地上楼层	1~2 层	0.65	0.75	1.00
	3 层	0.75	1.00	—
	≥4 层	1.00	1.25	—
地下楼层	与地面出入口地面的高差不超过 10m	0.75	—	—
	与地面出入口地面的高差超过 10m	1.00	—	—

门洞口的宽度为 700~1000mm，设单扇门；门洞口的宽度为 1200~1800mm 时，设双扇门；在 2100mm 以上时，宜设多扇门或双扇带固定扇的门。门扇的宽度应在 1000mm 以内，以便于开启。

目前，很多公共建筑和居住建筑都有无障碍设计（Barrier-free design）的要求，供轮椅通行的门的净宽应符合表 2-4 的要求。此外，在门把手一侧应留有不小于 500mm 的墙面宽度（图 2-9）。

表 2-4　　　　　　　　　供轮椅通行的门的净宽要求

类别	自动门	推拉门、折叠门	平开门	弹簧门（小力度）
门的净宽/m	≥1.00	≥0.80	≥0.80	≥0.80

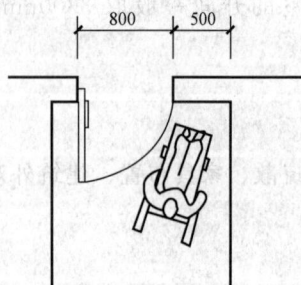

图 2-9　供轮椅通行门一侧的墙面宽度

（2）门的数量。《建筑设计防火规范》（GB 50016—2014）中规定，公共建筑内房间疏散门的数量应经计算确定且不应少于 2 个。除托儿所、幼儿园、老年人建筑、医疗建筑、教学建筑内位于走道近端的房间外，符合下列条件之一的房间可设置 1 个疏散门：

1）位于 2 个安全出口之间或袋形走道两侧的房间，对于托儿所、幼儿园、老年人建筑，建筑面积不大于 50m²；对于医疗建筑、教学建筑，建筑面积不大于 75m²；对于其他建筑或场所，建筑面积不大于 120m²。

2）位于走道尽端的房间，建筑面积小于 50m² 且疏散门的净宽度不小于 0.90m，或由房间内任一点到疏散门的直线距离不大于 15m、建筑面积不大于 200m² 且疏散门的净宽度不小于 1.4m。

3）歌舞娱乐放映游艺场所内建筑面积不大于 50m² 且经常停留人数不超过 15 人的厅、室。

对于人流密集的房间，在满足至少 2 个疏散门的基础上，对每个疏散门的平均疏散人数也有一定的要求。如剧场、电影院、礼堂的观众厅或多功能厅，每个疏散门的平均疏散人数不应超过 250 人；当容纳人数超过 2000 人时，其超过 2000 人的部分，每个疏散门的平均疏散人数不应超过 400 人。体育馆的观众厅每个疏散门的平均疏散人数要求不宜超过 400～700 人。

（3）门的位置。门的位置应满足方便交通、便于室内家具摆放、利于通风以及防火疏散的要求。

当房间只有一个门时，门通常位于房间的一角，以留出较完整的墙面来摆放室内家具，获得集中的使用空间 [图 2-10（a）]。当房间内的家具对称布置（如医院病房、宿舍寝室等），门的位置宜居中，以便缩短交通流线的长度 [图 2-10（b）]。当房间有两个或两个以上门时，为满足防火疏散的要求，相邻两个疏散门最近边缘之间的水平距离不应小于 5m。对于一些人流密集的房间（如电影院放映厅、会议厅等），房间的门应与室内的通道密切配合，便于疏散 [图 2-10（c）]。

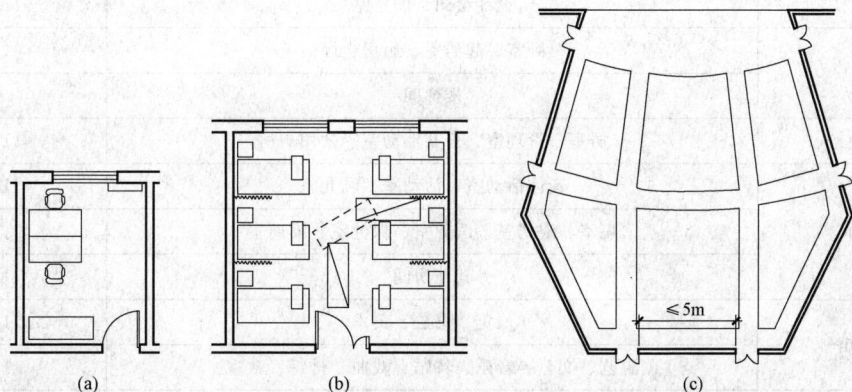

图 2-10　门在房间平面中布置的位置
(a) 外科诊室；(b) 六床病房；(c) 会议厅

（4）门的开启方向。从安全疏散的角度考虑，门应向房间外部开启，与疏散方向一致。当房间内容纳的人数不超过 60 人，并且每扇门的平均疏散人数不超过 30 人时，门的开启方向不限。为防止占用交通空间，影响房间外部的人流疏散，采用内开门比较合适。

当出现房间穿套时，几个门集中布置且经常同时开启，在设计时应注意协调好这些门的开启方向和位置，防止门扇互相碰撞或互相妨碍，影响人们的正常通行（图 2-11）。

2. 窗的设计

窗的设计包括确定窗的大小和位置，需考虑室内采光、通风、立面美观、建筑节能及经济等方面的要求。

（1）窗的大小。即窗洞口的大小，要根据室内采光、通风要求来确定。由于房间功能不同，对采光的要求也不同，可根据有关设计标准或规范中的规定，用窗洞口面积与房间地面面积的比值，即窗地面积比（Ratio of window area with floor area）来估算窗的大小。设计时可参考表 2-5 对不同建筑的窗地面积比最低值的要求。窗的高度与宽度应尽量满足建筑模数的要求。设计时也可以先确定窗的大小，再用窗地面积比进行验算。

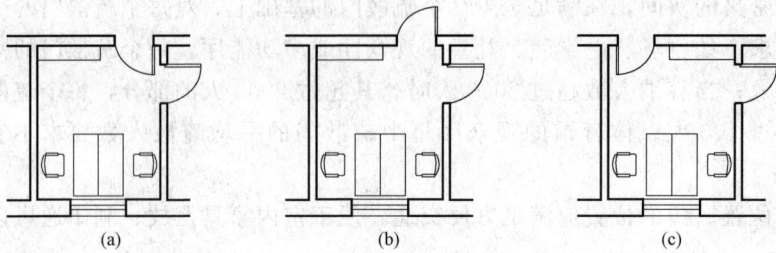

图 2-11 套间门的布置

(a) 两个门妨碍通行；(b) 改变门的开启方向；(c) 改变门的位置

表 2-5 窗 地 面 积 比 最 低 值

建筑类别	房间或部位名称	窗地面积比
办公	办公、研究、接待、打字、陈列、复印	1/6
	设计绘图、阅览室	1/3.5
住宅	卧室、起居室、厨房、厅	1/7
	楼梯间	1/12
宿舍	居室、管理室、公共活动室、公用厨房	1/7
托幼	音体活动室、活动室、乳儿室	1/7
	寝室、喂奶室、医务室、保健室、隔离室	1/6
	其他房间	1/8
文化馆	展览、书法、美术	1/4
	游艺、文艺、音乐、舞蹈、戏曲、排练、教室	1/5
图书馆	阅览室、装裱间	1/4
	陈列室、报告厅、会议室、开架书库、视听室	1/6
	闭架书库、走廊、门厅、楼梯、厕所	1/10

（2）窗的位置。窗在外墙上的位置以居中为宜，既保证室内照度均匀，又有利于组织室内的良好通风。一般窗与门的位置呼应，以便使室内空气流通范围加大，形成穿堂风（图 2-12）。

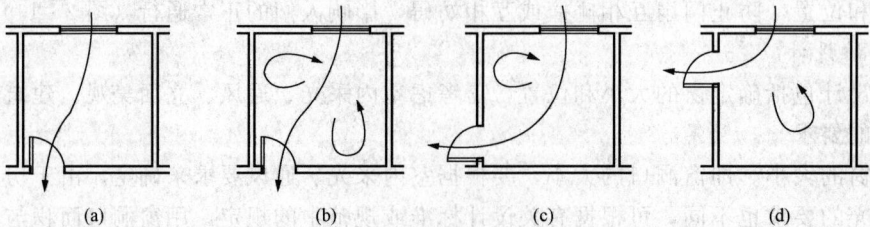

图 2-12 门窗位置对通风效果的影响

(a)、(b) 通风良好；(c) 通风较差；(d) 通风差

2.3　辅助使用空间设计

辅助使用空间是建筑中的附属部分，配合主要使用空间的功能，满足人们的日常生活需求。民用建筑的类型不同，其辅助使用空间的内容、大小、形式均有所不同，但设计原则与方法与前面介绍的主要使用空间基本相同，本节主要介绍卫生间与厨房的平面设计。

2.3.1　卫生间设计

按服务对象和人数不同，卫生间可分为公用卫生间（Public toilet）和专用卫生间（Private toilet）。前者主要用于各类公共建筑中，使用人数较多；后者主要用于住宅、宾馆、公寓或疗养院中，使用人数少，面积小，附属于一个套间或单元内。

1. 公用卫生间设计

（1）卫生器具的种类与数量。公用卫生间中的主要设备有大便器、小便器、洗手盆、污水池等。

卫生器具的数量是根据使用人数、使用对象和使用特点来确定的，表 2 - 6 中列出了一般民用建筑中每种卫生设备的参考使用人数，可根据估算的人数来确定卫生器具的数量，进而确定卫生间的面积。

表 2 - 6　　　　　　　　　　　　　卫生间设备数量的参考使用人数

建筑类型	男小便器/(人/个)	男大便器/(人/个)	女大便器/(人/个)	洗手盆/(人/个)
商场	50	100	50	每 6 个大便位设 1 个，且≥1 个
图书馆	30	60	30	60
中小学	20	40	13	40～45
汽车站	80	80	50	150
火车站	50 且≥2 个	50 且≥2 个	50 且≥2 个	150 且≥2 个

（2）布置要求。公用卫生间的布置应满足如下要求：

卫生间内应设前室，或有隔墙、隔断等遮挡措施，以阻隔视线、气味、声音等。在前室内一般布置洗手盆、污水池等卫生器具。具体尺寸如图 2 - 13 所示。

卫生间内部设大便器、小便器。大便器有蹲式与坐式两种，目前我国一般的公共建筑中多采用蹲式大便器，而在一些标准较高或老年人、残疾人使用的卫生间中则采用坐式大便

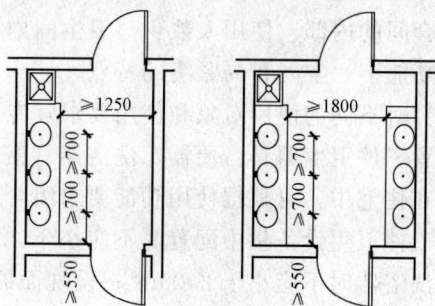

图 2 - 13　卫生间前室布置尺寸

器。不同的厕位之间应有隔断分隔，隔间的尺寸与设备尺寸、人体尺度以及门的开启方向有关（图 2-14）。卫生间内卫生器具布置与组合的尺寸可参考图 2-15 所示。

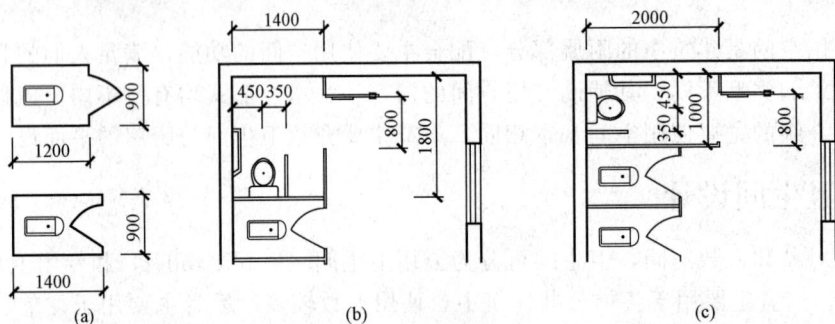

图 2-14   各类卫生间隔间尺寸

（a）隔间布置尺寸；（b）新建无障碍卫生间布置尺寸；（c）改建无障碍卫生间布置尺寸

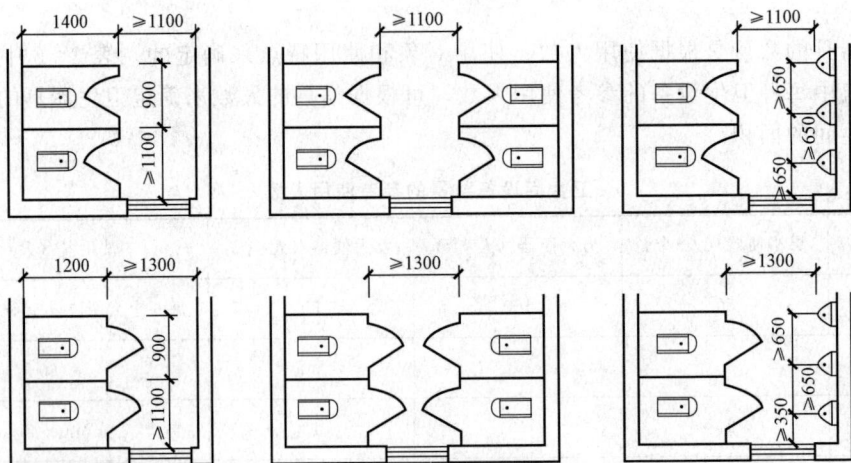

图 2-15   卫生间内卫生器具布置尺寸

2. 专用卫生间设计

专用卫生间一般为某部分特定人群服务，常设置在住宅、公寓、旅馆标准间、套房等单元或套间的内部，使用人数少。卫生间内部结合了盥洗、洗浴、如厕等多项功能，具有面积小、功能多、空间布局紧凑的特点。

针对不同的使用对象和使用要求，专用卫生间内卫生器具的种类和数量各有不同，一般应配置三件卫生器具：便器、洗浴器（浴缸或喷淋）、洗面器，或为其预留位置及条件。

在住宅中，可根据使用功能要求组合不同的设备，对卫生间的使用面积有如下要求：

三件卫生设备集中配置时不应小于 2.50m^2；设便器、洗面器时不应小于 1.80m^2；设便器、洗浴器时不应小于 2.00m^2；设洗面器、洗浴器时不应小于 2.00m^2；设洗面器、洗衣机时不应小于 1.80m^2；单设便器时不应小于 1.10m^2。

卫生间内卫生器具的布置方式可参照图 2-16。

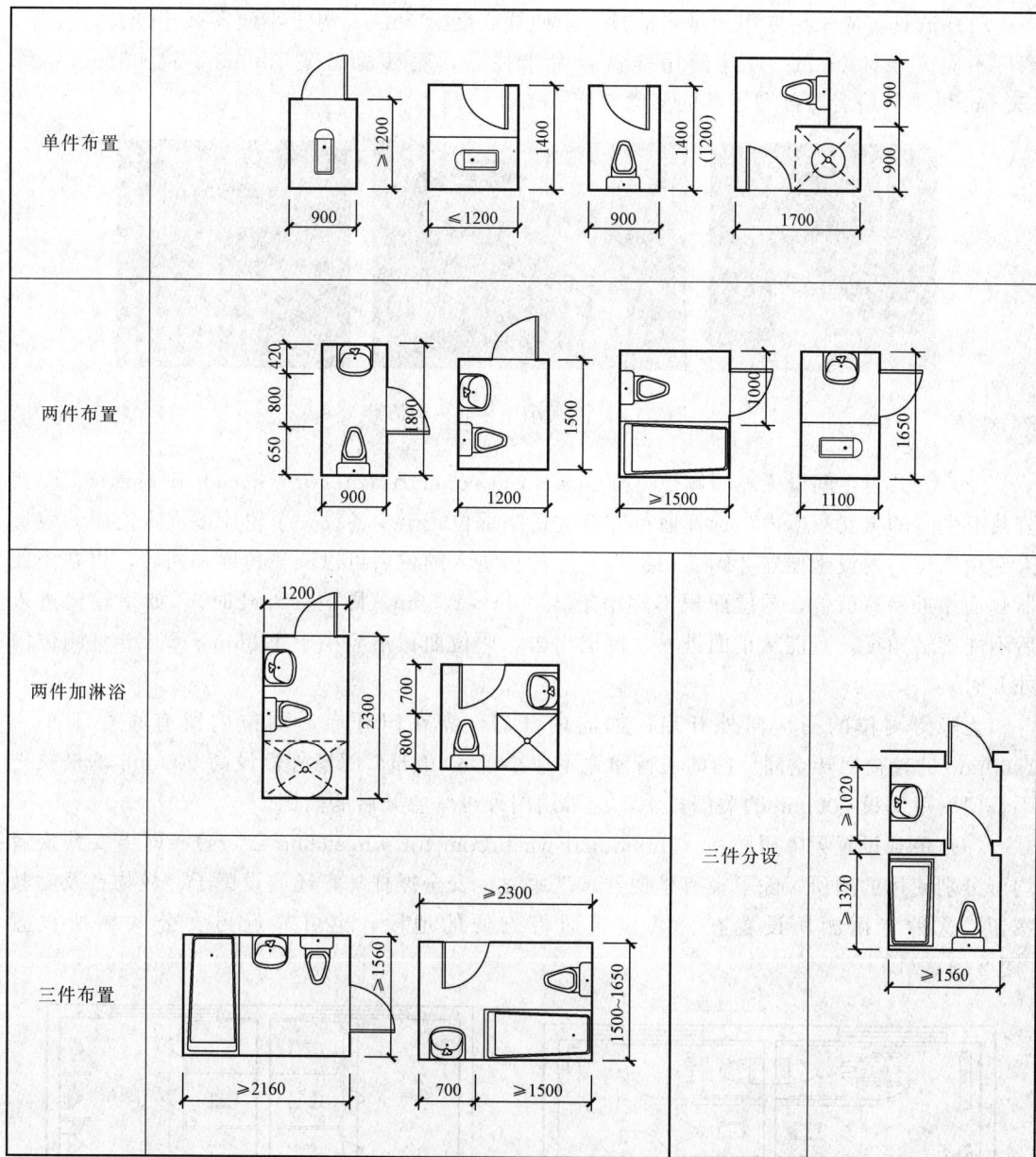

图 2-16　住宅内卫生间布置方式

3. 无障碍卫生间设计

在机场、车站、医院、老年人公寓、主要旅游地段等公共场所，在卫生间区域需专门设立无障碍卫生间（Toilet for wheelchair users），无障碍卫生间为不分性别独立卫生间，配备专门的无障碍设施，如方便乘坐轮椅人士开启的门、专用的卫生洁具、与洁具配套的安全扶手等，给残障者、老人或病人如厕提供便利。

依据《无障碍设计规范》（GB 50763—2012）（Code for accessibility design），无障碍卫生间设计时，主要考虑以下要求：

（1）洁具：应采用专用无障碍洁具。坐便器高度450mm；男士小便器采用低位小便器，高度不应大于400mm；台盆使用挂盆或者半柱盆，底部留出宽750mm、高650mm、深450mm供乘轮椅者膝部和足部的移动空间（图2-17）。

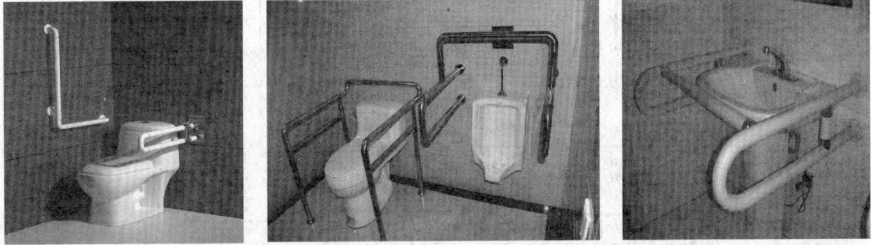

图2-17　无障碍卫生间内的洁具

（2）公共卫生间设无障碍厕位（Water closet compartment for wheelchair users）：即在公共卫生间的男女厕所内，选择通行方便的适当部位，至少各设一个轮椅可进入使用的残疾人专用厕位，内设坐便器 [图2-18（a）]。轮椅进入厕位后可以调整角度和回转，可在坐便器侧面靠近平移就位，厕位面积不宜小于2.00m×1.50m（厕位门外开时）。如果轮椅进入后不能旋转角度，只能从正面进入，倒退出去，厕位面积不应小于1.80m×1.00m（厕位门外开时）。

无障碍厕位的门应向外开启；如向内开启，需在门开启后厕位内留有直径不小于1500mm的轮椅回转空间。门的通行净宽不应小于800mm，门扇外侧设高900mm的横扶把手，门扇里侧设900mm的关门拉手，应采用门外可紧急开启的插销。

（3）单独设置无障碍厕所（Individual washroom for wheelchair users）：即男女残疾者均可分别使用的厕所，除了设有坐便器、洗手盆、安全抓杆外，还应设镜子、放物台及呼救按钮。这种专用厕所设置在公共建筑通行方便的地段，也可靠近男女公共厕所设置 [图2-18（b）]。

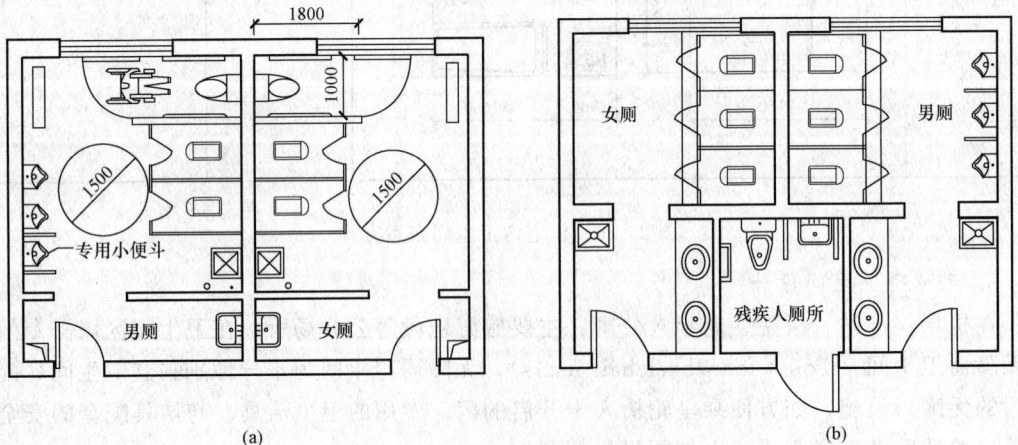

(a)   (b)

图2-18　无障碍卫生间设计

（a）公共卫生间内设残疾人厕位；（b）残疾人专用厕所

专用厕所的面积一般要大于专用厕位，面积不宜小于 4.0m²，为方便乘轮椅者进入及进行回转，回转直径不小于 1500mm（图 2-19）。

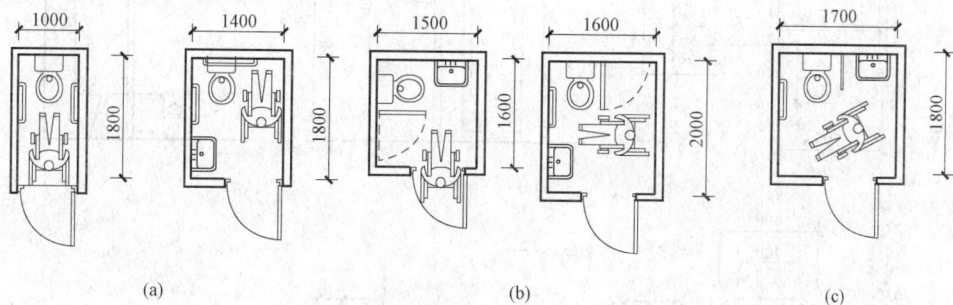

图 2-19　残疾人专用厕所的布置形式与尺寸
(a) 小型残疾人专用厕所；(b) 中型残疾人专用厕所；(c) 大型残疾人专用厕所

厕所门采用平开门时，门扇宜向外开启；如向内开启，需在门开启后留有直径不小于 1500mm 的轮椅回转空间，门的通行净宽不应小于 800mm，门扇外侧设高 900mm 的横扶把手，在门扇里侧应采用门外可紧急开启的门锁。

（4）安全抓杆：安全抓杆（Grab bar）宜采用不锈钢管制作，管径为 30～40mm，安装在墙壁上的安全抓杆内侧距墙面不应小于为 40mm。

坐便器两侧应设安全抓杆，在墙壁一侧距地面 700mm 处设长度不小于 700mm（一般 700～900mm）的水平抓杆及垂直抓杆，二者可结合成 L 形，以供挂拐杖者和老年人在起立时所用（图 2-20）。坐便器另一侧的安全抓杆一般为 T 形，其长度为 550～650mm，可做成固定式；安全抓杆还可做成旋转式，长度为 600～700mm，可做成水平旋转 90°和垂直旋转 90°两种。旋转式抓杆在使用前将抓杆转到墙面上，不占空间，待轮椅靠近坐便器后再将抓杆转过来，协助残疾人从轮椅上转换到坐便器上，在使用上更为方便。

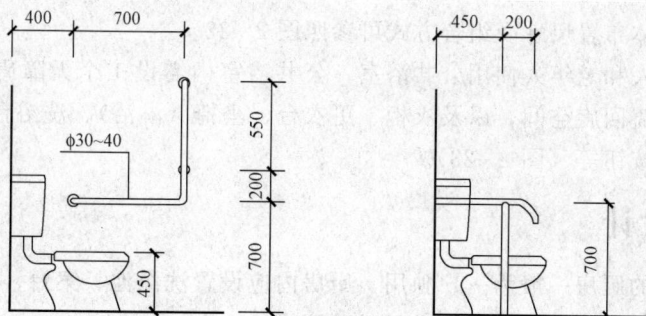

图 2-20　坐便器两侧设固定式安全抓杆

小便器的安全抓杆离地 1180mm，形式及尺度如图 2-21 所示。

洗手盆三面的安全抓杆应距盆边 50mm，高出盆面 50mm，两侧抓杆的水平长度比洗手盆长出 150～250mm。抓杆可做成落地式和悬挑式两种，但要方便乘轮椅者靠近洗手盆的下部空间（图 2-17）。

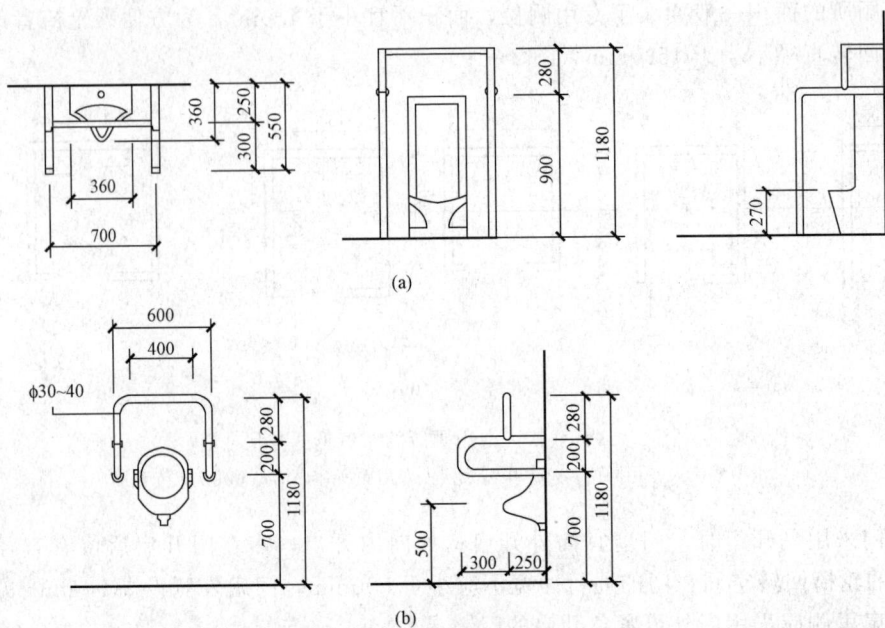

图 2-21 小便器安全抓杆的尺度要求
(a) 落地式小便器；(b) 悬臂式小便器

2.3.2 浴室与盥洗室

除了公共浴室以外，民用建筑中常见的浴室（Bathroom）、盥洗室（Washroom）都属于辅助使用房间，如体育建筑、工厂车间、宿舍等建筑中，都会根据具体需要设置相应的淋浴间和盥洗室，此外还应附设更衣室（Changing room）。浴室、盥洗室内主要的卫生器具有洗手盆、污水池、淋浴器，一般不设浴盆。更衣室内设存衣柜、更衣凳。浴室、盥洗室还可与卫生间组合。具体布置尺寸及组合方式可参照图 2-22。

考虑方便残疾人和老年人使用公共浴室，公共浴室内需设 1 个无障碍淋浴间或盆浴间，设计时应考虑设轮椅回旋空间，以及衣柜、更衣台、坐椅（淋浴）、洗浴台（盆浴）、安全抓杆等设施以及呼叫按钮等（图 2-23）。

2.3.3 厨房设计

住宅、公寓中的厨房一般为一户独用，厨房内应设置洗涤池、案台、炉灶、排油烟机及热水器等设施或预留位置。设计时应满足以下要求：

（1）厨房应有足够的面积。厨房的面积大小主要由设备布置、操作空间、套型标准等因素决定，一般住宅内厨房的最小使用面积为 4m²。

（2）厨房应按炊事操作流程布置。常见的布置形式有一列型、并列型、L 型、U 型等（图 2-24）。其中，一列型布置动作成直线进行，动线距离较长；并列型布置动线距离变短，且直线行动减少，但操作者经常要转 180°；L 型与 U 型布置较理想，动线距离较短，从冰箱、洗涤池到调理台、炉灶的操作顺序不重复，但转角部分的储藏空间使用率较低。

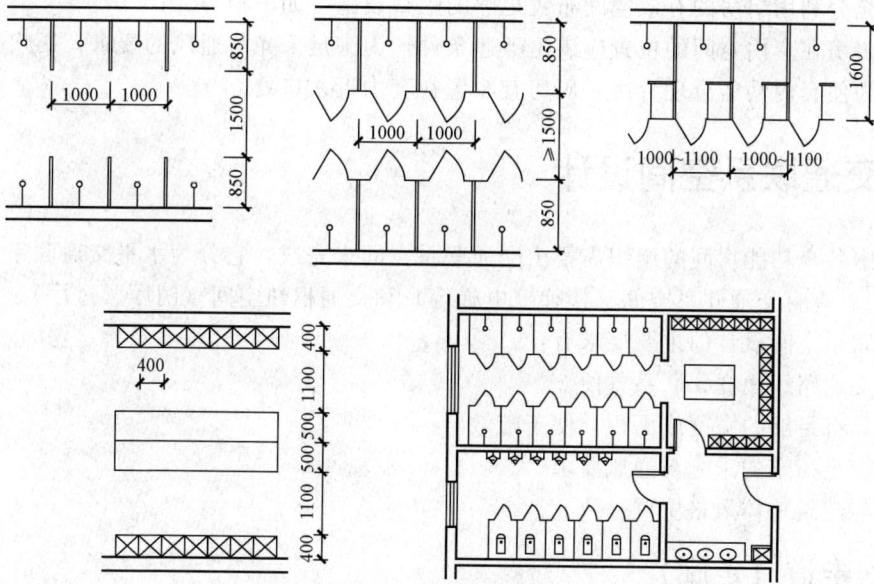

图 2 - 22 浴室与更衣室的平面尺寸及组合

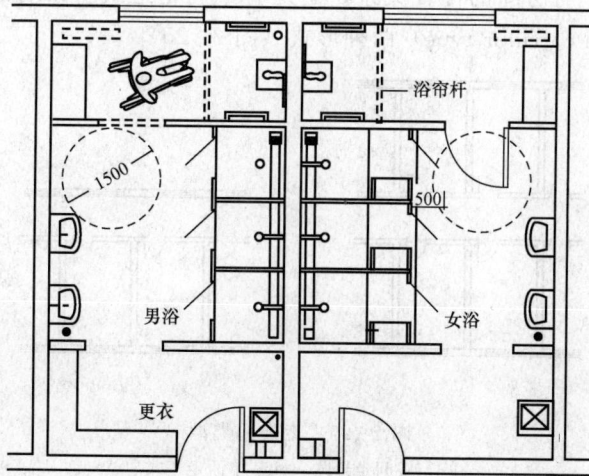

图 2 - 23 残疾人使用的淋浴间

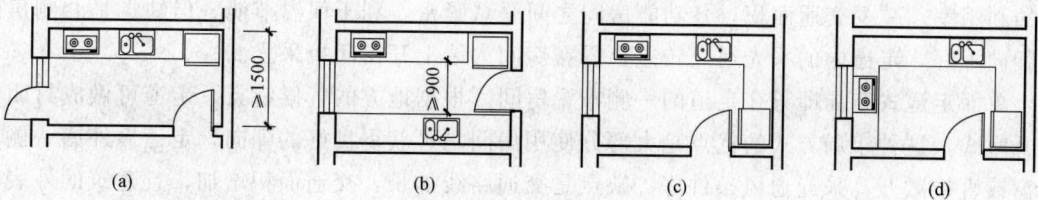

图 2 - 24 厨房常见布置形式

(a) 一列型；(b) 并列型；(c) L 型；(d) U 型

（3）充分利用厨房的有效空间布置足够的贮藏设施，如吊柜等。

（4）厨房在套内空间的位置应满足下述条件：为满足采光与通风的要求，厨房一般靠外墙布置；为使套内功能合理分区，厨房宜布置在套内近入口处。

2.4　交通联系空间设计

建筑中各个功能房间的组织需要由交通联系空间来完成，它分为水平交通联系空间（走廊、过道）、垂直交通联系空间（楼梯、电梯等）和交通枢纽空间（门厅、过厅）。

交通联系空间设计的主要要求有：

（1）交通路线短捷，联系方便。

（2）具有足够的宽度或面积，便于疏散。

（3）满足一定的采光与通风要求。

（4）与建筑整体风格协调一致。

2.4.1　走道（走廊）

1. 走道类型

根据走道（走廊）与房间的位置关系，走道有中间走道式（Internal corridor type）和单面走道式（One-side corridor type）两种形式（图 2-25）。

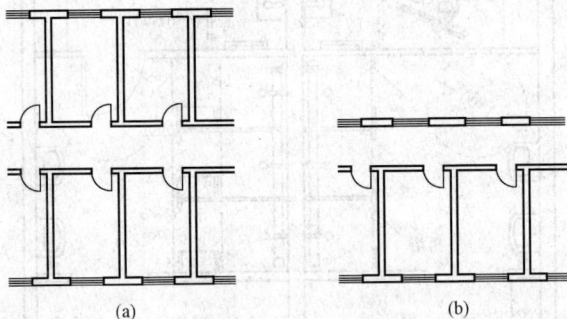

图 2-25　走道的类型
(a) 中间走道式；(b) 单面走道式

中间走道式布局指走道两侧均布置房间，走道位于建筑的内部。这种方式可提高交通空间的利用率，减少交通面积，各功能房间之间联系紧密，利于保温节能。但缺点是北侧房间的朝向不好，走道内的采光通风较差，需在房间内墙上开窗间接采光。

单面走道式布局即只在走道的一侧布置房间。根据地方的气候特点，走道可做成封闭式或开敞式。这种布局方式的优点是大部分使用房间均可获得良好的朝向，走道靠外墙一侧可开窗或直接敞开，采光通风条件好。缺点是交通路线加长，交通面积增加，且建筑的外表面积增大，不利于保温节能。

此外，还有一种走道称为过廊或连廊，它的两侧不布置房间，通常用于联系两座建筑或一座建筑中两个分离的体块，使它们之间的交通更加便捷。

2. 走道宽度

走道承担的主要功能是交通联系与疏散，一般净宽要求不小于 1100mm。当走道还兼具其他功能时，宽度应适当加大。如中小学教学楼的走道侧墙上常布置展窗或布告牌等，若为内廊式布局，则净宽不应小于 2100mm；医院门诊楼的走道兼有候诊的功能，单侧候诊时，走道净宽不应小于 2100mm，双侧候诊时，净宽不应小于 2700mm。在有无障碍设计要求的建筑内，走道净宽一般要求不小于 1800mm。对于一些人员较为集中场所，如学校、办公楼等，走道的宽度应根据每层的人数经计算确定，每 100 人需要的走道净宽不小于表 2-7 的规定。

表 2-7 疏散走道、安全出口、疏散楼梯和房间疏散门每 100 人所需的净宽度

（单位：m/100 人）

楼层位置	耐 火 等 级		
	一、二级	三级	四级
地上一、二层	0.65	0.75	1.00
地上三层	0.75	1.00	—
地上四层及四层以上各层	1.00	1.25	—

3. 走道长度

走道的长度除了取决于它所联系房间的尺寸与数量之外，最关键的是安全疏散距离的影响。它与建筑的类型、耐火等级、楼梯间的类型等方面有关（图 2-26）。表 2-8 中给出了房间疏散门至最近安全出口（封闭楼梯间）的最大距离，可间接地控制走道的长度。当楼梯间为非封闭楼梯间时，L_1 应按表 2-8 的规定减少 5m，L_2 应减少 2m。

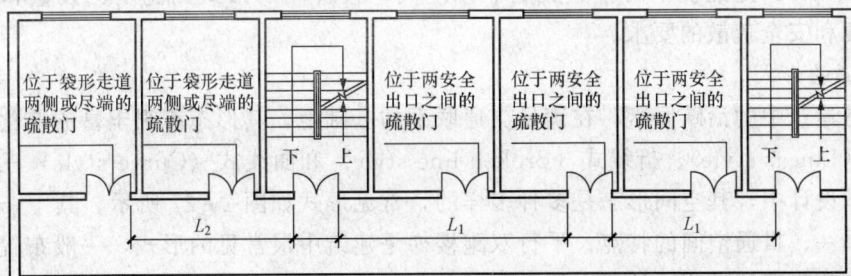

图 2-26 走道长度的规定

表 2-8 直通疏散走道的房间疏散门至最近安全出口的直线距离 （单位：m）

名称	位于两个安全出口之间的疏散门 L_1			位于袋形走道两侧或尽端的疏散门 L_2		
	耐火等级			耐火等级		
	一、二级	三级	四级	一、二级	三级	四级
托儿所、幼儿园、老年人建筑	25	20	15	20	15	10
歌舞娱乐放映游艺场所	25	20	15	9	—	—

续表

名称			位于两个安全出口之间的疏散门 L_1			位于袋形走道两侧或尽端的疏散门 L_2		
			耐火等级			耐火等级		
			一、二级	三级	四级	一、二级	三级	四级
医疗建筑	单、多层		35	30	25	20	15	10
	高层	病房部分	24	—	—	12	—	—
		其他部分	30	—	—	15	—	—
学校	单、多层		35	30	25	22	20	10
	高层		30	—	—	15	—	—
高层旅馆、公寓、展览建筑			30	—	—	15	—	—
其他建筑	单、多层		40	35	25	22	20	15
	高层		40	—	—	20	—	—

注：1. 一、二级耐火等级的建筑物内的观众厅、多功能厅、餐厅、营业厅等，其室内任何一点至最近安全出口的直线距离不大于30m。
   2. 敞开式外廊建筑的房间疏散门至安全出口的最大距离可按本表增加5m。
   3. 直通疏散走道的房间疏散门至最近敞开楼梯间的直线距离，当房间位于两个楼梯间之间时，应按本表的规定减少5m；当房间位于袋形走道两侧或尽端时，应按本表的规定减少2m。
   4. 建筑物内全部设置自动喷水灭火系统时，其安全疏散距离可按本表规定增加25%。

2.4.2　楼梯与坡道

楼梯（Stair）是建筑中的垂直交通联系空间，楼梯间的形式、宽度、数量和位置应满足使用方便和安全疏散的要求。

1. 楼梯的形式

楼梯是建筑中的活跃元素，在满足交通联系的基础上，其形态有很丰富的变化，可归纳为直线式（Linear style）、折线式（Broken line style）和曲线式（Curve style）三种基本类型。在具体设计中，其空间形态是多种多样的，常见形式如图2-27所示。其中，直跑楼梯具有方向单一、贯通空间的特点；平行双跑楼梯是建筑中最常见的形式，一般布置在单独的楼梯间内，节省建筑面积，使用方便；平行双分楼梯为均衡对称的形式，典雅庄重，常布置在门厅中轴线上；折行多跑楼梯可灵活地适应不规则的空间形状；剪刀楼梯有效利用空间，利于人流疏散；弧形楼梯和螺旋形楼梯常用于建筑的门厅或过厅部分，形式灵活多样，具有极强的装饰作用，但螺旋形楼梯不可作为疏散楼梯使用。

设计中可根据具体的要求，选择适宜的楼梯形式。

2. 楼梯梯段与平台宽度

楼梯的梯段宽度应结合通行的人流量，根据相关的建筑设计规范和防火疏散要求来确定，计算方法参照表2-7。具体楼梯尺度与设计要求详见本书第9章"楼梯"。

3. 楼梯的位置和数量

楼梯作为二层及二层以上建筑的安全疏散出口，其位置应满足疏散距离的要求，可参照

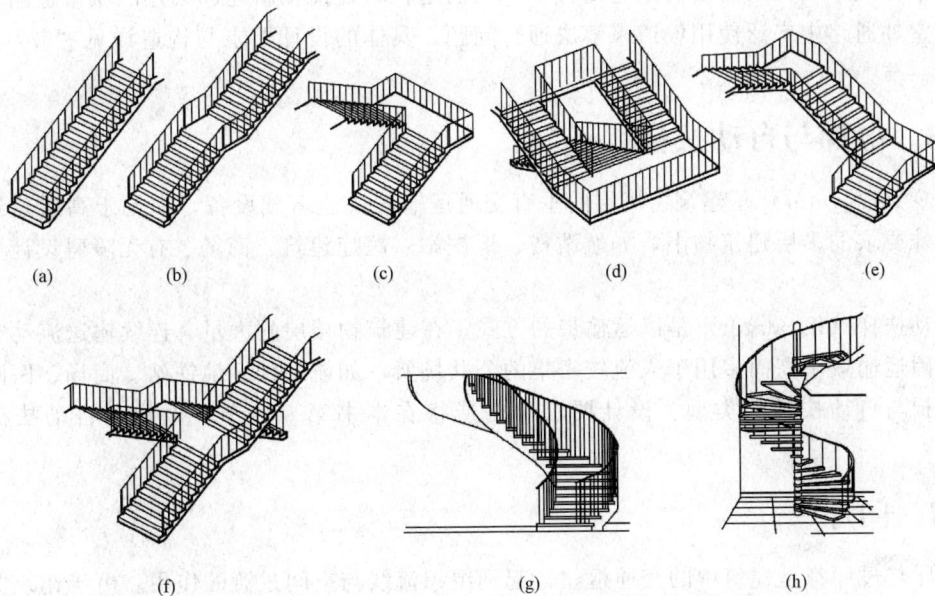

图 2-27　楼梯的常见形式

(a) 直行单跑楼梯；(b) 直行多跑楼梯；(c) 平行双跑楼梯；(d) 平行双分楼梯；

(e) 折行多跑楼梯；(f) 剪刀楼梯；(g) 弧形楼梯；(h) 螺旋形楼梯

表 2-8 的规定。同时，作为交通联系空间，楼梯对日照、采光的要求较低，常布置在北向或被包裹在大空间建筑的核心部位。

楼梯的数量要根据使用人数和防火规范的要求来确定。一般一幢公共建筑内应至少设 2 部楼梯。当疏散距离超出规范规定的条件时，应增加楼梯数量。当符合表 2-9 所列条件之一时，可设 1 部楼梯。

表 2-9　　　　　　　　　　公共建筑可设置 1 部疏散楼梯的条件

耐火等级	最多层数	每层最大建筑面积/m²	人数
一、二级	3 层	200	第二层和第三层的人数之和不超过 50 人
三级	3 层	200	第二层和第三层的人数之和不超过 25 人
四级	2 层	200	第二层人数不超过 15 人

注：本表所列条件不适用于医院、疗养院、老年人建筑及托儿所、幼儿园的儿童用房和儿童游乐厅等儿童活动场所和歌舞娱乐放映游艺场所。

建筑设计中，应将楼梯的位置和数量结合起来考虑，在建筑中均匀布置，既满足防火疏散的要求，又体现经济、美观的原则。

4. 坡道

坡道（Ramp）是用于联系地面不同高度空间的通行设施，一般坡度在 1∶8～1∶12 之间。与楼梯相比，坡道的坡度平缓，上下更省力，通行能力与水平走道近似，疏散能力较大，其缺点是占用面积很大。

为了方便残疾人或需要借助轮椅代步的人的通行，目前在新建和改建的城市道路、房屋建筑、室外通路中广泛使用坡道来解决通行问题，具体的设计要求与构造详见"9.7 无障碍设计"一节。

2.4.3　电梯与自动扶梯

电梯（Elevator）是建筑物楼层间垂直交通运输的快速运载设备，常见于高层建筑或一些有特殊要求的多层建筑物中，如航站楼、地铁站、医疗建筑、商场、有无障碍设计要求的建筑等。

自动扶梯（Escalator）是以运输带的方式，在建筑物楼层间大量、连续输送流动客流的装置，因运输效率高而多用于人流较密集的公共场所，如航站楼、地铁站、商场、医院等。

电梯与自动扶梯的类型、设计要求与构造将在本书第 9.6 节"电梯与自动扶梯"中详述。

2.4.4　门厅

门厅与过厅都是建筑中的交通枢纽，起到组织流线与空间过渡的作用。由于建筑类型不同，门厅还兼有一些附属功能，例如，旅馆的门厅应设置休息会客、邮电通信、预订票证等服务性功能空间，医院门诊楼的门厅应设置挂号、问讯、收费、取药等功能空间，图书馆的门厅则应设验证、咨询、寄存和监控等设施。

1. 门厅的设计要求

（1）门厅（Entrance hall）在平面中的位置应明确突出，一般设置在建筑物中人流、物流的集中交汇处，面向主要道路，以方便人流出入。

（2）门厅内路线导向应明确，有效组织各交通流线，避免互相干扰，影响通行与疏散。

（3）门厅内应有良好的空间环境，如充足的采光、适宜的空间比例等。

（4）门厅应注意防雨、防风、防寒，一般在出入口处设雨篷、门廊或门斗。

（5）门厅对外出入口还应按照防火规范的要求满足一定的疏散宽度，具体可参照《建筑设计防火规范》（GB 50016—2014）中给出的相关计算方法。

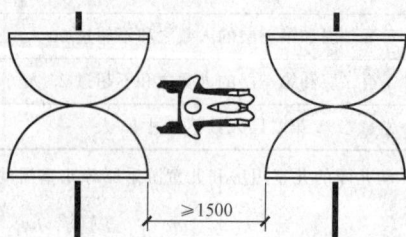

图 2-28　无障碍设计中门厅处
两道门同时开启的间距要求

（6）在寒冷地区，公共建筑入口处要求设两道门，门的间距应考虑到同时开启时的使用问题。《无障碍设计规范》（GB 50763—2012）中规定：建筑物无障碍出入口的门厅、过厅如设置两道门，门扇同时开启时两道门的间距不应小于1500mm。可以避免轮椅使用者在通行时被同时开启的门扇碰撞（图 2-28）。

2. 门厅的面积指标

门厅的面积大小可根据建筑的使用性质、规模、质量标准以及空间效果等因素综合确定。在一些公共建筑设计规范中，规定了门厅的面积定额，例如，中小学的门厅面积指标为 0.06～0.08m²/人，旅馆的门厅面积指标为 0.2～0.5m²/床，图书馆的门厅面积指标可按 0.05m²/阅览座计算。

3. 门厅的布置方式

门厅的布置方式与建筑的平面形式有关，分为对称式（Symmetric style）与非对称式（Non-symmetric style）两类。

当建筑的平面形式为对称式布局时，门厅布置在建筑的中轴线上［图 2-29 (a)］，此种布局方式给人庄重、严肃的印象，常用在图书馆、办公楼等建筑中。

当建筑的平面形式为非对称式布局时，门厅的位置就会自由一些，常布置在建筑不同体块的衔接处［图 2-29 (b)］。非对称式布局给人活泼、灵动的印象，常用于旅馆、医院、教学楼等多种建筑类型中。

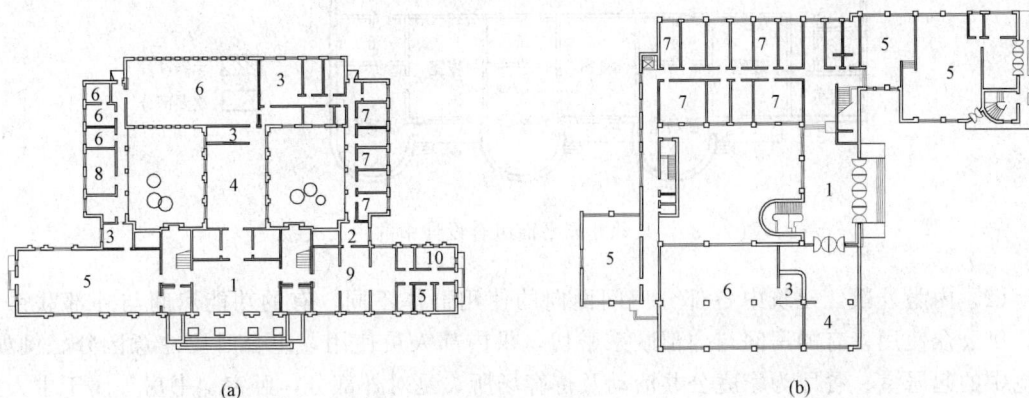

(a)　　　　　　　　　　　　　　　　　(b)

图 2-29　某图书馆门厅布置方式

(a) 对称式门厅布局；(b) 非对称式门厅布局

1—门厅；2—过厅；3—出纳；4—目录厅；5—阅览室；6—书库；7—办公；8—装订；9—陈列；10—接待

2.5　建筑平面组合设计

建筑的平面组合设计（Plane combination design）是将建筑的各部分功能房间有机地整合到一起，其影响因素主要涉及功能分区、结构类型选择、设备布置以及总平面布局等多个方面。协调好各部分之间的关系，灵活运用各种平面组合方式，使建筑满足适用、经济、美观的要求，是建筑平面组合设计的主要任务。

2.5.1　建筑平面组合的影响因素

1. 功能分区

功能分区（Function division）主要是按照主次、内外、动静或使用流程将性质相似、大小接近的房间组织在一起，各分区之间既要分隔，不互相干扰，也要注意有便捷、密切的联系，以提高建筑使用效率。

（1）主次分明。建筑内部房间从功能的重要程度上看，有的是主要的，有的则是次要的、从属的。例如，住宅中的客厅、居室是主要部分，卫生间、厨房则是次要部分；幼儿园中的幼儿生活用房是主要部分，行政办公、厨房、洗衣间等用房则是次要部分；教学楼中的各类教室、实验室是主要部分，管理、办公、储藏是次要部分。因此，在平面分区时，要将相同类型的用房组织在一起，把主要功能房间设置在建筑的入口附近（图2-30）。

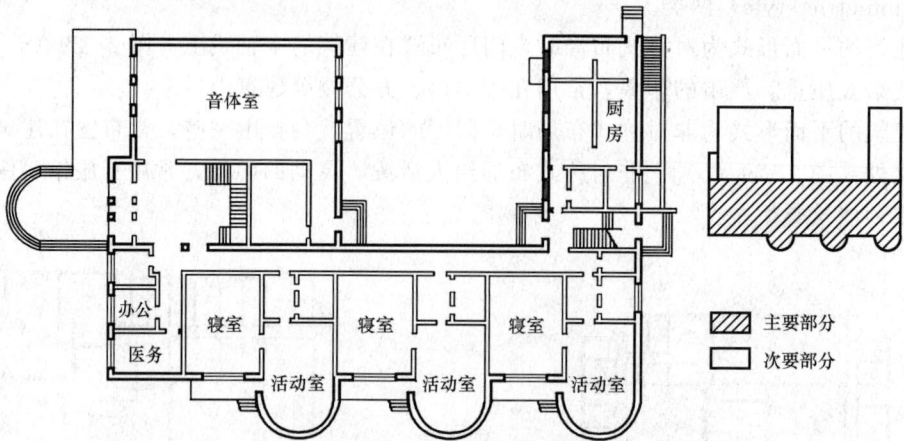

图2-30 某幼儿园平面组合设计中的主次关系

（2）内隐外敞。建筑中各部分房间面向的使用群体不同，有的功能房间与外部联系密切，供公众使用，有的房间与内部联系密切，供内部人员使用，组合时应注意区分。例如，住宅中的起居室、餐厅为家庭公共活动及待客场所，是对外部分，卧室、书房等属于主人的私密空间，为对内部分；图书馆的阅览室是对外部分，而行政、办公用房是对内的；餐饮建筑中餐厅是对外的，厨房、储藏、办公是对内的。对外部分应设置在建筑靠近主入口门厅处或直接对外设入口，使人易于到达，对内部分则应设置在建筑平面中较隐蔽的位置，以减少干扰（图2-31）。

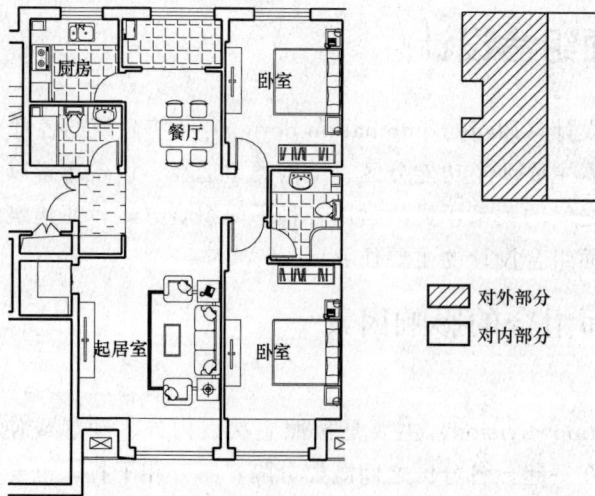

图2-31 住宅户型设计中的内外分区

（3）动静分离。从使用要求来看，有的功能房间需要安静，有的房间在使用中声音干扰较大，应在平面中分区布置。例如，部分中小学教学楼中的音乐教室、小礼堂为动区，普通教室为静区（图 2-32）；酒店中的接待、餐饮部分为动区，客房部分为静区。平面布置中，应使动静分离，可分别布置在同一层平面的不同区域，或分别布置在不同楼层。

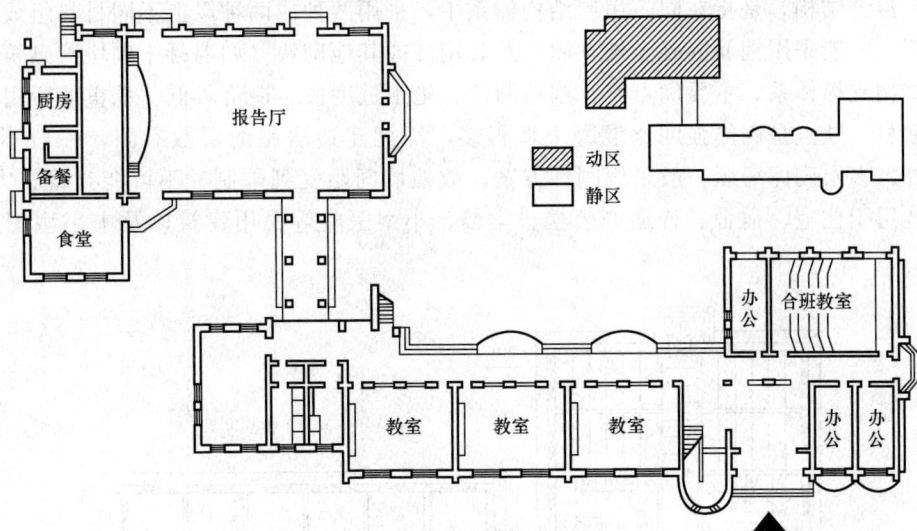

图 2-32　教学楼设计中的动静分区

（4）洁污分区。洁污分区主要体现在医院类建筑的平面关系划分中。此外，在普通住宅的套型设计中，也经常涉及洁污分区，例如，厨房在使用中会产生油烟、污水、噪声，属于污的部分，客厅、居室则属于洁的部分，应注意平面上的划分，将污的部分靠近出口（图 2-33）。

（5）流程清晰。通常指在建筑中完成某种行为或工艺的顺序。例如，在交通建筑中，人们需经过买票、行李托运、候车、检票再经过通道到达月台上车；医院的手术室中，根据严格的消毒流程，医护人员需经过换鞋、更衣、刷手等环节方才进入到手术室内，各部分房间布局必须遵循使用流程（图 2-33）。

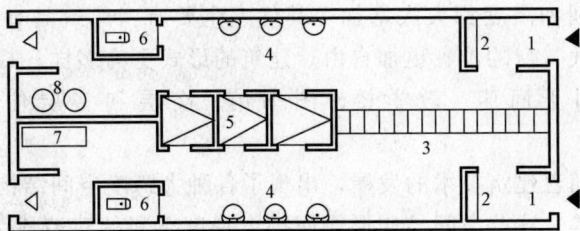

图 2-33　手术室设计中的流程关系

1—换鞋；2—鞋柜；3—更衣柜；4—洗面池；5—淋浴；6—厕所；7—搁板；8—污衣袋

2. 结构类型选择

建筑的结构体系（Structural system）是建筑存在的物质基础。按照建筑物的主体结构形式划分，常见的结构类型有混合结构（Composite structure）、框架结构（Frame structure）和空间结构（Space structure）。平面组合设计中要结合所选择的结构类型，合理确定平面各组成部分的尺寸与形状，既满足经济性要求，同时又兼顾结构的合理性以及结构与造型的一致性。

（1）混合结构，是指在同一房屋结构体系中，采用两种或两种以上不同材料组成的承重结构体系。一般采用钢筋混凝土楼（屋）盖和用砖或其他砌块（如混凝土砌块）砌筑的承重墙组成结构支撑体系。主要优点有：构造简单、施工进度快、造价较低、承重墙所用材料便于就地取材。缺点是砌体强度比混凝土低得多，因此建造房屋的层数有限，一般不超过 7 层。此外，多层砌体房屋一般采用刚性方案，故横墙间距受到限制，不可能获得较大空间，因而只能用于住宅、宿舍、普通办公楼、学校、小型医院等民用建筑以及中小型工业建筑（图 2-34）。

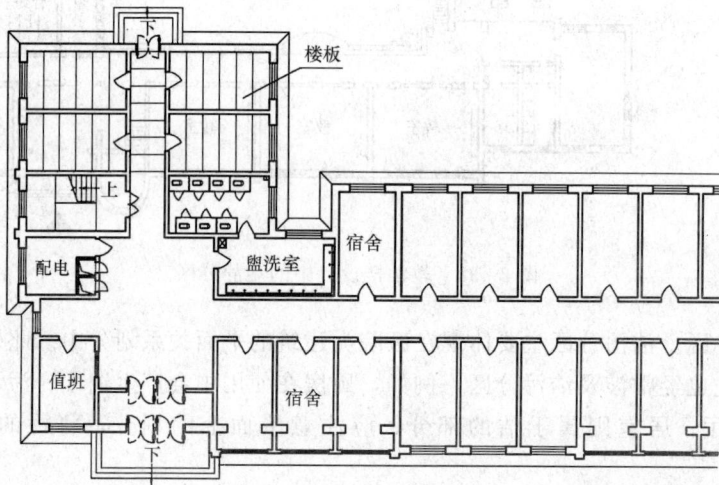

图 2-34 采用墙承重结构的某宿舍楼平面

（2）框架结构，是由梁和柱刚性连接的骨架结构。墙体作为非承重构件，只起到空间分隔作用。框架结构主要使用的材料就是型钢和钢筋混凝土，这两种材料具有很好的抗压和抗弯性能，建筑物的空间和高度都大大增加。其优点主要有：建筑具有较好的抗震性和整体性，平面布局灵活性大，窗的位置更加自由，建筑的形式更为多样。缺点是钢材和水泥用量大，造价较高。常用于商店、教学楼、图书馆、高层和多层住宅、旅馆等建筑中（图 2-35）。

（3）空间结构。随着建筑技术的发展，出现了各种大跨度空间结构，如网架、薄壳、折板、悬索、薄膜结构等。这些空间结构形式使得大跨度空间的建造成为可能，使用材料少、受力合理，且大空间中无视线阻隔，建筑形式也常常令人耳目一新。常用于体育馆、体育场、航站楼等大跨度建筑中（图 2-36）。

3. 设备管线

建筑要达到预期的使用功能目标还应在建筑内合理配置各类设备管线，包括给水排水、采暖、通风、空调、配电、通信等各项系统。常见的设备管线较为集中的位置有：住宅中的厨房、卫生间；教学楼、办公楼中的卫生间；旅馆、公寓中的卫生间（图 2-37）等。在建筑平面组合设计时，要预留这些管线的空间，并合理确定它们在平面中的位置，尽量上下对

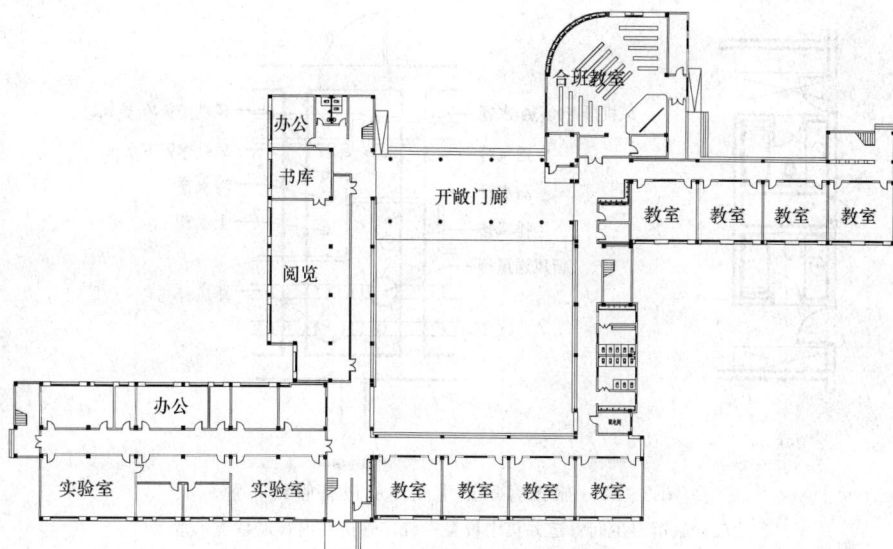

图 2-35 采用框架结构的某教学楼平面

(a)   (b)

图 2-36 采用空间结构的建筑

(a) 水立方采用的空间钢架与 ETFE 薄膜结构；(b) 悉尼歌剧院采用的薄壳结构

位、集中敷设，以缩短管线长度，便于施工、管理和维护。

4. 基地环境

建筑与它所处的环境密切相关，既要解决好拟建建筑与周边原有建筑的关系，又要解决好地段内各建筑间的关系。应充分掌握地段的各项条件，从功能布局、地形地势、日照、防火等方面对建筑的平面组合进行推敲，使功能合理，形态美观，并符合相关规范的要求。

(1) 建筑及其附属设施的功能布局。在地段中，不仅要为建筑本身寻求一个合理、优越的位置，还要结合具体功能要求布置必要的场地、院落、道路、绿化等室外设施。例如，在幼儿园的总平面设计中，要对建筑、室外游戏场地、绿化用地及杂物院等进行总体布置。其中，场地入口与建筑入口的位置、杂物院与供应用房的关系、室外游戏场地与建筑内幼儿生活用房的关系，都会影响到建筑平面功能的组合，设计时要符合幼儿生理、心理特点，做到分区要合理，朝向适宜，游戏场地要日照充足（图 2-38）。

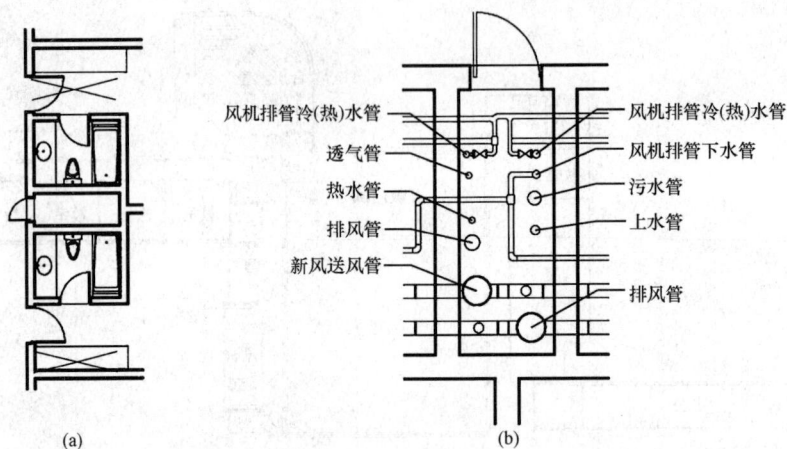

图 2-37 旅馆客房卫生间内的设备管线布置

(a) 旅馆卫生间管道井集中设置；(b) 管道井内管道系统示意

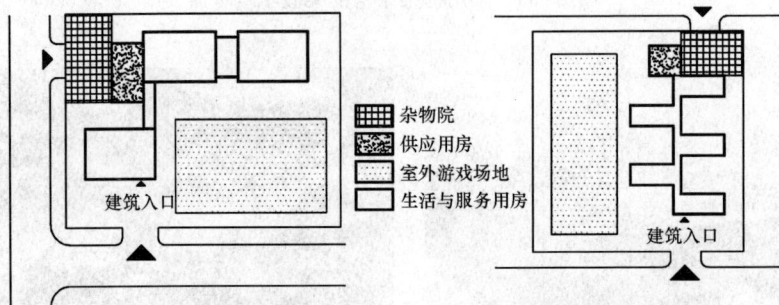

图 2-38 幼儿园的地段功能布局对建筑平面组合的影响

（2）地形地势。建筑基地的地形与地势是十分重要的设计限定条件，善加利用，可以给建筑赋予独特的区域特色。

1）地形条件。地形对建筑平面组合的影响主要体现在建筑的平面形状上。在接近方形的地段内，建筑布局通常较为集中；在狭长地段内，建筑布局易呈线性；当地段边界出现转角或弧线等不规则形时，建筑布局顺应地形，处理手段灵活多样（图 2-39）。当基地面积较紧张时，地形对平面的限定作用体现得更明显。建筑平面组合的形状与基地的形状常常一致。

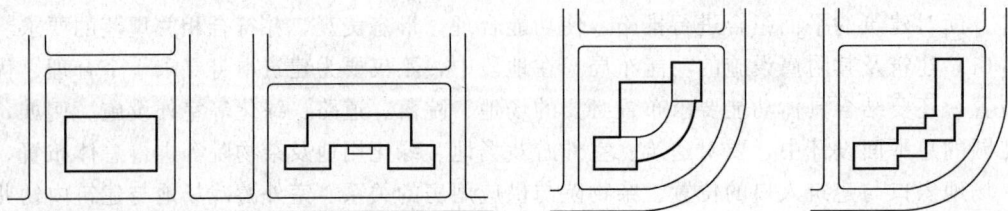

图 2-39 地形对建筑平面组合形状的影响

2）地势条件。地势对建筑平面的影响主要体现在各层平面的标高选取上，常结合建筑剖面、立面进行设计。有效利用地势，可减少土方量，创造富有空间层次的建筑景观（图 2-40）。

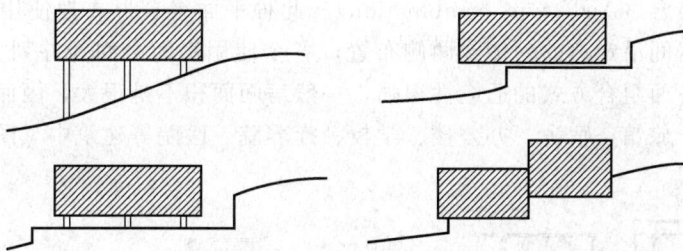

图 2-40　利用地势创造丰富的建筑平面（空间）形态

（3）日照间距。建筑中部分房间有日照时间的要求，日照间距（Sunshine spacing）是指前后两座建筑之间，根据日照时间要求所确定的距离，以满足使用舒适性和卫生的要求。对于居住建筑来说，这一点尤为重要（图 2-41）。在平面组合设计中，为满足这一距离要求，建筑平面的位置、形状都可能受到影响。日照间距的计算公式为：

$$L = H/\tan\alpha$$

式中　L——日照间距；

　　　H——南向前排房屋檐口至后排房屋底层窗台的高度；

　　　α——冬至日正午的太阳高度角（房屋为正南向时）。

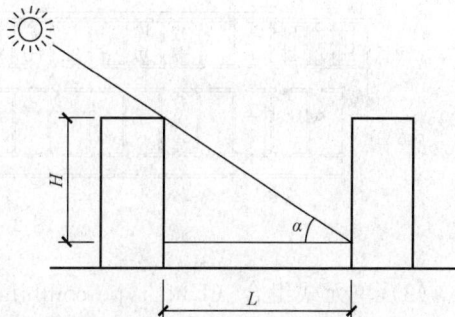

图 2-41　建筑物的日照间距

由于南北的地理位置不同，南方的日照间距小，越向北日照间距越大。

（4）防火间距。建筑与建筑之间还要保持一定的防火间距，以保证发生火灾时，能够顺利实施消防救援，并防止火势蔓延。在建筑平面组合时，要注意与周边其他建筑的距离，合理退让。《建筑设计防火规范》（GB 50016—2014）中规定了建筑物之间的防火间距（表 2-10），设计中可参考使用。

表 2-10　民用建筑之间的防火间距　（单位：m）

建筑类别		高层民用建筑	裙房和其他民用建筑		
		一、二级	一、二级	三级	四级
高层民用建筑	一、二级	13	9	11	14
裙房和其他民用建筑	一、二级	9	6	7	9
	三级	11	7	8	10
	四级	14	9	10	12

2.5.2 建筑平面组合形式

常用的建筑平面组合形式有以下几种：

（1）走道式组合（Aisle-type combination）。此种平面组合形式把使用空间和交通联系空间明确分开，房间沿走道的一侧或两侧布置，各个使用房间之间为并列关系，各自独立，互不干扰。这种平面组合方式的适应性很强，一般房间面积不是很大，因而采光和通风情况都比较好。常用于旅馆、宿舍、办公楼、学校、疗养院、医院等建筑中（图 2-42），是最常用的平面组合形式。

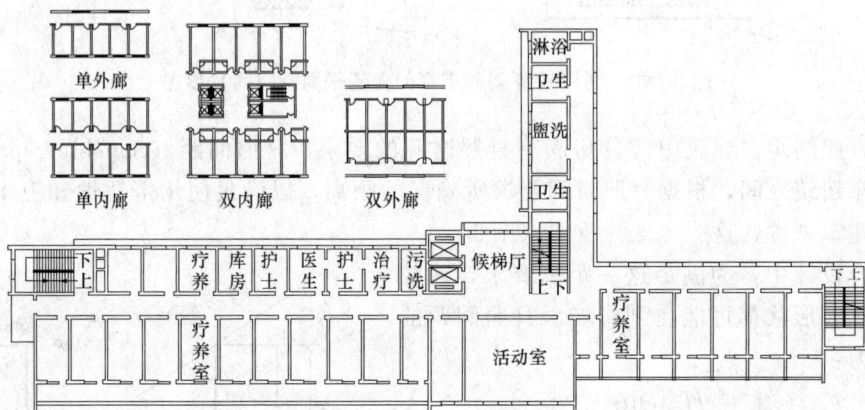

图 2-42 走道式组合

（2）单元式组合（Unit-type combination）。将功能关系密切的房间组合到一起，在建筑中自成系统，称为单元。将多个单元在平面中组合到一起的方式叫做单元式组合。常见于居住类建筑中，以楼梯、电梯作为各单元住户之间交通联系。此种组合方式可以减少住户之间的干扰，同时缩小交通面积，平面布局紧凑。单元的组合也可以灵活处理，根据地段的条件，确定组合单元的数量和位置，可以呈一字形、L 形或错落布置，组合形式多样（图 2-43）。

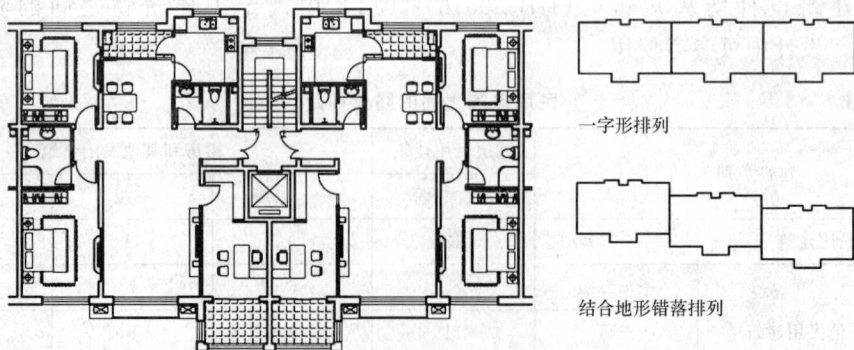

图 2-43 单元式组合

（3）大厅式组合（Hall-type combination）。以大厅作为交通联系的手段，将各使用房间联系起来。通常见于房间面积较大，并且集中排布的位置。将大房间出口处的缓冲空间合并到一起，形成大厅，既解决了交通联系，又解决了人流集散的问题。由于各房间之间没有干扰，在管理上也具有较强的灵活性。例如展览建筑中，根据布展需要，可以所有展厅同时开放，也可只开放部分展厅。车站、图书馆、展览馆等建筑也常用此种组合方式（图 2 - 44）。

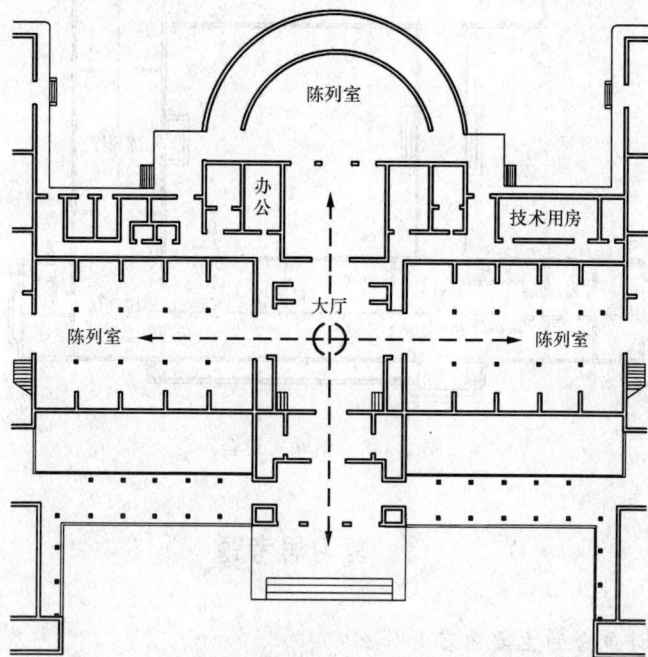

图 2 - 44　大厅式组合

（4）串联式组合（Tandem-type combination）。在建筑平面组合时，部分功能房间之间联系密切或有流程上的顺序关系时，采用串联式组合。各房间穿套布置，交通部分就包含在房间面积中，人的流线靠房间内的家具或设施进行引导和划分，组合时应注意流线的合理性，避免重复或交叉（图 2 - 45）。常见于陈列室、浴室、游泳馆等功能空间中。

建筑的组成功能具有多样性和复杂性，一座建筑中常常组合了多种使用功能，因此，平面组合中也相应地采用不同的组合形式，可以一种组合形式为主，其他组合形式为辅。

本 章 小 结

本章主要讲述建筑平面设计的内容和方法，包括主要使用空间设计、辅助使用房间设计、交通联系空间设计以及建筑的平面组合设计四部分。其中，建筑的平面组合设计需要结合具体设计情况，综合运用涉及的相关知识，是本章的重点和难点。

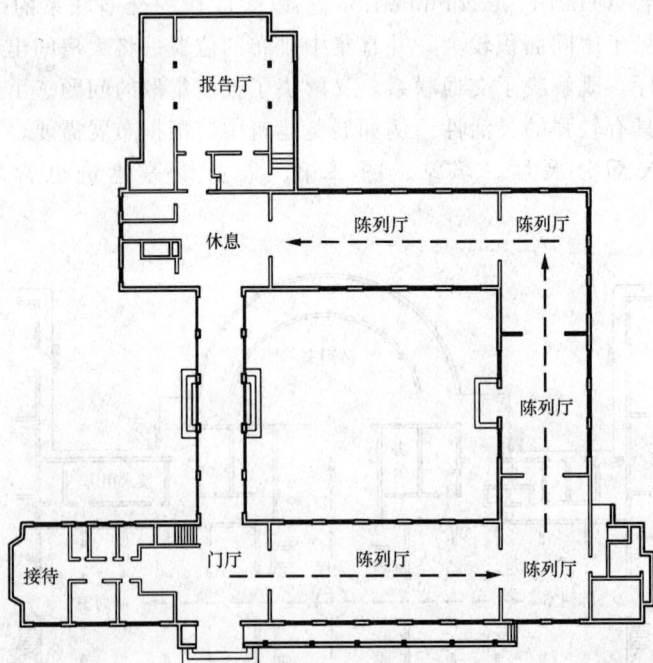

图 2-45　串联式组合

复习思考题

1. 建筑平面设计包含的主要内容是什么？
2. 如何确定房间的面积？房间的形状和尺寸与哪些因素有关，举例说明。
3. 如何确定房间门窗的位置、大小和数量？
4. 公用卫生间内卫生器具的数量和布置有什么要求？
5. 简述无障碍卫生间的设计要求。
6. 建筑中的交通联系空间主要指什么？
7. 防火规范中对走道的长度和宽度有什么规定？
8. 影响建筑平面组合的因素有哪些？
9. 简述建筑平面组合的形式、特点及适用范围。

本章专业英语词汇表

1. 建筑设计 architectural design
2. 平面设计 plane design
3. 平面图 plane drawing, plane figure
4. 剖面图 section drawing
5. 立面图 elevation drawing

6. 效果图 rendering

7. 使用空间 usable space

8. 交通联系空间 transportation space

9. 使用面积 usable floor area

10. 天然采光 natural daylighting

11. 自然通风 natural ventilation

12. 无障碍设计 barrier-free design，non-barrier design

13. 公用卫生间 public toilet

14. 专用卫生间 private toilet

15. 浴室 bathroom

16. 盥洗室 washroom

17. 更衣室 changing room，dressing room

18. 中间走廊式 internal corridor type

19. 单面走廊式 one-side corridor type

20. 楼梯 stair

21. 坡道 ramp

22. 电梯 elevator

23. 自动扶梯 escalator

24. 直线式 linear style

25. 折线式 broken line style

26. 曲线式 curve style

27. 门厅 entrance hall，hall

28. 对称式 symmetric style

29. 非对称式 non-symmetric style

30. 平面组合设计 plane combination design

31. 功能分区 function division

32. 结构体系 structural system

33. 混合结构 composite structure

34. 框架结构 frame structure

35. 空间结构 space structure

36. 日照间距 sunshine spacing，distance for sunlight

37. 走道式组合 aisle-type combination

38. 单元式组合 unit-type combination

39. 大厅式组合 hall-type combination

40. 串联式组合 tandem-type combination

第 3 章

建 筑 剖 面 设 计

教学要求

1. 熟悉如何确定房间的剖面形状。
2. 掌握建筑各部分高度确定。
3. 了解建筑层数的确定及影响因素。
4. 了解建筑空间的剖面组合和利用。

剖面设计主要是确定房间的剖面形状、建筑物各部分高度、建筑层数、建筑空间的组合与利用，以及建筑剖面中的结构与构造的关系；并且它和房屋的使用、造价和节约用地等相关。

3.1 房间的剖面形状

房间的剖面形状分为矩形和非矩形两类。一般民用建筑多采用矩形剖面，可以获得简洁、规整、便于竖向空间组合的体型；同时，具有结构简单、施工方便等优点。非矩形剖面灵活自由，适应性强，但结构复杂。

房间的剖面形状的选择主要是根据使用要求和特点来确定，同时还要结合具体的物质技术、经济条件及特定的艺术构思考虑，使之既能满足使用要求，又能达到一定的艺术效果。主要考虑以下几方面的要求：

3.1.1 室内使用性质和活动特点的要求

在民用建筑中，绝大多数的建筑物属于一般功能要求的建筑物，如住宅、学校、办公楼、旅馆、商场等，这类建筑房间的剖面形状多采用矩形。

对于使用人数较少、面积较小的房间，应以矩形为主；对于使用人数较多、面积较大且有视听要求的房间，应做成阶梯状或斜坡形。

对于某些有特殊功能要求的房间，如影剧院的观众厅、体育馆的比赛大厅和教学楼中的阶梯教室等，应根据使用要求选择合适的剖面形状。这类房间除平面形状、大小应满足一定的视距、视角要求外，空间上也需要良好的视觉要求，即舒适、无遮挡地看清对象。在剖面设计中，为了保证良好的视线质量，即视线无遮挡，需要进行视线（Sightline）设计，可将座位逐排升高，使室内地面形成一定的坡度（图 3-1）。

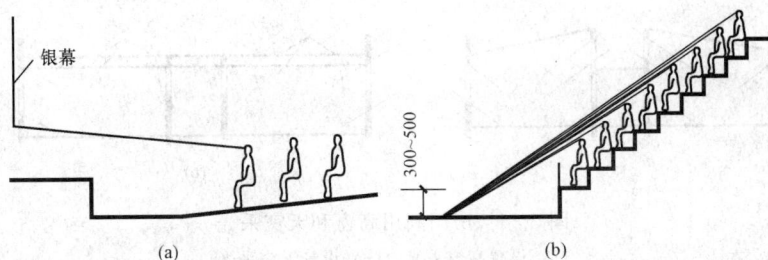

图 3-1　设计视点与地面坡度的关系

(a) 电影院；(b) 体育馆

剧院、电影院、会堂等建筑，大厅的音质要求对其剖面形状的影响也很大。为保证室内声场分布均匀，防止出现空白区、回声和聚焦等现象，在剖面设计中要注意顶棚的处理（图 3-2）。

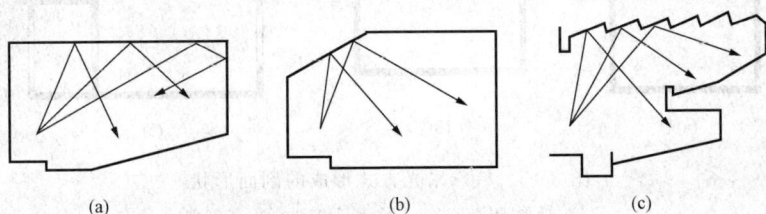

图 3-2　观众厅的几种剖面形状示意

(a) 平顶棚；(b) 降低舞台口顶棚；(c) 锯齿形顶棚

3.1.2　采光和通风的要求

为了保证房间必要的学习、生活及卫生条件，房间的高度应有利于天然采光和自然通风。

1. 天然采光

房间内尽量采用天然采光（Natural lighting）。采光房间内光线的照射深度，主要由侧窗的高度解决。进深越大，要求侧窗上沿的位置越高，即相应房间的净高也要大一些。当房间采用单侧采光时，通常侧窗上沿离地的高度应不小于房间深度的 1/2 [图 3-3 (a)]；当房间允许两侧开窗时，侧窗上沿离地的高度不小于房间深度的 1/4 [图 3-3 (b)]。当房间进深大，侧窗不能满足采光要求时，可以采用高侧窗或屋顶设采光窗等方法解决，从而形成各种不同的剖面形状（图 3-4）。

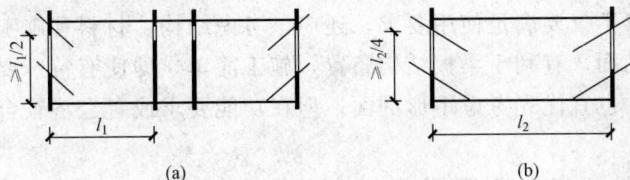

图 3-3　房间窗高与进深的关系

(a) 单侧窗采光；(b) 双侧窗采光

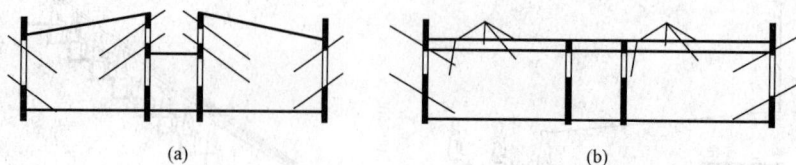

图 3-4 房间利用高窗和天窗采光
(a) 设置高窗采光；(b) 设置天窗采光

　　有的房间虽然进深不大，但有特殊要求，例如，展览馆中的陈列室，为使室内照度均匀、稳定、柔和，并减轻和消除眩光的影响，避免直射阳光损害陈列品，需设置各种形式的屋顶采光窗（图 3-5）。

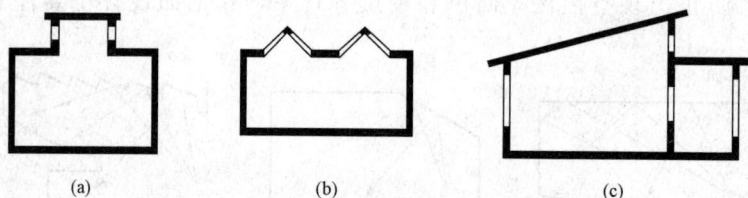

图 3-5 特殊采光方式形成的剖面形状
(a) 矩形天窗；(b) 三角形天窗；(c) 高侧窗

　　2. 自然通风

　　为了使室内有良好的自然通风（Natural ventilation）效果，除了利用侧窗通风外，还可在屋顶设置通风窗等办法来解决，尤其是在操作过程中常散发出大量蒸汽、油烟等厨房类房间，可在顶部设置排气窗以加速排除有害气体（图 3-6）。

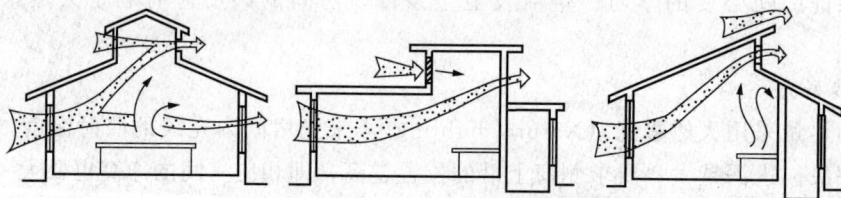

图 3-6 设置顶部气窗的剖面形状

3.1.3 结构、材料和施工的要求

　　房间的剖面形状不仅要满足使用要求，还应该考虑结构、材料和施工的影响。大量性民用建筑采用的矩形剖面，有利于梁板结构布置，施工简单。即使有特殊要求的房间，在满足使用要求的前提下，也宜优先考虑矩形剖面；但在功能要求或者经济较合理的情况下，也可以采用非矩形剖面。

　　空间结构的选择可以与剖面形状的选择结合起来，如悬索、壳体、网架等类型（图 3-7）。结构形式不同的大跨度建筑的房间不同于砖混结构的内部空间特征，体现出一种现代建筑的风格——力度和动势。

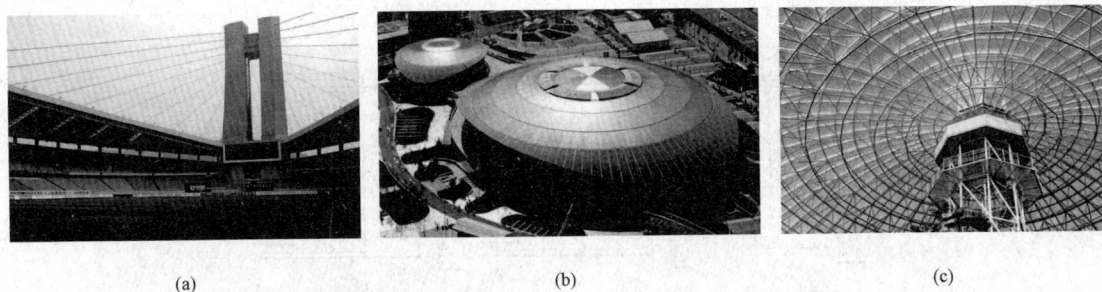

图 3-7　空间结构类型

(a) 悬索结构；(b) 壳体结构；(c) 网架结构

3.1.4　室内空间比例的要求

室内空间的封闭和开敞、宽大和矮小、比例协调与否都会给人以不同的感受。例如，宽而矮的空间使人感觉宁静、开阔、亲切，但过低又会使人产生压抑、沉闷的感觉；高而窄的比例易使人产生兴奋、激昂、向上的情绪，且有严肃感（图 3-8）。合适的空间比例（Proportion of the space）会给人以舒适的感觉。

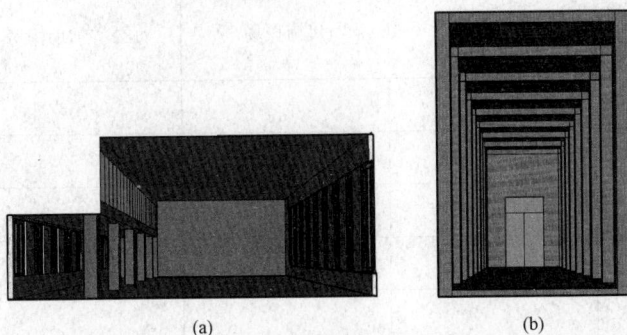

图 3-8　空间比例不同给人以不同的感受

(a) 宽而矮的空间比例；(b) 高而窄的空间比例

3.2　房间各部分高度的确定

3.2.1　房间的高度

在建筑剖面设计中，首先确定的是房间净高和层高。净高（Clear height）是指楼地面到结构层（梁板）底面或顶棚下表面之间的距离。层高（Storey height）是指该楼层地面到上一层楼面之间的距离（图 3-9）。

净高是供人们直接使用的有效室内高度，它与室内活动特点、采光通风要求、结构类型、设备尺寸等因素有关。有时房间的平面形状也间接地影响到房间净高的确定。净高的常用数值参考如下：

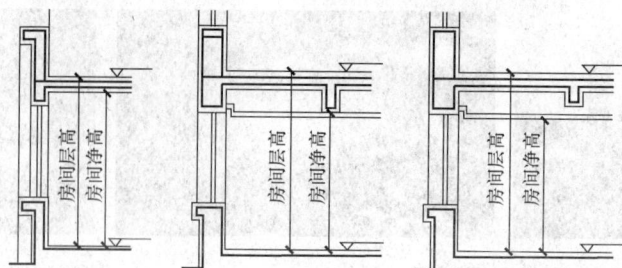

图 3-9　房间的净高和层高

卧室、起居室（厅）：大于或等于 2.40m；办公、工作用房：大于或等于 2.70m；阅览室：大于或等于 2.60m；走廊：大于或等于 2.20m；小学教室：大于或等于 3.00m，中学教室：大于或等于 3.05m；幼儿园的活动室：大于或等于 2.80m，音体活动室：大于或等于 3.60m。

层高是国家对各类建筑房间高度的控制指标。各类建筑主要使用房间的常用层高可参见表 3-1。

表 3-1　　　　　　　　　　各类建筑主要使用房间的常用层高　　　　　　　　（单位：m）

建筑类型 \ 房间名称	教室、实验室	风雨操场	办公、辅助用房	居室、卧室
中学	3.30～3.60	3.80～4.00	3.00～3.30	
小学	3.20～3.40	3.80～4.00	3.00～3.30	
住宅				2.80
办公楼			3.00～3.30	
宿舍楼				2.80～3.30
幼儿园	3.00～3.20			3.00～3.20

3.2.2　窗台高度

窗台（Window sill）高度主要与室内的使用要求、人体尺度、家具尺寸及通风要求有关。大多数的民用建筑，窗台高度主要考虑方便人们工作、学习，保证书桌上有充足的光线。窗台高一般为 900～1000mm［图 3-10（a）］。

对于有特殊要求的房间，应根据要求确定合适的窗台高度。例如，陈列室，为消除和减少眩光，应避免陈列品靠近窗台布置，窗台到陈列品的距离要使保护角大于 14°，因此，一般将窗下口提高到离地 2.50m 以上，形成高侧窗［图 3-10（b）］；托儿所、幼儿园的窗台高度应考虑儿童的身高，一般采用 600～700mm［图 3-10（c）］，如果考虑成人使用，需加设安全栏杆。某些公共建筑的房间如餐厅、休息厅，以及疗养建筑和旅游建筑，为使室内阳光充足和便于观赏室外景色，常将窗台做得很低，甚至采用落地窗。

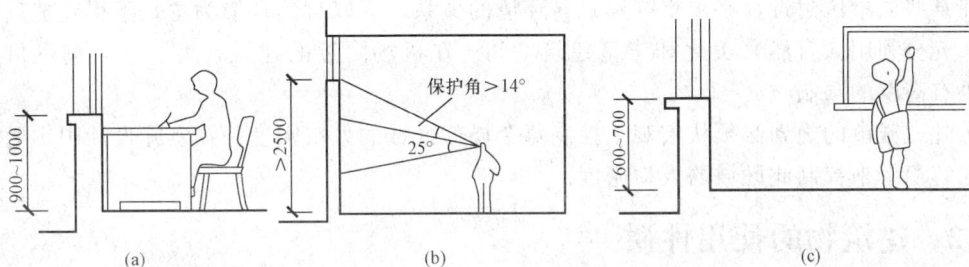

图 3-10 窗台高度
(a) 一般民用建筑；(b) 展览馆陈列室；(c) 托儿所、幼儿园

3.2.3 室内外地面高差

为了防止室外雨水流入室内和防止墙身受潮，民用建筑通常把室内地坪适当提高，使得建筑物室内外地面形成一定高差（Difference of elevation）。

室内外地面高差主要由以下因素确定：

（1）建筑物沉降量。一般建筑物建成后会有一定的沉降量，沉降量大小决定室内外高差的多少。

（2）防水、防潮要求。对于地下水位较高或雨水量较大的地区以及较重要的建筑物等，需要提高室内地面，室内外高差一般大于或等于 300mm。

（3）地形及环境条件。位于山地和坡地的建筑物，应结合地形的起伏变化和室外道路布置等因素，综合确定底层地面标高，使其既方便内外联系，又有利于室外排水和减少土石方工程量。

（4）建筑物使用性质特征。民用建筑应具有亲切、平易近人的感觉，因此室内外高差不宜过大。纪念性建筑除了在平面空间布局及造型上反映其独特的性格特征外，常采用高的台基和较多的踏步来增强建筑严肃、庄重、雄伟的气氛。

室内外地面高差的确定除了考虑以上因素外，还要考虑便于人流和货流的通行。例如，住宅、商店、医院等建筑，室外踏步的级数以不超过 4 级，即室内外地面高差小于或等于 600mm 为宜；而仓库类建筑，为便于运输常在入口处设置坡道代替台阶，为了不使坡道过长影响室外道路布置，室内外地面高差小于或等于 300mm 为宜。

3.3 建筑层数的确定

建筑层数的确定受很多因素影响，具体有以下几方面：

3.3.1 建筑基地环境与城市规划的要求

环境协调和城市的总体规划制约着每幢建筑的层数和高度。建筑的层数不能脱离环境，特别是位于城市街道两侧、广场周围、风景区等位置，需要考虑建筑与周围建筑物、道路、绿化等协调一致。不同位置的建筑，城市规划（Urban planning）制约的条件有所不同，例如，在某些风景区附近，必须重视建筑与环境的关系，应以自然环境为主，不得建造高大的建筑，充分利用大自然来美化和丰富建筑空间。在机场附近的建筑，为了不影响飞机的起降，也有高度的限制。

另外，城市的规划必须从宏观上控制每个局部区域的人口密度。在实际设计中，通过居住区的容积率来控制此区域的人口密度。

3.3.2　建筑物的使用性质

有些建筑物的使用性质对建筑层数也有一定要求。例如，住宅、办公楼、旅馆等建筑，多由若干面积不大的房间组成，高度和荷载较小，可采用多层和高层；对于托儿所、幼儿园等建筑，考虑到儿童的生理特点和安全，同时为便于室内与室外活动场所的联系，其层数不应超过 3 层；影剧院、体育馆等一类公共建筑中都有面积和高度较大的房间，人流集中，为迅速而安全地进行疏散，宜建成低层。

3.3.3　建筑结构、材料和施工的要求

建筑结构类型（Structure type）和材料（Material）是决定房屋层数的基本因素。混合结构的建筑是以墙或柱承重的梁板结构体系，一般为 1～6 层，如住宅、宿舍、小学教学楼（4 层及 4 层以下）、中学教学楼（5 层及 5 层以下）、中小型办公楼、医院、食堂等。

多层和高层建筑，可采用梁柱承重的框架结构（Frame structure）、剪力墙结构（Shear-wall structure）或框架-剪力墙结构（Frame-shearwall structure）等体系。空间结构体系（Space structure system）如薄壳、网架、悬索等，则适用于低层大跨度建筑，如影剧院、体育馆、仓库、食堂等。

3.3.4　建筑防火要求

按照《建筑设计防火规范》（GB 50016—2014）的规定，建筑物层数应根据不同建筑的耐火等级（Fire-resistance rating）来决定。例如，耐火等级为一、二级的民用建筑物，按照建筑功能不同，其层数有所不同；耐火等级为三级的民用建筑物，允许层数为 1～5 层；耐火等级为四级的民用建筑物，允许层数为 1～2 层。建筑物的耐火等级与最多允许层数见表 3 - 2。

表 3 - 2　　　　　　　　　　　　耐火等级与层数

耐火等级	最多允许层数	防火分区的最大允许建筑面积/m²	备　　注
一、二级	按 GB 50016—2014 第 1.0.2 条规定	2500	1. 体育馆、剧院的观众厅，展览建筑的展厅，其防火分区最大允许建筑面积可适当放宽 2. 托儿所、幼儿园的儿童用房和儿童游乐厅等儿童活动场所不应超过 3 层或设置在 4 层及 4 层以上楼层或地下、半地下建筑（室）内

续表

耐火等级	最多允许层数	防火分区的最大允许建筑面积/m²	备 注
三级	5层	1200	1. 托儿所、幼儿园的儿童用房和儿童游乐厅等儿童活动场所、老年人建筑和医院、疗养院的住院部分不应超过2层或设置在3层及3层以上楼层或地下、半地下建筑（室）内 2. 商店、学校、电影院、剧院、礼堂、食堂、菜市场不应超过2层或设置在3层及3层以上楼层
四级	2层	600	学校、食堂、菜市场、托儿所、幼儿园、老年人建筑、医院等不应设置在2层

3.4 建筑空间的组合与利用

建筑空间的剖面组合是根据内部使用要求，结合基地环境等条件，通过分析建筑功能在水平和垂直方向上的相互关系，将各种不同形状、大小、高低的空间组合起来，使之成为使用方便、结构合理、体型简洁而美观的整体。

3.4.1 建筑空间的组合

1. 建筑空间的组合原则

（1）根据建筑的功能，分析建筑空间（Space）的剖面组合关系。在剖面设计中，对外联系密切、人员出入频繁、室内有较重设备的房间应放到建筑下部空间；反之，则放到建筑上部空间。

（2）根据房屋各部分的高度，分析建筑空间的剖面组合关系。由于建筑功能的差别，导致建筑各个房间的高度要求不一致，尤其集多种功能于一体的综合性建筑。在建筑剖面组合设计中，需要在功能分析的基础上，将不同高度的空间进行归类整合，按照剖面组合规律，使建筑各个部分在垂直方向上取得协调统一。

2. 建筑空间的剖面组合规律

（1）相同或相近的小空间组合。在建筑设计中，常常把高度相同或相近的、使用性质相似的、联系密切的房间组合在同一层上，在满足功能要求的前提下，统一各层的高度，以利于结构布置和便于施工。

（2）大小、高低相差悬殊的空间组合。

1）以大空间为主体的空间组合。有些建筑如体育馆、影剧院等，主要是以大空间为主要组合对象，在其周围布置小空间，或利用大空间中的局部夹层来布置小空间。这种组合方式应注意处理好辅助空间的通风、采光、疏散等问题。如图3-11所示的建筑，以比赛大厅为中心，将其他辅助用房布置在看台下，并向周边延伸，不但充分利用了空间，而且丰富了造型。

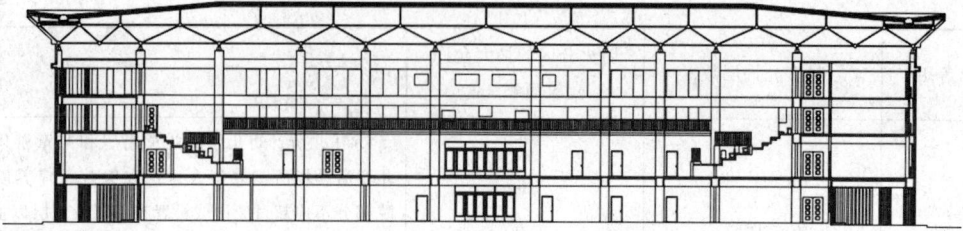

图 3-11　以大空间为主体的空间组合

2）以小空间为主体的空间组合。以小空间为主的建筑，由于某些功能需要在建筑内部设置大空间，如商住楼的营业厅、办公楼中的会议室和报告厅、教学楼中的活动室等。通常将这类建筑的大空间依附于主体小空间的一侧，从而不受层高与结构的限制；或将大小空间上下叠合，把大空间布置在一、二层或是顶层（图 3-12）。

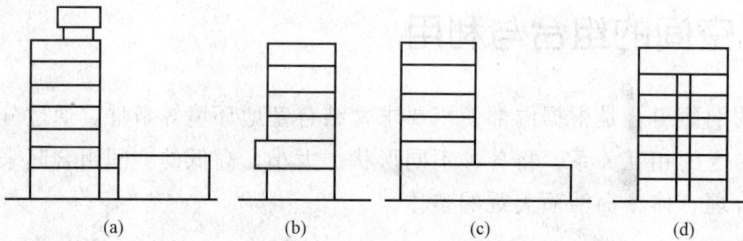

图 3-12　大小、高低不同的空间组合
(a) 大空间作附楼；(b) 大小空间上下叠合；(c) 大空间在一层；(d) 大空间在顶层

3）综合性的空间组合。某些综合性建筑，集多功能于一身，常常由若干大小、高低、形状各不相同的空间组成。对于这类复杂空间的组合，必须综合运用多种组合形式，才能满足功能及艺术性的要求。如图 3-13 所示的某大学图书馆，采用集中式布置，一侧入口门厅

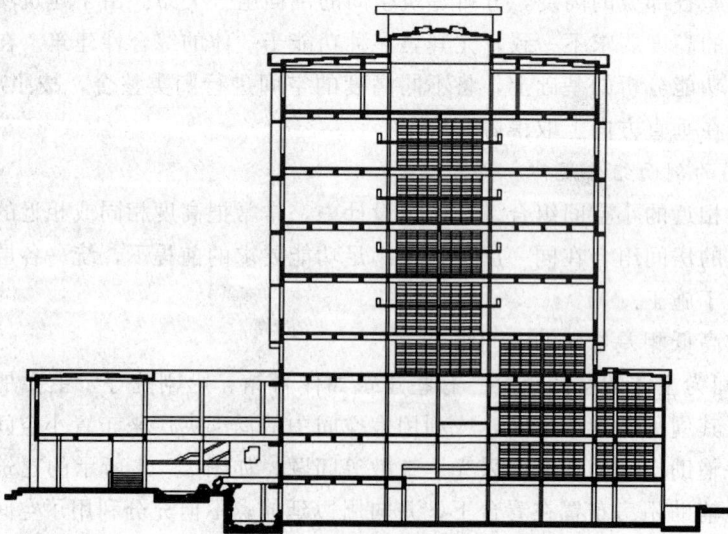

图 3-13　某大学图书馆剖面图

与阅览空间分开设置，有利于简化结构布置。

（3）错层式空间组合。错层（Split-level）是在建筑物的纵、横剖面中，建筑几部分之间的楼地面高低错开，并用台阶、楼梯等进行过渡。

当建筑物内部出现高低差，或由于地形的变化使房屋几部分空间的楼地面出现高低错落时，可采用错层的方式使空间取得和谐统一。错层楼地面的高差可通过踏步、楼梯或室外台阶来解决（图 3 - 14）。

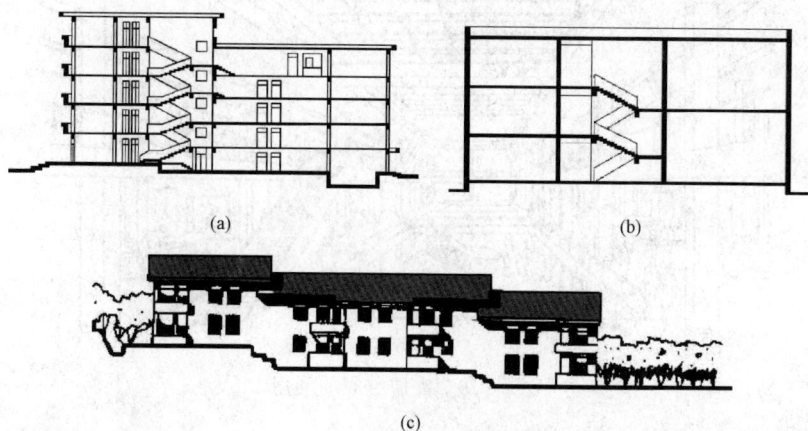

图 3 - 14　错层楼地面高差的处理方法
(a) 以室内踏步解决错层高差；(b) 以楼梯间解决错层高差；(c) 以室外台阶解决错层高差

（4）退台式空间组合。建筑由下至上收缩形成露台（Terrace），设计时可以利用其空间作为室外活动场地或绿化布置等，既可以缩短建筑间距，又可以节约用地，且极大地丰富了建筑造型（图 3 - 15）。

图 3 - 15　退台式空间组合

3.4.2　建筑空间的利用

建筑空间的利用不仅可以增加使用面积、节约投资，而且还可以改善室内空间比例、丰富室内空间的艺术效果。因此，合理地最大限度地利用空间来扩大使用面积，是空间组合的重要问题。

1. 夹层空间的利用

公共建筑中的营业厅、体育馆、影剧院、候机楼等，由于功能要求导致内部主体空间与辅助空间的面积和层高不一致，因此常采用在大空间周围布置夹层（Mezzanine floor）的方法来组合小空间，以达到利用空间及丰富室内空间的目的（图 3-16）。

图 3-16　夹层空间的利用

2. 房间上部空间的利用

房间上部空间主要是指除了人们日常活动和家具布置以外的空间，如住宅中常利用房间上部空间设置搁板、吊柜作为贮藏之用（图 3-17）。

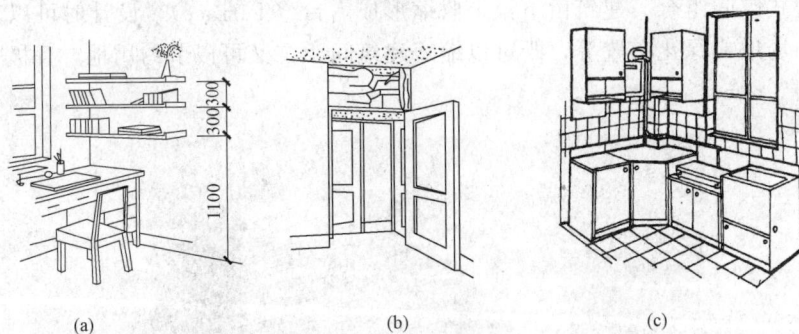

(a)　　　　　　　(b)　　　　　　　(c)

图 3-17　房间上空设搁板、吊柜
(a) 居室设搁板；(b) 居室设吊柜；(c) 厨房设吊柜

3. 结构空间的利用

通常可利用墙体空间设置壁柜（Cabinet）、窗台柜，利用坡屋顶的内部空间设置阁楼（图 3-18）。

4. 楼梯间及走道空间的利用

一般民用建筑楼梯间底层休息平台下至少有一半层高，可作为布置贮藏室及辅助用房和出入口之用。同时，楼梯间顶层有一层半的空间高度，可以利用此空间布置一个小贮藏间［图 3-19 (a)］。

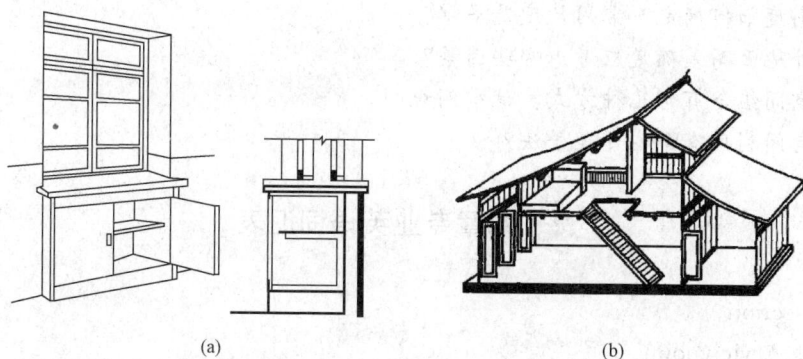

图 3-18　建筑结构空间利用

（a）窗台下的空间利用；（b）坡屋顶的空间利用

民用建筑走道主要用于人流通行，其面积和宽度都较小，高度也相应较低，可充分利用走道上部多余的空间布置设备管道及照明线路［图 3-19（b）］。

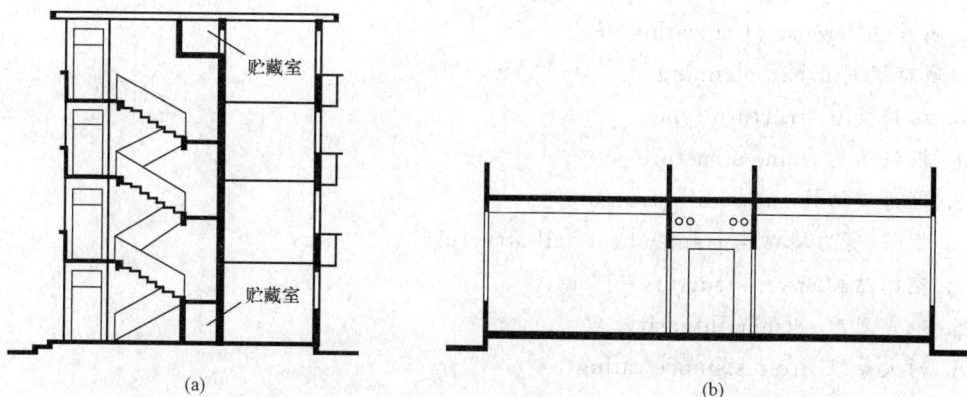

图 3-19　楼梯间及走道空间的利用

（a）楼梯间上下空间作贮藏室；（b）走道上空作技术层

本 章 小 结

本章讲述了剖面设计的内容、房间的剖面形状的确定与设计要求、房间各部分高度的确定、建筑层数的确定及影响因素，建筑空间的组合与利用等。其中，如何确定房间的剖面形状及其建筑各部分高度是学习重点。

复习思考题

1. 如何确定房间的剖面形状？试举例说明。

2. 什么是层高、净高？确定净高的因素有哪些？

3. 确定建筑物的层数和总高度应考虑哪些因素？试举例说明。

4. 窗台高度如何确定? 常用尺度是多少?

5. 室内外地面高差确定应考虑哪些因素?

6. 建筑空间组合有哪几种方式? 试举例说明。

7. 建筑空间利用有哪些处理手法?

本章专业英语词汇表

1. 剖面 section

2. 设计视点 viewpoint

3. 视线 sightline

4. 天然采光 day lighting

5. 自然通风 natural ventilation

6. 净高 net height，clear height

7. 层高 storey height，floor height

8. 高差 difference of elevation

9. 城市规划 urban planning

10. 结构类型 structure type

11. 框架结构 frame structure

12. 剪力墙结构 shearwall structure

13. 框架-剪力墙结构 frame-shearwall structure

14. 空间结构 space structure

15. 地震烈度 seismic intensity

16. 耐火等级 fire-resistance rating

17. 建筑空间 space

18. 错层 split-level

19. 露台 terrace

20. 夹层 mezzanine floor

21. 壁柜 cabinet

第 4 章

建筑的体型与立面设计

教学要求

1. 了解建筑体型和立面设计的要求。
2. 掌握建筑体型设计的常规方法。
3. 掌握建筑立面设计的基本要点。

建筑的外观设计，主要包括建筑体型（Shape）设计和立面（Facade）设计两部分。建筑体型设计是指对建筑整体形状体量、组合形式、比例尺度等进行设计；建筑立面是由门窗、墙面、阳台、雨篷、檐口、勒脚及台阶等组成，立面设计就是恰当地确定这些组成部分的形状、尺度、比例、排列形式、材料和色彩等，是对建筑体型设计的进一步深化。因此，建筑体型和立面设计构成了建筑物的外部形象，体现了建筑的艺术特性，给人以美的感受。

4.1 建筑体型和立面设计要求

建筑不是仅供观赏的艺术品，也应是实用功能和美观兼顾的统一体。所以，建筑外形必然受到内部功能属性、结构形式、施工技术、建造材料的影响；另一方面，从整体城市设计的角度讲，建筑单体的外观造型还受到自然地域条件、社会文化环境、生产力经济水平、所建区域规划控制等多方面的限制。因此，建筑形式的创作也是平衡各方面制约因素的过程。为力求达到适用、经济、美观三者有机结合的效果，设计者要善于运用各种设计手法，并应遵循体型和立面设计的基本法则。

4.1.1 根据功能确定形式

芝加哥学派的现代主义建筑大师路易斯·沙里文曾提出，"建筑的形式追随功能"——"Form follows the function，this is a law"。这是指建筑的外观应与内在的功能属性和建筑类型特点相统一，在不一样类型的建筑中由于使用功能的不同，人流方向、空间组织也就不尽相同，建筑的体型和立面因而不同。例如，行政办公类建筑体型上多以简洁大方为主，外立面构图尽量避免曲线类的设计要素，多采用行列式窗，用色选材上以冷色调硬朗材质为主；托幼类建筑则多数采用色彩缤纷，造型多样的体块组合形式，以满足幼儿心理的需求。

图 4-1 国家体育场——鸟巢

4.1.2 反应建筑结构和技术

建筑是一个技术与艺术的综合体，技术（Technology）是艺术的先决条件，艺术（Art）是技术的客观反映。其中，技术包括建筑结构选型、施工工艺、结构及饰面材料做法、建构技术手法等。建筑结构作为建筑的骨架，对建筑造型艺术起到支撑作用，因此，建筑的外观体形也反映出其空间的支撑体系和结构类型特点（图 4-1）。

4.1.3 满足城市规划和建造环境要求

单体建筑（Individual building）的体型与立面，首先必须满足城市规划（Urban planning）条例的要求。在此基础之上，还要与所建地块周边环境、相邻建筑、区域建筑群体、城市整体设计等相协调。

拟建地块的地势、主导风向、朝向等自然状况是影响建筑体型和立面的主要因素之一，地处北方的建筑在立面上门窗洞口面积不宜过大且以南向开窗采光为主（图 4-2）；反之，南方热带以遮阳通风为设计重点。

另外，拟建地块的地势环境（Terrain condition）是影响建筑体型的又一重要因素。针对地形的高差变化进行体型设计，考虑与周边建筑或城市功能空间相邻时，还需要设计单体与其他关联设施的联系，如巴黎 Les Halles 综合体很好地结合了商场、地铁站及城市广场（图 4-3）。

图 4-2 英国 Bed ZED 社区

图 4-3 巴黎 Les Halles 综合体

4.1.4 符合国家法规和相关经济技术指标

建筑体型及立面设计还需严格遵守相应的国家建筑设计规范，符合相关的经济技术指标，以适用、经济、美观为原则，尽量节约建筑成本。在体型设计上，有序地组织空间，控制建筑体形系数，以满足建筑节能的要求。

4.1.5　遵循建筑构图的基本规律

建筑根据其各自的功能属性，在设计时所采用的体量组合方式、饰面材质以及立面构图形式等都不尽相同，但人们通过长期的建筑设计实践和对客观美学法则的不断总结，形成了建筑构图的基本规律，进行建筑体型与立面设计时，必须遵循如统一（Integration）与变化（Variant）、比例（Scale）与尺度（Size）、均衡（Balance）与稳定（Stabilization）、韵律（Metric）与节奏（Rhythm）等方面的基本规律。

4.2　建筑体型设计

建筑体型设计是建筑设计的重要环节，它客观反映了建筑的内部空间。体型设计的内容涉及建筑体型所采用的组合方式、体块连接方法、细部处理等。

4.2.1　建筑体型组合方式

建筑体型组合的方式基本上可归纳为三种类型：单一体型、单元组合体型和复杂体型。无论哪种组合形式的建筑在设计中都存在一定的普遍性，即在多样变化中求得统一，在完整统一的基调下求得变化，做到体型简洁、完整均衡、比例适当、突出重点、交接明确、与环境相协调。

1. 单一体型

单一体型是指建筑物整体采用比较完整而简洁的一个几何形体构成，如矩形、圆形、三角形等几何形状简单、明确，容易辨认，易于取得完整统一性。通过基本形发展出的体块如长方体、球体、棱锥等，具有简洁、明了、完整的形体特征。例如，由富勒设计的 1967 年加拿大蒙特利尔世界博览会的美国馆，形体采用了由球体和棱锥组成的 20 层高圆顶建筑（图 4-4）；此外，北京国家大剧院的体型特征也符合单一特点（图 4-5），其建筑造型整体性突出，给人以强烈的视觉冲击。

图 4-4　蒙特利尔世博会美国馆

图 4-5　北京国家大剧院

2. 单元组合体型

单元组合体型是由几个或多个形式相同的单元体根据功能需要，按一定秩序拼连组合而成，常见于居住、教育和医疗类建筑中。其优点是可根据需要灵活增减单元体，将各单元组

图 4-6　荷兰鹿特丹树形住宅

织成 L 形、锯齿形、阶梯形等，对地段环境适应性强；建筑立面构图上产生有节奏的韵律感，如荷兰鹿特丹树形住宅（图 4-6）。但是这种组合体型的各单元形式及体量均等，缺乏主从关系，不易突出构图中心。

3. 复杂体型

复杂体型是由两个以上的简单体型组合而成，适用于内部功能复杂的建筑。由于组合的空间体量多且复杂，在体型设计中要以各体量之间的协调与统一为前提，解决好组合中的主从关系、对比变化关系和均衡与稳定等问题。

（1）主从关系。建筑是由不同的内部空间组成的有机整体，每一个空间根据自身的功能属性，所占的体量和比重也不尽相同，这就从客观上决定了建筑有主要使用部分和从属部分，主次不分，将影响建筑的完整统一性。因此，解决好体型的主从关系、主次分明、重点突出，是达到建筑整体造型统一的有效手段。在设计中，通常采用以下两种主从关系：

1）对称（Symmetry）的主从关系。这种关系比较容易处理，将要突出的大体量空间置于建筑中心，小体量空间左右对称布置，即"一主二从"式。古今中外，中轴对称形式常见于行政中心、神殿庙宇、纪念性建筑等气氛庄严，需要突出建筑形制、使用者地位或衬托神灵的场所，如巴黎圣母院（图 4-7）。

2）非对称（Asymmetry）的主从关系。对于建筑平面布局比较灵活，功能关系复杂，或受不规则的基地形状限制以及为了取得活泼自由的外观效果，常采用非对称式的建筑体型。通常采用各部分体量之间的大小、高低、宽窄，形状的对比，前后的位置关系，以及突出入口等手法达到突出主体的目的，使建筑物内部使用者和外部观看者都有了向心性，体现建筑的有机整体感（图 4-8）。

图 4-7　巴黎圣母院

图 4-8　意大利的卡里利亚艺术博物馆

（2）对比与变化。体型组合中常采用方向对比、形状对比；直线与曲线的对比方式达到体型变化。例如，德国斯图加特美术馆，通过简单体块卷曲变形与弧形立面形成对比，增强了建筑体型的丰富变化，如图 4-9 所示。

（3）稳定与均衡。稳定，是指建筑物自身体量对抗重力以求得平衡的状态，即建筑体量上下之间的轻重关系。一般来说，上小下大、上轻下重的建筑给人以稳定、安全的感觉；反之，上大下小头重脚轻，给人不稳定的感觉，如图 4-10 所示为荷兰的一座公寓。

图 4-9　德国斯图加特美术馆　　　　　　图 4-10　荷兰某公寓

均衡，是指建筑各组成部分前后左右的轻重关系。建筑体型包括对称和非对称两种类型，但选择哪种类型，由建筑性质和使用功能决定。如果需要直观带来稳定的构图，可采用中轴对称的均衡形式，因为中轴对称的建筑体型具有明确的中轴线（Central axis），可看成是均衡中心，也是视觉中心（Visual center），左右体量对称相等，其本身就是均衡的，如图 4-11 所示的故宫午门。如需相对稳定的效果，则采用非对称形式，非对称的建筑体型由于构图元素（Element）形式不同，建筑形式自由灵活，可将建筑的主入口或要突出的主要体部放在视觉中心位置，达到不对称的均衡，如图 4-12 所示的加拿大德罕法院。

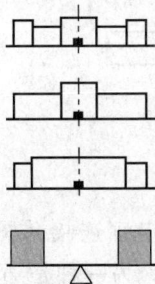

图 4-11　故宫午门

4.2.2　建筑体型连接方法

绝大多数的建筑体型设计不只局限于单一体型，在多空间体块的组合时，建筑体量之间如何衔接是需要考虑的重要问题。建筑的使用功能、结构形式、所处地块环境等都是建筑各体部连接的影响因素，常见的连接方法可概括为以下三种：

图 4-12　加拿大德罕法院

1. 直接连接（Direct connection）

在建筑体型设计时，将各单一体部邻接在一起的形式即为直接连接。这种直接连接的形式是体部组合中较为常见的，它可以有机完整地连接各单一体块，简洁明快，是满足功能连续性最直接的连接方式（图 4-13）。

2. 咬合连接（Occlusal connection）

咬合连接是相连接的两个体量穿插连接，部分重叠的方式（图 4-14）。从外观上，相连接的两部分虽有重合的公共区域，但各体量还保持了自身的形体识别性，从而具有有机紧凑的整体效果。

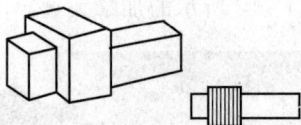

图 4-13　直接连接方式　　　　　图 4-14　咬合连接方式

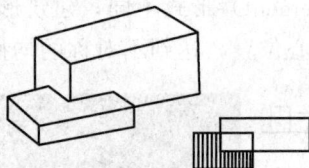

3. 过渡连接（Transitional connection）

过渡连接有两种形式。一种是连廊式连接，各体量各自独立通过走廊连接［图 4-15（a）］，体型舒展而通透，有利于围合庭院，营造室内外良好的流通环境；另一种是通过有实用功能的连接体连接，结合使用功能的需要，连接体可作为主要体量的公共部分，配以楼梯、卫生间等辅助空间，可以有效地节省面积，确保主要体量的完整性［图 4-15（b）］。

4.2.3　建筑体型细部处理

1. 转角处理

建筑体型的细部会受到周边建筑环境、路网形式、地形特征的影响，结合这些影响因素，建筑的转折及转角会发生一定变化。一般是根据街路或待建地块规划控制线的走向，进行建筑形体的曲折变化，以取得整体统一的流畅效果（图 4-16）；为加强建筑的视觉中心可

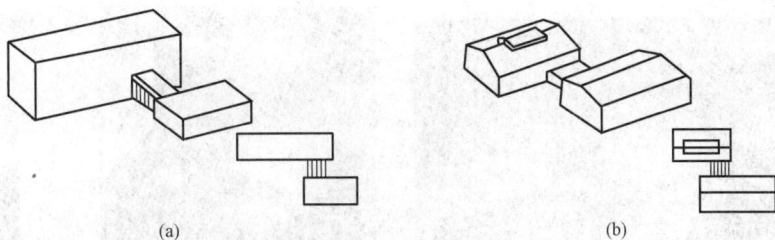

图 4-15　建筑体型的过渡连接方式
(a) 连廊式连接；(b) 连接体连接

提升转角处局部的高度使其成为塔楼（图 4-17），或加大体量，增加被突出主体的观赏立面。

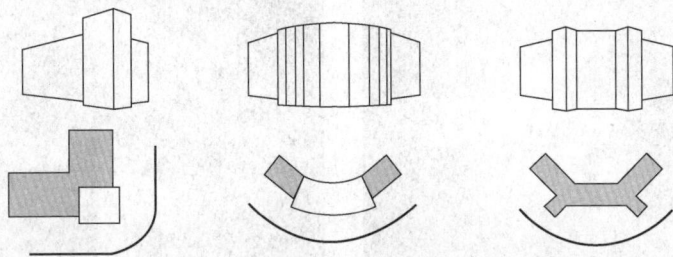

图 4-16　结合地块进行体型转折的常见方式

图 4-17　吉林大学第一医院

相邻墙在转折处常采用直角处理，这对于内部空间的使用是最为经济合理的；或可采用圆角处理，以形成墙面连续而丰富的视觉效果；或针对特殊需要采用锐角处理，使转折棱线更为挺拔，但会导致内部空间浪费，因此应灵活地进行切角处理；此外，还有虚角和镂空角等处理方法（图 4-18）。

2. 入口处理

为了避免体型单一导致呆板的效果，单一体型建筑在不影响结构的前提下，通常会加强主入口、檐口或细部的处理。例如，法兰克福商业银行大厦，在保证整体效果完整的前提下入口应用台阶序列进行引导，突出了建筑入口，增加了建筑的灵动性（图 4-19）。

(a)　　　　　　　　　　　　　　　　　(b)

(c)　　　　　　　　　　　　　　　　　(d)

图 4-18　典型相邻墙面的转折转角处理

（a）鹿特丹华伦达停车楼墙面圆角处理；（b）华盛顿国家美术馆东馆锐角转折处理；
（c）北京中银大厦转角虚实结合；（d）德国历史博物馆转角楼梯间突出处理

图 4-19　法兰克福商业银行大厦及入口

4.3　建筑立面设计

建筑立面设计是对建筑外部形象的进一步推敲，需要兼顾的内容更为复杂，立面设计应展现建筑个性，立面构图应多样统一，通常运用虚实对比、材质与颜色、比例与尺度等方法来丰富建筑的立面效果。

4.3.1　立面展现建筑个性

建筑立面所表现的个性，是建筑内部使用功能的外在表象。不同类型的建筑根据不同功能在立面处理上也会采用不同的方法。例如，教学楼在立面开窗处理时，要考虑采光，窗洞口的面积会大于采光要求不高的建筑；工业建筑由于功能所需，层高较高，在立面设计时多采用大尺度带形窗，体型上融入烟囱等元素反映出特有的建筑个性。可见，每种建筑类型都有其性格标志，立面设计时，抓住建筑标识特征才能使建筑的形式与功能相统一。

4.3.2　立面外轮廓设计

人们通常是以天空为背景，通过建筑立面外轮廓（Outline）来远距离识别建筑物。因此，建筑外轮廓线是反映建筑形象的重要标志。

影响外轮廓的首要因素是建筑的使用功能，例如，博览类建筑的展览大厅由于展示需要，通常层高要高于辅助空间，观展类建筑的舞台部分要高于入口大厅等，这就导致建筑的外轮廓高低起伏变化较大，不同于一般的居住类建筑。其次，建筑结构形式（Structural forms）对建筑外轮廓的影响也很大，如传统的中国木结构建筑，在外轮廓处理上，就特征明显地采用大屋顶配以曲线的形式。近现代建筑随着结构技术的发展，出现了壳体结构、网架结构、悬索结构等多样化的结构形式，建筑的外轮廓也随之变化多端（图 4 - 20）。

4.3.3　材料质感与色彩的运用

色彩的冷与暖、质感的光滑与粗糙都会带给人不同的心理感受。因此，建筑立面材料的质感和色彩的运用也非常重要。

质感是通过材料肌理质地给人以不同的感受，例如，毛石、花岗岩、拉丝涂料、仿石材涂料等粗糙的饰面材料给人以稳重、敦实的感觉（图 4 - 21），大理石、饰面砖等表面光滑的材质给人以完整、轻快的感觉，而玻璃幕墙与装饰铝板的立面组合营造出轻巧与细腻的现代建筑效果（图 4 - 22）。

利用建筑饰面材料的色彩烘托出建筑的艺术气息，是建筑立面设计中常用的设计手法。例如，红、橙、黄等暖色使人感到温暖、热烈、兴奋，青、蓝、绿等冷色让人感到清新、淡雅、明快。建筑立面色彩的选择应结合建筑的性格、体型与尺度、环境气候特征，并考虑民族文化传统和地方特色等。

图 4-20　不同结构形式得到的建筑外轮廓

图 4-21　斯塔比奥独户住宅

图 4-22　玻璃幕墙立面

4.3.4　墙面的虚实对比

　　门窗洞口、玻璃幕墙等视线通透部分与实墙面部分构成虚实对比的手法，在建筑立面设计中经常运用。虚实两部分主次分明组合或相互交织穿插，都会相辅相成地起到活跃立面的效果（图 4-23）。而且，立面上凹入部分的阴影也起到了"虚"的部分，与实墙面或突出墙体产生明暗虚实的对比效果。

图 4 - 23　扎哈哈迪德表演艺术中心

4.3.5　立面的尺度和比例

任何物体，都存在三个方向（长、宽、高）的维度（Dimensionality），比例就是这三种维度之间的比较关系，和谐的比例与适当的尺度可以给人以美感。立面设计的重点是协调整体与立面各构成要素之间的度量关系，以及调整相互之间的相对度量关系，如果比例失调，会影响建筑形象的完美。通常来讲，一系列相似的形状经过等比例的放大和缩小，用对角线相互平行、垂直或重合的方法来求得统一和谐的比例关系（图 4 - 24）。

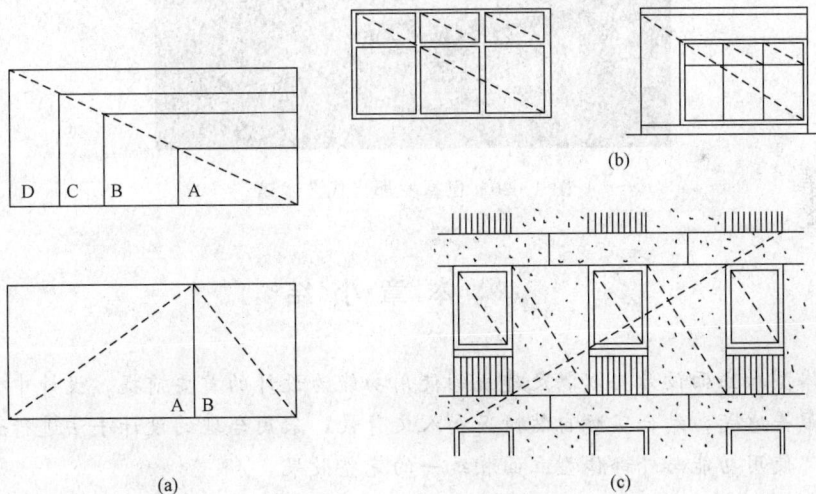

图 4 - 24　和谐的比例关系

另一方面，建筑为人所用，一切建筑尺度的确定都来源于人体尺度，立面的尺度也应如此，如图 4 - 25 所示。立面各部分尺度要与整体建筑的尺度相配合，避免夸张、不合理的立面尺度。

4.3.6　立面细部处理

根据建筑功能需求，结合建筑的构造特点，合理运用有规则有秩序的线条会增加建筑的立面效果。采用水平方向线条排列，会帮助建筑延展体量；竖直方向线条的排列会增加建筑

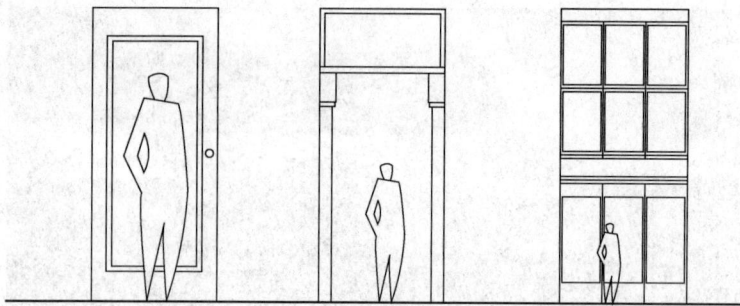

图 4 - 25　尺度对比

向上的动势。另外，合理结合建筑采光需要，将采光板等建筑构件融合到立面中，可以使立面线条的应用更为实用美观（图 4 - 26）。

图 4 - 26　巴塞罗那当代艺术馆

本 章 小 结

建筑的体型和立面设计要以满足建筑的使用功能为设计的首要前提，设计中需符合具体要求、遵循审美感受，结合实际自然情况和人文背景，采用合理的设计手法进行创作，力求达到建筑内部使用功能与外部体型立面相统一的完整效果。

复习思考题

1. 建筑体型与立面设计要遵守哪些要求？
2. 哪种体型组合方式适用于文教类建筑？并尝试设计。
3. 建筑立面的比例与尺度如何确定？
4. 在生活中找出 2～3 种相邻墙面转角处理的实例。

本章专业英语词汇表

1. 体型 form，shape
2. 立面 façade
3. 比例 scale
4. 单体建筑 individual building
5. 城市规划 urban planning
6. 地势环境 terrain condition
7. 统一 integration
8. 变化 variant
9. 比例 scale
10. 尺度 size
11. 均衡 balance
12. 稳定 stabilization
13. 韵律 metric
14. 节奏 rhythm
15. 对称 symmetry
16. 非对称 asymmetry
17. 中轴线 central axis
18. 视觉中心 visual center
19. 元素 element
20. 直接连接 direct connection
21. 咬合连接 occlusal connection
22. 过渡连接 transitional connection
23. 轮廓 outline，contour
24. 结构形式 structural form
25. 维度 dimensionality
26. 细部 detail

第 5 章

民用建筑构造概述

1. 熟悉建筑物的构造组成及作用。
2. 掌握影响建筑构造的因素与设计原则。

5.1 建筑物的构造组成与作用

一幢民用建筑（Civil building），一般是由基础、墙（或柱）、楼板层及地坪层（楼地层）、屋顶、楼梯和门窗等几大部分组成。它们在不同的部位发挥着各自的作用（图 5-1）。

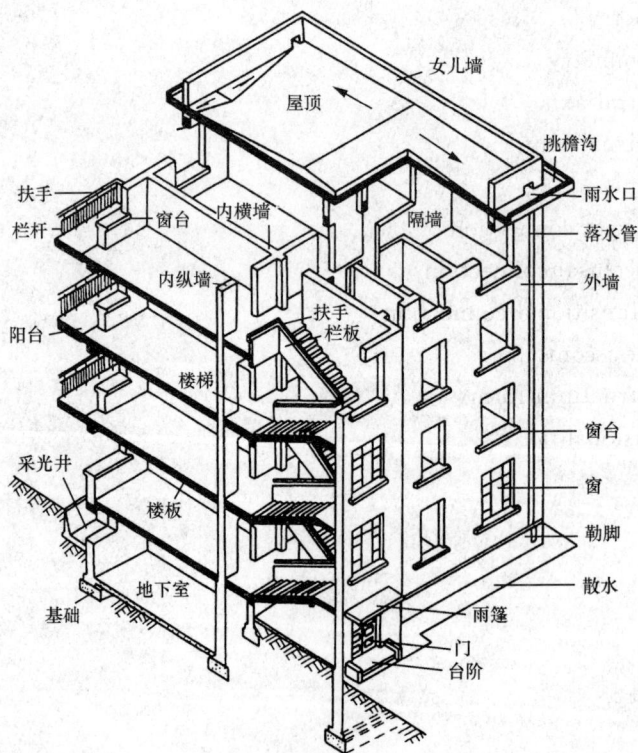

图 5-1 民用建筑的构造组成

1. 基础

基础（Foundation）是位于建筑物最下部的承重构件，承受着建筑物的全部荷载，并将这些荷载传给下面的土层（即地基）。因此，基础必须具有足够的强度和稳定性，并能抵御地下土层中各种因素的侵蚀。

2. 墙（或柱）

墙（Wall）既是承重构件又是围护构件。作为承重构件，承受着建筑物屋顶、楼板传下来的荷载或风荷载等，并将这些荷载连同自重传给基础。作为围护构件，外墙抵御外界因素对建筑物的影响，使建筑物的室内具有良好的生活与工作环境。内墙起着分隔房间的作用，并创造舒适方便的室内使用环境。因此，要求墙体应具有足够的强度、稳定性，并满足保温、隔热、隔声、防水、防火等方面的要求。

柱（Column）是框架结构建筑中的主要承重构件，和承重墙一样要承受楼板层和屋顶传来的荷载。因此，必须具有足够的强度和刚度。

3. 楼地层

楼地层是楼板层与地坪层的统称，是建筑中的水平承重构件。

楼板层（Floor layer）将整个建筑物在垂直方向上分成若干层，承受着作用在其上的荷载（人体、家具、设备重量等），并将这些荷载连同自重一起传给墙或柱；同时，楼板层还对墙身起着水平支撑作用，增加建筑的整体刚度。作为楼板层，要求其具有足够的强度、刚度及隔声、防火、防水、防潮等性能。

地坪层（Ground layer）是建筑物底层与土层相接触的部分，将其所承受的荷载直接传给下面的支承土层，应具有坚固、耐磨、防潮、防水、保温等性能。

4. 楼梯

楼梯（Stair）是建筑中楼层间的垂直交通设施，供人们上下楼层和紧急情况下安全疏散。因此，要求楼梯具有足够的通行能力，且坚固耐久、防火、防滑。建筑层数较多以及有特殊要求时，除设置楼梯外还需设置电梯。人流量较大的公共建筑中还需设置自动扶梯。

5. 屋顶

屋顶（Roof）是建筑物顶部的覆盖构件，与外墙共同形成建筑物的外壳。屋顶既是承重构件又是围护构件。作为承重构件，承受风、雪、上人和施工期间的各种荷载，并将这些荷载传递给墙或柱；作为围护构件，抵御着自然界中风、霜、雨、雪及太阳辐射热等因素对顶层房间的影响。因此，屋顶必须具有足够的强度、刚度以及防水、保温、隔热等能力。

6. 门与窗

门窗均属非承重构件。门（Door）主要用来通行与疏散，窗（Window）则主要用来采光和通风，并均有围护和分隔作用。对有特殊要求的房间，则要求门窗具有保温、隔热、隔声及防火能力。

一幢建筑物除上述基本组成部分外，根据使用功能的不同，还有各种不同的构件和配件，如阳台（Balcony）、雨篷（Canopy）、垃圾道（Garbage chute）、通风道（Ventilating duct）、管道井（Pipe shaft）、台阶等，按需要设置。

5.2 影响建筑构造的因素

一幢建筑物建成并投入使用后，要经受来自于人为和自然界各种因素的作用。为了提高建筑物对外界各种影响的抵抗能力，延长使用寿命和保证使用质量，在进行建筑构造设计时，必须充分考虑到各种因素对它的影响，以便根据影响程度采取相应的构造方案和措施。影响建筑构造的因素很多，大致可归纳为以下几方面：

1. 外力作用的影响

作用在建筑物上的外力（Force）称为荷载（Load）。荷载的大小和作用方式是结构设计和结构选型的重要依据，它决定着构件的形状、尺度和用料，而构件的选材、尺寸、形状等又与建筑构造密切相关。因此，在确定建筑构造方案时，必须考虑外力的影响。

2. 自然环境的影响

自然界的风霜雨雪、冷热寒暖的气温变化，太阳热辐射等均是影响建筑物使用质量和使用寿命的重要因素。在建筑构造设计时，必须针对所受影响的性质与程度，对建筑物的相关部位采取相应的措施，如防潮、防水、保温、隔热、设变形缝等。

3. 人为因素的影响

人们在从事生产和生活活动中，也常常会对建筑物造成一些人为的不利影响，如机械振动、化学腐蚀、爆炸、火灾、噪声等。因此，在建筑构造设计时，应针对各种影响因素采取防振、防腐、防火、隔声等相应的构造措施。

4. 物质技术条件的影响

建筑材料、结构、设备和施工技术是构成建筑的基本要素之一，由于建筑物的质量标准和等级的不同，在材料的选择和构造方式上均有所区别。随着建筑业的发展，新材料、新结构、新设备和新工艺的不断出现，建筑构造要解决的问题越来越多、越来越复杂。

5. 经济条件的影响

为了减少能耗、降低建造成本及日后使用维护费用，在建筑方案设计阶段——影响工程总造价的关键阶段，就必须深入分析各建筑设计参数与造价的关系，即在满足适用、安全的条件下，合理选择技术上可行、经济上节约的设计方案。建筑构造设计是建筑设计不可分割的一部分，也必须考虑经济效益的问题。

5.3 建筑构造设计原则

1. 满足建筑功能要求

满足使用功能要求是整个建筑设计的根本。建筑物的功能要求和某些特殊需要，如保温、隔热、隔声、防振、防腐蚀等，在建筑构造设计时，应综合分析诸多因素，选择、确定最经济合理的构造方案。

2. 有利于结构安全

建筑物除根据荷载的性质、大小，进行必要的结构计算，确定构件的必须尺寸外，在构造上需采用相应的措施，以保证房屋的整体刚度和构件之间的连接可靠，使之有利于结构的稳定和安全。

3. 适应建筑工业化的需要

为了提高建设速度，改善劳动条件，保证施工质量，在构造设计时，应大力推广先进技术，选用各种新型建筑材料，采用标准化设计和定型构配件，提高构配件间的通用性和互换性，为建筑构配件的生产工厂化，施工机械化和管理科学化创造有利条件，以适应建筑工业化的需要。

4. 考虑建筑节能与环保的要求

节约建筑用能，有利于保护能源，发展国民经济，人所共知。在建筑构造设计时，要在我国颁布的有关建筑节能设计标准的基础上，选择节能环保的绿色建材，确定合理的构造方案，提高围护结构的保温、隔热、防潮、密封等方面的性能，从而减少建筑设备的能耗、节约能源，保护环境。

5. 经济合理

降低成本、合理控制造价指标是构造设计的重要原则之一。在建筑构造设计时，严格执行建筑法规，注意节约材料。在材料的选择上，从实际出发，因地制宜，就地取材，降低消耗，节约投资。

6. 注意美观

建筑构造设计是建筑内外部空间以及造型设计的继续和深入，尤其某些细部构造处理不仅影响精致和美观，也直接影响整个建筑物的整体效果，应充分考虑和研究。

总之，在构造设计中，必须全面贯彻国家建筑政策、法规，充分考虑建筑物的使用功能、所处的自然环境、材料供应以及施工技术条件等因素，综合分析、比较，选择最佳的构造方案。

本 章 小 结

一幢民用建筑是由基础、墙（或柱）、楼地层、屋顶、楼梯和门窗等部分和一些附属设施组成，它们在不同的部位发挥着各自的作用。

为了更好地满足使用功能的要求，在进行建筑构造设计时，必须考虑外力作用、自然环境、人为因素、物质技术条件、经济条件等因素对建筑的影响。

建筑构造应遵循满足建筑使用功能要求、有利于结构安全、适应建筑工业化、经济合理、美观等原则。

复习思考题

1. 建筑物的构造组成及各部分的作用是什么？
2. 影响建筑构造的因素有哪些？
3. 建筑构造设计原则有哪些？

☕ 本章专业英语词汇表

1. 民用建筑 civil building
2. 构造 construction，structure
3. 基础 foundation，footing
4. 墙 wall
5. 柱 column
6. 梁 beam
7. 楼板 floor
8. 地坪 ground
9. 楼梯 stair
10. 屋顶 roof
11. 阳台 balcony，veranda
12. 雨篷 canopy
13. 垃圾道 garbage chute
14. 通风道 ventilating duct，air channel
15. 管道井 pipe shaft
16. 力 force
17. 荷载 load

第 6 章

基 础 与 地 下 室

教学要求

1. 了解地基与基础的概念及设计要求。
2. 掌握基础埋深的概念及其影响因素。
3. 了解基础的分类，熟悉基础的构造形式。
4. 掌握地下室的防潮与防水构造。

6.1 概述

基础是建筑物的主要承重构件，处于地面以下，属于隐蔽工程。基础质量的好坏关系着建筑物的安全问题，建筑设计中合理地选择基础极为重要。

6.1.1 基础与地基的概念与设计要求

1. 基础与地基的概念

在建筑工程中，建筑物与土壤直接接触的部分称为基础（Foundation）；支承建筑物荷载的土层称为地基（Subgrade）。基础是建筑物的组成部分，它承受着建筑物的上部荷载，并将这些荷载传给地基。地基不是建筑物的组成部分，只是承担建筑物荷载的土层。

地基按照土层性质不同，分为天然地基和人工地基两类。凡天然土层本身具有足够的强度，能直接承受建筑物荷载的地基被称为天然地基（Natural subgrade），如岩石、碎石土、砂土及黏性土等。凡天然土层本身的承载能力弱，或建筑物上部荷载较大，须对土壤层进行人工加固处理后才能承受建筑物荷载的地基称为人工地基（Artificial subgrade）。人工加固地基通常采用压实法、换土法、打桩法以及化学加固法等。

2. 地基与基础的设计要求

（1）地基应具有足够的强度和稳定性要求。为保证建筑物的安全和正常使用，地基应有足够的强度和安全度，因为地基一旦发生强度破坏，有时是灾难性的。变形应控制在允许范围内，如果地基发生过量的变形，将导致建筑物倾斜、墙体开裂，甚至造成建筑物的破坏。

（2）基础应具有足够的强度、刚度和耐久性的要求。基础是建筑物的重要承重构件，为保证安全、正常承担并传递建筑物的荷载，基础应具有足够的强度（Strength）和刚度（Rigitity）。基础材料和构造形式的选择，应与上部结构的耐久性（Durability）相适应。因为基础是埋在地下的隐蔽工程，一旦发生事故，事先无法警觉，事后又很难补救。

总之，无论地基还是基础，设计时均要高度重视，保证它们具有足够的可靠性。

6.1.2　基础的埋置深度及其影响因素

1. 基础的埋置深度

基础的埋置深度是指室外设计地面至基础底面的距离，简称基础埋深（Embedded depth of foundation），如图6-1所示。基础埋置深度一般不小于500mm，高层建筑基础埋置深度，一般为建筑高度的$1/10\sim1/12$。为防止自然因素或人为因素造成基础损伤，基础顶面应低于室外设计地面100mm。

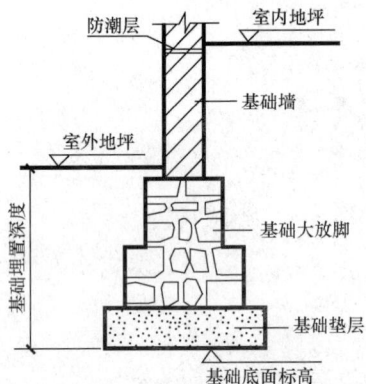

2. 基础埋置深度的影响因素

影响基础埋置深度的因素很多，主要考虑以下几个方面：

（1）工程地质情况。基础必须建造在坚实可靠的地基土层上，不得设置在耕植土、淤泥等软弱土层上。如果承载力高的土层在地基土的上部，且土质分布均匀，基础宜浅埋，但不得低于500mm；若地基的上部为软弱土层且较厚，达$2.0\sim5.0$m时，加深基础不经济，可改用人工地基或采取其他技术措施。

图6-1　基础埋置深度

（2）水文地质情况。地下水位的高低随季节而升降直接影响地基承载力。如黏性土遇水后，因含水量增加，体积膨胀，土的承载力下降。而含有侵蚀性物质的地下水，对基础会产生腐蚀。故建筑物的基础应尽可能埋置在地下水位以上。如必须埋置在地下水位以下时，应将基础底面埋置在最低地下水位200mm以下，避免基础底面处于地下水位变化的范围之内。当地下水含有腐蚀性物质时，基础应采取防腐蚀措施（图6-2）。

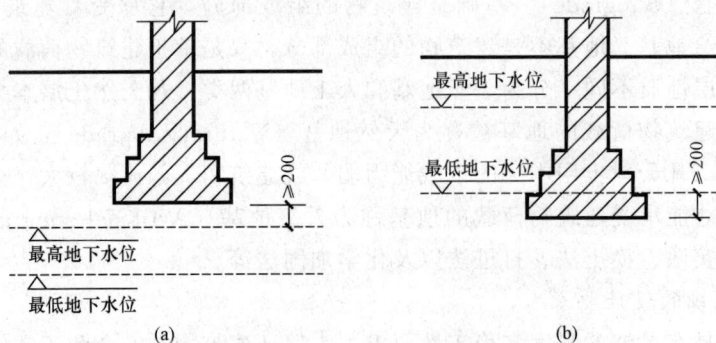

(a)　　　　　　　　　　　(b)

图6-2　地下水位对基础埋深的影响

(a) 基础埋置在地下水位以上；(b) 基础埋置在地下水位以下

（3）地基土的冻结深度。地面以下的冻结土层与非冻结土层的分界线称为冰冻线（Frozen line）。土的冻结深度（Depth of frozen soil）取决于当地的气候条件，我国严寒地区土的冻结深度最大可达3000mm。冬季土的冻胀会把基础抬起，春季气温回升，冻土融化，基础会下沉，由于冻胀和融陷的不均匀性，如果基础埋置在冻结深度内，建筑物易出现墙身开裂、门窗变形等现象，甚至发生基础冻融破坏（Freeze-thaw damage）。

土壤冻胀现象及其严重程度与地基土的颗粒粗细、含水量、地下水位高低等因素有关。冻而不胀或冻胀轻微的地基土，基础埋深可不考虑冻胀的影响。地基为冻胀性土时，基础埋深宜大于冻结深度，一般将基础底面埋置在冰冻线以下至少 200mm（图 6-3）。

（4）相邻建筑物的基础埋深。在原有建筑物附近建造房屋时，要考虑新建建筑物荷载对原有建筑物基础的影响，一般新建建筑物的基础埋深应小于原有建筑物的基础埋深，以保证原有建筑的安全。当新建建筑物的基础埋深必须大于原有建筑物基础时，两基础间应保持一定净距，一般为相邻基础底面高差的 1～2 倍（图 6-4）。

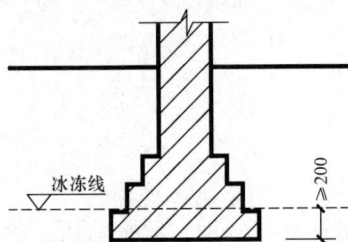

图 6-3　基础埋深和冰冻线的关系　　　　图 6-4　相邻建筑基础埋深的影响

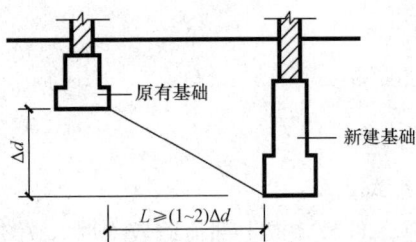

（5）建筑物的使用情况。建筑物的使用情况如有无地下室、设备基础及地下设施等也会影响基础埋深。

6.2　基础类型

6.2.1　按基础埋置深度分类

按基础埋置深度的不同，基础有浅基础和深基础之分。浅基础的埋置深度为 500～5000mm，埋置深度超过 5000mm 时为深基础。

6.2.2　按构造形式分类

基础构造形式取决于建筑物的上部结构类型、荷载大小及地基土质情况。一般情况下，上部结构类型直接决定了基础的形式，但当上部荷载大或地基土质情况有变化时，基础形式也随之变化。

1. 条形基础

当建筑物为墙承重结构时，基础沿墙体连续设置成长条形，称为条形基础（Strip foundation）或带形基础（图 6-5）。

2. 独立基础

独立基础（Independent foundation）主要用于柱下，常用的断面形式有阶梯形、

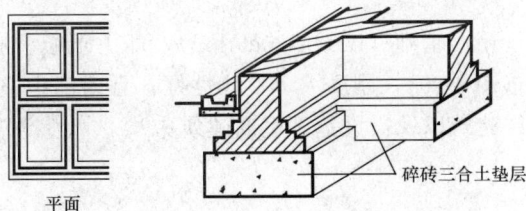

图 6-5　条形基础

锥形等（图6-6）。当采用预制柱时，独立基础做成杯口形，将柱子插入杯口内并嵌固，又称杯形基础。

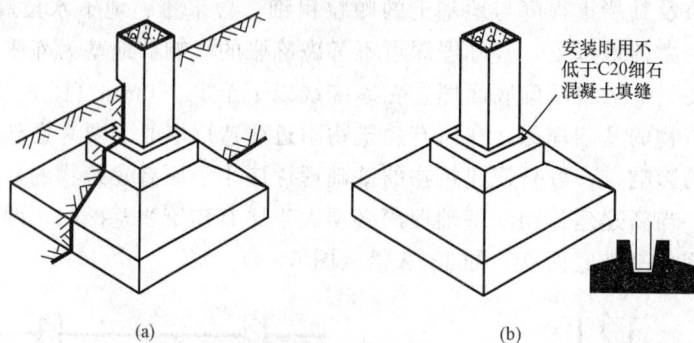

图6-6　独立基础
(a) 现浇基础；(b) 杯形基础

3. 井格式基础

当地基条件较差或上部荷载较大时，为提高建筑物的整体刚度，避免不均匀沉降，常将独立基础在一个或两个方向用梁连接起来，形成十字交叉的井格式基础（Crossing foundation），又称柱下交梁基础（The cross beam foundation under column），如图6-7所示。

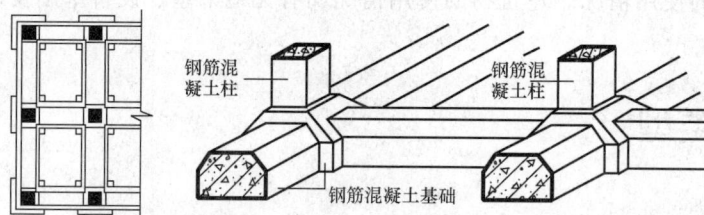

图6-7　井格式基础

4. 筏形基础

当上部荷载较大，地基承载力较差，采用其他基础类型难以满足建筑物的整体刚度和地基变形要求时，将墙或柱下基础做成一块整板，称为筏形基础（Raft foundation）。筏形基础有板式结构和梁板式结构两类（图6-8）。前者板的厚度较大，构造简单；后者板的厚度较小，经济且受力合理，但板顶不平，在地面铺设前应将梁间空格填实或在梁间铺设预制钢筋混凝土板。

5. 箱形基础

箱形基础（Box foundation），即由顶板、底板和纵横墙板组成，整体现浇而成的盒状基础（图6-9），刚度大、整体性好，且内部中空部分可作地下室或地下停车场，因此适合于高层建筑以及需设地下室的建筑中。

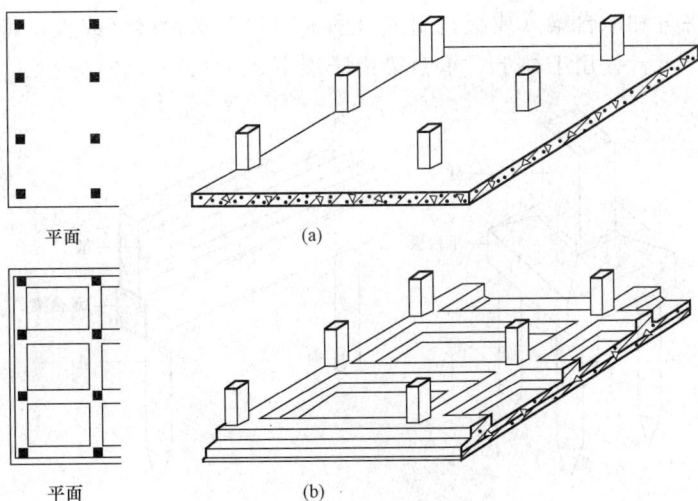

平面

(a)

平面

(b)

图 6-8　筏形基础

（a）板式筏形基础；（b）梁板式筏形基础

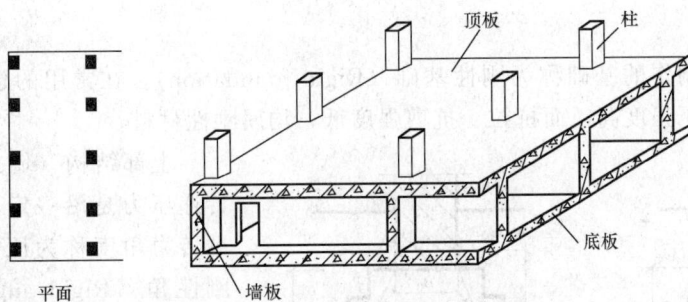

顶板　柱

平面

墙板　底板

图 6-9　箱形基础

6. 桩基础

当建筑物荷载较大，地基的软弱土层厚度在 5000mm 以上，采用浅基础不能满足强度和变形要求，或对软弱土层进行人工处理困难或不经济时，常采用桩基础（Pile foundation）。

桩基础的种类很多。根据材料不同，一般分为木桩、钢筋混凝土桩和钢桩等；根据断面形式不同，分为圆形、方形、六角形等。根据施工方法不同，分为打入桩、压入桩、振入桩及灌入桩等。根据受力性能不同，又分为摩擦桩（Friction pile）和端承桩（End-bearing pile）；前者是通过桩身与周围土层的摩擦力传给地基，后者是通过桩端将建筑物的荷载传给坚硬的地基土层（图 6-10）。

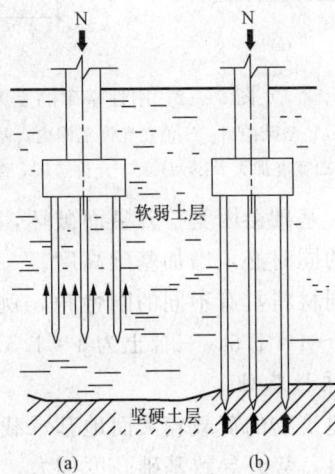

N　N

软弱土层

坚硬土层

(a)　(b)

图 6-10　桩基础的受力类型

（a）摩擦桩；（b）端承桩

桩基础是由桩身和承台梁（或板）组成（图6-11）。承台梁（或板）将上部结构的荷载传给下部的桩身，承台板用于柱下，承台梁用于墙下。

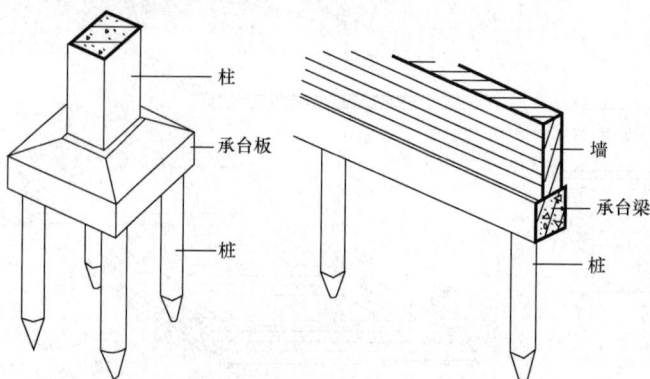

图6-11　桩基础的组成

6.2.3　按基础所用材料及受力特点分类

1. 刚性基础

由刚性材料制作的基础称为刚性基础（Rigid foundation）。在常用的建筑材料中，砖、石、混凝土等抗压强度高，而抗拉、抗剪强度低，均属刚性材料。

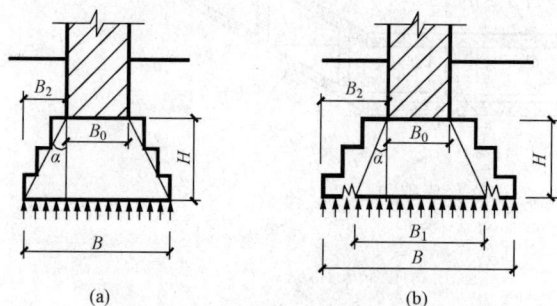

图6-12　刚性基础的受力特点
（a）基础的 B_2/H 值在允许范围内，基础底面不受拉；
（b）基础宽度加大，B_2/H 大于允许范围，基础因受拉开裂而破坏

上部结构（墙或柱）在基础中传递压力是沿一定角度分布的，这个传力角度称为压力分布角，或称刚性角（Rigid angle），以 α 表示（图6-12），或用基础的出挑长度与高度之比表示（通称宽高比）。当上部结构的荷载通过基础传给地基时，如果土壤单位面积的承载能力小，只有将基础底面积不断扩大，才能满足地基承载力的要求。如果基础底面宽度加大，超出了刚性角的控制范围，基础会因受拉开裂而破坏，可见，刚性基础受刚性角的限制。因此，在增大基础底面宽度的同时必须增加基础高度。

不同材料具有不同的刚性角，例如，砖为1:1.5，毛石为1:1.25～1:1.5，灰土为1:1.25～1:1.5，三合土为1:1.5～1:2.0，混凝土为1:1。

2. 柔性基础

当建筑物的荷载较大而地基承载能力较小时，由于基础底面宽度需要加宽，如果仍采用刚性材料，势必导致基础高度加大，基础埋深也要加大。这样，基础土方工作量加大，而且材料用量增加，对工期和造价都十分不利［图6-13（a）］。如果在混凝土基础的底部配以钢筋，利用钢筋来承受拉应力，基础可承受较大的弯矩，即基础不再受刚性角的限制，故将钢

筋混凝土基础称为柔性基础（Flexible foundation），或非刚性基础［图 6-13（b）］。

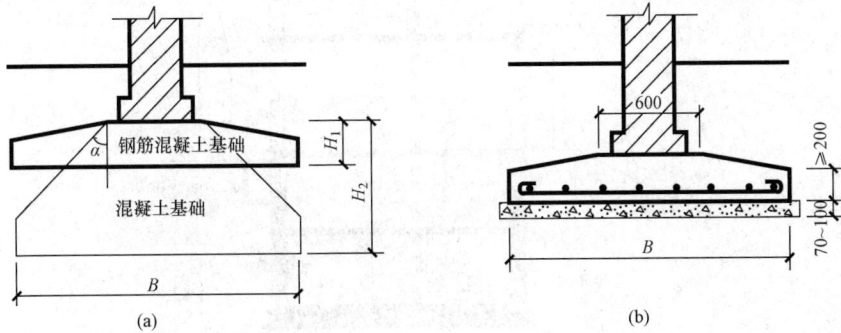

图 6-13　钢筋混凝土基础
（a）混凝土与钢筋混凝土基础的比较；（b）钢筋混凝土基础

6.3　地下室

　　一般将建筑物底层地面以下的空间称为地下室（Basement）。建造地下室不仅能够在有限的占地面积内增加使用空间，提高建设用地的利用率，缓解城市用地紧张的矛盾，还可以省去房心回填土，比较经济。

6.3.1　地下室的分类

　　地下室按使用功能分为普通地下室和人防地下室。普通地下室可用作地下车库、设备用房、储藏空间等。人防地下室即有防空要求的地下空间，用以应对战时人员的隐蔽和疏散。考虑平战结合，和平时期人防地下室可用作普通地下室。

　　地下室按地下室埋深分为全地下室和半地下室。当地下室地面低于室外地面的高度超过地下室净高的 1/2 时称全地下室。当地下室地面低于室外地面的高度超过地下室净高的 1/3 但不超过 1/2 时称半地下室。

6.3.2　地下室的组成

　　地下室一般由墙体、底板、顶板、门和窗、采光井等部分组成，如图 6-14 所示。

　　地下室的墙体不仅承担上部的垂直荷载，还要承受土、地下水及土壤冻胀时产生的侧压力，常采用混凝土或钢筋混凝土墙，墙体厚度应通过计算来确定。

　　地下室的顶板采用现浇或预制钢筋混凝土板。防空地下室的顶板一般应为现浇板。当采用预制板时，需在预制板上再浇筑一层钢筋混凝土整体层，以保证顶板具有足够的整体性。

　　地下室的底板不仅承受作用于它上面的垂直荷载，当地下水位高于地下室底板时，还要承受地下水的浮力作用，所以底板应具有足够的强度、刚度和抗渗能力，否则易出现渗漏现象。因此，地下室底板常采用现浇钢筋混凝土板。

　　地下室的门窗与地上部分相同。防空地下室的门应符合相应等级的防护和密闭要求，一般采用钢门或钢筋混凝土门，防空地下室一般不允许设窗。

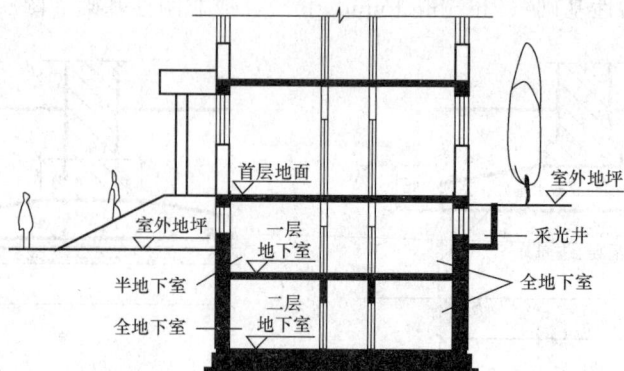

图 6-14 地下室的组成

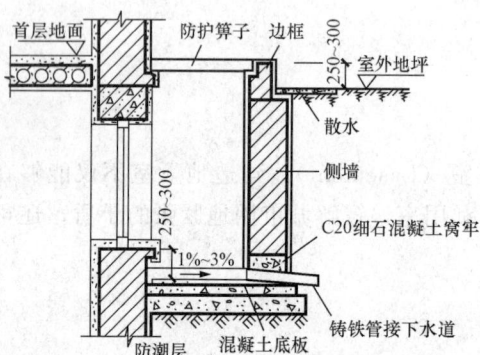

图 6-15 采光井构造

当地下室的窗处于地面以下时，需设置采光井，才能达到室内采光与通风的目的。采光井由侧墙、井底板、遮雨设施或铁箅子组成（图 6-15）。侧墙一般为砖墙，井底板则由混凝土浇筑而成。采光井的深度视地下室窗台的高度而定，一般采光井底板顶面应比窗台低 250～300mm，其宽度（进深方向）为 1000mm 左右，长度（开间方向）应比窗宽大 1000mm 左右。采光井侧墙顶面应比室外地坪高 250～300mm，以防止地面水流进去。

地下室内的楼梯可与地上部分的楼梯结合设置。一个地下室至少应有两部楼梯通向地面，对于防空地下室，其中一部楼梯必须有独立的安全出口，且安全出口与地面以上建筑物应有一定距离，一般不得小于地面建筑物高度的一半，以防止地面建筑物破坏坍落后将出口堵塞。

6.3.3　地下室的防潮与防水

地下室的墙板、底板长期处于潮湿的土层或地下水的包围之中，由于水的作用，轻则引起室内墙面脱落，墙面生霉，重则进水，影响地下室的正常使用和建筑物的耐久性。因此，无论何种地下室，防潮与防水都是其构造设计中所要解决的重要问题。

1．地下室的防潮（Damp-proof of basement）

当地下水的常年静止水位和最高水位都低于地下室底板，土层无滞水时，地下室底板和墙板仅受土层中毛细水和地表水下渗而形成的无压水的影响，这时只需做防潮处理。

由于目前地下室墙体多采用混凝土或钢筋混凝土结构时，本身就有防潮作用，不必再做防潮层；如地下室墙体为砖砌体结构时，在地下室墙板外侧设垂直防潮层。常见做法是在墙体外表面先抹一层 20mm 厚的 1：3 水泥砂浆找平，再涂一道冷底子油和两道热沥青，外侧 500mm 范围内回填低渗透性土，如黏土、灰土等，并逐层夯实，以防地面雨水或其他地表水的影响（图 6 - 16）。墙板在地下室顶板和底板中间各设一道水平防潮层，使地下室形成连续封闭的防潮体系，以防止地面积水或地下毛细水渗入地下室内。

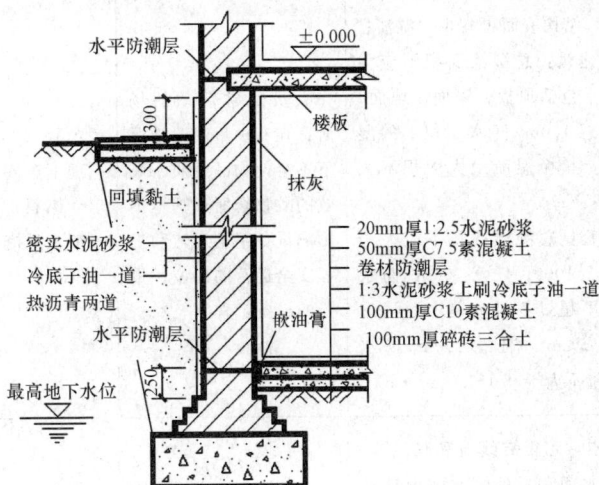

图 6 - 16 地下室防潮构造

当地下室使用要求较高时，可在墙板和底板内侧加涂防潮涂料，以消除或减少潮气渗入。

2. 地下室的防水（Water-proof of basement）

当常年静止水位和最高水位都高于地下室底板时，土层有滞水时，地下室的底板和外墙板将浸在水中。在水的作用下，地下室的外墙板受到地下水的侧压力，底板则受到浮力作用，而且地下水位高出地下室地面越高，侧压力和浮力就越大，渗水也越严重。因此，地下室的防水是地下室构造设计的主要任务。

（1）地下室的防水等级与标准。根据《地下工程防水设计规范》（GB 50108—2008）的规定，地下建筑的防水等级分为四级，其防水标准及对应的适用范围见表 6 - 1。

表 6 - 1　　　　　　　　地下工程防水等级、标准分类与适用范围

防水等级	防水标准	适用范围	项目举例
一级	不允许渗水，结构表面无湿渍	人员长期停留的场所；因有少量湿渍会使物体变质、失效的储物场所及严重影响设备正常运转和危机工程安全运营的部位；极重要的战备工程、地铁车站	居住建筑地下用房、办公用房、医院、餐厅、旅馆、影剧院、商场、娱乐场所、展览馆、体育馆、飞机、车船等交通枢纽、冷库、粮库、档案馆、金库、书库、贵重物品库、通信工程、计算机房、电站控制室、配电间和发电机房等；人防指挥工程、武器弹药库、防水要求较高的人员掩蔽部、铁路旅客站台、行李房、地下铁道车站、种植顶板等

防水等级	防水标准	适用范围	项目举例
二级	不允许渗水，结构表面可有少许湿渍； 工业与民用建筑：总湿渍面积不应大于总防水面积（包括顶板、墙面、地面）的1/1000；任意100m²防水面积上的湿渍不超过2处，单个湿渍最大面积不大于0.1m²； 其他地下工程：总湿渍面积不应大于总防水面积的2/1000；任意100m²防水面积上的湿渍不超过3处，单个湿渍最大面积不大于0.2m²，任意100m²防水面积上的渗水量不大于0.15L/(m²·d)	人员经常活动的场所；在有少量湿渍情况下不会使物品变质、失效的贮物场所及基本不影响设备正常运转和工程安全运营的部位；重要的战备工程	地下车库、城市人行地道、空调机房、燃料库、防水要求不高的库房、一般人员掩蔽工程、水泵房等
三级	有少量渗水点，不得有线流和漏泥沙；任意100m²防水面积上的漏水或湿渍点数不超过7处，单个漏水点最大漏水量不大于2.5L/d，单个湿渍最大面积不大于0.3m²	人员临时活动的场所；一般战备工程	一般战备工程交通和疏散通道等
四级	有渗水点，不得有线流和漏泥沙；整个工程平均漏水量不大于2L/(m²·d)；任意100m²防水面积上的平均漏水量不大于4L/(m²·d)	对渗漏水无严格要求的工程	—

（2）地下室的防水构造。目前我国地下工程防水常用做法有：防水混凝土防水、水泥砂浆防水、卷材防水、涂料防水、塑料防水板防水、金属板防水等。选用哪种防水材料，应根据地下室的使用功能、结构形式、环境条件等因素确定。侵蚀介质中的工程，应采用耐侵蚀的防水混凝土、防水砂浆、卷材或涂料；结构刚度较差或受震动作用的工程应采用卷材、涂料等柔性防水材料。

1）卷材防水。地下室的卷材防水一般是用高聚物改性沥青卷材和高分子卷材做防水层，是一种传统的防水做法，适用于有侵蚀介质或受震动作用的地下室。

按防水材料的铺贴位置不同，分为外包防水和内包防水两类。外包防水是将防水材料铺贴在迎水面，即外墙板的外侧和底板的下面，防水效果好，采用较多，但维修困难，缺陷处难于查找。内包防水是将防水材料贴于背水面，施工简便，便于维修，但防水效果较差，多用于修缮工程。

以外包法为例，卷材防水层应铺设在结构主体底板下与墙板外侧，在外围形成封闭的防水层。地下室底板的防水做法是：先在底板的混凝土垫层上做20mm厚1∶2.5水泥砂浆找平层，然后满铺防水层，再做细石混凝土或水泥砂浆保护层，最后浇筑钢筋混凝土底板。墙板的防水做法是：先在墙板外侧抹20mm厚的1∶2.5水泥砂浆找平层，其上粘贴卷材防水层。防水层自底板下、墙板外侧，由下而上连续密封铺贴，在最高地下水位以上500～

1000mm 处收头，外侧采用 60mm 厚聚苯乙烯泡沫塑料板保护防水层，地下室的外包卷材防水及卷材收头构造如图 6-17 所示。

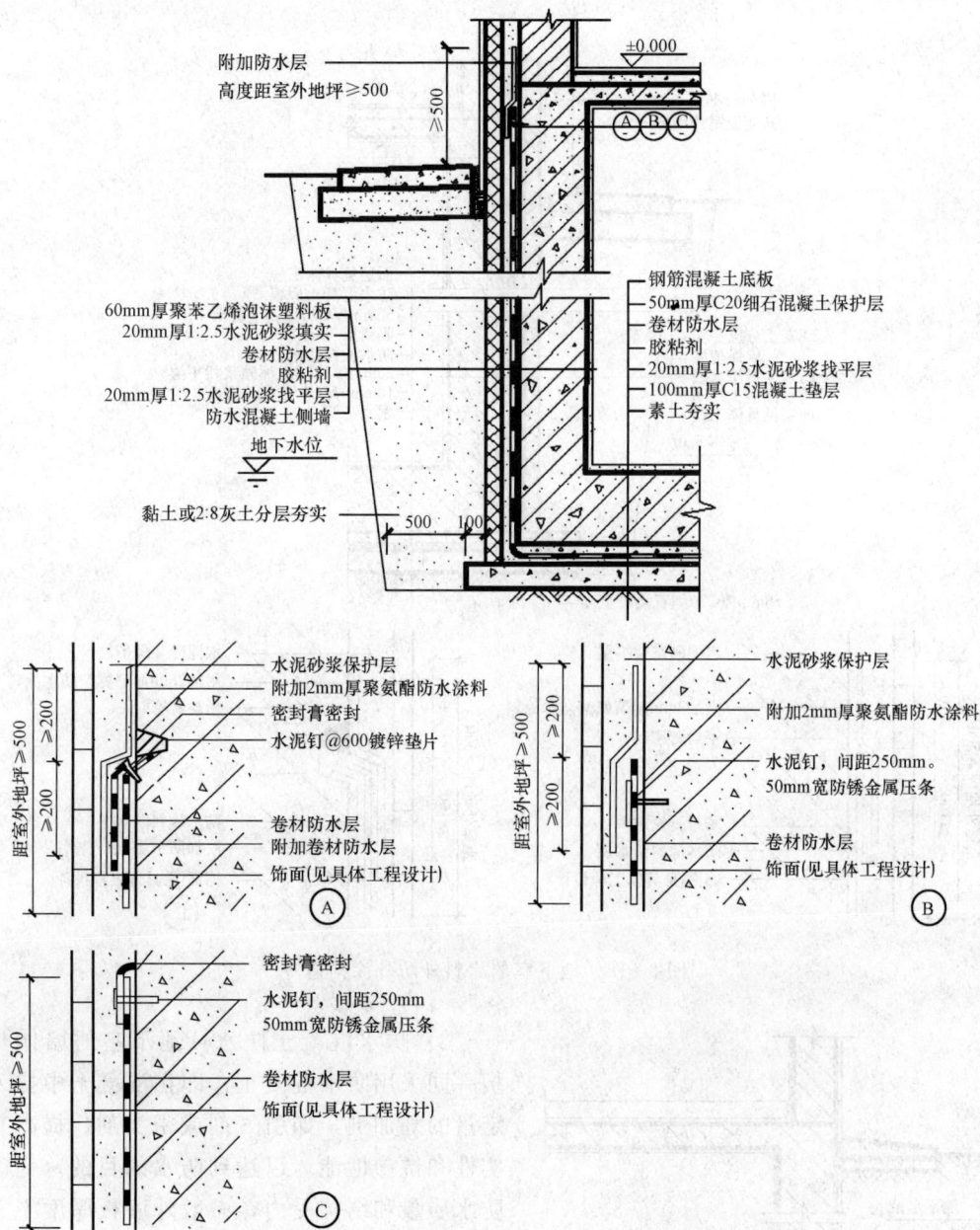

图 6-17　地下室的外包卷材防水构造

2）涂料防水。涂料防水是指在施工现场将防水涂料刷涂、刮涂或滚涂于地下室结构表面的一种防水做法。防水涂料包括无机防水涂料和有机防水涂料。无机防水涂料可选用水泥基防水涂料、水泥基渗透结晶型涂料，宜用于结构主体的背水面；有机涂料可选用反应型、水乳型、聚合物水泥防水涂料，宜用于结构主体的迎水面。涂料防水做法一般为多层敷设，为增强其抗裂性、抗拉伸性能，多加铺1～2层纤维制品（如玻璃纤维布、聚酯无纺布）。防水涂料可采用外防外涂、外防内涂两种做法。地下室的防水涂料外防外涂构造如图6-18所示。

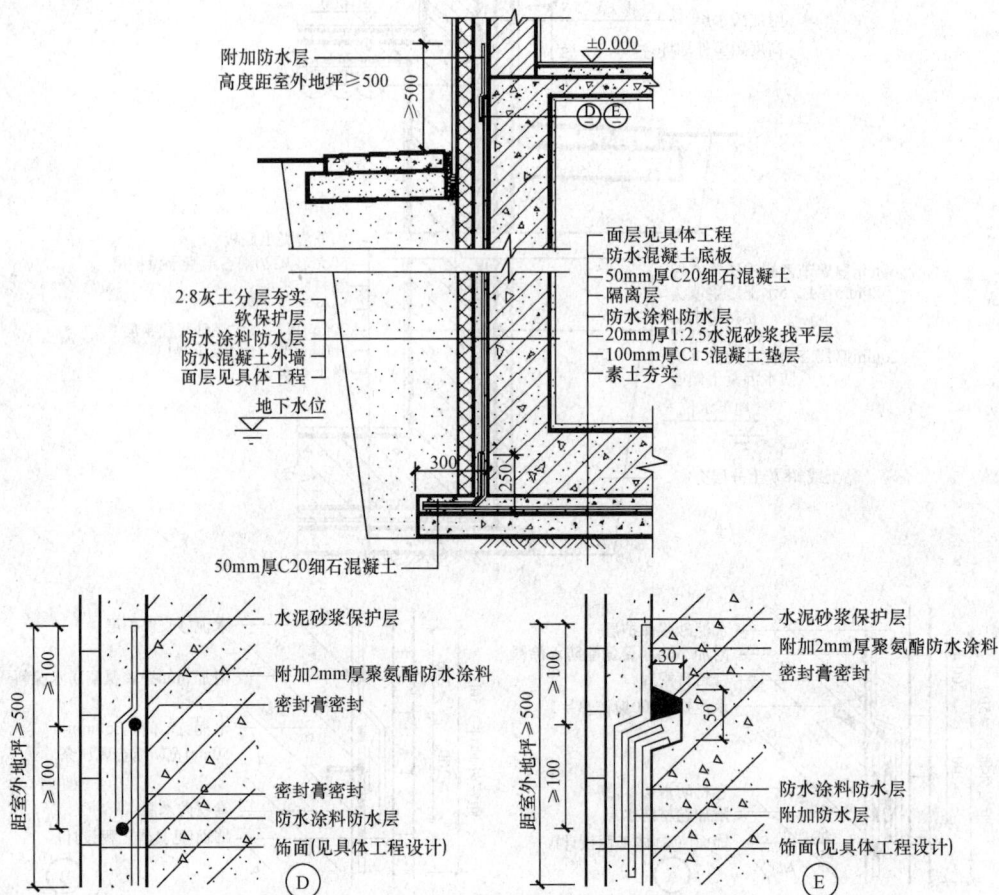

图6-18　地下室的涂料外防外涂构造

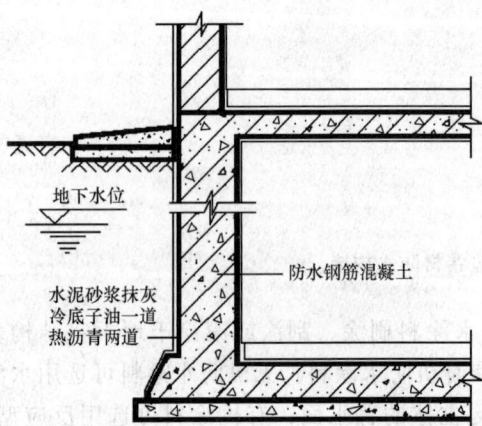

图6-19　地下室防水混凝土防水构造

3）防水混凝土防水。地下室的墙体与底板一同采用防水混凝土，即在混凝土中掺入一定量的外加剂，如引气剂或密实剂，提高其密实性和抗渗性能，以达到防水的目的。为确保防水质量和结构受力，一般外墙板厚度不宜小于200mm，底板厚度应不小于150mm。为防止地下水对混凝土的侵蚀，在墙板外侧抹水泥砂浆找平，然后涂刷沥青涂料（图6-19）。

4）金属板防水。金属板防水是用钢板、铜板、铝板、合金钢板等进行防水，适用于防水等级为Ⅰ～Ⅱ级的地下工程防水。

金属板防水层和结构层应紧密结合，一般采用钢筋锚固法，即在防水钢板上每 300mm×300mm 焊一根不小于 φ8 钢筋与结构层牢固结合，如图 6-20 所示。

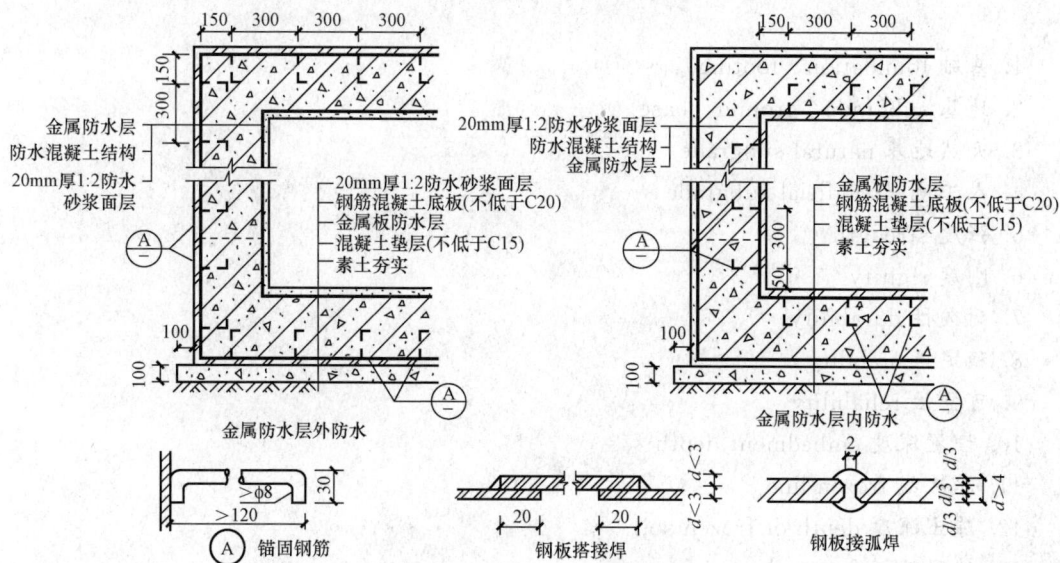

图 6-20　地下室的金属板防水构造

5) 塑料防水板防水。塑料防水板一般选用乙烯-醋酸乙烯共聚物（EVA）、乙烯-共聚物沥青（ECB）、聚氯乙烯（PVC）、高密度聚乙烯（HDPE）、低密度聚乙烯（LDPE）类或其他性能相近的材料。铺设防水板前应先铺缓冲层，缓冲层用暗钉圈固定在基层上，铺设防水板时，将其与暗钉圈焊接牢固。

本 章 小 结

本章主要讲述基础与地基的概念与关系、地基的分类、基础的埋置深度及其影响因素、基础的类型以及地下室的防潮、防水构造等。本章的重点是基础的类型与地下室的防潮、防水构造。

复习思考题

1. 地基与基础的关系如何？设计要求有哪些？
2. 地基类型？人工加固地基的方法有哪些？
3. 绘图说明何谓基础埋深。影响基础埋深的因素有哪些？
4. 常见的基础类型有哪些？
5. 刚性基础与柔性基础有何不同？
6. 绘图说明地下室的防潮做法。
7. 绘图说明地下室的卷材防水做法。
8. 绘图说明防水混凝土地下室构造。

本章专业英语词汇表

1. 基础 foundation，footing
2. 地基 subgrade，ground，base
3. 天然地基 natural subgrade
4. 人工地基 artificial subgrade
5. 强度 strength
6. 刚度 rigitity
7. 耐久性 durability
8. 稳定性 stability
9. 可靠性 reliability
10. 埋置深度 embedment depth
11. 冰冻线 frozen line
12. 冻土深度 depth of frozen soil
13. 冻融破坏 freeze-thaw damage
14. 条形基础 strip foundation
15. 独立基础 independent foundation
16. 井格式基础 crossing foundation；grillage foundation
17. 柱下交梁基础 the cross beam foundation under columns
18. 筏形基础 raft foundation，mat foundation
19. 箱形基础 box foundation
20. 桩基础 pile foundation
21. 摩擦桩 friction pile
22. 端承桩 end-bearing pile
23. 刚性角 rigid angle
24. 刚性基础 rigid foundation
25. 柔性基础 flexible foundation
26. 砖基础 brick foundation
27. 毛石基础 rubble foundation
28. 混凝土基础 concrete foundation
29. 钢筋混凝土基础 reinforced concrete foundation
30. 地下室 basement
31. 防潮 dampproof
32. 防水 waterproof

第7章

墙 体

---

1. 熟悉墙体的类型、设计要求、所用材料及厚度等。
2. 掌握砖墙、砌块墙、框架填充墙构造及墙体节能构造。
3. 熟悉隔墙的类型、要求及构造。
4. 了解墙面装修做法及幕墙的类型及做法。

7.1 墙体类型及设计要求

墙体是建筑的重要组成部分，占建筑总质量的 30%～45%，造价比重大，在工程设计中合理选择墙体材料、结构方案及其构造做法十分重要。

7.1.1 墙体的类型

1. 按墙体所处位置及方向分类

墙体依其在建筑平面中所处位置不同，有内墙和外墙之分。位于建筑物四周的墙称外墙（Exterior wall），外墙是建筑物的外围护结构，起着挡风、阻雨、保温、隔热等作用，保证室内具有良好的生活和工作环境；位于建筑内部的墙称内墙（Interior wall），内墙的主要作用是分隔房间。

按照墙体所处方向不同，墙体又有横墙和纵墙之分。沿建筑物短轴方向布置的墙称横墙（Cross wall），位于建筑物两端的横墙一般又称山墙（Gable）；沿建筑物长轴方向布置的墙称纵墙（Longitudinal wall），如图 7-1 所示。

2. 按墙体受力情况分类

墙体根据结构受力情况不同，有承重墙和非承重墙之分。承重墙（Bearing wall）直接承担上部结构传来的荷载；非承重墙（Non-bearing wall）不承担上部结构传来的荷载。非承重墙可分为自承重墙、隔墙、框架结构填充墙和幕墙。自承重墙仅承担自身重量，并把自重传给基础；隔墙（Partition）则不承受外来荷载，并将自身重量传给楼板（或梁）或地面垫层；在框架结构中，填充在框架结构柱之间的墙称框架填充墙（Filler wall），仅起围护和分隔空间的作用，其自重由框架承受；幕墙（Curtain wall），又称悬挂墙，是悬挂在建筑外部的轻质墙，不承重，因像挂上去的幕布一样而得名。

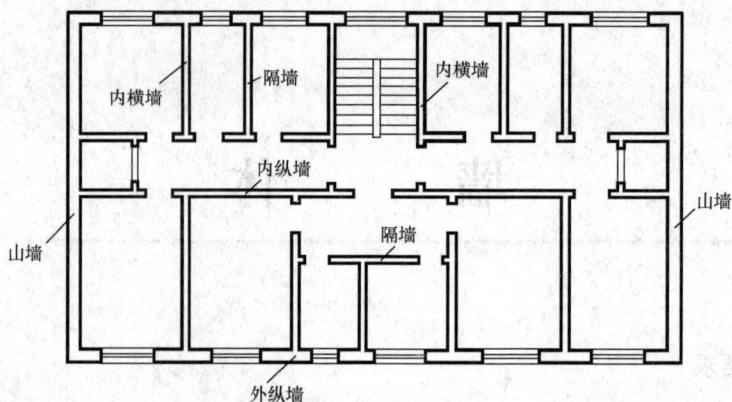

图 7-1　墙体各部分名称

3. 按墙体所用材料和构造方式分类

墙体按构造方式可分为实体墙、空体墙和复合墙三种。实体墙（Solid wall）由单一材料组成，如普通砖墙、实心砌块墙、钢筋混凝土墙等（图 7-2）。空体墙是由单一材料砌成内部有空腔的墙，即空斗墙（Rowlock cavity wall）（图 7-3）；或用空心砖或空心砌块砌筑而成的空心墙（Hollow wall）（图 7-4）。复合墙（Composite wall）则是由两种或两种以上材料组砌而成的墙体。

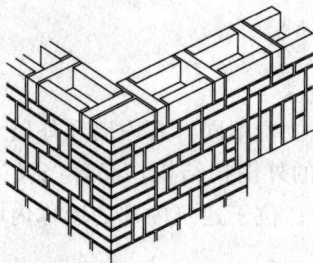

图 7-2　实体墙　　　　　　图 7-3　空斗墙　　　　　　图 7-4　空心砖墙

4. 按墙体施工方式分类

墙体根据施工方式不同有块材墙、板筑墙和板材墙之分。块材墙是用砂浆等胶结材料将各种小型预制块材（如实心砖、空心砖或砌块等）组砌而成。板筑墙则是在现场立模板，在模板内夯筑黏土或浇筑混凝土捣实而成的墙体，如夯土墙和现浇混凝土墙。板材墙是将工厂预制好的墙板运到施工现场组装而成的墙体，如预制混凝土板材墙、轻质条板和幕墙等。

7.1.2　墙体的设计要求

根据墙体所处位置和功能的不同，设计时应满足以下要求：

1. 结构安全方面

（1）强度要求。承重墙应具有足够的强度来承担上部荷载。墙体的强度与所用材料有关，墙体厚度应满足不同受力情况下的承载力要求。

（2）稳定性要求。墙体的稳定性与墙体的长度、高度、厚度以及纵、横向墙体间的距离有关。控制墙体的高厚比是保证墙体稳定的重要措施，墙体允许高厚比限值在结构上有明确的规定（表 7 - 1）。当墙体高度、长度确定后，可通过增加墙厚、增设壁柱、圈梁等办法来提高墙体的稳定性。

表 7 - 1　　　　　　　　　　　　墙、柱的允许高厚比值

砂浆强度等级	墙	柱
M2.5	22	15
M5.0	24	16
≥M7.5	26	17

2. 功能方面

（1）应满足建筑热工要求。根据地区的气候条件和建筑物的使用要求，墙体应具有必要的保温（Heat preservation）、隔热（Thermal insulation）要求。

北方寒冷地区要求围护结构具有较好的保温能力，以减少室内热损失，防止墙面结露和产生凝结水。①提高墙体保温能力，减少热损失，如增加外墙厚度、选用导热系数小的轻质材料做外墙、采用复合墙；②防止外墙中出现凝结水，可在室内温度高的一侧用卷材、防水涂料或薄膜等材料做隔蒸汽层，阻止水蒸气进入墙体；③防止外墙出现空气渗透，如选择密实度高的墙体材料、墙体内外加抹灰层、加强节点缝隙处理等。

南方炎热地区，夏季太阳辐射强烈，为防止夏季室外热量通过外墙传入室内，使室内温度过热，一般通过合理设计房间朝向、组织自然通风、设置窗口遮阳、进行环境绿化、外墙采取隔热构造以及外墙采用浅色、光滑、平整的材料饰面等措施解决。

（2）应满足防火要求。墙体材料的燃烧性能和耐火极限应符合防火规范（Fire prevention code）的有关规定。在较大的建筑中应设置防火墙进行防火区域划分，以防止火灾蔓延。

（3）应满足隔声要求。为保证室内有良好的使用环境，避免室外或相邻房间的噪声影响，墙体必须具有足够的隔声能力（Sound insulation ability）。不同使用性质的建筑有不同的噪声控制标准，如住宅卧室昼间的允许噪声级（A 声级）应小于或等于 40dB，普通教室应小于或等于 50dB。声音的传播方式有空气传声和固体传声两种，对于墙体主要考虑隔绝空气传声。

为控制噪声，可采取以下措施：①加强墙体的密缝处理，如对墙体与门窗、通风管道间等处的缝隙进行密封处理；②增加墙厚与密实性，避免噪声穿透墙体及引起墙体振动；③采用空体墙或多孔材料的夹层墙，通过多孔材料的减振和吸声作用来提高墙体的隔声能力；④设置噪声隔离带，利用绿化降噪。

（4）应满足防潮防水要求（Damp-proof and water-proof requirements）。在卫生间、厨房、盥洗室等有水的房间或地下室的墙应采取可靠的防潮防水措施。

此外，墙体还应考虑经济、美观、建筑工业化等方面的要求。

7.2　砖墙

7.2.1　砖墙材料

砖墙包括砖和砂浆两种材料。

1. 砖

砖（Brick）的种类很多，按所用原料分有黏土砖、页岩砖、灰砂砖、煤矸石砖、粉煤灰砖、炉渣砖等；按生产工艺可分为烧结砖和非烧结砖，其中非烧结砖又可分为压制砖、蒸养砖和蒸压砖等；从外观上看，砖有实心砖、多孔砖和空心砖（图7-5）。

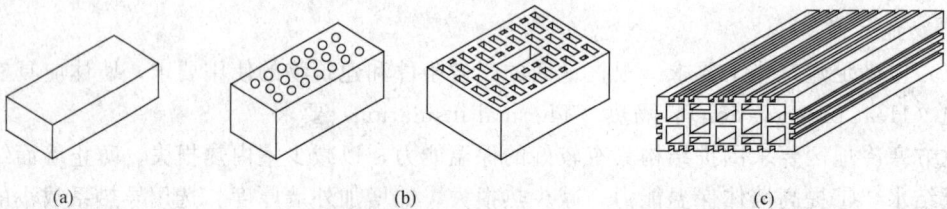

(a)　　　　　(b)　　　　　(c)

图 7-5　砖的形式
(a) 实心砖；(b) 多孔砖；(c) 空心砖

（1）烧结普通砖（Fired common brick）。是以黏土、页岩、煤矸石或粉煤灰为主要原料，经过焙烧而成的孔洞率小于15%的砖，其尺寸为 240mm×115mm×53mm（长×宽×厚）。传统的普通黏土砖的缺点有自重大、体积小、施工效率低、生产能耗高，又与农业争地，而且热工性能较差。目前我国许多大中城市已明令禁止使用普通黏土砖，而大力推广使用多孔砖和空心砖。

烧结普通砖的强度以强度等级表示，是根据砖每平方毫米的抗压强度（MPa）划分的，烧结普通砖的抗压强度有 MU30、MU25、MU20、MU15 和 MU10 五个强度等级。

（2）烧结多孔砖与烧结空心砖。烧结多孔砖［简称多孔砖（Perforated brick）］和烧结空心砖（Hollow brick）的原料及生产工艺与烧结普通砖基本相同，由于坯体有孔洞，成形难度大。前两者与烧结普通砖相比，节省黏土、节约燃料、墙体自重轻，工效高，并能改善墙体的热工性能，保温性能可提高25%左右。

烧结多孔砖的孔洞率大于或等于15%，且孔的尺寸小而数量多，使用时孔洞垂直于承压面。因强度较高，常用于砌筑六层以下的承重墙。多孔砖有 DM 型（M 型系列）与 KP1 型（P 型系列）两大类，其规格尺寸见表7-2。多孔砖的抗压强度等级同烧结普通砖，也分 MU30、MU25、MU20、MU15 和 MU10 五个强度等级。

烧结空心砖的孔洞率大于或等于35%，且孔的尺寸大而数量少，使用时孔洞平行于受力面。因自重轻、强度低，多用于砌筑非承重墙。烧结空心砖根据其大面和条面的抗压强度值，分为 5.0、3.0、2.0 三个强度等级。

表 7 - 2		DM 型与 KP1 型多孔砖规格尺寸		(单位：mm)
DM 型多孔砖			KP1 型多孔砖	
DM1—1	240×190×90		KP1—1	240×115×90
DM1—2			KP1—2	
DM2—1	190×190×90		KP1—3	
DM2—2			KP1—（1）	178×115×90 （括号为七分砖）
DM3—1	190×140×90		KP1—（2）	
DM3—2			KP1—（3）	
DM4—1	190×90×90			
DM4—2			注：—1 为圆孔形，—2、—3 为长方形孔形	
DMP （实心配砖）	190×190×40			

（3）蒸压（养）砖（Autoclaved brick or steamed brick）。又称为非烧结砖，是以石灰、砂子、粉煤灰、煤矸石、炉渣、页岩等含硅材料加水拌和，经成形、蒸养或蒸压而成。目前使用的主要有粉煤灰砖、灰砂砖和炉渣砖，其规格尺寸与烧结普通砖相同。其中，蒸压灰砂砖按其抗压强度和抗折强度分为 MU25、MU20、MU15 和 MU10 四个强度等级。

2. 砂浆

能将砖、石、砌块等粘结成为整个砌体的砂浆称为砌筑砂浆。砂浆（Mortar）既保证了墙体传力均匀，又使墙体空隙填平、密实，提高了墙体的保温、隔热和隔声能力。

砌筑墙体的砂浆，要求有一定的强度和和易性，常用的砌筑砂浆有水泥砂浆、石灰砂浆和混合砂浆三种。水泥砂浆（Cement mortar）由水泥、砂加水拌和而成，强度高，和易性差，但防潮、防水性能好，多用于砌筑潮湿环境下的砌体或地下工程。石灰砂浆（Lime mortar）由石灰膏、砂加水拌和而成，强度不高，但和易性好，多用于砌筑次要民用建筑地面以上的砌体。混合砂浆（Composite mortar）由水泥、石灰膏、砂加水拌和而成，强度较高，和易性和保水性较好，常用于砌筑地面以上的砌体，在实际工程中使用广泛。

砌筑砂浆的强度等级有 M15、M10、M7.5、M5 和 M2.5 五个等级。

7.2.2 砖墙的组砌方式

砖墙的组砌方式主要指砖块在砌体中的排列方式。为保证墙体的强度和稳定性，砌筑均应遵循横平竖直、错缝搭接、砂浆饱满、厚薄均匀的原则。

砖墙组砌时，应丁砖和顺砖交替砌筑，横砌的砖叫丁砖（Header），顺砌的砖叫顺砖（Stretcher）。砖墙常见的砌筑方式有全顺式、一顺一丁式、多顺一丁式、每皮丁顺相间式（又称十字式、梅花丁式）及两平一侧式等（图 7-6）。

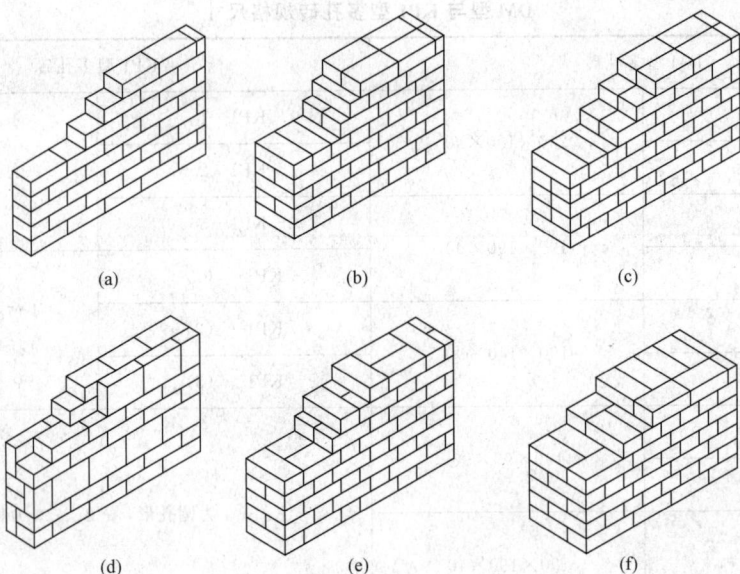

图 7-6　砖墙的组砌方式

（a）全顺式；（b）一顺一丁式；（c）多顺一丁式；（d）两平一侧式；（e）十字式；（f）370 砖墙

7.2.3　墙体厚度

墙体厚度除满足强度、稳定性、保温隔热、隔声及防火等功能方面的要求外，还应与砖的规格尺寸相配合。

标准砖的规格为 240mm×115mm×53mm（长×宽×厚），按 10mm 灰缝进行组砌时，其长、宽、厚之比为 4：2：1，即（4 个砖厚＋3 个灰缝）＝（2 个砖宽＋1 个灰缝）＝1 砖长。由砖可以组砌成不同厚度的墙体，且墙体厚度一般按半砖的倍数确定，如半砖墙、一砖墙、一砖半墙、两砖墙等（图 7-7）。

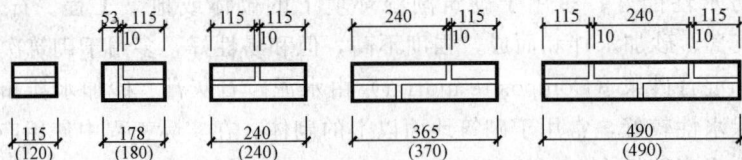

图 7-7　墙厚与砖规格的关系

注：（　）内尺寸为标志尺寸。

DM 型多孔砖的尺寸符合《建筑模数协调标准》（GB/T 50002—2013），墙厚以 50mm（1/2M）进级，即 100mm、150mm、200mm、250mm、300mm、350mm，高度则按 100mm（1M）进级。砌体边角少量不足一块整砖的部位砍配砖 DMP 或锯切 DM3、DM4 填补。另外，多孔砖墙的窗间墙长度、门窗洞口、墙垛、砖柱等尺寸应符合 1M 的要求。

KP1 多孔砖墙的厚度与普通砖墙相同，但是没有数量级 60mm（1/4 砖）的进级，不足整砖的部位用"七分砖"砌筑。墙体高度按 100mm（1M）进级。

7.2.4　砖墙细部构造

为了保证砖墙的耐久性和墙体与其他构件的连接，处理好砖墙如下部位的细部构造十分重要，如散水、勒脚、防潮层、窗台、过梁以及墙身的加强措施等。

1. 散水与明沟

为防止雨水和室外地面积水渗入地下危害基础，波及墙身。在建筑物外墙四周应设置散水或明沟，将雨水迅速排除。在外墙四周所设置的向外倾斜的排水坡面，称为散水（Apron）；明沟（Open ditch）则是指在外墙四周设置的排水沟。

为保证排水通畅，散水坡度为 3%～5%。散水的出墙宽度一般为 600～1000mm。当屋面采用无组织排水时，其宽度应比屋顶挑檐宽 200～300mm。散水可采用现浇混凝土、铺砖、卵石、碎石三合土（即水泥、熟石灰与碎石）等做法，厚度为 60～80mm（图 7-8）。若采用现浇混凝土散水时，应沿长度方向每隔 10m 设置一道伸缩缝，房屋转角处做 45°缝；考虑建筑的沉降将散水拉裂，散水与外墙之间应设 10～20mm 宽的通缝，伸缩缝及通缝内填嵌缝膏。水泥砂浆面层每隔 1～1.5m 留宽 15mm、深 10mm 的半通缝。

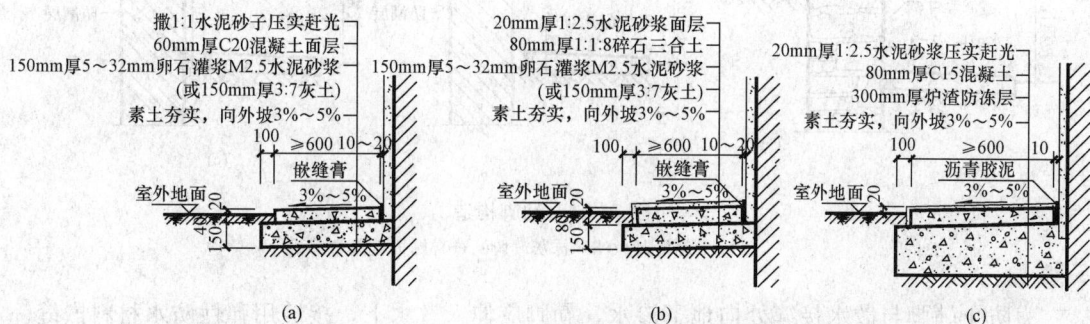

图 7-8　散水构造

（a）混凝土散水；（b）碎石三合土散水；（c）混凝土散水防冻胀构造

在北方寒冷地区，为防止基层土壤冻胀破坏散水，散水下应设一层 300～500mm 厚的防冻胀层，材料一般为中粗砂、砂卵石、干炉渣或炉渣灰土等。

一般在年降水量为 900mm 以上的地区，采用明沟排除建筑周边的雨水，明沟将雨水导入城市排水管网。明沟与散水的构造做法大致相同，明沟宽 200mm 左右，沟底应做不小于 0.5% 的纵向坡度（图 7-9），也可将明沟与散水结合起来（图 7-10）。

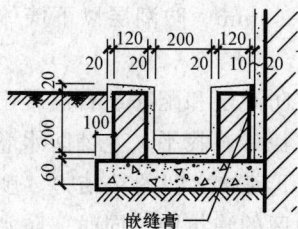

图 7-9　明沟构造

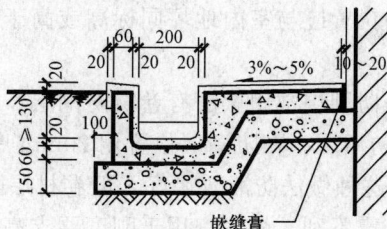

图 7-10　明沟与散水结合构造

2. 勒脚

勒脚（Plinth）是外墙接近室外地面的部分。其主要作用是保护外墙身根部免受地表水、屋檐雨水的侵蚀、迸溅，坚固墙体避免外界的碰撞而损坏，提高建筑物的耐久性。同时，勒脚还具有增加建筑立面美观的作用。

勒脚的高度一般为 600~800mm，考虑建筑立面造型要求，也可将勒脚做至底层窗台。勒脚的做法主要有：

（1）石砌勒脚。对勒脚容易遭到破坏的部分采用石块或石条等坚固的材料进行砌筑。

（2）抹灰勒脚。常用 1:2.5 水泥砂浆、水刷石、斩假石抹面；这种做法简单经济，应用较广。

（3）贴面勒脚。采用天然石板和人造石板贴面，如花岗石板、水磨石板或外墙面砖等。贴面勒脚耐久性强、装饰效果好，多用于装饰标准要求较高的建筑中（图 7-11）。

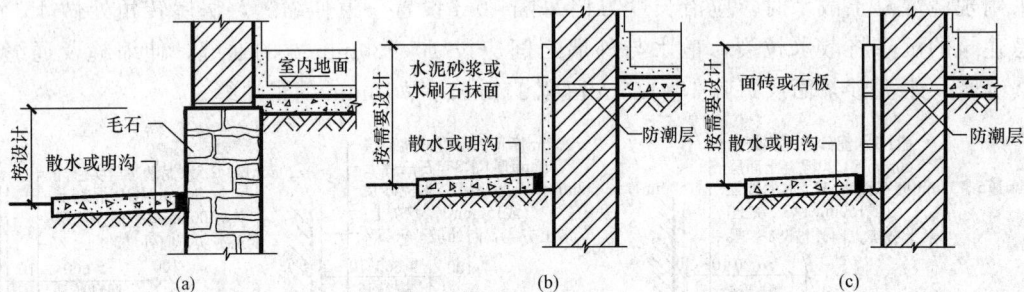

图 7-11　勒脚构造
(a) 石砌勒脚；(b) 抹灰勒脚；(c) 贴面勒脚

为防止勒脚与散水接缝处向地下渗水，勒脚应伸入散水下，接缝用弹性防水材料嵌缝。

3. 墙身防潮层

墙体根部接近土壤的部分易受土中水分的影响而受潮，从而影响墙体的耐久性。为了阻隔室外雨雪水及地下潮气对墙体的侵袭，在墙体根部适当位置需设防潮层（Damp-proof course）。墙身防潮层有水平防潮层和垂直防潮层两种。

（1）水平防潮层。为了防止地下水由于毛细作用上升使建筑物墙身受潮，致使室内抹灰粉化、生霉，甚至引起墙体冻融破坏，在墙体水平方向设置连续封闭的防潮层。防潮层的位置与室内地面垫层材料有关，当室内地面垫层为混凝土等密实材料时，设在垫层厚度中间位置或低于室内地坪 60mm 处（图 7-12）；当室内地面垫层为三合土或碎石灌浆等非刚性垫层时，防潮层的位置应与室内地坪同标高或高于室内地坪 60mm。防潮层以下墙体应采用烧结普通砖砌筑。

墙身水平防潮层常用做法有卷材防潮层、防水砂浆防潮层和配筋细石混凝土防潮层等。

1）卷材防潮层。在防潮层位置用 20mm 厚 1:3 水泥砂浆找平，上铺防水卷材一层［图 7-13（a）］。这种做法防潮效果好，但卷材层降低了上下砌体之间的粘结力，削弱了墙体的整体性，对抗震不利，故不宜用于刚度要求高和地震地区的建筑中。同时，防水卷材的使用寿命一般在 20 年左右，时间久了将失去防潮作用。目前，此类防潮层已少用。

2）防水砂浆防潮层。防水砂浆是在 1:2 水泥砂浆中掺入 3%~5% 的防水剂配制而成。

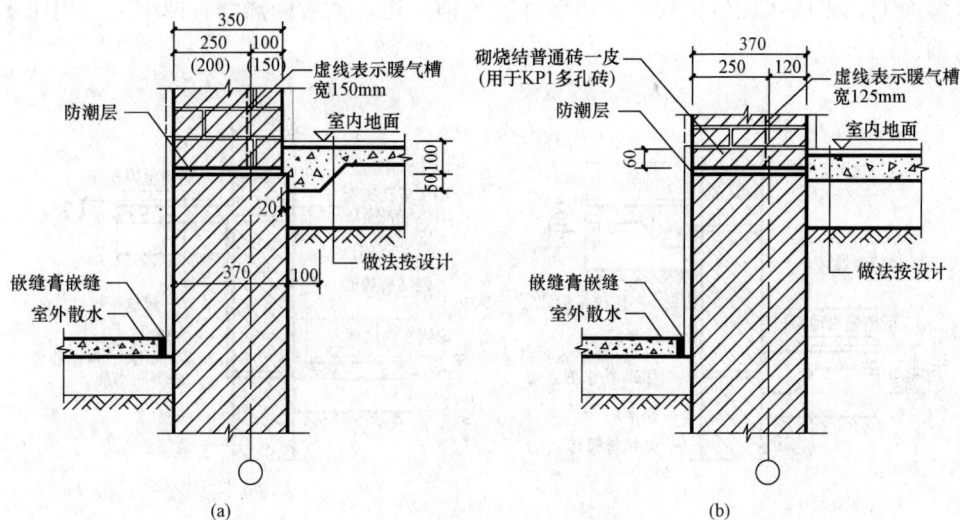

图 7 - 12　水平防潮层位置

(a) DM 多孔砖；(b) KP1 多孔砖墙、烧结普通砖墙与蒸压砖墙

注：KP1 多孔砖在防潮层以上砌一皮烧结普通砖。

可采用厚度为 20～25mm 的防水砂浆防潮层 [图 7 - 13 (b)]，或用防水砂浆砌筑 2～3 皮砖 [图 7 - 13 (c)]。防水砂浆克服了卷材防潮层的不足，且构造简单；但由于砂浆系脆性材料，易开裂，故不宜用于结构变形较大或地基可能产生不均匀沉降的建筑中。

3）细石混凝土防潮层。常采用 60mm 厚的 C20 细石混凝土，内配 $3\phi6$ 钢筋 [图 7 - 13 (d)]。防潮性能、抗裂性能好，且能与砖砌体结合紧密，多用于整体刚度要求较高或地基可能产生不均匀沉降的建筑中。

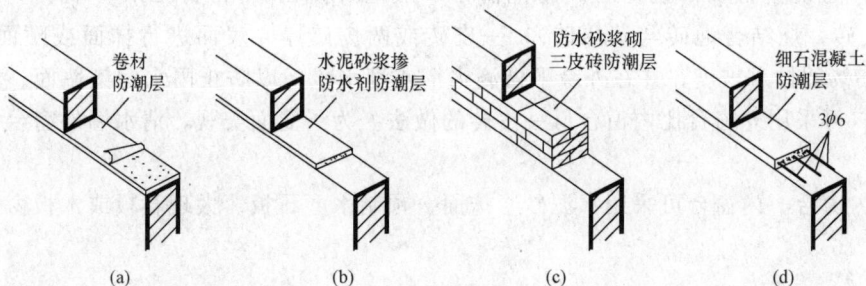

图 7 - 13　墙身水平防潮层

(a) 卷材防潮层；(b) 防水砂浆防潮层；(c) 防水砂浆砌三皮砖防潮层；(d) 细石混凝土防潮层

4）当基础设有钢筋混凝土圈梁时，可将圈梁调整至防潮层位置，利用圈梁代替墙身防潮层。

（2）垂直防潮层。当室内地坪出现高差或室内地坪低于室外地面时，不仅要在不同标高的室内地坪处分别设两道墙身水平防潮层，同时为了避免高地坪房间墙体外侧填土中（或室外地面）的潮气侵入墙身，在墙体靠土层一侧还应设垂直防潮层（图 7 - 14）。其具体做法是在垂直墙面上，先用水泥砂浆找平，再涂冷底子油一道，最后刷热沥青两道或采用防水砂浆抹灰防潮。

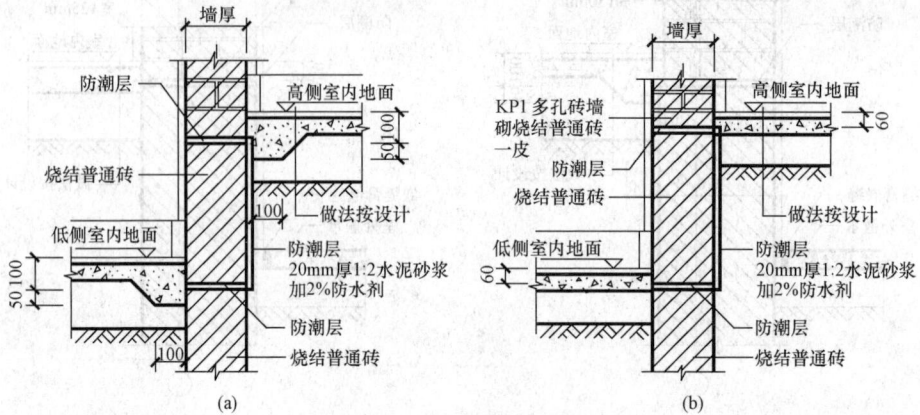

图 7-14　墙身垂直防潮层

(a) DM 多孔砖墙；(b) KP1 多孔砖墙、普通砖墙与蒸压砖墙

注：KP1 多孔砖在防潮层以上砌一皮烧结普通砖。

4. 窗台

窗洞口的下部应设置窗台 (Window sill)。根据位置不同，窗台有内、外之分。外窗台是为了防止窗扇流下的雨水侵入墙身或沿窗缝渗入室内，同时也是建筑立面重点处理的部位，其构造应满足排水和装饰的双重需要；内窗台则是为了排除窗上的冷凝水，以保护内墙面，其构造应满足室内装饰和使用方便的要求。

(1) 外窗台。砖砌外窗台应用广泛，有平砌和侧砌两种做法 (图 7-15)。按其与外墙面的位置可分为挑窗台和不挑窗台。砌挑窗台一般向外挑出 50mm（DM 多孔砖）或 60mm（KP1 多孔砖、烧结普通砖与蒸压砖），一皮砖或两皮砖厚。表面进行抹面或贴面处理时，应向外做 5% 的排水坡度，并在外缘下做滴水槽或滴水线，以防止雨水污染墙面。当排水要求较高时，可采用外窗台比内窗台低一皮砖的做法。为了立面美观，清水墙外窗台一般采用侧砌。

(2) 内窗台。内窗台可采用水泥砂浆抹面、预制水磨石板、大理石板或木板窗台板等做法 (图 7-16)。

5. 过梁

过梁 (Lintel) 是设置在门窗洞口上的横梁，用来承担洞口上部砌体的荷载，并将其传给洞口两侧的墙体。根据所用材料和构造做法的不同，过梁有砖拱过梁、钢筋砖过梁和钢筋混凝土过梁三种形式。

(1) 砖拱过梁 (Brick arch lintel) 有平拱和弧拱之分，是我国的传统做法。即将立砖和侧砖相间砌筑，灰缝上宽下窄相互挤压便成了拱的作用 (图 7-16)。砖拱过梁施工麻烦、承载力低，对地基不均匀沉降及振动荷载较敏感，不宜用于有集中荷载或地震区的建筑，多见于历史建筑或仿古建筑中。

(2) 钢筋砖过梁 (Reinforced brick lintel) 是在平砌的砖缝中配置钢筋，形成可以承受

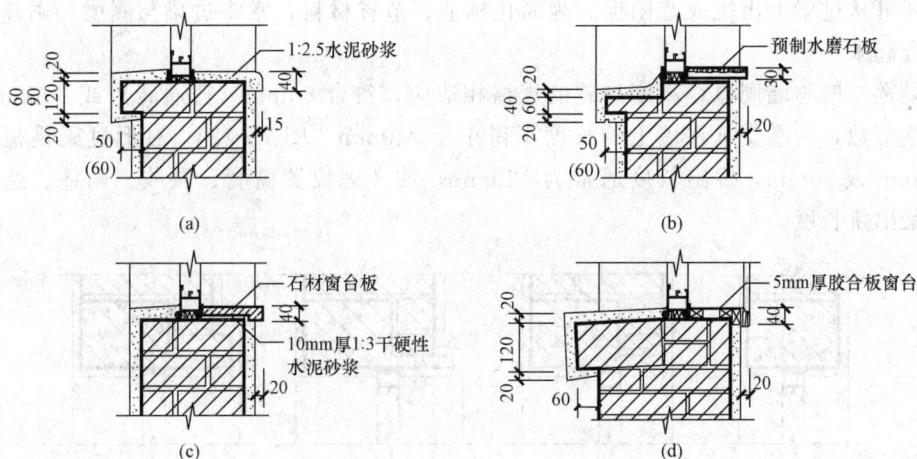

图 7-15 窗台构造

(a) 砖砌挑窗台；(b) 高低挑窗台；(c) 不出挑窗台；(d) 侧砌窗台

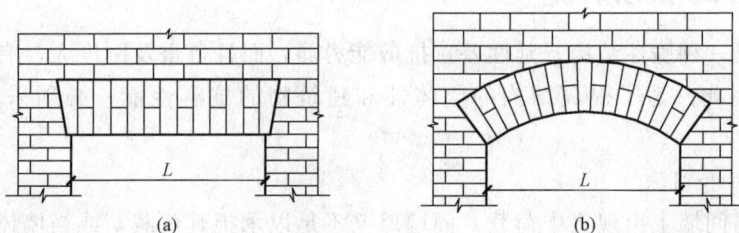

图 7-16 砖拱过梁

(a) 砖砌平拱过梁；(b) 砖砌弧拱过梁

弯矩的加筋砖砌体。其高度不小于洞口宽度的 1/3，且不少于 5 皮砖，用 M5 水泥砂浆砌筑；内配 $\phi6$ 钢筋，间距小于 120mm，布置在洞口上部第一皮砖和第二皮砖之间，也可布置在第一皮砖下的水泥砂浆层内，两端伸入墙内不小于 240mm（图 7-17）。钢筋砖过梁施工麻烦，多用于跨度在 2m 内的清水墙或非承重墙的门窗洞口上。

（3）钢筋混凝土过梁。当有较大振动荷载或可能发生不均匀沉降的房屋，应采用钢筋混凝土过梁（Reinforced concrete lintel）。它坚固耐久、不受跨度限制、易成形、可现浇也可预制，应用最普遍。

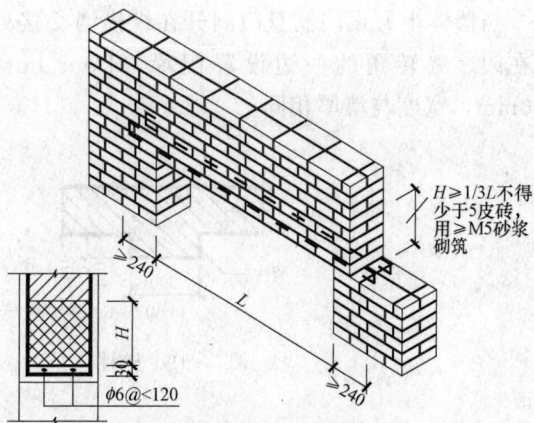

图 7-17 钢筋砖过梁

过梁的断面形式有矩形和 L 形两种。矩形过梁多用于内墙和复合墙，L 形过梁多用于外墙。北方寒冷地区外墙采用 L 形过梁，即可节省材料，且可防止热桥及梁内侧形成冷凝水；

南方地区可从过梁上出挑成遮阳板。为简化构造、节省材料，常将过梁与圈梁、雨篷、遮阳板等结合起来。

过梁宽一般与墙同厚，高度与砖的规格相适应，符合 60mm（普通砖）或 90mm（多孔砖）的整倍数，两端支承在墙上的长度不得小于 240mm（图 7-18）。L 形过梁挑板厚度一般为 60mm 或 90mm，挑出长度通常为 120mm，或考虑设置窗套、腰线、雨篷、遮阳板等确定过梁出挑长度。

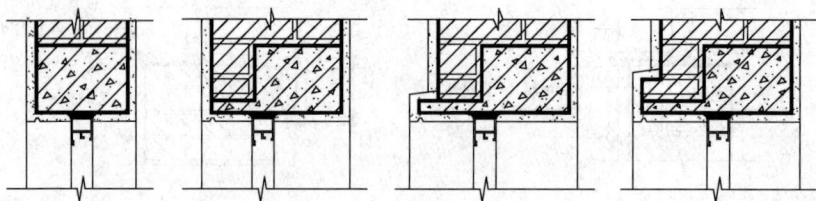

图 7-18　钢筋混凝土过梁

7.2.5　墙身的加强措施

砖混结构是一种脆性结构，延性差，抗剪能力弱，而且自重及刚度大，有地震荷载作用时破坏严重。因此，为了提高结构的整体性和建筑物的抗震性能，必须采取相应的加强措施。

1. 增设壁柱和门垛

当墙体的窗间墙上出现集中荷载，而墙厚又不足以承担其荷载，或当墙体的长度和高度超过一定限度并影响墙体稳定性时，常在墙身局部适当位置增设凸出墙面的壁柱（Pilaster），以提高墙体的平面外刚度（图 7-19）。壁柱的尺寸应与砌块的规格尺寸相对应，如烧结普通砖墙壁柱一般为 120mm×370mm、240mm×370mm、240mm×490mm 等。

当墙体上开设门洞且门洞开在纵横墙交接处，为便于门框的安装和保证墙体的稳定性，须在门靠墙转角的一边设置门垛（Door buttress）（图 7-20）。门垛凸出墙面不少于 120mm，宽度与墙厚相同。

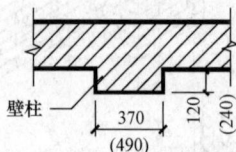

图 7-19　壁柱

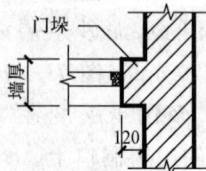

图 7-20　门垛

2. 设置圈梁

圈梁（Ring beam）又称腰箍，是沿外墙四周及部分内墙同一水平面上设置的连续而封闭的梁。圈梁的作用是提高建筑物的整体刚度及墙体的稳定性，减少由于地基不均匀沉降而引起的墙身开裂，提高建筑物的抗震能力。所以，利用圈梁加固墙身更显得必要。

圈梁的设置部位与砌体所用材料、地区的抗震设计烈度等因素有关，表 7-3 为多层砖砌体房屋现浇钢筋混凝土圈梁的设置要求。

表 7 - 3   多层砖砌体房屋现浇钢筋混凝土圈梁的设置要求

墙类别	抗震设防烈度		
	6 度、7 度	8 度	9 度
外墙和内纵墙	屋盖处及每层楼盖处	屋盖处及每层楼盖处	屋盖处及每层楼盖处
内横墙	屋盖处及每层楼盖处；屋盖处间距不大于 4.5m，楼盖处间距不大于 7.2m；构造柱对应部位	屋盖处及每层楼盖处；各层所有横墙，且间距不应大于 4.5m；构造柱对应部位	屋盖处及每层楼盖处；各层所有横墙

圈梁有钢筋砖圈梁和钢筋混凝土圈梁两种。

钢筋砖圈梁是在砌体灰缝中设置通长钢筋，数量不宜少于 $4\phi6$，间距不宜大于 120mm，分上下两层布置，梁高一般为 4~6 皮砖，宽度与墙同厚，用不低于 M5 水泥砂浆砌筑（图 7 - 21）。

钢筋混凝土圈梁高度不应小于板厚，并不应小于 120mm，常用 180mm、240mm。宽度与墙同厚，当墙厚大于或等于 240mm 时，宽度不宜小于墙厚的 2/3。常用混凝土的强度等级为 C20，纵向钢筋不少于 $4\phi10$，箍筋直径为 $\phi6$，按照抗震设计烈度 6 度、7 度、8 度、9 度设防其间距分别为 250mm、200mm 和 150mm（图 7 - 22）。为加强基础整体性和刚性而增设的基础圈梁，截面高度不应小于 180mm，配筋不应少于 $4\phi12$。

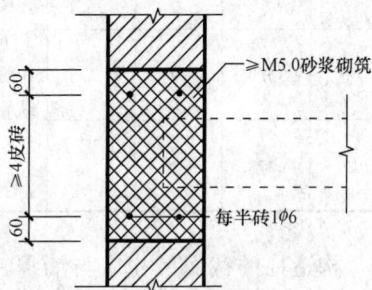

图 7 - 21 钢筋砖圈梁

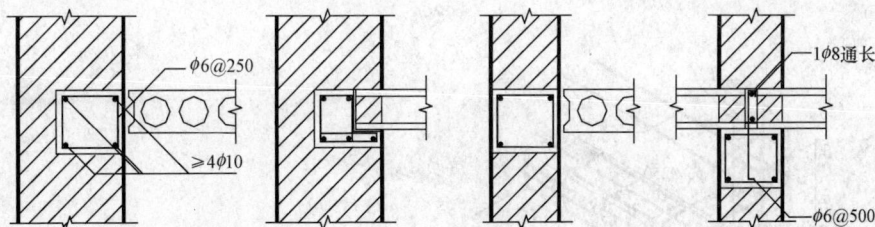

图 7 - 22 钢筋混凝土圈梁

注：现浇楼盖设圈梁时，将图中预制板改为现浇板，并与圈梁同时现浇。

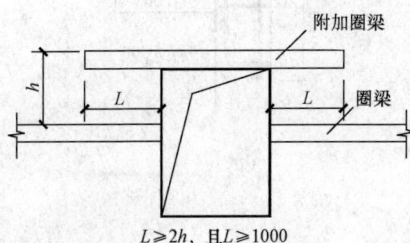

图 7 - 23 附加圈梁

当圈梁遇到门窗洞口不能闭合时，应在门窗洞口上部或下部设置附加圈梁，进行搭接补强。附加圈梁与圈梁的搭接长度不应小于两者高差的 2 倍，且不小于 1000mm（图 7 - 23）。

3. 设置构造柱

在抗震设防地区，设置钢筋混凝土构造柱（Construction column）是多层建筑抗震的重要措施。构造柱与各层圈梁及墙体紧密连接，形成空间骨架，从而增强了建筑物的整体刚度、稳定性和抗剪强度，提高了墙片及房屋的抗倒塌能力，在地震作用下做到裂而不倒。

多层砖混结构中，构造柱一般设置在外墙转角、楼梯间四角，内外墙交接处。对于多层砖砌体房屋，其构造柱设置要求见表 7 - 4，间距应满足《建筑抗震设计规范》（GB 50011—2010）的相关规定。

表 7 - 4　　　　　　　　　　　　　多层砖砌体房屋构造柱设置要求

房屋层数				设 置 部 位	
6 度	7 度	8 度	9 度		
四、五	三、四	二、三		楼、电梯间四角，楼梯斜梯段上下端对应的墙体处；外墙四角和对应转角；错层部位横墙与外纵墙交接处；大房间内外墙交接处；较大洞口两侧	隔 12m 或单元横墙与外纵墙交接处；楼梯间对应的另一侧内横墙与外纵墙交接处
六	五	四	二		隔开间横墙（轴线）与外墙交接处；山墙与内纵墙交接处
七	≥六	≥五	≥三		内墙（轴线）与外墙交接处；内墙的局部较小墙垛处；内纵墙与横墙（轴线）交接处

构造柱的截面尺寸应与墙厚一致，其最小截面尺寸：DM 多孔砖为 240mm×190mm，KP1 多孔砖、普通砖、蒸压砖为 240mm×180mm。构造柱的最小配筋为纵筋 $4\phi12$、箍筋 $\phi6@250mm$，且在柱上下端加密 $\phi6@100$；房屋四角的构造柱可适当加大截面和配筋。

构造柱应与各层圈梁和墙体紧密拉结。与圈梁连接处，构造柱纵筋应穿过圈梁并置于圈梁纵筋以内，保证构造柱上下贯通。构造柱与墙体的拉结筋应从室内地面以上 500mm 高处开始设置，沿墙高每 500mm 设 $2\phi6$ 水平拉结钢筋，每边伸入墙内不少于 1000mm（图 7 - 24）。

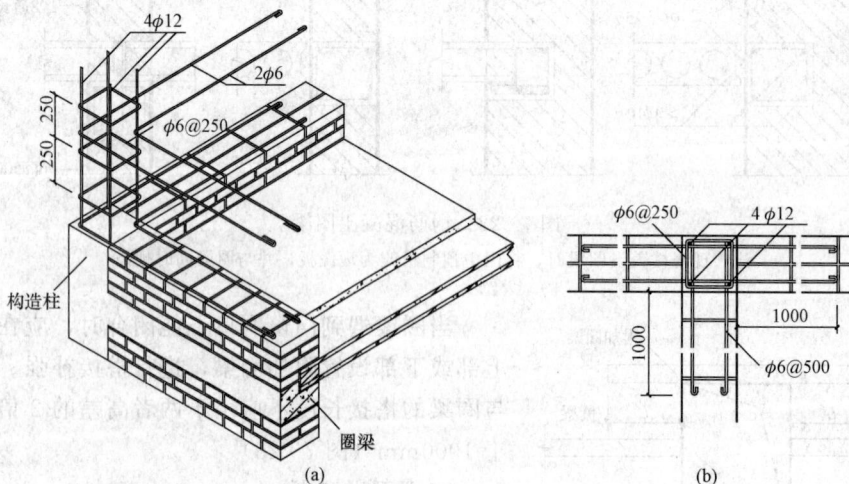

图 7 - 24　构造柱
(a) 外墙转角处；(b) 内外墙交接处

构造柱根部嵌入基础内至室外地坪以下 500mm，或锚入埋深小于 500mm 的基础圈梁内（图 7-26）。为了增加构造柱与墙体的拉结，构造柱呈马牙槎状，砌墙时在墙内砌成马牙槎，DM 多孔砖墙的马牙槎高 200mm，宽 50mm；KP1 多孔砖、烧结普通砖、蒸压砖墙的马牙槎高 300mm，宽 60mm（图 7-25）。施工时先绑扎钢筋，后砌墙，随着墙体的上升逐段现浇钢筋混凝土柱身。

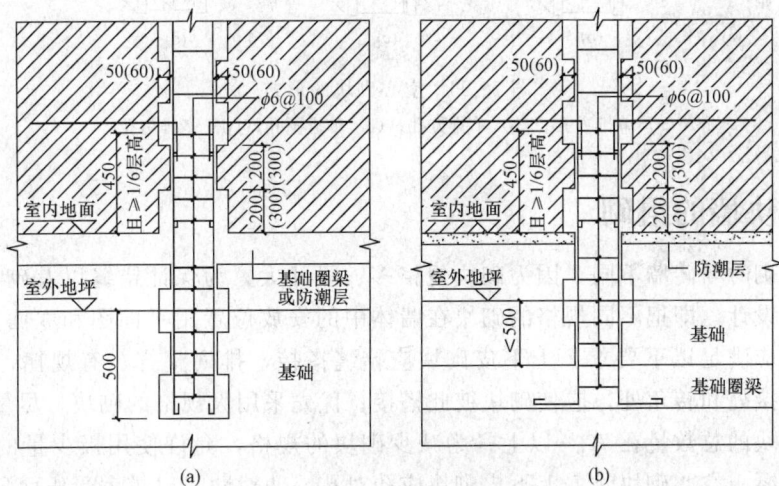

图 7-25 构造柱根部连接

（a）构造柱与基础连接；（b）构造柱与基础梁连接

注：（ ）内的数字适用于 KP1 多孔砖、普通砖、蒸压砖墙内马牙槎。

7.3 砌块墙

砌块墙（Block wall）是以普通混凝土、各种轻骨料混凝土工业废料（粉煤灰、炉渣等）或地方材料制成人造块材，用胶结材料砌筑而成的砌体。使用砌块墙可充分利用工业废料和地方材料，减少对耕地的破坏、节约能源，利国利民；同时，还具有砌块制作简单、施工速度快、不需大型的起重运输设备、造价低等优点。因此，在大量民用建筑中应大力发展砌块墙体。

7.3.1 砌块类型与规格

砌块的外形尺寸比砖大，按尺寸大小可分为大型砌块（高度大于 980mm）、中型砌块（高度为 380～980mm）和小型砌块（高度为 150～380mm）三种类型。目前，我国多采用中、小型砌块（图 7-26）。按用途分为承重砌块和非承重砌块。按照外形特征分为实心砌块和空心砌块。按照制作的原材料分为混凝土及轻混凝土砌块、粉煤灰硅酸盐砌块及加气混凝土砌块等。

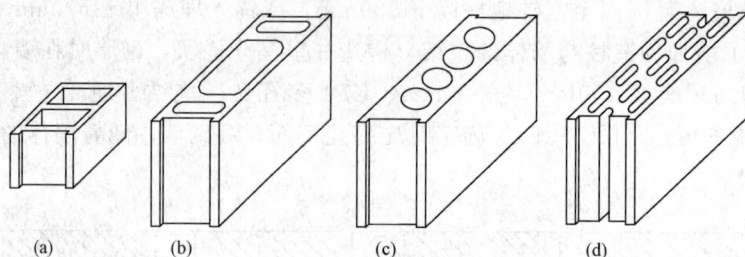

图 7-26　空心砌块的形式

(a) 单排方孔；(b) 单排方孔；(c) 单排圆孔；(d) 多排扁孔

7.3.2　砌块墙的组砌

砌块在组砌时与砖墙不同，因为砌块规格多、尺寸大，为保证错缝以及砌体的整体性，应事先作排列设计，即把不同规格的砌块在墙体中的安放位置用平面图和立面图加以表示。砌块排列设计应满足以下要求：上下皮砌块应错缝搭接，排列整齐、有规律，尽量减少通缝；内外墙交接处和转角处，应使砌块彼此搭接；优先采用大规格的砌块，尽量减少砌块的规格，使主砌块的总数量在 70% 以上；为减少砌块的规格，允许使用极少量的砖来镶嵌填缝；当采用混凝土空心砌块时，上下皮砌块应孔对孔、肋对肋，以扩大受压面积。

7.3.3　砌块墙构造

为增强墙体的整体性与稳定性，提高建筑物的整体刚度和抵抗振动荷载的能力，砌块墙与砖墙一样，必须采取必要的加强措施。

1. 砌块墙的拼接

砌块墙多采用整块顺砌，一般采用 M5 砂浆砌筑。小型砌块要求对孔错缝，搭接长度不得小于 90mm。中型砌块应错缝搭接，搭接长度不得小于 150mm，当搭接长度不足或纵横墙交接处无法咬接时，应在水平灰缝中设置 φ4 的钢筋网片，进行拉结处理（图 7-27）。

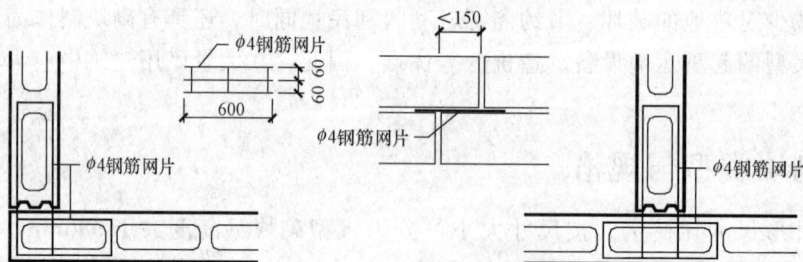

图 7-27　砌块墙拉结构造

为保证墙体的坚固耐久，防潮防水，室内地坪以下的墙体应采用混凝土实心砌块或烧结普通砖砌筑，并应设置墙身防潮层。

2. 圈梁

为加强砌块建筑的整体性，多层砌块建筑圈梁的设置应满足表 7-5 中的要求。

表 7 - 5	多层砌块建筑圈梁设置要求	
墙类	抗震设防烈度	
	6 度、7 度	8 度
外墙和内纵墙	屋盖处及各层楼盖处	屋盖处及各层楼盖处
内横墙	屋盖处及各层楼盖处；屋盖处沿所有横墙；楼盖处间距不应大于 7m；构造柱对应部位	屋盖处及各层楼盖处；各层所有横墙

　　砌块建筑在现浇圈梁时，为方便施工支模，可采用 U 形预制砌块代替模板，在 U 形预制砌块的凹槽内配置钢筋，现浇混凝土（图 7 - 28）。

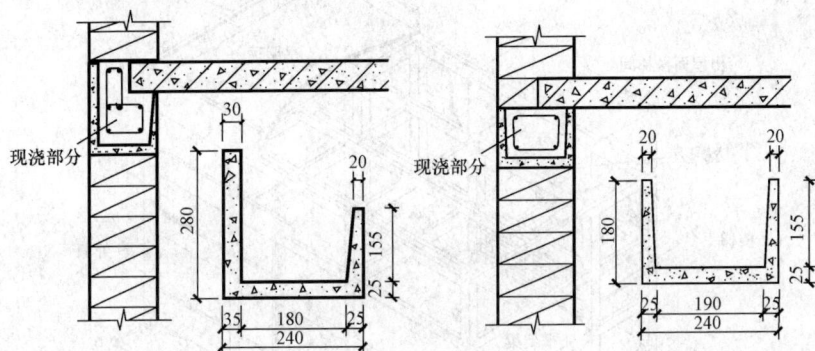

图 7 - 28　砌块墙现浇圈梁

3. 构造柱

　　为加强砌块建筑的整体刚度和抗震能力，在外墙转角、楼梯间四角和必要的内、外墙交接处设置构造柱。构造柱多利用空心砌块内部的孔洞上下对齐，孔洞中配置不小于 $2\phi12$ 钢筋分层插入，贯通全部墙身高度，用 C20 细石混凝土填实（图 7 - 29）。构造柱必须与圈梁紧密相接，形成空间骨架，并与基础有可靠的连接。

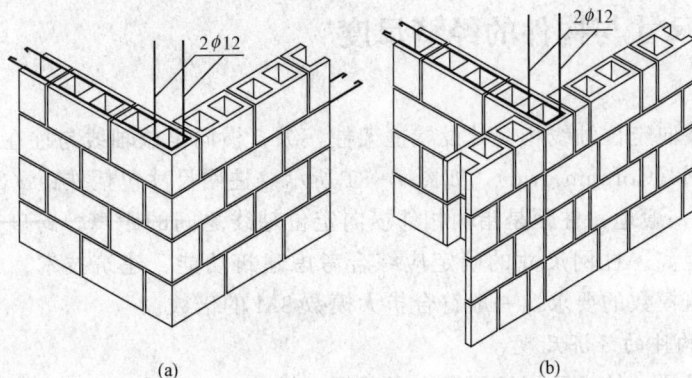

(a)　　　　　　　　　(b)

图 7 - 29　砌块墙构造柱
(a) 外墙转角处构造柱；(b) 内外墙交接处构造柱

7.4 框架结构填充墙

框架结构是由梁、柱（或板）构成的主体承重骨架（图 7-30），墙体属非承重墙，其自重由框架梁、柱承担，仅起围护、分隔作用，墙体材料多采用空心砖、轻质砌块，或采用轻质砌块与保温材料组合而成的复合墙。框架结构的承重构件与围护构件分工明确，结构构件所占据的空间大大减少，适用于内部需要大空间或内部房间分隔灵活的民用与工业建筑，如商场、图书馆、教学楼、医院、轻工业厂房等。

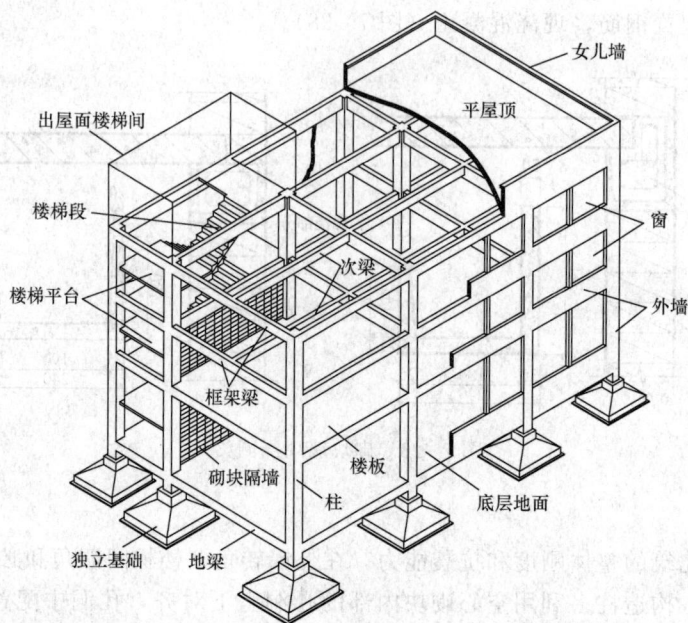

图 7-30 框架结构示意图

7.4.1 柱网尺寸与构件的经济尺度

1. 柱网尺寸

一般在纵、横向定位轴线相交处设置框架柱，纵、横向定位轴线与柱在平面中形成的规则网格，就是柱网（Column grid），如图 7-31 所示。柱网尺寸包括柱距（Column spacing）和跨度（Span），一般地，柱距是指两相邻横向定位轴线之间的距离，跨度是指两相邻纵向定位轴线之间的距离。柱网尺寸的确定应综合考虑建筑功能、建筑技术、经济等因素的影响，并应考虑建筑模数的要求，一般符合扩大模数 3M 的倍数。

2. 主要结构构件的经济尺度

框架结构中的梁、柱常采用矩形和方形截面，柱的截面尺寸应大于梁的截面尺寸，以利于梁柱节点处的钢筋布置。在初步估算构件经济尺度时，柱截面宽度可取层高的 $1/10\sim 1/15$，高度为宽度的 $1\sim 2$ 倍；且柱的截面边长不宜小于 250mm，圆柱的截面直径不宜小于 350mm。框架梁的截面高度一般为梁跨的 $1/8\sim 1/12$，宽度为梁高的 $1/2\sim 1/3$，且不宜小于

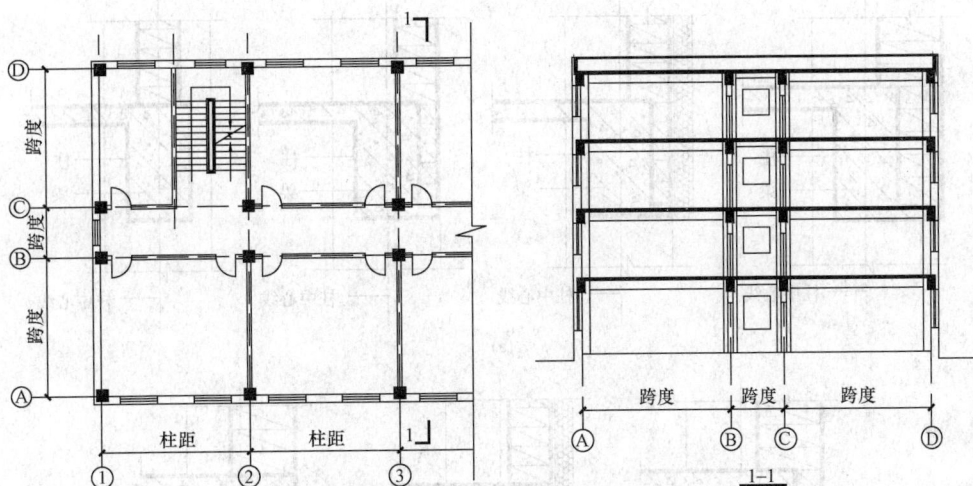

图 7 - 31　框架结构建筑的平面图与剖面图

250m。梁、柱的截面尺寸均符合分模数 M/2 的倍数；同时，构件的截面尺度必须考虑结构受力和抗震等要求来确定。

7.4.2　框架结构中墙、梁、柱之间的关系

1. 墙与柱的关系

在框架结构中，墙与柱的位置关系有：①墙外包柱（全包、半包）；②墙与柱边平齐；③墙体处于柱间（图 7 - 32）。

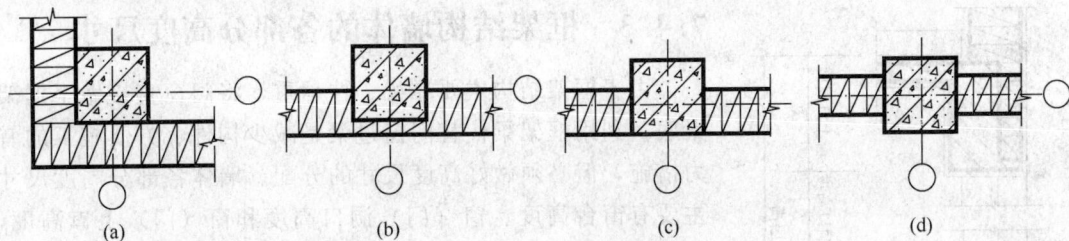

图 7 - 32　墙与柱的位置关系

(a) 墙外包柱（全包）；(b) 墙外包柱（半包）；(c) 墙与柱边平齐；(d) 墙处于柱间

对于内墙，一般墙与柱的中心线对齐；但考虑走廊一侧不露柱子，内部观感好，也可将墙体与柱边在走廊一侧平齐。

对于外墙，在我国非采暖地区，一般不考虑钢筋混凝土框架梁、柱形成的"热桥"影响，通常将框架填充墙砌于框架柱之间，墙与柱外缘平齐，也可将柱凸出于外墙，丰富建筑立面。由于节能的要求，尤其是冬季采暖地区的建筑，外墙常包柱砌筑。

2. 墙、梁与柱的关系

考虑墙体的位置，梁与柱的关系有梁、柱的中心线重合与不重合两种情况，如图 7 - 33 所示。

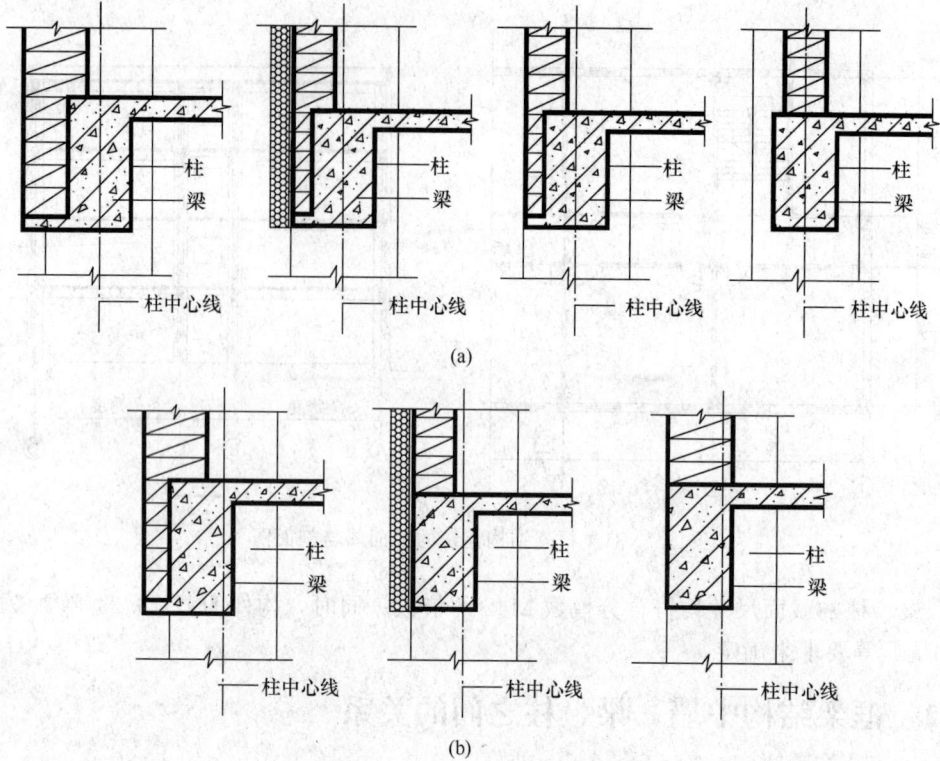

图 7-33　墙、梁与柱的关系
(a) 梁、柱中心线重合；(b) 梁、柱中心线不重合

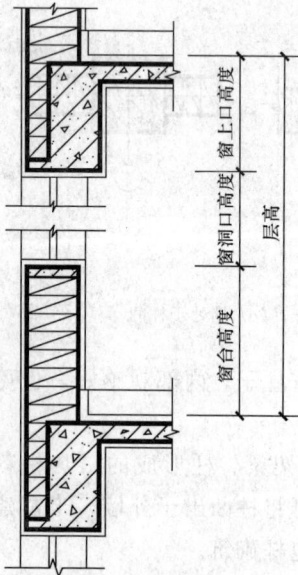

图 7-34　墙体各部分高度尺寸

7.4.3　框架结构墙体的各部分高度尺寸

由于框架结构主要靠梁、柱承重，将门窗直接做至框架梁底，利用框架梁代替门窗过梁是减少构件、方便施工的有力措施，但必须做好高度尺寸的分配。墙体各部分高度尺寸主要有窗台高度、窗（门）洞口高度和窗（门）上口高度，如图 7-34 所示。

1. 窗台高度

窗台高度应满足室内采光和便于观赏室外景物的要求。一般民用建筑的窗台高度常采用 900mm。

2. 窗（门）洞口高度

窗多为定型构件，窗洞口高度应遵循建筑模数制的规定，一般符合扩大模数 3M 的倍数，以减少窗的规格类型。

3. 窗（门）上口高度

窗上口高度为框架梁高和楼地面面层厚度之和。其中，框架梁高一般符合分模数 M/2 的倍数，楼地面面层厚度一般为分模数 M/10 的倍数。

　　窗台高度、窗洞口高度、框架梁高、楼地面面层厚度和层高采用不同模数的倍数,将会出现尺寸失调现象,即窗台高度、窗洞口高度、窗上口高度三者之和与建筑层高尺寸产生矛盾。此时,可采用调整窗台高度、框架梁高或采用非定型窗来解决。

7.4.4　框架结构填充墙构造

　　在我国非采暖地区,框架填充墙构造相对简单,前面已经论述,不再赘述。而在严寒和寒冷地区,为了解决外墙的保温问题,框架填充墙有单一材料的保温墙体和复合墙两大类。

　　单一材料的保温墙体常用加气混凝土砌块墙或其他空心砌块墙;复合墙是由混凝土空心砌块、多孔砖等砌体与保温材料组合而成的墙体。使用最为普遍的保温材料有岩棉、玻璃棉等无机材料;或是聚苯乙烯泡沫塑料、聚氨酯泡沫塑料等有机材料。在目前建筑节能的前提下,采用复合墙已越来越成为当今建筑墙体的主流,其做法也多种多样,可分为外墙内保温系统、外墙外保温系统和夹芯保温系统三类。其中,外墙外保温系统的效果最好,是目前正在积极推广的一种做法。

　　外保温复合墙的通常做法是内砌陶粒混凝土空心砌块或煤矸石多孔砖等,将聚苯板粘贴、钉挂在砌块墙外表面,再覆以嵌埋耐碱玻纤网格布增强的聚合物抗裂砂浆罩面(图 7-35)。由抹面砂浆与增强网构成的抗裂防护层对整个系统的抗裂性能起着非常关键的作用,其厚度普通型为 3～5mm,加强型为 5～7mm。保温材料的厚度应按照各地区建筑节能设计标准规定的外墙传热系数的限值计算确定。

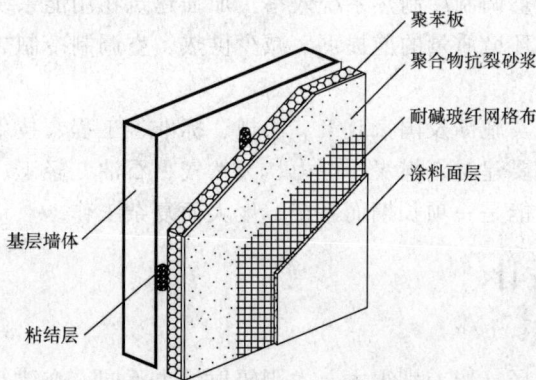

图 7-35　外保温复合墙构造层次

　　为保证框架填充墙的稳定性,按照墙厚在墙内设置 $\phi6$ 钢筋与框架柱进行拉结,拉结筋沿墙高每隔 500mm 布置,拉结筋伸入墙内的长度应按抗震规范要求确定。

　　在严寒和寒冷地区,必须考虑框架梁、柱或板出挑部位形成的"热桥"(Thermal bridge)影响,如阳台、雨篷、室外空调机搁板、凸出外墙的柱等,通常采取外墙包柱砌筑,或构件外部粘贴聚苯板等"断桥"措施。图 7-36 所示为框架结构复合墙在窗洞口处的"断桥"构造处理。

　　图 7-37 所示为寒冷地区框架结构填充外墙剖面节点详图,综合了外墙、屋面、窗洞口、地面等处的保温节能构造,设计时可参考使用。

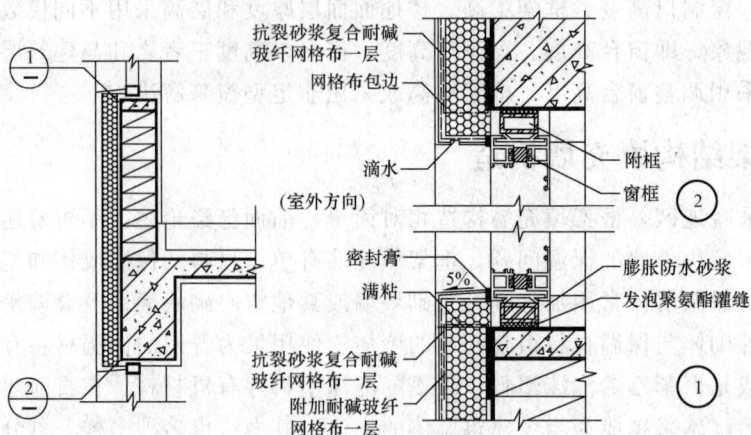

图 7-36   框架结构复合墙窗洞口构造

7.5   墙体节能构造

建筑节能（Building energy saving）是在建筑物的规划、设计、新建（改建、扩建）、改造和使用过程中，执行节能标准、采用节能型的技术、工艺、设备、材料和产品，提高保温隔热性能和采暖供热、空调制冷制热系统效率，加强建筑物用能系统的运行管理，利用可再生能源，在保证室内热环境质量的前提下，减少供热、空调制冷制热、照明、热水供应的能耗。

建筑节能工作的有效实施涉及国家政策、法规、标准、工程、技术、管理与资金等诸多方面的因素；同时，又需要建材、煤炭、电力、天然气、石油、轻工、家电等行业的共同努力与协作，因此，建筑节能是一项长期而系统、庞大而复杂工作。

7.5.1   建筑节能设计

1. 我国建筑热工分区

我国地域辽阔，各地区气候差别很大，太阳辐射量也不同，在建筑节能设计时，必须根据各地区的气候特点进行有针对性的设计。《民用建筑热工设计规范》（GB 50176—1993）把我国分为五个建筑热工分区（Thermotechnical partitions），即严寒地区、寒冷地区、夏热冬冷地区、夏热冬暖地区和温和地区，其中，严寒地区又细分为严寒 A 区和严寒 B 区，具体分区见表 7-6。

2. 建筑节能设计

建筑节能设计是保证全面建筑节能效果的重要环节，有利于从源头上杜绝能源的浪费。建筑节能设计包括节能整体设计与节能建筑单体设计。

4mm厚SBS改性沥青防水层

20mm厚1:3水泥砂浆找平层

1:10水泥珍珠岩找坡2%(最薄处不小于20厚)

100mm厚阻燃聚苯乙稀泡沫塑料保温板

2mm厚SBS改性沥青隔气层

20mm厚1:3水泥砂浆找平层

现浇钢筋混凝土屋面板

20mm厚混合砂浆抹面刮大白

1.0mm厚抹面胶浆外刷外墙涂料

2.0mm厚抹面胶浆上贴玻纤网

80mm厚EPS板保温层

5mm厚粘板胶粘剂粘结层

15mm厚1:2.5水泥砂浆找平层

80mm厚钢筋混凝土女儿墙

5mm厚聚合物砂浆找平层

5mm厚粘板胶粘剂粘结层

SBS改性沥青防水层

60mm厚黏土实心砖墙保护

20mm厚混合砂浆抹面

加铺卷材一层500mm宽

2%

③

1.0mm厚抹面胶浆外刷外墙涂料

2.0mm厚抹面胶浆上贴玻纤网

80mm厚EPS板保温层

5mm厚粘板胶粘剂粘结层

15mm厚1:2.5水泥砂浆找平层

190mm厚陶粒混凝土空心砌块墙体

20mm厚混合砂浆抹面刮大白

150mm高地面砖踢脚板

10mm厚1:1水泥细砂浆,贴地面砖,素水泥浆擦缝

30mm厚1:3水泥砂浆找平层

现浇钢筋混凝土楼板

20mm厚混合砂浆抹面刮大白

②

建筑密封膏

聚氨酯发泡

单框双玻塑钢窗

建筑密封膏

聚氨酯发泡
花岗岩窗台板

10mm厚1:1水泥细砂浆,贴地面砖,素水泥浆擦缝

20mm厚1:3水泥砂浆找平层

80mm厚C15混凝土垫层

沿外墙2000mm宽50mm厚EPS板

80mm厚碎石灌M2.5水泥砂浆

素土夯实

±0.000

室外地面

油膏嵌缝

5%

20mm厚1:2防水砂浆防潮层

10mm厚1:1水泥细砂浆,贴地面砖

20mm厚1:3水泥砂浆找平层

80mm厚C15混凝土垫层

80mm厚碎石灌M2.5水泥砂浆

素土夯实

80mm厚C15混凝土表面
加1:2水泥细砂压光

250mm厚炉渣垫层

素土夯实(找坡5%)

1/4立砖

500mm厚炉渣

①

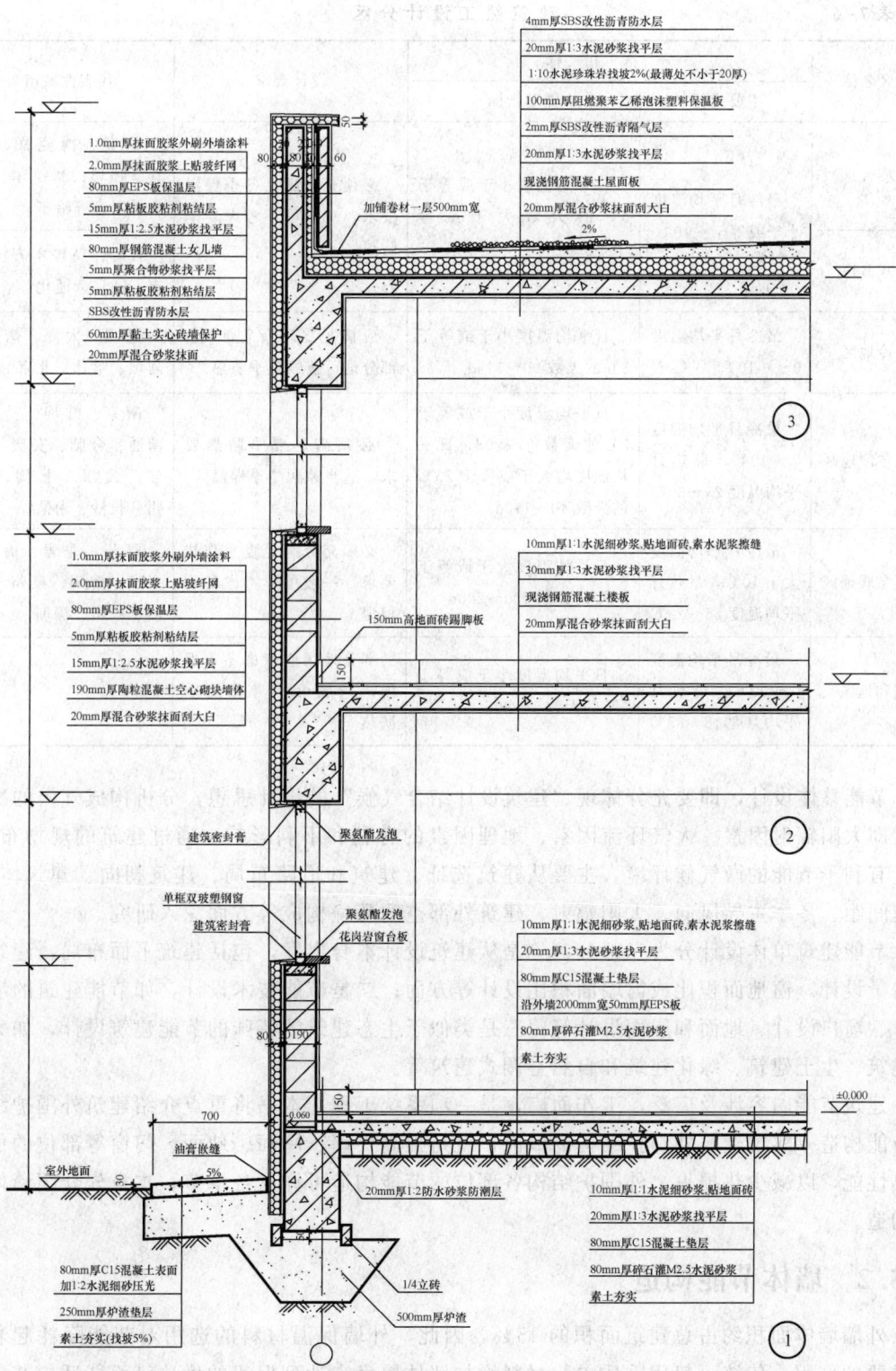

图 7-37 寒冷地区框架结构填充外墙剖面节点详图

表 7-6 　　　　　　　　　　　建筑热工设计分区

分区名称	分区指标		设计要求	代表性城市
	主要指标	辅助指标		
严寒 A 区	最冷月平均温度小于或等于−10℃	日平均温度小于或等于5℃的天数大于或等于145d	必须充分满足冬季保温要求，一般可不考虑夏季防热	海伦、博克图、伊春、呼玛、海拉尔、满洲里、齐齐哈尔
严寒 B 区				长春、乌鲁木齐、延吉、通辽、通化
寒冷地区	最冷月平均温度0～−10℃	日平均温度小于或等于5℃的天数90～145d	应满足冬季保温要求，部分地区兼顾夏季防热	兰州、太原、唐山、阿坝、喀什、北京
夏热冬冷地区	最冷月平均温度0～10℃，最热月平均温度25～30℃	日平均温度小于或等于5℃的天数0～90d，日平均温度均大于或等于25℃的天数40～110d	必须满足夏季防热要求，适当兼顾冬季保温	南京、蚌埠、盐城、南通、合肥、安庆、九江、武汉、上海、杭州、长沙、南昌
夏热冬暖地区	最冷月平均温度大于10℃，最热月平均温度25～29℃	日平均温度大于或等于25℃的天数100～200d	必须充分满足夏季防热要求，一般可不考虑冬季保温	福州、龙岩、梅州、兴宁、柳州、泉州、厦门、广州、深圳
温和地区	最冷月平均温度0～13℃，最热月平均温度18～25℃	日平均温度小于或等于5℃的天数0～90d	部分地区应考虑冬季保温，一般可不考虑夏季防热	

节能整体设计，即要充分体现"建筑设计结合气候"的设计思想，分析构成气候的决定因素即太阳辐射因素、大气环流因素、地理因素的有利和不利影响，通过建筑的规划布局，创造有利于节能的微气候环境。主要从建筑选址、建筑和道路布局、建筑朝向、建筑体型、建筑间距、冬季主导风向、太阳辐射、建筑外部空间环境构成等方面深入研究。

节能建筑单体设计分为三部分：一是从建筑设计本身出发，包括建筑平面布局，建筑体型体量设计，窗地面积比或窗墙面积比设计等方面；二是节能技术设计，如节能建筑的墙体设计、窗户设计、地面和屋面设计等；三是类似于生态建筑的特殊的节能建筑设计，如太阳能建筑、生土建筑、绿化建筑和自然空调式建筑等。

建筑节能内容涉及广泛，工作面广，是一项系统工程，本书将重点介绍建筑外围护结构的节能构造。实现建筑外围护结构的节能，就是提高外墙、屋面、地面、门窗等部位的保温隔热性能，以减少热损失。外围护结构各部位的节能构造可详见各章节，本章先介绍墙体节能构造。

7.5.2　墙体节能构造

外墙墙体面积约占总建筑面积的 45%，因此，外墙保温材料的选用对节能降耗起着至关重要的作用。传统一般用重质单一材料增加墙体厚度来达到保温的做法已不能适应节能和环保的要求，复合墙体越来越成为墙体的主流。

复合墙的做法多种多样，根据外墙保温材料与主体结构的关系，可分为内保温复合墙、外保温复合墙和夹芯复合墙三类。

1. 内保温复合墙

内保温复合墙（Internal insulation composite wall）是指在墙体内侧覆以高效保温材料的墙体。主要由以下几个层次组成：

（1）主体结构层。外围护结构的承重受力部分，可采用现浇或预制混凝土外墙、砖墙或砌块墙体。

（2）空气层。用胶粘剂将保温板粘贴在基层墙体上时，形成空气层。其作用是切断水分的毛细渗透，防止保温材料受潮；同时，外墙结构层内表面由于温度低出现冷凝水，通过结构层的吸入而不断向室外转移、散发。另外，空气间层增加了一定的热阻，有利于保温。空气层厚度一般为 8～10mm。

（3）保温层。可采用高效绝热材料，如岩棉、各种泡沫塑料板，也可采用加气混凝土块、膨胀珍珠岩制品等材料。

（4）覆面保护层。作用是防止保温层受到破坏，阻止室内水蒸气渗入保温层，可选用纸面石膏板。图 7 - 38 所示为增强石膏聚苯板内保温复合墙构造示意。

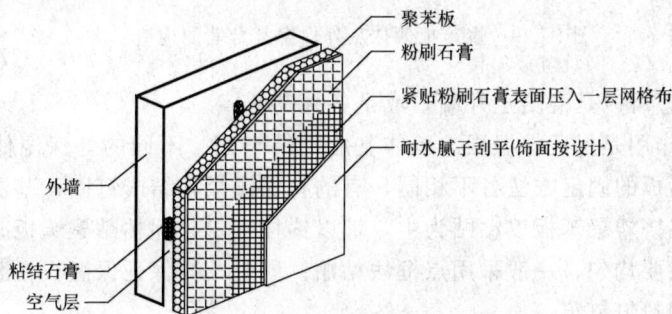

图 7 - 38　增强粉刷石膏聚苯板内保温复合墙构造示意

内保温复合墙在构造上不可避免地形成热工薄弱节点，如混凝土过梁、各层楼板与外墙交接处、内外墙相交处、窗台板、雨篷等一些保温层覆盖不到的部位，会产生冷桥，需采取必要的加强措施。

内保温复合墙施工方便，多为干作业施工，较为安全、方便，施工效率高，而且不受室外气候的影响。由于保温层设在内侧，占据一定的使用面积，若用于旧房节能改造，施工时会影响住户的正常生活；即使是新房，装修时往往会破坏内保温层，且内保温的墙面难以吊挂物件或安装窗帘盒、散热器等。另外，由于内侧的保温层密度小、蓄热能力小，因此会导致室内温度波动大，供暖时升温快，不供暖时降温也快。这种墙体适合于礼堂、俱乐部、会场等公共建筑，供暖时室温可以较快上升。

2. 外保温复合墙

外保温复合墙（External insulation composite wall）是指在墙体基层的外侧粘贴或吊挂保温层，并覆以保护层的复合墙。这种保温做法既可用于新建墙体，也可用于既有建筑外墙的改造。

(1) 外保温复合墙的优点。与外墙内保温相比,外墙外保温做法的优点有:保护主体结构,基本消除"热桥"影响,墙体潮湿情况得到改善,有利于保持室温稳定,便于旧建筑进行节能改造,避免装修时破坏保温层,增加房屋的使用面积。

(2) 外保温复合墙的构造层次及做法。外墙外保温系统根据保温层所用材料的状态及施工方式的不同,有多种类型:如聚苯板薄抹灰外墙外保温系统、胶粉聚苯颗粒保温浆料外保温系统、模板内置聚苯板现浇混凝土外保温系统、喷涂硬质聚氨酯泡沫塑料外保温系统以及复合装饰板外保温系统等。下面主要介绍聚苯板薄抹灰外保温复合墙的构造层次及其做法,如图 7-39 所示。

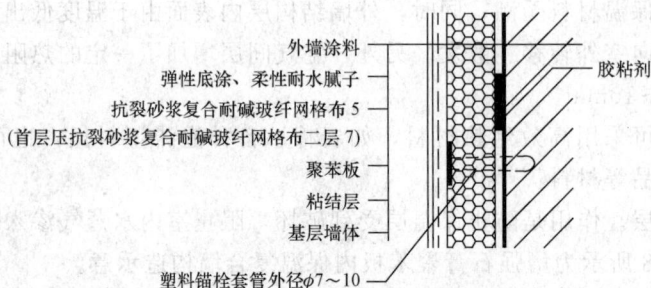

图 7-39   聚苯板薄抹灰外保温复合墙的构造层次

1) 基层墙体。可以是混凝土外墙,或是各种砌体墙。

2) 粘结层。作用是保证保温层与墙体基层粘结牢固。不同的外保温体系,胶粘材料的状态也不同,保温板的固定方法各不相同,有的将保温板粘结或钉固在基层上,或将两者结合。对于聚苯板或挤塑聚苯板以粘贴为主,辅以锚栓固定,即粘贴聚苯板时,胶粘剂应涂在聚苯板背面,布点要均匀,一般采用点框法粘贴;同时,为保证保温板在胶粘剂固化期间的稳定性,一般用塑料钉钉牢。

3) 保温层。外保温复合墙的保温材料可用膨胀型聚苯乙烯 (EPS) 板、挤塑型聚苯乙烯 (XPS) 板、岩棉板、玻璃棉毡以及超轻保温浆料等。其中,阻燃膨胀型聚苯乙烯 (EPS) 板应用普遍。保温层的厚度应经过热工计算确定,以满足节能标准对该地区墙体的保温要求。

聚苯板应按顺砌方式粘贴,竖缝应逐行错缝,墙角部位聚苯板应交错互锁,门窗洞口四角的聚苯板应用整块板切割成形,不得拼接。

4) 防护层。即在保温层的外表面涂抹聚合物抗裂砂浆,内部铺设一层耐碱玻纤维网格布增强,建筑物的首层应铺设双层网格布加强。作用是改善抹灰层的机械强度,保证其连续性,分散面层的收缩应力和温度应力,防止面层出现裂纹。网格布必须完全埋入底涂层内,既不应紧贴保温层,影响抗裂效果;也不应裸露于面层,避免受潮导致其极限强度下降。薄型抗裂砂浆的厚度一般为 5~7mm。

在勒脚、变形缝、门窗洞口、阴阳角等部位应加设一层网格布,并在聚苯板的终端部位进行包边处理 (图 7-40)。

5) 饰面层。不同的保温体系,面层厚度有所差别,但厚度要适当。过薄,结实程度不够,难以抵抗外力的撞击;太厚,增强网格布离外表面较远,难以起到抗裂的作用。一般薄

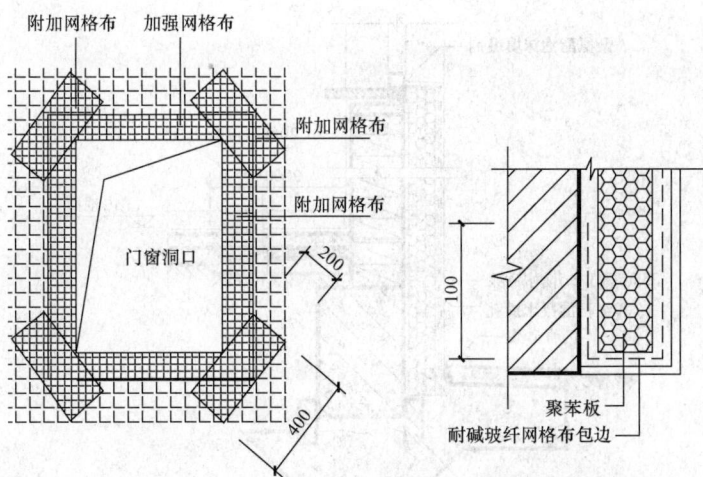

图 7-40 门窗洞口处网格布加强构造与包边处理

型面层在 10mm 以内为宜。外保温系统优先选用涂料饰面。高层建筑和地震区、沿海台风区、严寒地区等应慎用面砖饰面。

采用涂料饰面时，应先压入网格布，再用抗裂砂浆找平，最后刮柔性腻子，刷弹性涂料；如采用饰面砖，应先用抗裂砂浆压入金属热镀锌电焊网，再用抗裂砂浆找平，接着用胶粘剂粘贴面砖，最后用面砖勾缝胶浆勾缝。

（3）外保温复合墙细部构造。外墙在勒脚、底层地面、窗台、过梁、雨篷、阳台等处是传热敏感部位，应用保温材料加强处理，阻断"热桥"路径，具体细部构造如图 7-41 所示。

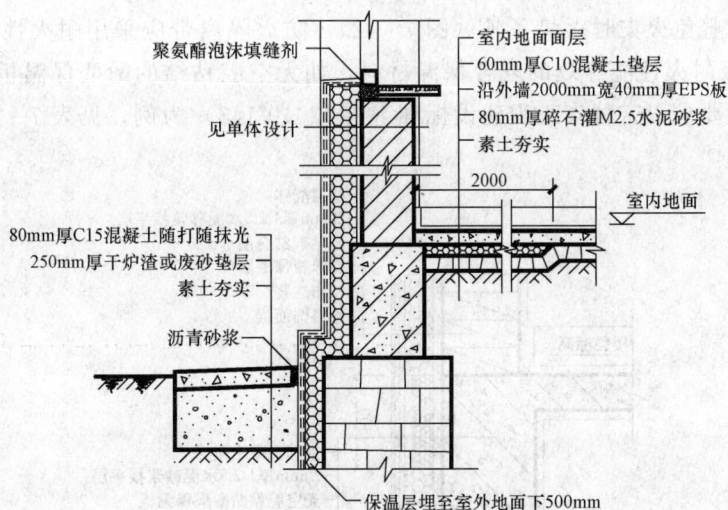

图 7-41 外保温复合墙根部至窗台保温构造（一）

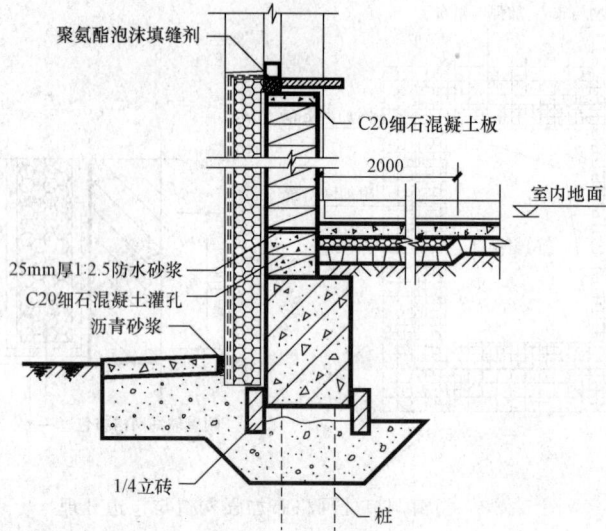

图 7 - 41　外保温复合墙根部至窗台保温构造（二）

（4）外保温复合墙的防火要求。随着建筑节能工作的不断推进，外墙保温材料的广泛应用，保温材料的防火性能不达标或存在施工质量问题，都给建筑防火留下了极大的安全隐患。

国家要求保温材料的耐火性能达到 A 级。一般无机保温材料（如泡沫玻璃、珍珠盐等）防火性能好，但保温性能稍差；有机保温材料（如 EPS 聚苯板、XPS 挤塑板及 PF 酚醛板等）虽保温性能好，但防火性能差，应采用一定措施。

采用聚苯板外保温薄抹灰时，应沿楼板位置设置宽度不小于 300mm 的水平防火隔离带（Fire barrier），避免火灾时火势蔓延（图 7 - 42）。防火隔离带应采用耐火性能为 A 级的保温材料或与 A 级耐火性能等效的复合保温材料，如无空腔粘结的酚醛保温板复合无机保温浆料等，其设置要求以吉林省工程建设标准（吉 J2010-143）为例，见表 7 - 7，设计中可参考使用。

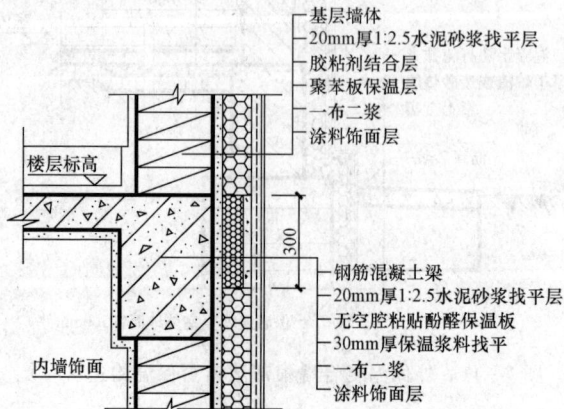

图 7 - 42　聚苯板外保温薄抹灰防火隔离带构造（一）

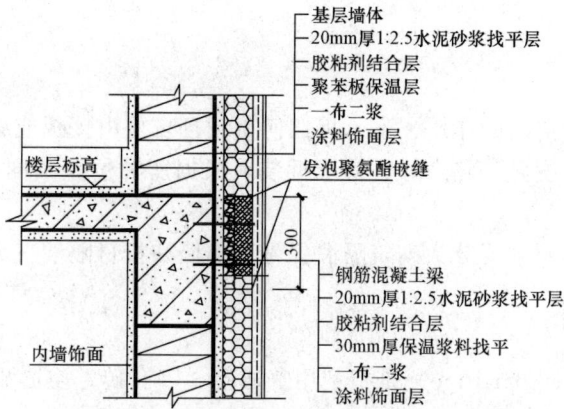

图 7-42　聚苯板外保温薄抹灰防火隔离带构造（二）

基层墙体
20mm厚1:2.5水泥砂浆找平层
胶粘剂结合层
聚苯板保温层
一布二浆
涂料饰面层
发泡聚氨酯嵌缝
楼层标高
钢筋混凝土梁
20mm厚1:2.5水泥砂浆找平层
胶粘剂结合层
30mm厚保温浆料找平
一布二浆
涂料饰面层
内墙饰面

表 7-7　　　　　　　　　聚苯板外保温薄抹灰构造水平防火隔离带设置要求

建筑类型	建筑高度/m	设置要求
居住建筑	$H<24$	每三层设一道
	$24 \leqslant H<60$	每两层设一道
	$60 \leqslant H<100$	每层设一道
公共建筑	$H<24$	每两层设一道

注：幕墙式建筑和 $H \geqslant 24m$ 的公共建筑不得采用薄抹灰系统。

采用聚苯板外保温厚抹灰时，不需设置防火隔离带，抹灰厚度即为防火保护厚度。

3. 夹芯复合墙

夹芯复合墙（Sandwich composite wall）是将保温层夹在墙体中间，有两种做法：一种是双层砌块墙中间夹保温层；另一种是采用集承重、保温、装饰为一体的复合砌块直接砌筑。

双层砌块夹芯复合墙由结构层、保温层、保护层三层组成。结构层一般采用 190mm 厚的主砌块；保温层一般采用聚苯板、岩棉板或聚氨酯现场分段发泡，其厚度应根据各地区的建筑节能标准确定；保护层一般采用 90mm 厚劈裂装饰砌块。结构层与保护层砌体间采用镀锌钢丝网片或拉结钢筋连接，如图 7-43 所示。但是，穿过保温层的拉结钢筋，会造成热桥而降低保温效果。

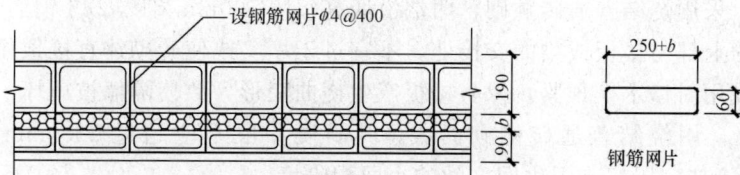

设钢筋网片φ4@400
190
b
90
250+b
60
钢筋网片

图 7-43　夹芯复合墙

7.6 隔墙

隔墙仅起分隔室内空间的作用，不承担任何荷载且自重由楼板或梁来承担。因此，设计时要求隔墙自重轻、厚度薄、隔声好、易于拆装，根据所处位置不同，隔墙还要满足防潮、防水、防火等要求。

隔墙按构造方式不同主要分为砌筑隔墙、骨架隔墙和板材隔墙三大类。

7.6.1 砌筑隔墙

砌筑隔墙（Masonry partition）是指利用普通砖、多孔砖、空心砌块以及各种轻质砌块等砌筑的墙体。

1. 砖隔墙

砖隔墙有半砖隔墙（墙厚为 120mm）和 1/4 砖隔墙（墙厚为 60mm）（图 7-44）。

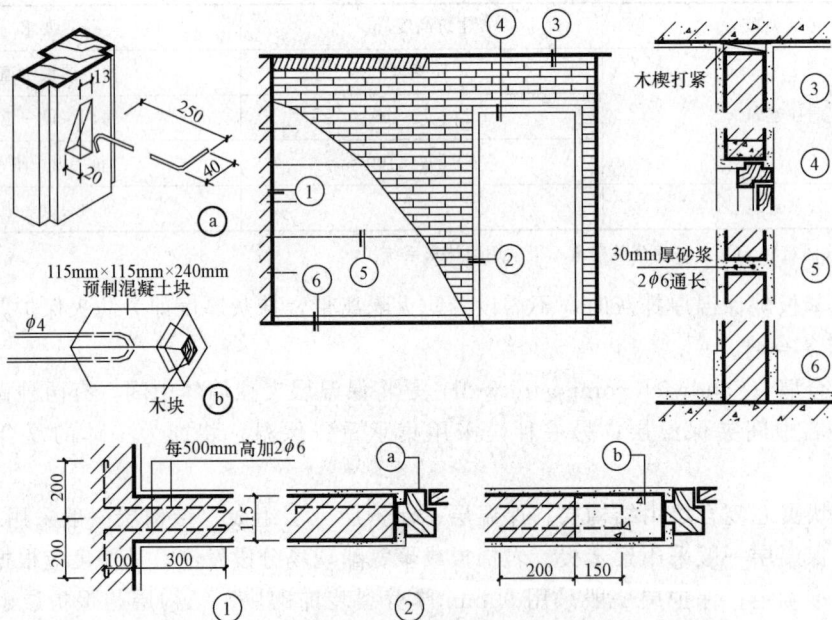

图 7-44　砖隔墙

半砖隔墙，采用烧结普通砖顺砌，两端沿墙高每隔 500mm 砌入 $2\phi6$ 钢筋与承重墙拉结。此外，砖隔墙的上部与楼板或梁的交接处，不宜过于填实或使砖砌体直接顶住楼板或梁。应采用立砖斜砌或用对口木楔顶紧，以防楼板产生挠曲变形，致使隔墙被压坏。

1/4 砖隔墙，用烧结普通砖侧砌而成，其高度一般不应超过 2800mm，长度不超过 3000mm。多用于住宅厨房与卫生间之间的小面积隔墙。

多孔砖或空心砖隔墙多采用立砌，厚度为 90mm，其加固措施可参照砖隔墙进行。

2. 砌块隔墙

砌块隔墙常用粉煤灰硅酸盐、加气混凝土、水泥炉渣等制成的实心或空心砌块砌筑而成。墙厚由砌块尺寸确定，一般为 90～190mm。由于砌块大多具有质轻、隔声、隔热性能好等优点，但吸水性强，因此，砌筑时应在墙下先砌 3～5 皮砖烧结普通砖（图 7 - 45）。砌块隔墙的加固措施与砖隔墙相似。

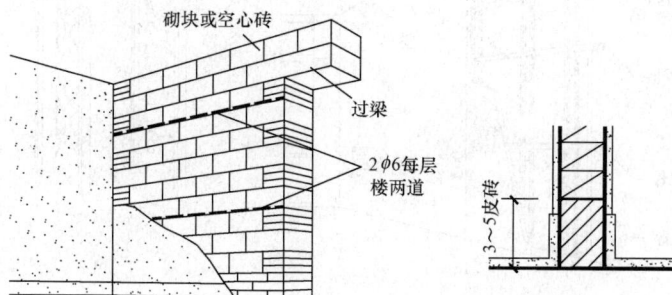

图 7 - 45　砌块隔墙

7.6.2　骨架隔墙

骨架隔墙（Skeleton partition）由骨架和面层板材组成。有贯通龙骨体系的轻钢龙骨隔墙的组成如图 7 - 46（a）所示。

1. 骨架

骨架按所用材料不同，可分为木骨架和轻钢骨架。

近年来，为了节约木材，提高隔墙的防潮、防水、防火等方面的性能，木骨架已逐渐被金属骨架所取代。轻钢骨架（龙骨）由厚 0.5～1.5mm 的薄壁型钢构成，其断面多为槽形截面，主要优点是强度高、刚度大、自重轻、整体性好、易于加工、便于拆装，如图 7 - 46（b）所示。

轻钢龙骨的安装过程是：先将上、下横龙骨用膨胀螺栓（或射钉）固定于楼板、地板（垫）上，然后在其间安装竖向与横向龙骨，如图 7 - 46（c）、（d）所示。

2. 面层

轻钢龙骨隔墙的面层多用人造板材，如纸面石膏板、纤维水泥加压平板（FC 板）、加压低收缩性硅酸钙板、纤维石膏板、粉石英硅酸钙板等。人造板材在骨架上的固定方法有钉、粘、卡三种。安装后要处理好板缝。

图 7 - 46 所示为有贯通龙骨体系的轻钢龙骨隔墙，面层采用单层石膏板。石膏板安装后，应处理好板接缝，以免板面不平整、板缝开裂以及影响隔墙隔声的效果，板缝处理如图 7 - 47 所示。为满足不同的使用要求，可选用多种饰面材料进行装饰，例如，喷大白浆，刷乳胶漆，贴壁纸、瓷砖或马赛克等。

7.6.3　板材隔墙

板材隔墙（Board partition）是指将各种轻质条板用胶粘剂拼合在一起形成的隔墙，具有自重轻、不依赖骨架、构造简单、安装方便、工业化程度高等特点。目前多采用条板，例如，轻质混凝土条板、增强石膏条板、GRC（玻璃纤维增强水泥）轻质条板、轻质陶粒混凝土条板以及各种复合板。

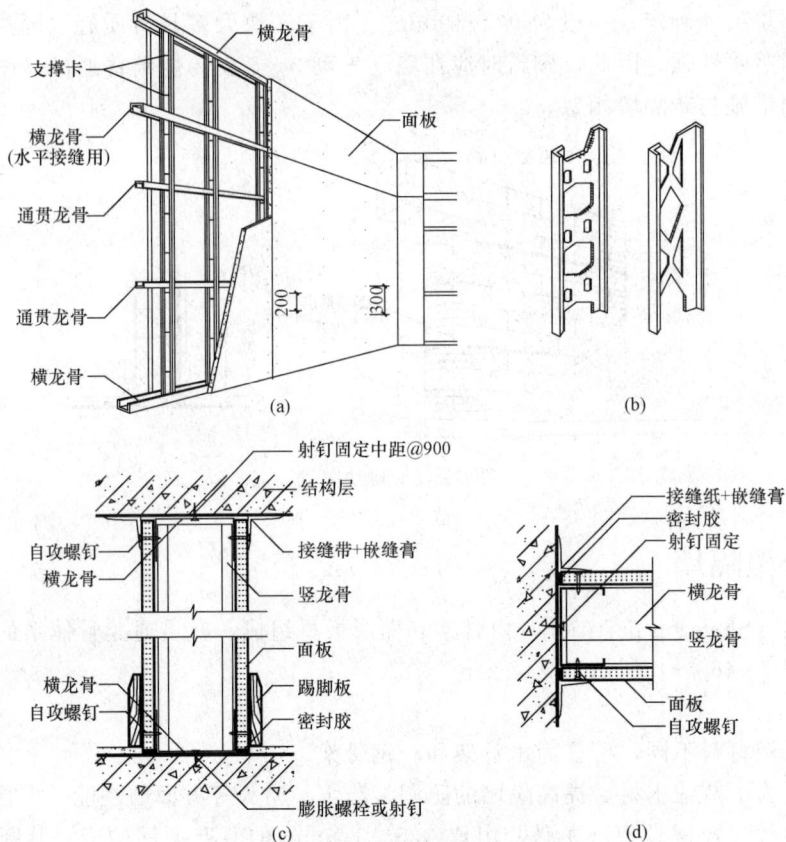

图 7-46　有贯通龙骨体系的轻钢龙骨隔墙

（a）轻钢龙骨隔墙的组成；（b）轻钢龙骨形式；（c）上下横向龙骨固定；（d）竖向龙骨固定

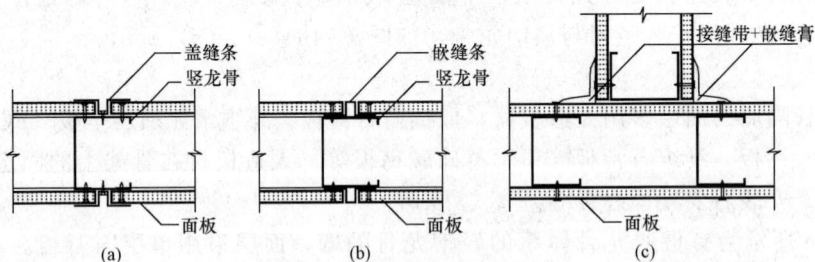

图 7-47　石膏板板缝处理

（a）压条接缝；（b）嵌缝条接缝；（c）嵌缝膏贴接缝带

1. 增强石膏空心条板隔墙

这种隔墙在安装时，条板下部先用一对对口木楔顶紧，然后用细石混凝土堵严，板缝用粘结砂浆或胶粘剂进行粘结，并用胶泥刮缝，平整后再做表面装修（图 7-48）。

2. 钢丝网架水泥聚苯乙烯夹芯板墙

钢丝网架水泥聚苯乙烯夹芯板（简称 GSJ 板）是由低碳钢丝或镀锌低碳钢丝焊接成三维空间骨架，中间填充阻燃型聚苯乙烯泡沫塑料板构成的网架芯板（简称 GJ 板），经现场

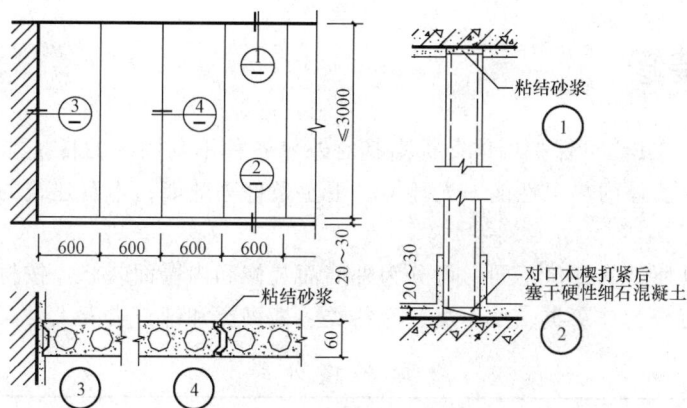

图 7-48　增强石膏空心条板隔墙

安装后在芯板双面喷抹水泥砂浆形成的构件。它具有轻质、高强、保温、隔声、防水、抗震等性能，还具有便于运输、易于施工、速度快、工期短、增加建筑物使用面积等特点。

板墙的安装方法：上下端用膨胀螺栓或射钉将槽形金属连接件（U 形码）固定在楼板或地面垫层上，将 U 形码和箍码与墙板的钢丝网架进行连接。槽形金属连接件每块板上下端的连接点不得少于两个。板墙转角交接处，应加设镀锌钢丝角网予以加强处理（图 7-49）。

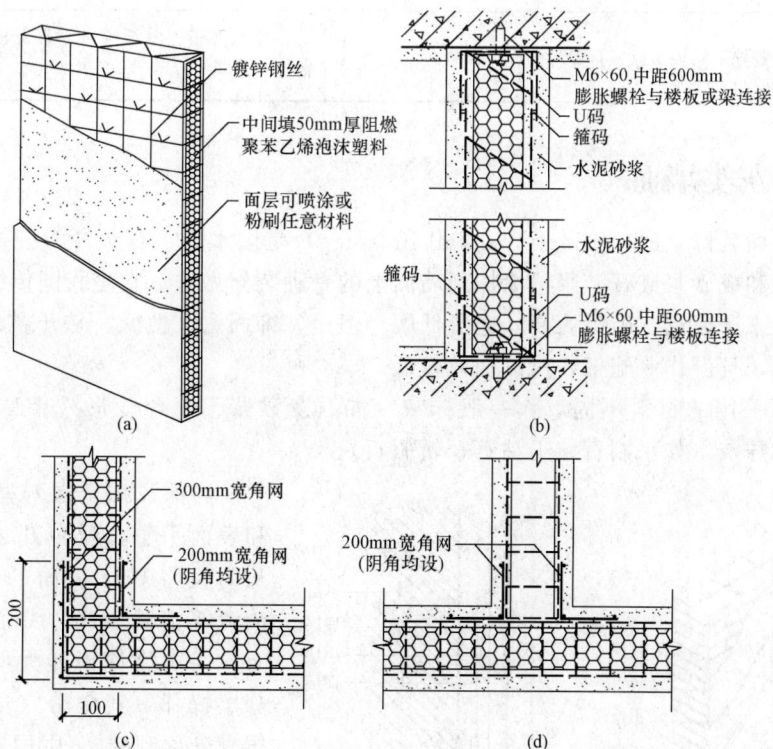

图 7-49　钢丝网架水泥聚苯乙烯夹芯板隔墙

（a）钢丝网架水泥聚苯乙烯夹芯板；（b）墙板上下端固定；（c）隔墙转角连接构造；（d）隔墙丁字连接构造

7.7　墙面装修

墙面装修（Finish）可保护墙体，提高其对外界各种不利因素的抵抗能力，延长建筑物的使用年限；改善墙体的热工性能、光环境、卫生条件等效能；丰富建筑的艺术形象，美化环境。

墙面装修按其所处的部位不同，可分为外墙面装修和内墙面装修。按材料及施工方式的不同，墙面装修可分为抹灰类、贴面类、涂料类、裱糊类和铺钉类五大类，见表 7-8。

表 7-8　　　　　　　　　　　　　墙面装修分类

类别	室外装修	室内装修
抹灰类	水泥砂浆、混合砂浆、聚合物水泥砂浆、拉毛、水刷石、干粘石、斩假石、假面砖、喷涂、滚涂等	纸筋灰、麻刀灰粉面、石膏粉面、膨胀珍珠岩灰浆、混合砂浆、拉毛、拉条等
贴面类	外墙面砖、马赛克、水磨石板、天然石板等	釉面砖、人造石板、天然石板等
涂料类	石灰浆、水泥浆、溶剂型涂料、乳液涂料、彩色胶砂涂料、彩色弹涂（滩涂）等	大白浆、石灰浆、油漆、乳胶漆、水溶性涂料、弹涂等
裱糊类		塑料墙纸、金属面墙纸、木纹壁纸、花纹玻璃、纤维布、纺织面墙纸及锦缎等
铺钉类	各种金属饰面板、石棉水泥板、玻璃	各种木夹板、木纤维板、石膏板及各种装饰面板等

7.7.1　抹灰类墙面

抹灰类墙面装修（Plastering-type wall finishing）是以水泥、石灰膏为胶结材料加入砂或石踏与水拌和成砂浆或石踏浆，涂抹到墙面上的一种装修做法。它是我国传统的墙面饰面做法，其材料来源广泛，施工简便，造价低廉；但是，饰面耐久性低，易开裂、变色。因为多系手工操作，且湿作业施工，所以功效较低。

根据面层采用的材料不同，除一般抹灰（如石灰砂浆、混合砂浆、麻刀灰、纸筋灰）外，还有装饰抹灰（如水刷石、干粘石、斩假石）。

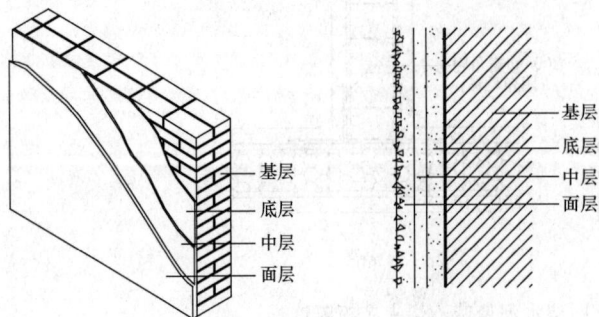

图 7-50　抹灰饰面的构造层次

为保证抹灰层与基层连接牢固和表面平整，避免开裂和脱落，抹灰前应将基层表面的灰尘、污垢、油渍等清除干净，并洒水湿润。同时，一次涂抹不能太厚，施工时须分层操作。通常分三层进行，即底层（又称刮糙）、中层和面层（又称罩面）（图 7-50）。底层主要起粘结和初步找平作用，厚 5～15mm；中层主要起进一步找平作用，厚 5～10mm；面层使表面平整、美观，以取得良好的装饰效果，厚 3～5mm。

抹灰按质量要求有三种标准，即：①普通抹灰：一层底灰，一层面灰；②中级抹灰：一层底灰，一层中灰，一层面灰；③高级抹灰：一层底灰，数层中灰，一层面灰。普通抹灰适用于简易宿舍、仓库等；中级抹灰适用于住宅、办公楼、学校、旅馆以及高标准建筑物中的附属房间；高级抹灰适用于公共建筑、纪念性建筑，如剧院、宾馆、展览馆等。

在室内抹灰中，对易受碰撞的凸出内墙转角或门洞两侧，常用 1：2 水泥砂浆抹 1500mm 高，以素水泥浆对小圆角进行处理，俗称护角（图 7-51）。

此外，在外墙抹灰中，由于墙面抹灰面积较大，为避免面层产生裂纹和便于施工，以及立面处理的需要，常对抹灰面层做分格处理。面层施工前，先做不同形式的木引条，待面层抹灰完毕后取出木引条，即形成线脚（图 7-52）。

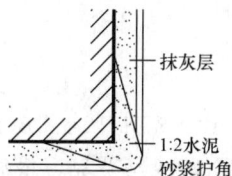

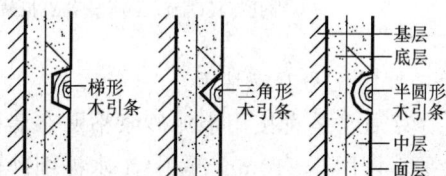

图 7-51　护角做法　　　　　　　　图 7-52　引条线脚做法

7.7.2　贴面类墙面

贴面类饰面（Veneer-type wall finishing），是指将各种天然石材或人造板、块，通过绑、挂或直接粘贴于基层表面的装修做法。它具有耐久性好、装饰性强、容易清洗等优点。常用的贴面材料有花岗石板和大理石板等天然石板；水磨石板、剁斧石板等水泥预制板；以及面砖、瓷砖、锦砖等陶瓷和玻璃制品。其中，质地细腻、耐候性差的大理石、瓷砖等多用作室内装修，而质感粗犷、耐候性好的材料，如面砖、锦砖、花岗石板等多用作室外装修。

1. 天然石板、人造石板墙面

石板的安装可采用绑扎法、干挂法和粘贴法。

（1）绑扎法。先在墙体或柱内预埋中距 500mm 双向 $\phi 8$ "Ω" 形铁箍，与其绑扎固定 $\phi 8\sim 10$ 钢筋网，再用钢丝或镀锌钢丝穿过事先在石板上钻好的孔眼，将石板绑扎在钢筋网上。上下两块石板用不锈钢卡销固定。石板与墙之间一般留 30mm 缝隙，当石板就位、校正、绑扎牢固后，分层浇筑 1：2.5 水泥砂浆或石膏浆，如图 7-53（a）所示。

人造石板装修做法与天然石板相同，但不必在板上钻孔，而是利用板背面钢筋挂钩，用钢丝绑在钢筋网上即可。

（2）干挂法。用专用的卡具借助射钉或膨胀螺栓固定在墙上，或锚固在墙面或柱面上预先固定的型钢或铝合金骨架上，石板接缝用硅胶嵌缝，内部不须浇筑砂浆。构造简单、施工方便，也称石板幕墙，如图 7-53（b）所示。

（3）粘贴法。规格较小的板材（边长不超过 400mm，厚度为 10mm 左右）或碎石板，也可采用粘贴的方法安装 [图 7-53（c）]。

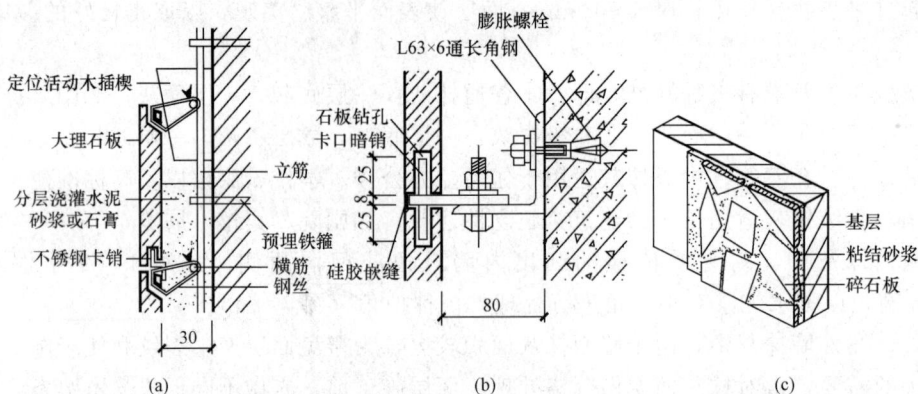

图 7-53　石板贴面构造

(a) 绑扎石板贴面；(b) 干挂石板贴面；(c) 粘贴石板贴面

2. 陶瓷面砖、陶瓷马赛克墙面

面砖或马赛克通常是直接用水泥砂浆粘贴在墙面的基层上。先抹 10～15mm 厚 1∶3 水泥砂浆打底找平，再用 5～10mm 厚 1∶1 水泥细砂砂浆粘贴面砖或马赛克，最后用水泥砂浆或纯水泥浆嵌缝。

7.7.3　涂料类墙面

涂料类墙面装修（Painting-type wall finishing）是指利用各种涂料，敷于找平的基层上而形成整体牢固的涂膜层的一种装修做法。它具有造价低、装饰性强、工期短、工效高、自重轻，以及操作简单、维修方便、更新快等特点，因而得到了广泛的应用和发展。

建筑涂料的品种繁多，按其主要成膜物的不同，可分为有机涂料、无机涂料及有机和无机复合材料三大类。其施涂方法有刷涂、滚涂、弹涂和喷涂。当施涂涂料面积过大时，可在墙身的分格缝、墙的阴角或落水管等处设分界线。

7.7.4　裱糊类墙面

裱糊类墙面装修（Paperhanging-type wall finishing）用于建筑内墙，是将各种装饰性的墙纸、墙布等卷材类的装饰材料裱糊在墙面上的一种装修饰面。常用的装饰材料有 PVC 塑料壁纸、纺织物面墙纸、金属面墙纸、玻璃纤维墙布等。裱糊类墙面装修，装饰性强、施工方法简捷高效、材料更换方便，并可在曲面和墙面转折处粘贴，能获得连续的饰面效果。

墙纸与墙布的粘贴需要在平整的基层上进行，先用水泥石灰浆在墙体上打底，干燥后满刮腻子并用砂纸磨平，然后用 108 胶或其他胶粘剂粘贴墙纸。

7.7.5　铺钉类墙面

铺钉类墙面装修（Skeleton-type wall finishing）是将各种天然木板或人造薄板镶钉在墙面上的一种装修做法。这类墙面所用材料质感细腻、美观大方、装饰效果好，给人以亲切感，但防潮防火性能差，一般多用于宾馆、大型公共建筑的大厅等处的墙面或墙裙装修。

铺钉类墙面构做法与骨架隔墙类似，也由骨架和面板两部分组成，即施工时先在墙面上立骨架（墙筋），然后在骨架上铺钉装饰面板。

1. 骨架

骨架有木骨架和金属骨架。木骨架借助墙内的预埋防腐木砖固定到墙上，骨架间距应与墙板尺寸相配合。金属骨架多采用槽形冷轧薄钢板，用膨胀螺栓固定在墙上。为防止骨架与面板受潮，固定骨架前在墙面上先抹 10mm 厚混合砂浆，再刷热沥青两道；或不抹灰，直接在砖墙上涂刷热沥青。以硬木条墙面装修构造为例进行说明，如图 7-54 所示。

2. 面板

装饰面板多为人造板，包括硬木条板、石膏板、胶合板、纤维板、金属板、装饰吸声板以及钙塑板等。

面板在木骨架上用圆钉或木螺钉固定，在金属骨架上一般采用自攻螺钉固定。图 7-55 为铺钉类墙面装饰板接缝处理构造。

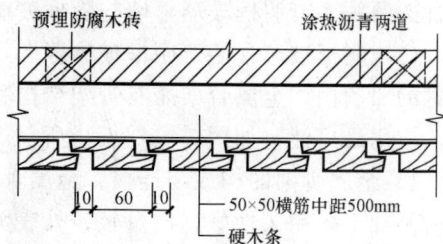

图 7-54　硬木条墙面构造

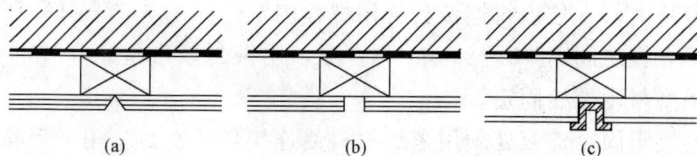

图 7-55　装饰板板缝处理

（a）斜接密封；（b）平接留缝；（c）铝合金压条盖缝

在现代建筑的高级装饰装修中，金属、玻璃装饰板材也得到了广泛应用，与其他材料的饰面搭配中可尽显金属、玻璃材料的光洁明亮、华丽典雅的美感。金属板材（如彩色涂层钢板、铝合金装饰板等）主要靠螺栓、铆钉与墙筋连接，或扣接方法。对于玻璃板材（如平板玻璃、彩色玻璃、压花玻璃、玻璃饰面砖等），其固定方法主要有三种：一是用环氧树脂将镜面玻璃直接粘在衬板上；二是在玻璃上钻孔，用不锈钢螺钉和橡胶垫钉于墙筋上；三是用压条或嵌钉将玻璃卡住。

7.8　幕墙

幕墙是现代大型公共建筑和高层建筑常见的外围护墙，由结构框架与镶嵌板材组成，悬挂在建筑主体结构上，也称悬挂墙。其特点是：不承重，但要承担风荷载，并通过连接件把自重和风荷载传给主体结构。幕墙装饰效果好，质量轻，安装速度快，是外墙轻型化、装配化的理想形式。

幕墙按饰面材料分有玻璃幕墙、石材幕墙、金属幕墙、混凝土幕墙、组合幕墙等。

7.8.1　玻璃幕墙

玻璃幕墙（Glass curtain wall）是指由支承结构体系与玻璃组成的建筑外围护结构。按其结构形式与做法不同，玻璃幕墙分为有框玻璃幕墙、无框全玻璃幕墙和点支式玻璃幕墙。

1. 有框玻璃幕墙

有框玻璃幕墙是将玻璃面板通过铝合金或不锈钢骨架固定在建筑物外墙面上，依据玻璃与骨架的关系有明框玻璃幕墙与隐框玻璃幕墙之分。

（1）明框玻璃幕墙。明框玻璃幕墙是金属骨架明露在室外，将玻璃面板全嵌入金属骨架型材的凹槽内，金属骨架兼有骨架结构和固定玻璃的双重作用。明框玻璃幕墙是最传统的形式，应用最广泛，如图 7-56（a）所示。

1）金属骨架的构成与连接。金属骨架可用铝合金或不锈钢等型材制作。其中，铝合金型材易加工，耐久性好、质量轻、外表美观，是玻璃幕墙理想的框格用料。为了减少能耗，目前已开始采用断桥铝合金型骨架。

金属骨架由立柱（竖梃）、横梁（横档）组成。立柱通过连接件固定在主体结构的楼板或梁上。连接件上的所有螺栓孔都为椭圆形长孔，以便立柱安装时调整定位。立柱每层一根，上下层立柱接长时，立柱内衬连接套管用螺栓固定，如图 7-56（b）所示。考虑金属的胀缩变形，上、下立柱之间留 15～20mm 的空隙，用密封胶嵌缝；立柱与横档的连接通过角形铝件或专用铝型材用螺栓固定。

幕墙构件应连接牢固，连接处须用密封材料使连接部位密封，用于消除构件间的摩擦响声，防止串烟、串火，并消除由于温度变化引起的热胀冷缩应力。

2）玻璃的种类与安装。玻璃幕墙的玻璃种类很多，有中空玻璃、钢化玻璃、夹层玻璃、镀膜玻璃、防火玻璃等。其中，中空镀膜玻璃具有良好的保温、隔热、隔声和节能效果，在玻璃幕墙中应用广泛。

安装玻璃时，先在立柱内侧安装铝合金压条，将玻璃放入凹槽内，再用密封材料密封。支承玻璃的横档要倾斜，以排除因密封不严而流入凹槽内的雨水，外侧用横档封板盖住，如图 7-56（c）所示。

（2）隐框玻璃幕墙。隐框玻璃幕墙是用高强玻璃胶粘剂将玻璃直接粘在铝合金骨架的封框上，建筑立面即不见骨架，也不见封框，使得玻璃幕墙的外表更加新颖、简洁。隐框玻璃幕墙分为全隐框玻璃幕墙和半隐框玻璃幕墙两种，半隐框玻璃幕墙可以是横明竖隐，也可以是竖明横隐。图 7-57 所示为铝合金全隐框玻璃幕墙的立面形式、组成及构造。

2. 全玻璃幕墙

无框全玻璃幕墙是由玻璃板和玻璃肋制作的玻璃幕墙。其玻璃本身即是饰面材料，又是玻璃幕墙的承重构件，将大片玻璃支承或悬吊在主体结构上，幕墙的通透感更强、视线无阻碍、视野更开阔、建筑立面更简洁，被广泛应用于底层公共空间的外装饰。

全玻璃幕墙的支撑系统常用支撑式与悬挂式两种。为提高饰面玻璃的稳定性和刚度，可设置肋玻璃，其材质与饰面玻璃相同且宽度较小，对玻璃幕墙的整体效果无任何影响。

（1）支撑式全玻璃幕墙。当全玻璃幕墙的高度较低时，采用支撑式安装（图 7-58）。通高的玻璃面板和玻璃肋上下均镶嵌在金属夹槽内，玻璃直接支撑在下部槽内弹性垫块上。玻

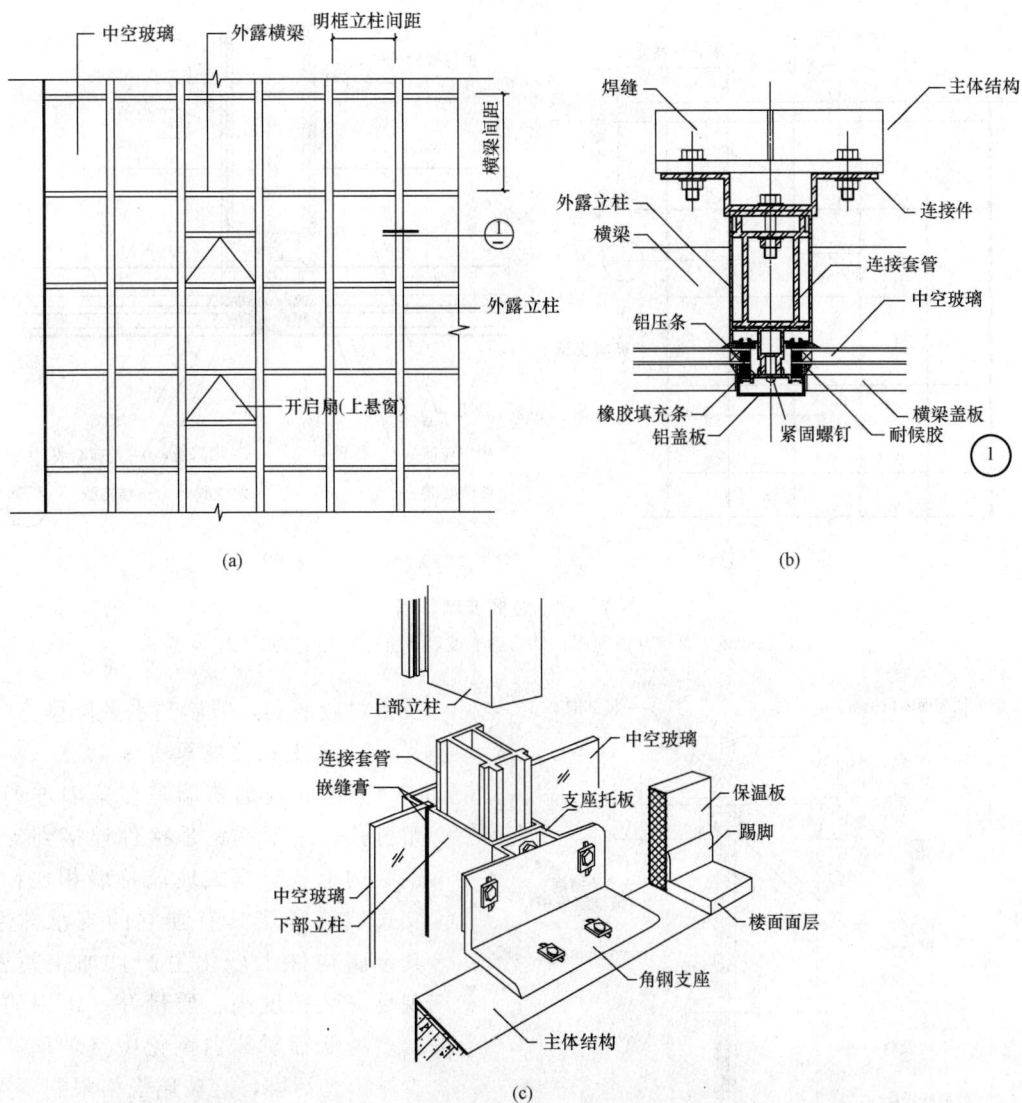

图 7-56　明框玻璃幕墙

（a）明框玻璃幕墙立面简图；（b）明框玻璃幕墙立柱连接；（c）明框玻璃幕墙细部构造

璃上部与槽顶之间留出空隙，使玻璃有伸缩的余地。玻璃肋垂直于玻璃面板布置，间距由设计定，玻璃肋与玻璃板之间的竖缝嵌填结构胶（或耐候密封胶）。玻璃肋与玻璃面板之间的关系有双肋、单肋及通肋三种形式，如图 7-59 所示。

（2）悬挂式全玻璃幕墙。当幕墙玻璃的高度超过一定高度时，为避免因玻璃细长导致平面外刚度和稳定性较差，在自重作用下发生压曲破坏，无法抵抗各种水平力的作用，可在超高玻璃的上部设置专用的金属夹具，将玻璃板和玻璃肋吊挂起来，即为悬挂式全玻璃幕墙（图 7-60）。这种幕墙是在玻璃顶部增设钢梁、吊钩和夹具，将玻璃竖直吊挂起来；然后，在玻璃底部两角附近垫上固定垫块，并将玻璃镶嵌在底部金属槽内，槽内玻璃两侧用密封条

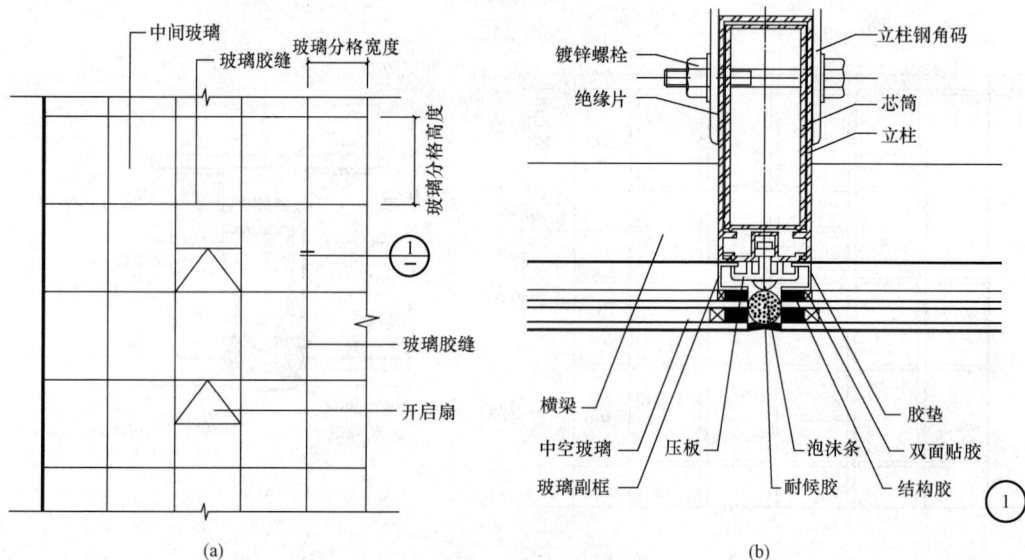

图 7-57 隐框玻璃幕墙

(a) 隐框玻璃幕墙立面简图；(b) 隐框玻璃幕墙的组成与节点详图

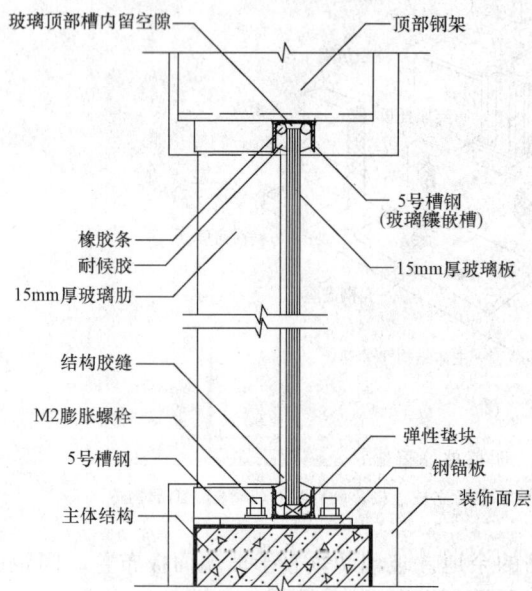

图 7-58 支撑式全玻璃幕墙

及密封胶嵌实，限制其水平位移。

3. 点支式玻璃幕墙

点支式玻璃幕墙是在幕墙玻璃四角打孔，用不锈钢爪接件连接到支承钢结构上。与框式玻璃幕墙相比，点支式玻璃幕墙具有独立的支承体系，其金属构件工厂化生产且加工精密，现场安装精度高、质量好；所用的玻璃多为低辐射或白钢化中空玻璃，减少城市光污染，且玻璃规格限制不严；没有铝合金框架，通透效果好，使建筑内外空间更好地融合。因此，点支式玻璃幕墙被广泛应用于各种大型公共建筑中共享空间的外装饰。

点支式玻璃幕墙主要由支承体系、金属连接件与玻璃组成。

(1) 支承体系。将面玻璃承担的各种荷载直接传递到建筑主构件上。根据承受的荷载大小和建筑造型来确定其结构形式和材料，如玻璃肋、不锈钢或铝型材立柱、钢桁架及不锈钢拉杆（索）等。如图 7-61 所示为钢桁架点式玻璃幕墙，即在金属桁架上安装钢爪，面玻璃四角打孔，钢爪上的特殊螺栓穿过玻璃孔，紧固后将玻璃固定在钢爪上形成。

(2) 金属连接件。金属连接件包括固定件（俗称爪座和爪子）和扣件，将面玻璃固定在

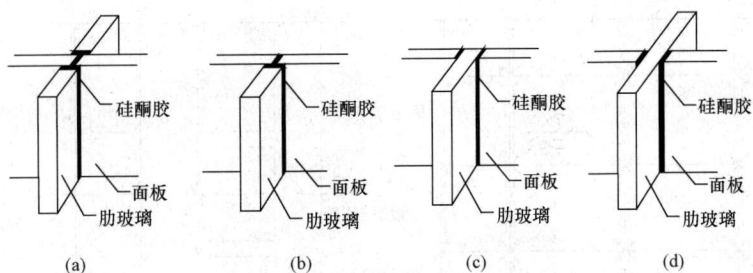

图 7-59 玻璃肋形式

（a）双肋；（b）单肋；（c）单肋；（d）通肋

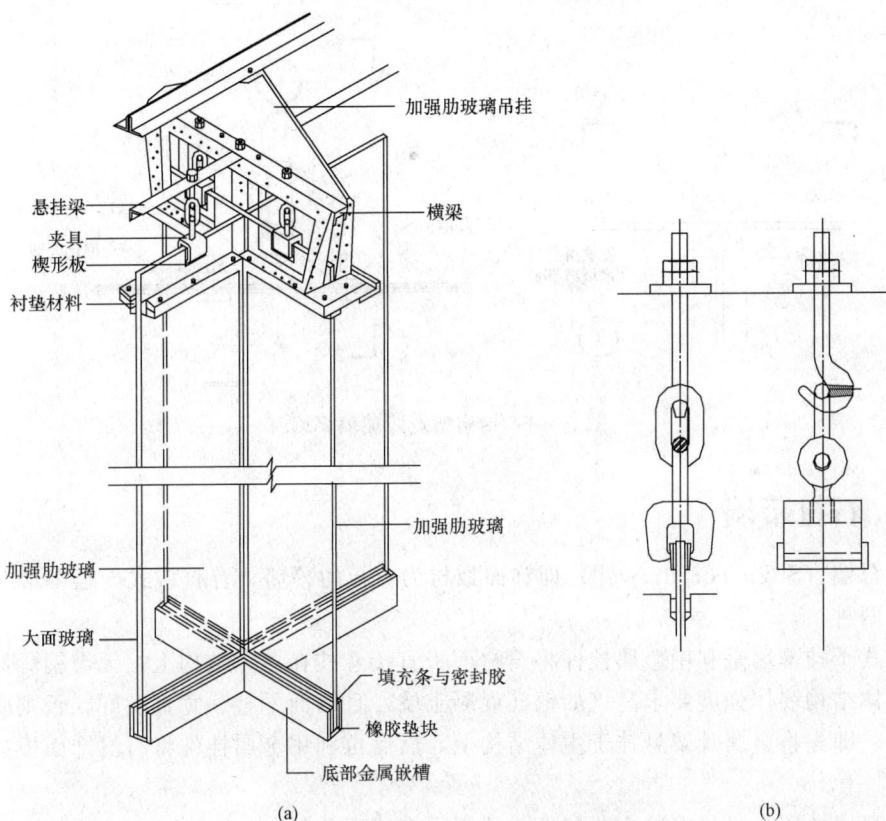

图 7-60 悬挂式全玻璃幕墙构造

（a）悬挂式全玻璃幕墙立体透视图；（b）吊具构造

支承结构上。金属连接件设计时，需考虑多方面因素，例如，消除玻璃边缘的附加应力，能够调节安装误差，采取减震措施以提高抗震能力等。

（3）玻璃。由于钻孔会导致孔边玻璃强度降低，此类玻璃幕墙必须采用强度较高的钢化玻璃，避免玻璃遇到外力破坏时产生锐利的细小碎块而伤人。

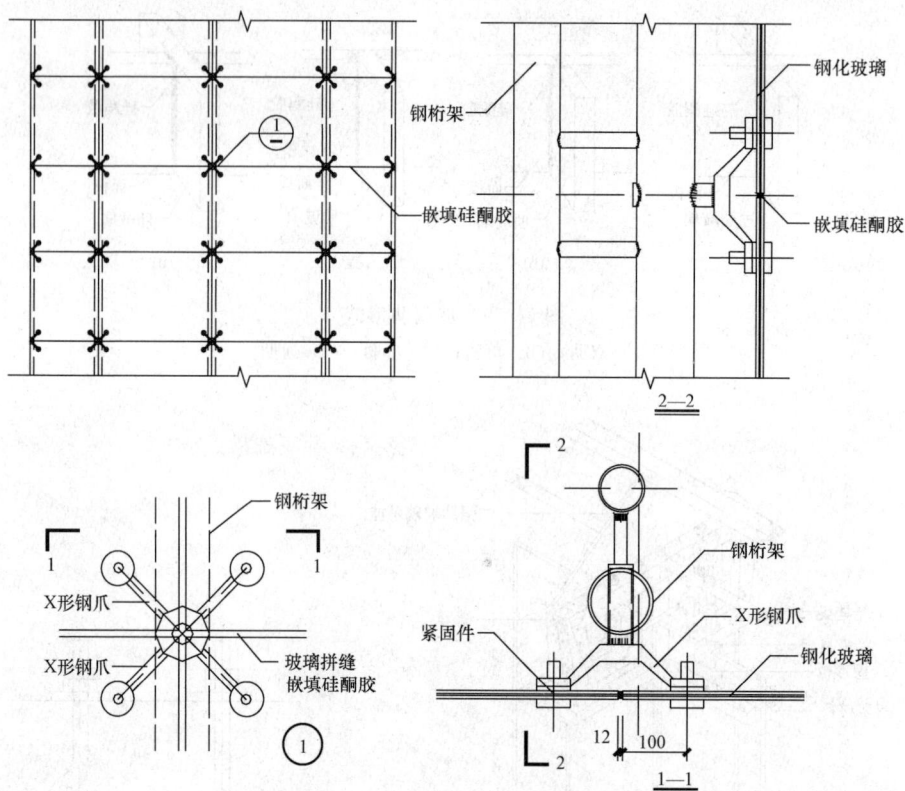

图 7-61   钢桁架点式玻璃幕墙

7.8.2   石材幕墙

石材幕墙（Stone curtain wall）即饰面板材为石板的幕墙，有直接式干挂幕墙与骨架式干挂幕墙两种。

直接式干挂幕墙是利用金属挂件将石材面板直接悬挂在主体结构上，无需钢骨架。这种做法对主体结构墙体强度要求高（如钢筋混凝土墙）且墙面平整、垂直度好，否则应采用骨架式干挂，即先将金属骨架悬挂于主体结构上，然后再利用金属挂件将石材饰面板挂接于骨架上。

石材幕墙按照石材的安装方法与形式的不同有以下几种：

（1）短槽式石材幕墙。在石材侧边中间开短槽，用不锈钢挂件挂接、支撑石板，如图 7-62所示。这种做法构造简单、技术成熟，目前应用较多。

（2）通槽式石材幕墙。在石材侧边中间开通槽，嵌入和安装通长金属卡条，石板固定在金属卡条上。这种做法应用较少。

（3）钢销式石材幕墙。在石材侧边打孔，穿不锈钢钢销将两块石板连接，钢销与挂件连接，将石材挂接起来。

（4）背栓式石材幕墙。在石材背面钻四个扩底孔，孔中安装柱锥式锚栓，然后再把锚栓通过连接件与幕墙的横梁相连，如图 7-63所示。这种做法每个挂件都均匀承受石材质量，

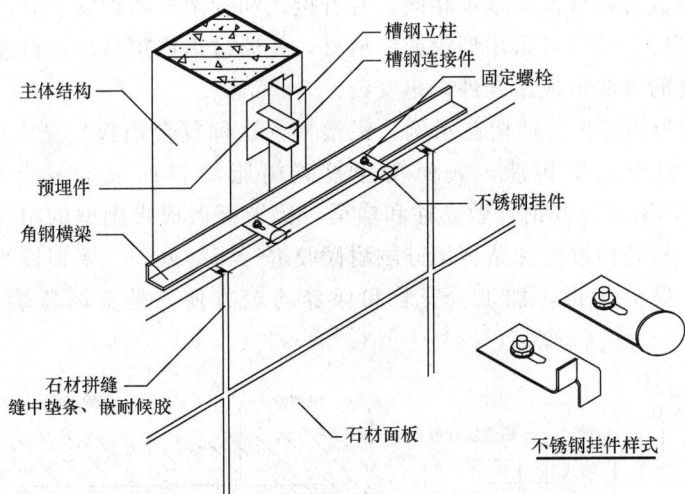

图 7-62　短槽式石材幕墙立体示意图

且挂件与龙骨挂件间接触面积大，强度和稳定性较好。石材破裂后不易脱落且易于更换，适用于高层和超高层外墙饰面。

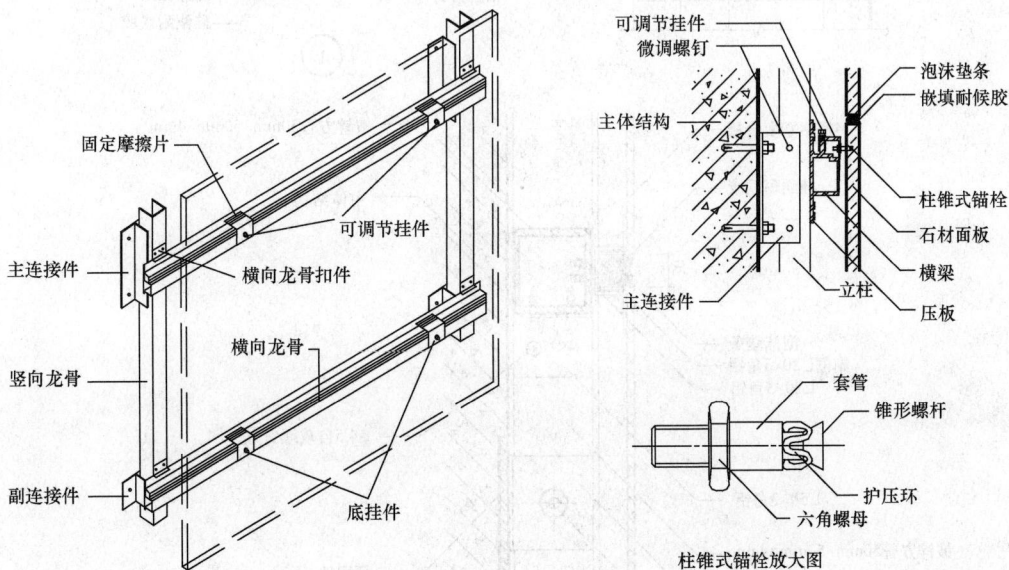

图 7-63　背栓式石材幕墙构造

7.8.3　金属幕墙

金属幕墙（Metal curtain wall）的金属板，既是建筑物的围护构件，也是墙体的装饰面层。多用于建筑物的入口处、柱面、外墙勒脚等部位。用于饰面的金属板有铝合金、不锈钢板、彩色钢板、铜板、铝塑板等薄板。

金属幕墙的构造与石材幕墙基本相同，有直接式和骨架式两种安装方法，多采用骨架幕墙体系，骨架的立柱、横梁可采用型钢或铝型材，并通过角铝用自攻螺钉连接而成，金属面板采用折边加副框的方法形成组合件，再安装。

图 7-64 所示为铝塑板幕墙构造示例。铝塑板（也称复合铝板）是由两层 0.5mm 厚的铝板内夹低密度的聚乙烯树脂，表面覆盖氟碳树脂涂料而成的复合板，厚度一般为 4～6mm。安装时，用镀锌方钢管做立柱和横梁，铝塑板做成带副框的组合件，用 ϕ4.5mm 的自攻螺钉固定，板缝内嵌泡沫条再填硅酮耐候胶进行密封处理。铝塑板的表面光洁、色彩多样、防污易洗、防火无毒，加工、安装和保养均较方便，是金属幕墙中采用较广泛的一种。

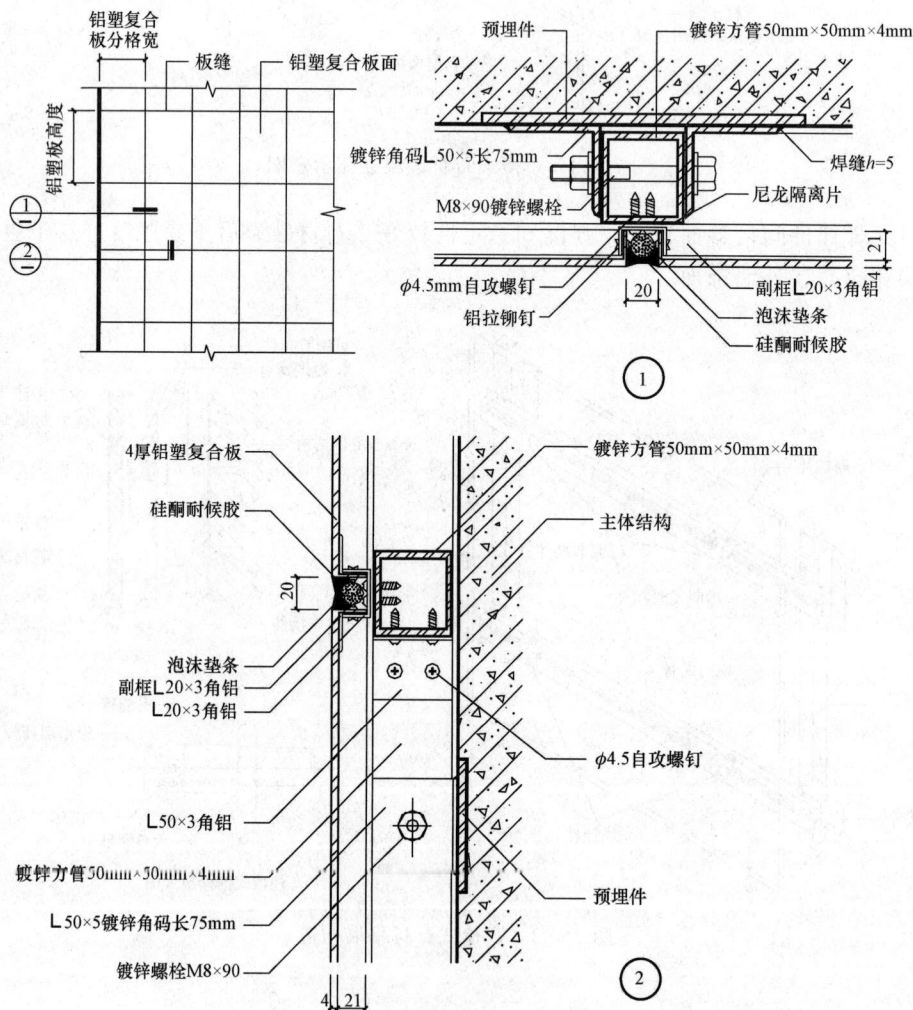

图 7-64 铝塑复合板幕墙构造

本 章 小 结

本章主要介绍了墙体的类型与设计要求，砖墙、砌块墙与框架填充墙构造，墙体节能构造，隔墙的类型与构造，墙面装修做法，以及幕墙的类型与做法。本章重点是砖墙细部构造、框架填充墙构造与墙体节能构造。

复习思考题

1. 墙体的分类方式及类别主要有哪些？
2. 墙体的设计要求有哪些？
3. 砖墙的材料与组砌方式有哪几种？
4. 简述砖墙的细部构造内容。
5. 简述墙身防潮层的作用、设置位置、做法及其特点。
6. 绘图说明混凝土散水防冻胀构造。
7. 何谓圈梁？钢筋混凝土圈梁的作用及设置要求是什么？
9. 构造柱的作用及设置要求有哪些？
10. 简述框架结构填充墙的特点及构造做法。
11. 简述外保温复合墙的通常做法。
12. 墙体节能构造有哪几种做法？
13. 简述外墙外保温复合墙的构造层次及做法。
14. 绘图说明外保温复合墙窗洞口细部构造。
15. 隔墙种类及构造要求有哪些？
16. 简述墙面装修的作用及做法。
17. 幕墙的类型有哪些？

本章专业英语词汇表

1. 墙体 wall
2. 外墙 exterior wall
3. 内墙 interior wall
4. 横墙 cross wall
5. 纵墙 longitudinal wall
6. 山墙 gable
7. 承重墙 bearing wall
8. 非承重墙 non-bearing wall
9. 隔墙 partition
10. 填充墙 filler wall

11. 幕墙 curtain wall

12. 实体墙 solid wall

13. 空斗墙 rowlock cavity wall

14. 空心墙 hollow wall，cavity wall

15. 复合墙 composite wall

16. 保温 heat preservation，thermal insulation

17. 隔热 thermal insulation，heat insulation

18. 隔声 sound insulation

19. 防火 fire-proof，fire prevention

20. 砖 brick

21. 烧结砖 fired brick

22. 多孔砖 perforated brick

23. 空心砖 hollow brick

24. 砂浆 mortar

25. 水泥砂浆 cement mortar

26. 石灰砂浆 lime mortar

27. 混合砂浆 composite mortar

28. 丁砖 header

29. 顺砖 stretcher

30. 散水 apron

31. 明沟 open ditch

32. 勒脚 plinth

33. 防潮层 damp-proof course

34. 窗台 window sill

35. 过梁 lintel

36. 砖拱过梁 brick arch lintel

37. 钢筋砖过梁 reinforced brick lintel

38. 钢筋混凝土过梁 reinforced concrete lintel

39. 壁柱 pilaster

10. 门垛 door buttress

41. 圈梁 ring beam，tie beam

42. 构造柱 construction column，tie column

43. 砌块墙 block wall

44. 柱网 column grid

45. 柱距 column spacing

46. 跨度 span

47. 热桥 thermal bridge

48. 节能 energy saving

49. 能耗 energy consumption
50. 热工分区 thermotechnical partitions
51. 内保温复合墙 internal insulation composite wall
52. 外保温复合墙 external insulation composite wall
53. 夹芯复合墙 sandwich composite wall
54. 防火隔离带 fire barrier，fire barrier belt
55. 砌筑隔墙 masonry partition
56. 骨架隔墙 skeleton partition
57. 板材隔墙 board partition
58. 增强石膏空心条板 reinforced gypsum hollow board
59. 钢丝网架水泥聚苯乙烯夹芯板 steel mesh cement polystyrene sandwich panel
60. 装修 finish
61. 抹灰类饰面 plastering-type wall finishing
62. 贴面类饰面 veneer-type wall finishing
63. 涂料类饰面 painting-type wall finishing
64. 裱糊类饰面 paperhanging-type wall finishing
65. 铺钉类饰面 skeleton-type wall finishing
66. 玻璃幕墙 glass curtain wall
67. 石材幕墙 stone curtain wall
68. 金属幕墙 metal curtain wall

第8章

楼 板 层 与 地 面

教学要求

1. 了解楼板层与地面的组成与设计要求。
2. 熟悉钢筋混凝土楼板的主要类型及特点。
3. 掌握常用的顶棚和楼地面构造。
4. 掌握楼地面的防水、隔声与保温构造。
5. 熟悉阳台、雨篷构造。

8.1 概述

楼板层与底层地坪层统称为楼地层，两者均是水平承重构件，承受着其上的全部荷载，并把这些荷载合理、有序地传给支承它们的构件（如墙或柱）；另外，可对墙身起到水平支撑作用，以减少风和地震产生的水平作用对墙身的影响，加强建筑物的整体刚度。

8.1.1 楼地层的组成

楼板层通常由面层、结构层和顶棚层三个基本层次组成，地坪层的基本构造层次为面层、垫层和基层，如图 8-1 所示。

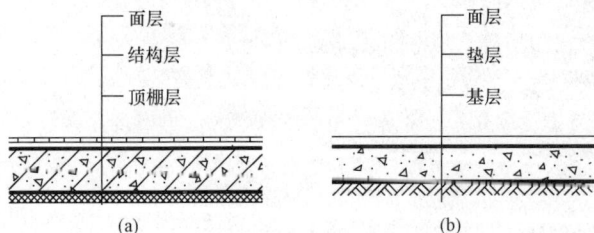

图 8-1 楼地层的构造组成

(a) 楼板层；(b) 地坪层

1. 面层 (Topping layer)

面层又称楼面或地面，可以保护结构层并对室内有装饰作用，各楼板层面层的做法和要求与地坪层的面层相同，在本章第 8.4 节 "楼地面" 中详细介绍。

2. 结构层 (Structure layer)

楼板层的结构层为楼板，楼板将所承担的荷载传给梁、柱或墙。

地坪层的结构层为垫层，垫层将所承担的荷载均匀地传给地基。垫层有刚性垫层和非刚性垫层之分。刚性垫层常用 80～100mm 厚 C10 混凝土；非刚性垫层常用 80～100mm 厚碎石灌水泥砂浆、60～100mm 厚石灰炉渣或 100～150mm 厚三合土等。当地面荷载较大且地基土质又较差时，多在地基上先做非刚性垫层，再做一层刚性垫层，即为复合垫层。

3. 顶棚层 （Ceiling layer）

顶棚又称天花板或天棚，是楼板层下的面层，其主要功能是保护楼板、装饰室内、敷设管线、改善或弥补楼板在功能上的某些不足。

4. 附加层 （Additional layer）

附加层又称功能层，根据使用要求和构造做法的不同，楼地层还需设置找平层、结合层、防水层、隔声层或隔热层等附加层次。

8.1.2　楼地层的设计要求

（1）应具有足够的强度和刚度，以保证结构的安全和正常使用。

（2）满足防火要求。根据建筑物的等级和防火要求，选择材料和构造做法，使其燃烧性能和耐火极限符合《建筑设计防火规范》（GB 50016—2014）的规定。

（3）满足隔声的要求。为防止楼层上下空间的噪声相互干扰，楼板层应具备一定的隔绝空气传声和固体传声的能力。

（4）满足保温、隔热、防潮、防水等要求。对有一定温湿度要求的房间，常在楼板层中放置保温层，以减少通过楼板层的热交换；对地面潮湿、易积水的房间，如厨房、卫生间等，应处理好楼地层的防渗漏问题。

（5）满足各种管线的敷设要求。现代建筑中，有更多的管线和线路要借助楼地层来敷设，如电器、电话、电脑等，因此，在楼地层设计中应考虑便于敷设各种管线。

（6）考虑经济合理等方面的要求。在多层或高层建筑中，楼板结构占相当比重，造价高，因此在设计中应考虑经济、合理的问题。

8.2　钢筋混凝土楼板

钢筋混凝土楼板根据施工方法不同，有现浇钢筋混凝土楼板、预制钢筋混凝土楼板和装配整体式钢筋混凝土楼板三种类型。

8.2.1　现浇钢筋混凝土楼板

现浇钢筋混凝土楼板 （Cast-in-situ reinforced concrete floor slab） 是在现场支模板、绑扎钢筋、浇筑混凝土而成形的楼板。这种楼板具有结构整体性强、抗震性能好、梁板布置灵活等优点。但需用大量模板、现场湿作业量大，且施工工期长，适用于整体性要求高或管道穿越较多的楼板。随着工具式模板的发展和现场浇筑机械化的提高，现浇钢筋混凝土楼板的应用日渐广泛。

现浇钢筋混凝土楼板根据结构形式的不同，可分为板式楼板、梁板式楼板、井式楼板、无梁楼板和压型钢板混凝土组合楼板等。

1. 板式楼板

板式楼板 （Slab floor） 直接支承在墙上，楼板的荷载直接传给墙体。板面上下平整、便于支模施工，是最简单的一种楼板形式。适用于平面尺寸较小的房间，如走廊、厕所、厨房等。

当板的长短边之比 $L_2/L_1 \geqslant 3$ 时，板基本沿短边方向传递荷载，称单向受力板，简称单向板（One-way slab），当长短边之比 $L_2/L_1 \leqslant 2$ 时，板在两个方向都传递荷载，两个方向都有弯曲，称双向受力板，简称双向板（Two-way slab）。双向板的受力和传力较合理，如图 8-2 所示。当长短边之比 $2 < L_2/L_1 < 3$ 时，宜按双向板计算。

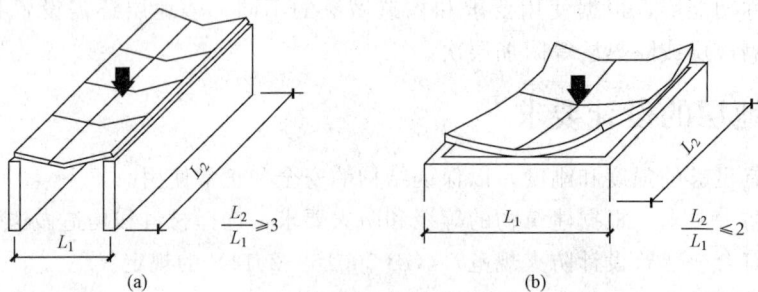

图 8-2 单向板与双向板
(a) 单向板；(b) 双向板

在多层烧结普通砖、多孔砖房屋中，板伸进纵、横墙内的长度应大于或等于 120mm；在多孔砖房屋中，板伸进外墙的长度应大于或等于 120mm，伸进内墙的长度应大于或等于 90mm。

2. 梁板式楼板

当房间尺寸较大时，若采用板式楼板，必然会加大板厚，增加板内配筋。为了使楼板的结构经济合理，常在楼板下设置梁来增加板的支点，从而减小板跨，即形成了梁板式楼板（Slab and girder floor），又称为肋梁楼板（Ribbed slab）。这种楼板上的荷载先由板传给梁，再由梁传给墙或柱。

梁板式楼板通常由板、次梁、主梁组成。一般主梁沿房间短跨方向布置，支承在墙或柱上，次梁沿垂直于主梁的方向布置，支承在主梁上，板支承在次梁上（图 8-3）。

梁板式楼板构件的尺度应经济、合理。一般主梁的经济跨度为 5～8m，主梁的高度为跨度的 1/14～1/8，主梁的宽度为高度的 1/3～1/2；次梁的跨度即为主梁的间距，一般为 4～6m，次梁的高度为跨度的 1/18～1/12，次梁的宽度为高度的 1/3～1/2；板的跨度即为次梁的间距，一般为 1.7～2.7m，板的厚度一般为 60～80mm。

3. 井式楼板

井式楼板（Waffle slab）是梁板式楼板的一种特殊形式，特点是无主次梁之分，纵横两个方向的梁等断面、等距离布置，形成井字格。井式楼板的跨度一般为 10～30m，纵横向梁间距一般为 1～3m。梁的布置可采用正交正放的正井式，也可采用正交斜放的斜井式，由于布置规整、顶棚美观，具有较好的装饰性，一般多用于公共建筑的门厅、大厅或平面尺寸较大的房间（图 8-4）。

4. 无梁楼板

无梁楼板（Girderless floor）是将楼板直接支承在柱上的一种结构形式，如图 8-5 所示。其柱网一般布置成正方形或矩形，柱距一般不超过 6m，板厚不宜小于 120mm。无梁楼板分无柱帽和有柱帽两种类型。当楼面荷载较大时，为增加板在柱上的支承面积，提高楼板

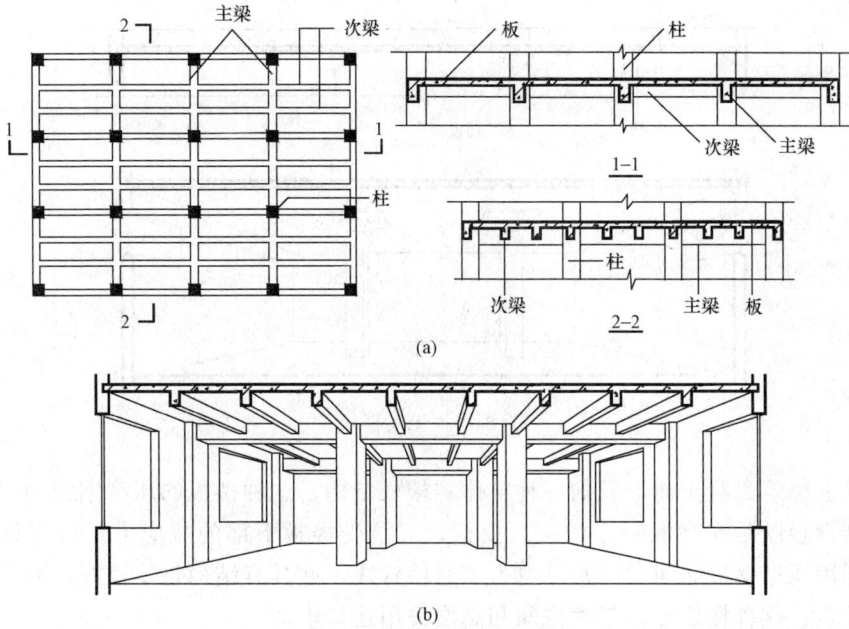

图 8-3　梁板式楼板
（a）梁板式楼板结构布置图；（b）梁板式楼板透视图

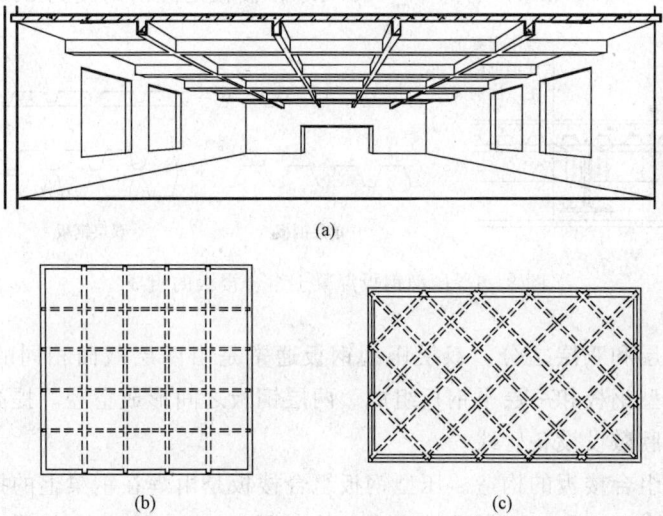

图 8-4　井式楼板
（a）井式楼板透视图；（b）正井式平面图；（c）斜井式平面图

的刚度和减少板的厚度，常在柱顶增设柱帽和托板。

无梁楼板顶棚平整，室内净空大，有利于采光和通风，但楼板厚度大，多用于荷载较大、管线较多的商店、仓库、展览馆等建筑。

5. 压型钢板混凝土组合楼板

压型钢板混凝土组合楼板（Profiled sheet-concrete composite slab），是以压型钢板为衬

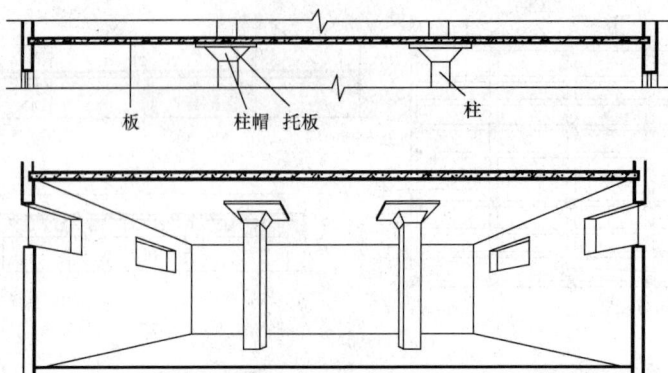

图 8-5 无梁楼板

板，并在其上浇筑混凝土而形成的一种整体式楼板结构。这种楼板的压型钢板和混凝土共同受力，压型钢板既是现浇混凝土的永久模板，又承受楼板下部的拉应力。它简化了施工工序，还可利用压型钢板肋间空间敷设电力或通信管线，并具有结构整体性好、刚度大、抗震性能好等优点。这种楼板多用于大空间和高层民用建筑中。

（1）压型钢板组合楼板的基本组成。压型钢板组合楼板是由现浇混凝土层、压型钢板和钢梁三部分组成（图 8-6）。现浇混凝土厚度不小于 50mm；压型钢板双面镀锌，截面一般为梯形，板宽为 500～1000mm，肋高 35～150mm；楼板的经济跨度为 2000～3000mm。

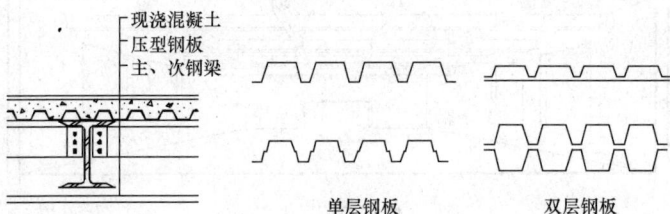

图 8-6 压型钢板混凝土组合楼板的组成

压型钢板有单层和双层之分。双层压型钢板通常是由两层截面相同的压型钢板组合而成，也可由一层压型钢板和一层平钢板组成。两层钢板之间形成空腔，提高了楼板的隔声效果，可利用这一空腔敷设设备管线。

（2）压型钢板组合楼板的构造。压型钢板组合楼板是由焊在钢梁上的抗剪栓钉（又称抗剪螺栓）将混凝土、压型钢板和钢梁结合成整体（图 8-7）。楼面的水平荷载通过抗剪栓钉传递到梁、柱上；混凝土层上部配置钢筋，以加强混凝土面层的抗裂性和承受支座处的负弯矩。

8.2.2 预制装配式钢筋混凝土楼板

预制装配式钢筋混凝土楼板（Prefabricated reinforced concrete floor slab）是将梁、板等预制成各种规格和形式的构件，在施工现场装配而成。这种楼板可节省模板、缩短工期，有利于建筑工业化，但楼板整体性较差，抗震能力差。因此，工程中应用越来越少。

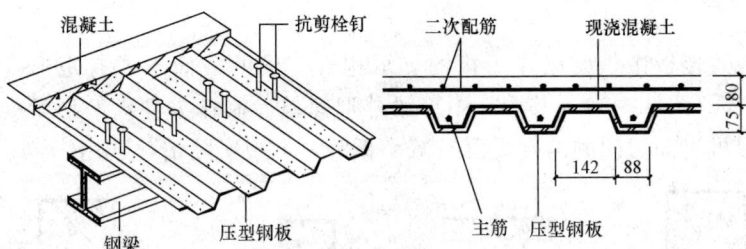

图 8-7　单层钢衬板组合楼板

1. 预制板的板型

（1）实心板。实心板（Solid slab）上下表面平整，制作简单，板厚一般为 50～80mm，板宽约 600～900mm，板跨一般不超过 2400mm（图 8-8）。由于其构件尺寸小，隔声能力较差，实心板常用于荷载不大、跨度较小的走廊、阳台板或地沟盖板等。

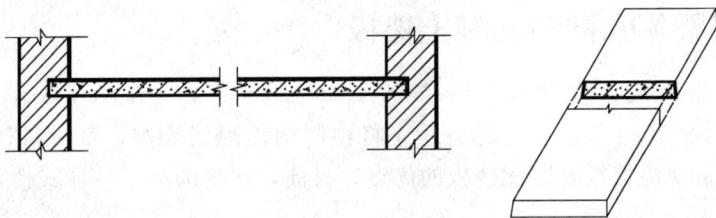

图 8-8　实心板

（2）槽形板。槽形板（Trough-shaped slab）是一种梁板合一的构件，即在实心板的两侧设纵肋，承受板上的荷载。为了加强槽形板的刚度，在板的两端设端肋，中部设横肋，所以又称肋形板（图 8-9）。槽形板板面薄自重轻，但隔声能力较差；又由于带有纵肋和横肋，正置时顶棚不平整，倒置时地面不平整，需采取相应措施，因此，民用建筑中已很少采用。

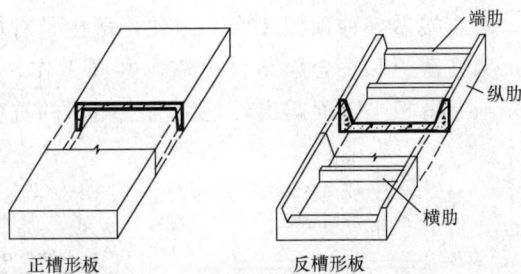

图 8-9　槽形板

（3）空心板。空心板（Hollow slab）也是一种梁板合一的构件，其结构计算理论与槽形板相似。空心板上下板面平整，且隔声效果优于实心板和槽形板，是预制楼板中应用最广泛的一种板型（图 8-10）。空心板上不能任意开洞，故不宜用于管线穿越较多的房间。

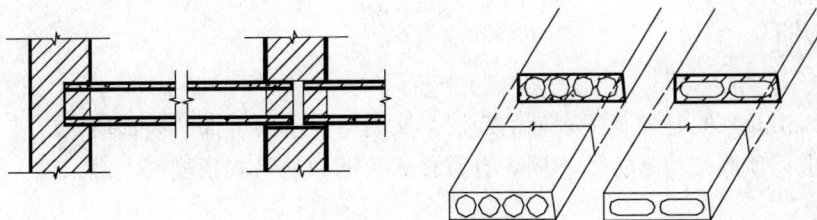

图 8-10　空心板

2. 预制梁型

在预制梁板式楼板中，设梁作为板的支承构件。梁的截面形式有矩形、T 形、十字形（又称花篮形）等（图 8-11）。其中，矩形梁外形简单、制作方便；T 形梁受力合理，节省混凝土；花篮形可提高房间的净空高度及减小板跨，可视实际情况选用。

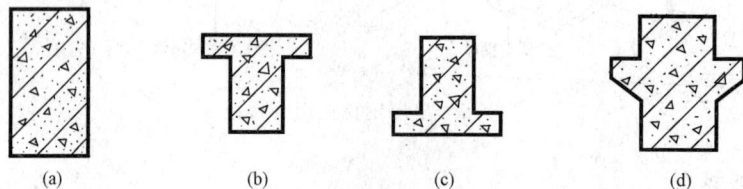

图 8-11　预制梁的截面形式

(a) 矩形梁；(b) T 形梁；(c) 倒 T 形梁；(d) 花篮梁

8.2.3　装配整体式钢筋混凝土楼板

装配整体式钢筋混凝土楼板（Prefabricated and cast-in-situ reinforced concrete floor slab）是将楼板分为现浇和预制两部分，先将预制构件现场安装，其上整体浇筑混凝土而成，因此它综合了现浇楼板和装配楼板的优点。目前，常用的装配整体式楼板是预制薄板叠合楼板。

预制薄板叠合楼板（Superimposed slab）是由预制薄板和现浇钢筋混凝土层叠合而成，如图 8-12 (a) 所示。预制板既是永久性模板，也是楼板结构的组成部分。预制薄板底面平整，可直接做各种顶棚装修。因此，薄板具有模板、结构和装修三方面的功能。

为使薄板和叠合层结合可靠，共同工作，薄板上表面多做特殊处理。如在上表面做刻槽，或在薄板上表面露出较规则的三角形的抗剪钢筋键，如图 8-12 (b) 所示。

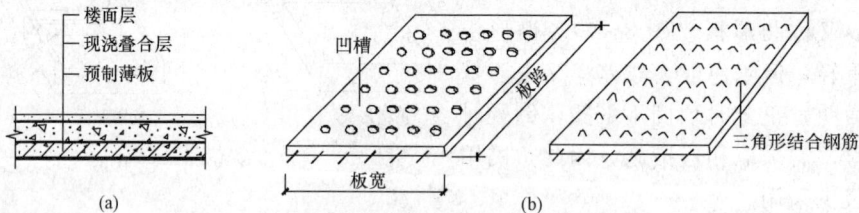

图 8-12　叠合式楼板

(a) 预制薄板叠合楼板；(b) 预制薄板板面处理

8.3　顶棚

顶棚（Ceiling）既是楼板下表面的面层，又是室内空间上部的装饰层，应满足使用功能和美观的要求。顶棚按构造方式不同，有直接式顶棚和悬吊式顶棚两大类。

8.3.1　直接式顶棚

直接式顶棚是指直接在楼板结构层的底面做饰面层所形成的顶棚。此种顶棚构造简单、施工方便、造价较低，在大量的民用建筑中广为采用。

1. 直接喷刷涂料顶棚

当装饰要求不高或楼板底面平整时，可在板底嵌缝刮平后喷（刷）大白浆、石灰浆等涂料，以增加顶棚的光反射作用。

2. 直接抹灰顶棚

对板底不够平整的房间，可在板底抹灰后再喷刷涂料。板底抹灰可用水泥砂浆、混合砂浆、纸筋灰等，如图 8-13（a）所示。要求较高的房间可在板底增设一层钢板网，在钢板网上再做抹灰。这种做法强度高，结合牢固，不易开裂、脱落。

3. 直接粘贴顶棚

这种顶棚是在楼板底面用砂浆打底找平后，用胶粘剂粘贴塑胶板、墙纸、装饰吸声板等。此种顶棚一般用于楼板底部平整、不需要顶棚敷设管线而装修要求又较高的房间，或者有吸声、保温隔热等要求的房间［图 8-13（b）］。

4. 结构顶棚

利用结构本身暴露在外的构件，不作任何装饰处理或稍加装饰处理，称结构顶棚，如网架结构、拱结构屋盖、井式楼盖等。这种顶棚空间变化丰富，具有一定的立体感。

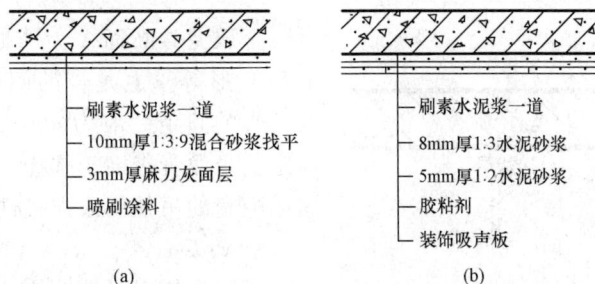

（a）　　　　　　　（b）

图 8-13　直接式顶棚

（a）抹灰顶棚；（b）贴面顶棚

8.3.2　悬吊式顶棚

悬吊式顶棚又称吊顶棚（Suspended ceiling），其构造复杂、施工麻烦、造价较高。一般用于装饰标准较高或楼板底部需隐蔽敷设管线、管道，以及有隔声、吸声等特殊要求的房间。

吊顶棚一般由吊筋（又称吊杆）、骨架（又称格栅层）和面层三部分组成（图 8-14）。

1. 吊筋

吊筋（Hanging bar）是吊顶棚的主要受力杆件，顶棚借助于吊筋悬吊在楼板结构下。吊筋有金属吊筋和木吊筋两种，现多用 $\phi6\sim\phi8$ 钢筋或 8 号铁线，间距为 900～1200mm（图 8-15）。

2. 骨架

骨架由主龙骨（主格栅）和次龙骨（次格栅）组成。主龙骨（Joist）与吊筋相连，一般单向布置；次龙骨固定在主龙骨上，可单向也可双向布置，视具体情况而定。龙骨按材料不同，有金属龙骨和木龙骨两种。为节约木材、提高防火性能，现多用薄壁型钢或铝合金制作的轻型龙骨。

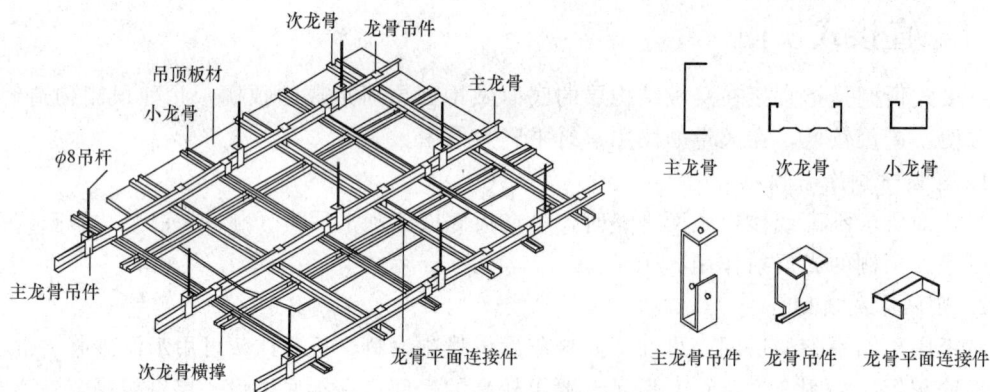

图 8-14 吊顶棚的组成

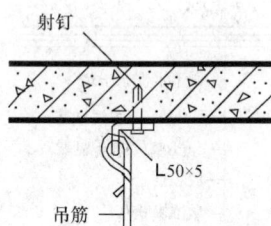

图 8-15 吊筋与楼板
的固定

金属龙骨断面多为〔形、U形，次龙骨断面有 U 形、倒 T 形和 L 形等。主龙骨的间距与吊筋相同，多为 900～1200mm；次龙骨的间距一般为 400～1200mm，根据面层板材的规格尺寸确定。主龙骨借助于螺栓、勾挂、焊等方式与吊筋连接，龙骨之间用配套的吊挂件或连接件连接。

3. 面层

面层是体现吊顶功能的重要组成部分，根据材料和构造方式的不同，由板材或格栅拼装而成。

（1）板材类吊顶棚，即将面层板材固定在龙骨层上，如图 8-16 所示。面板根据材料不同，有人造板材、木质板材和金属板等。人造板材一般有石膏板、矿棉板、塑料板、铝塑板等；木质板材有实木板、胶合板、木丝板等；金属板材有铝板、铝合金板、彩色钢板、不锈钢板等，形状有条形、方形或长方形等。

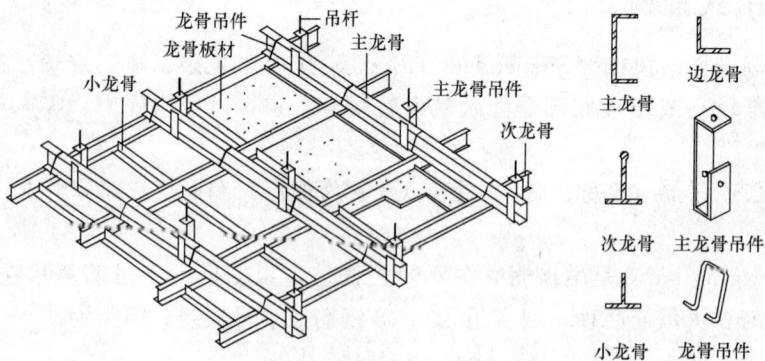

图 8-16 铝合金龙骨吊顶棚

龙骨有不外露和外露两种。不外露龙骨将板材用自攻螺钉或胶粘剂固定在次龙骨上，形成整片平整的顶棚；外露龙骨时，板材直接搁置在倒 T 形次龙骨的翼缘上，所有次龙骨外露而形成网格状顶棚（图 8-17）。

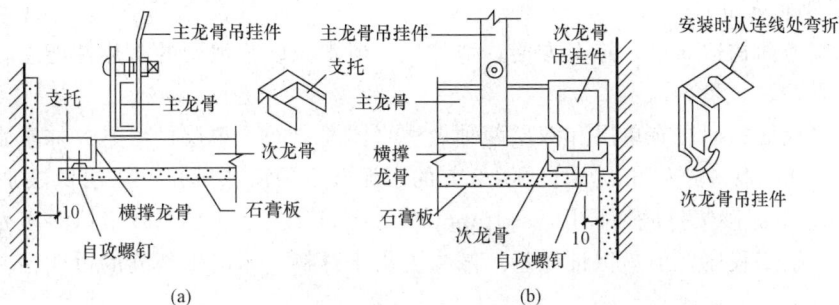

图 8-17　吊顶板材与龙骨的连接方式

(a) 不外露龙骨；(b) 外露龙骨

(2) 格栅类吊顶棚。格栅类吊顶棚的表面开敞，减少了上述吊顶的压抑感，又称开敞式吊顶。它是通过一定的单体构件组合而成，单体构件有木格栅构件、金属格栅构件、灯饰构件及塑料构件等（图 8-18）。这类吊顶不仅可以节约大量的吊顶材料，而且施工简便快捷。

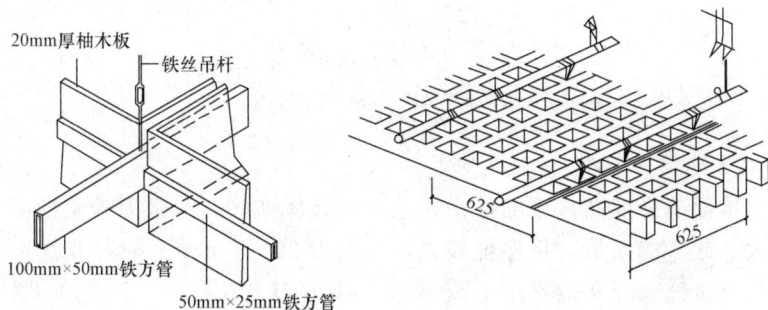

图 8-18　格栅吊顶棚

8.4　楼地面

楼地面是楼板层的面层和底层地面面层的统称，又称地面。它们的构造做法和所用材料基本相同。

楼地面是人们日常生活、工作和家具设备直接接触的部分，应坚固耐磨、表面平整、便于清扫且不起灰。不同的房间对地面有不同的要求，对于居住和人们长时间停留的房间，要求有较好的蓄热性和弹性；厨房、浴室、卫生间要求耐潮湿、不透水；有酸碱作用的试验室等，则要求耐酸碱、耐腐蚀等。

地面的名称是以面层的材料来命名的，根据面层材料和施工方法不同，可分为整体地面、板块地面、卷材地面和涂料地面四大类。

8.4.1　整体地面

整体地面（Monolithic floor surface）是指用现场浇筑的方法做成整片的地面。按地面材料的不同，有水泥砂浆地面、细石混凝土地面及水磨石地面等。

1. 水泥砂浆地面

水泥砂浆地面构造简单，施工方便，造价低。但水泥砂浆地面的蓄热性能差，地面易起灰，装饰效果差。

水泥砂浆地面的面层有单层和双层两种做法（图8-19）。单层做法是先抹素水泥砂浆一道做结合层，然后抹15～20mm厚的1:2.5的水泥砂浆用铁抹压光。双层做法是先用15～20mm厚1:3水泥砂浆打底，再用5～10mm厚1:1.5或1:2水泥砂浆抹面压光。双层做法虽然增加了施工程序，但易保证质量，减少了由于材料干缩产生裂缝的可能性。

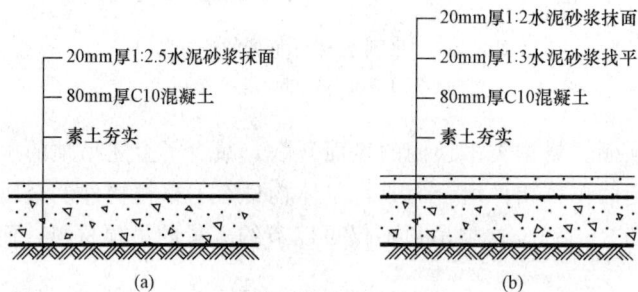

图8-19 水泥砂浆地面

（a）单层做法；（b）双层做法

2. 细石混凝土地面

细石混凝土地面的强度高，干缩性小，地面的整体性好，与水泥砂浆地面相比，克服了水泥地面干缩大、起沙的不足，但厚度较大，一般为30～40mm。细石混凝土可铺设在混凝土垫层上，也可直接铺在夯实的素土上或100mm厚的灰土上。

细石混凝土地面，应加适量的1:1水泥砂浆压实抹光。

3. 水磨石地面

水磨石地面平整、光洁，整体性好，耐磨、耐腐蚀、不透水，利于清洁卫生。但施工较复杂、弹性差、吸热性强，造价高。常用于人流较大的公共建筑和对装修要求较高的建筑。

水磨石地面是用水泥做胶结材料、大理石或白云石等中等硬度石料的石屑作骨料经混合搅拌浇抹硬结后，再经磨光打蜡而成。水磨石地面一般为双层做法，先用15～20mm厚1:3水泥砂浆找平，再用10～15mm厚1:1.5或1:2的水泥石屑浆抹面。待水泥石屑浆凝结后，用磨光机打磨，再用草酸清洗，打蜡保护。也可用彩色水泥或白水泥加入颜料和不同颜色的石子做成美术水磨石地面。为了防止面层开裂和便于施工，通常用分格条进行分格处理，分格大小和图案视具体情况而定，分格条按材料不同有铜条、铝条或玻璃条，用1:1水泥砂浆嵌固在找平层上（图8-20）。

8.4.2 板块地面

板块地面（Block floor surface）是借助胶结材料，将各种不同形状的块状面层材料粘贴或铺钉在楼板或垫层上的地面。

1. 陶瓷板块地面

用作地面的陶瓷板块有陶瓷马赛克、缸砖、陶瓷彩釉砖和瓷质无釉砖等。陶瓷马赛克

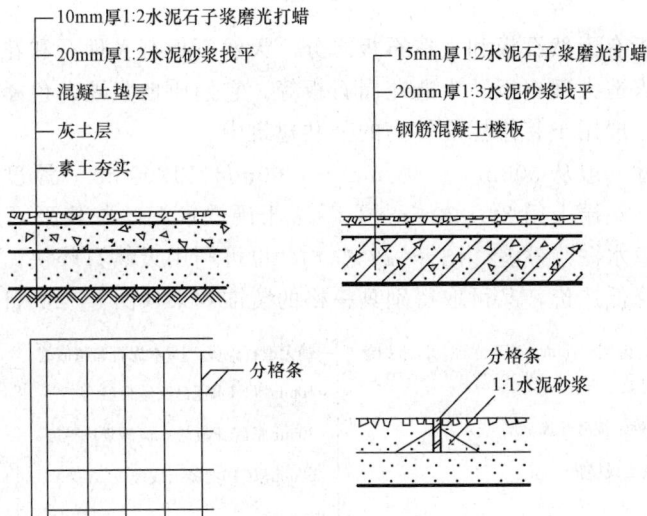

图 8-20　水磨石地面

（又称陶瓷锦砖），是用瓷土烧制而成的小块瓷砖，在工厂预先设计拼成各种图案，正面贴上牛皮纸上。缸砖是用陶土加入不同颜料焙烧而成的小型块材，缸砖背面有凹槽，便于与基层结合。陶瓷彩釉砖和瓷质无釉砖尺寸一般较大，最大可达 1200mm×1200mm，瓷质无釉砖又称仿花岗石砖，它具有天然花岗石的质地和纹理。

陶瓷板块铺贴时，先在基层上做 15～20mm 厚 1：3 水泥砂浆找平层，再将陶瓷板块用 5～10mm 厚 1：1 水泥砂浆粘贴拍实，然后用素水泥浆擦缝。陶瓷马赛克要待水泥砂浆硬化后，洗去表面的牛皮纸，最后用水泥浆嵌缝，如图 8-21 所示。

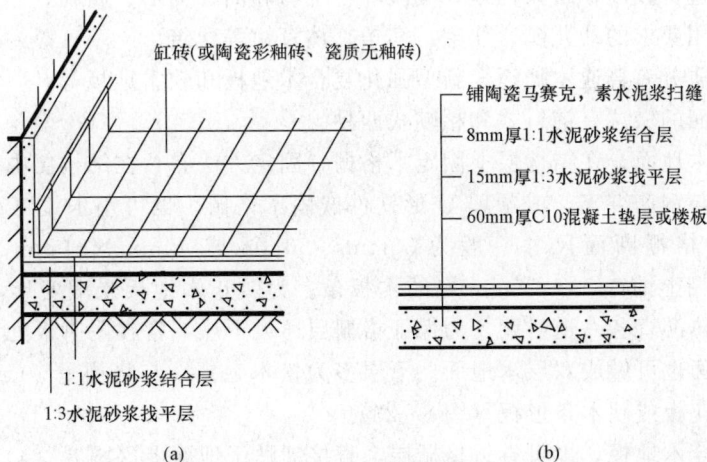

图 8-21　陶瓷板块地面
(a) 陶瓷地砖地面；(b) 陶瓷马赛克地面

陶瓷板块地面表面致密、光滑、坚硬、耐磨，耐酸碱、耐腐蚀，防水性能好，色泽稳定，易于清洁，多用于卫生间、浴室及试验室等房间。

2. 石板地面

石板地面的石板有天然石板和人造石板之分。天然石板有大理石和花岗石等，人造石板有预制水磨石板、人造大理石板、人造花岗石板等，它们质地坚硬、色泽艳丽、装饰效果极佳，但价格昂贵。一般用于装修标准较高的公共建筑中。

石板的规格尺寸一般从 300mm×300mm～1200mm×1200mm，厚度为 20～30mm。石板铺贴时，先在刚性垫层上用 20～30mm 厚 1:3 干硬性水泥砂浆找平，用纯水泥浆粘结石板，板材缝隙用配色水泥浆擦缝 [图 8 - 22 (a)]。也可利用天然石碎块，无规则地拼接成碎天然石地面，既能降低造价，又可取得别具一格的装饰效果 [图 8 - 22 (b)]。

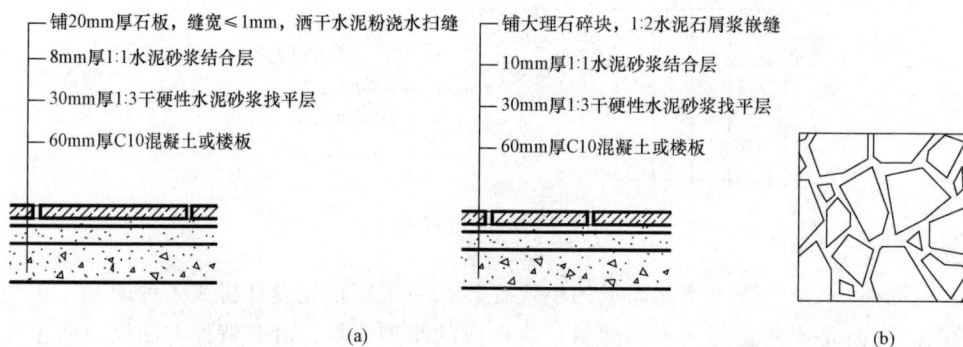

图 8 - 22　石板地面
(a) 整石板地面；(b) 碎石板地面

3. 木地面

木地面是指用木板铺钉或粘贴而成的地面。木地面有弹性、保温好，纹理自然美观，但消耗木材资源，造价较高，耐火性差，潮湿环境下易翘曲、变形、腐朽。一般用于装修要求较高或有特殊使用要求的幼儿园、住宅、宾馆、体育馆等建筑。

木地面按材质分有普通木地板、新型强化复合木地板和软木地板等。

目前，木地面的做法有铺钉式和粘贴式两种。

（1）铺钉式木地面。在结构层上固定木格栅，固定方法有：在结构层内预埋钢筋，用镀锌钢丝将木格栅与钢筋绑牢，或预埋 U 形铁件嵌固木格栅，也可用水泥钉直接将木格栅钉在结构层上。木格栅断面尺寸一般为 30mm×50mm 或 40mm×60mm，间距为 300～400mm。在木格栅上铺钉 20～25mm 厚的木板条。为防止木地板受潮变形，常在结构层上涂刷冷底子油和热沥青各一道防潮。为保证格栅层通风干燥，常在踢脚板处设通风口。

铺钉式木地面也可做成双层木地面。下层多为松木毛板，与格栅呈 30°或 45°方向铺钉，面板采用硬木拼花板或硬木条形板（图 8 - 23）。

对于强化复合木地板，也可省去格栅层，直接铺贴于地面上（图 8 - 24）。

（2）粘贴式木地面。将木地板用沥青胶或环氧树脂等胶粘材料直接粘贴在找平层上。若为底层地面，则应在找平层上做防潮层，或直接用沥青砂浆找平。粘贴式木地面由于省略了格栅，比铺钉式节约木材、造价低、施工简便，但弹性差一些（图 8 - 25）。

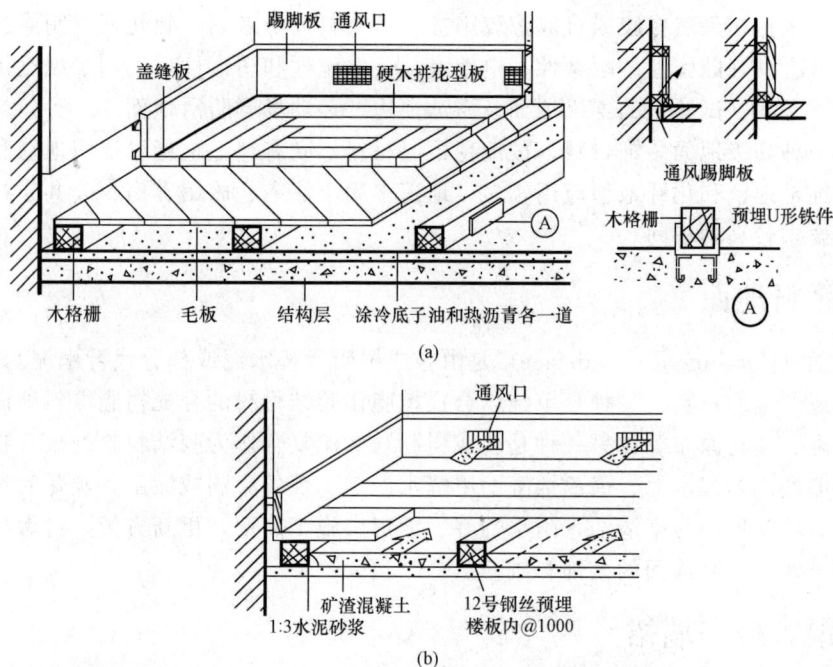

图 8-23　铺钉式木地面构造

（a）双层铺钉式木地面；（b）单层铺钉式木地面

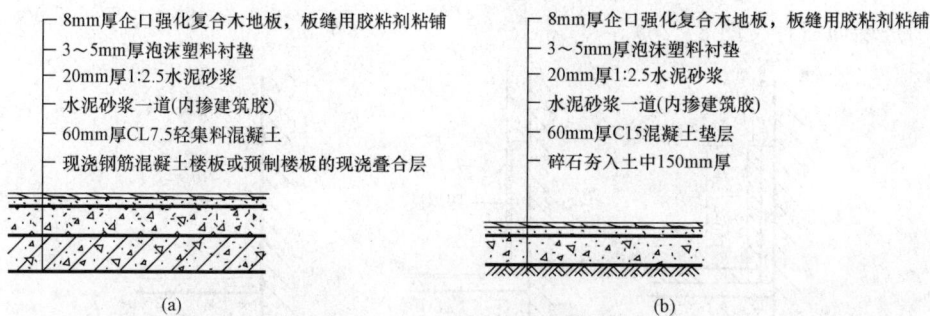

图 8-24　强化复合木楼地面构造

（a）楼板层；（b）地坪层

8.4.3　卷材地面

卷材地面（Coiled floor surface）是用成卷的地面覆盖材料铺贴而成的。常见的地面卷材有软质聚氯乙烯塑料地毡、橡胶地毡和地毯等。

软质聚氯乙烯塑料地毡有一定弹性、隔声好、防滑耐腐蚀和绝缘性能好，且易于清洗，多用于住宅、医院、试验室的地面。

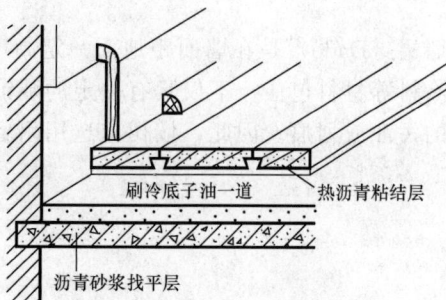

图 8-25　粘贴式木地面构造

橡胶地毯是指在天然橡胶或合成橡胶中掺入填充料、防老剂、硫化剂等制成的卷材。橡胶地毯地面具有良好的弹性、耐磨性、电绝缘性、保温性和防滑性。适用于展览馆、疗养院等，也适用于车间、试验室的绝缘地面及游泳池边、运动场等防滑地面。

地毯是一种高级地面装饰材料，按地毯面层材料不同有纯毛地毯、棉织地毯和化纤地毯等。其中，纯毛地毯和化纤地毯应用较多。地毯多用于住宅、旅馆客房、公共建筑及工业建筑中洁净度要求较高的房间。

8.4.4　涂料地面

涂料地面（Coatings floor surface）是由合成树脂代替水泥或部分代替水泥，加入填料、颜料拌和而成的地面材料。一种是单纯以合成树脂作胶结材料的合成树脂涂料地面，如环氧树脂、聚氨酯、塑料涂布等；另一种是合成树脂与水泥复合作为胶结材料的聚合物水泥涂料地面，如聚醋酸乙烯酯水泥、聚乙烯醇缩甲醛水泥等。现场涂刷或涂刮，硬化后形成的整体无接缝地面。涂料地面易于清洁，耐水性好、无毒、施工简便，更新方便，可做成各种花纹图案。多用于水泥砂浆地面的装饰和维修。

8.4.5　踢脚板与墙裙

踢脚板（Skirting board）是地面在墙面上的延伸部分，又称踢脚线。其作用是遮盖地面与墙面的接缝，保护墙面根部清洁，防止清扫地面时弄脏墙面。踢脚板的高度一般为120～150mm，其所用材料和做法一般与地面一致。踢脚板的构造形式有凸出墙面、与墙面平齐及凹进墙面三种（图8-26）。

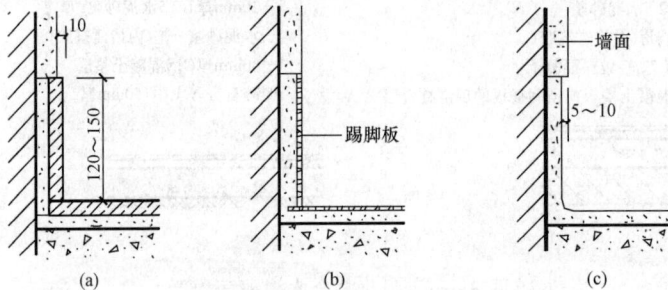

图8-26　踢脚板形式
(a) 凸出墙面；(b) 与墙面平齐；(c) 凹进墙面

墙裙（Dado）是在墙面距地面一定高度（通常为1500mm）范围内采用装饰面板、木线条、涂料等材料包住，不仅具有一定的装饰作用，而且可以避免纯色墙面因人们活动摩擦而产生的污浊或划痕。因此，墙裙应选用耐磨性、耐腐蚀性好且可擦洗的材料。

8.5 楼地面的防水、隔声与保温

8.5.1 楼地层的排水与防水

对用水频繁、水管较多、室内积水机会多的房间,如卫生间、浴室、试验室等,楼地面容易发生渗漏水现象,影响正常使用,甚至降低建筑的使用寿命,因此必须做好这些楼地层的排水和防水。

1. 楼地面的排水

为便于排水,地面应设地漏,并使楼地面有一定的坡度,引导地面水流入地漏,排水坡度一般为 1%～1.5%,为防止积水外溢,有水房间地面应低于相邻房间或走道 20～30mm [图 8-27 (a)];也可在门口做 20～30mm 高的门槛 [图 8-27 (b)]。

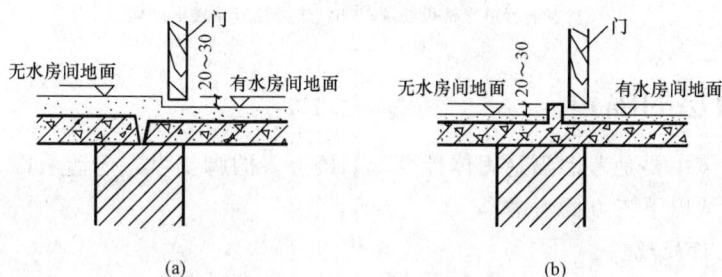

图 8-27 有水房间地面标高处理

(a) 地面低于无水房间;(b) 与无水房间地面平齐设门槛

2. 楼地面的防水

用水房间的楼板,常采用现浇钢筋混凝土楼板。面层宜采用整体现浇的水泥砂浆、水磨石等,或采用缸砖、瓷砖、陶瓷马赛克等贴面。防水质量要求较高的房间,可在结构层与面层间设置防水层。为防止水沿房间四周侵入墙身,应将防水层沿房间四周墙向上卷起 100～150mm [图 8-28 (a)],门口处,将防水层铺出门外至少 250mm [图 8-28 (b)]。

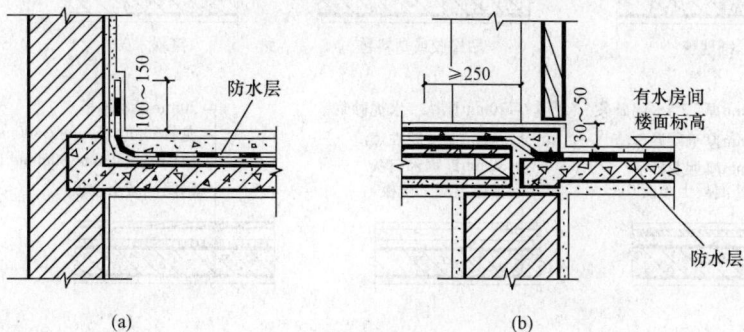

图 8-28 楼地面防水构造

(a) 防水层四周向上卷起;(b) 防水层向无水房间延伸

用水房间的楼板竖向管道穿过之处是防水的薄弱环节。当竖向管道为普通管道时，在立管四周用 C20 干硬性细石混凝土填实，再用卷材或防水涂料作密封处理，如图 8-29（a）所示。若为热力管道穿过楼板时，为防止因温度胀缩变形而引起立管周围混凝土开裂，在楼板中预埋比热力管道直径稍大的套管，套管高出地面至少 30mm，套管四周进行防水密封处理，如图 8-29（b）所示。

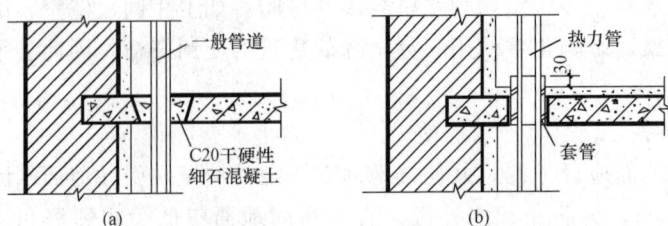

图 8-29　管道穿楼板处理
（a）普通管道穿楼板处理；（b）热力管道穿楼板处理

8.5.2　楼板层的隔声

楼板层的隔声主要是考虑隔绝固体传声，如楼上人的脚步声、拖动家具、撞击物体所产生的噪声，通常从以下三方面考虑：

1. 对楼面进行处理

楼面上铺设富有弹性的材料，如地毯、橡胶地毡、塑料地毡等，以降低楼板本身的振动，减弱撞击声声能，效果比较理想。

2. 设置隔声层

在楼板结构层与面层之间利用弹性垫层设置一道隔声层，将楼面与楼板完全隔开，以降低结构的振动。弹性垫层可以是具有弹性的片状、条状或块状的材料，如木丝板、甘蔗板、软木片、矿棉毡等。但必须注意，要保证楼面与结构层（包括面层与墙面交接处）完全脱离，以防止产生声桥，如图 8-30 所示。

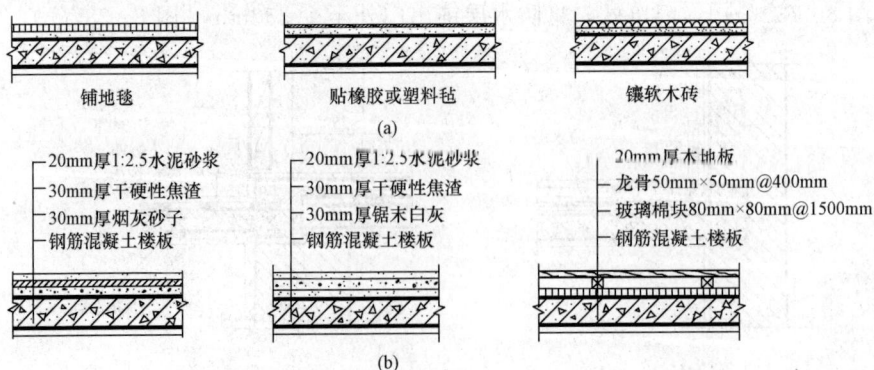

图 8-30　隔声楼板
（a）弹性面层；（b）浮筑式楼板

3. 楼板下做吊顶棚

楼板下做吊顶棚就是利用吊顶与楼板的空气间层来隔绝楼板层的撞击声向下层空间传递。还可将吊筋与楼板的刚性连接改用弹性连接，使隔声能力可大大提高，如图 8-31 所示。

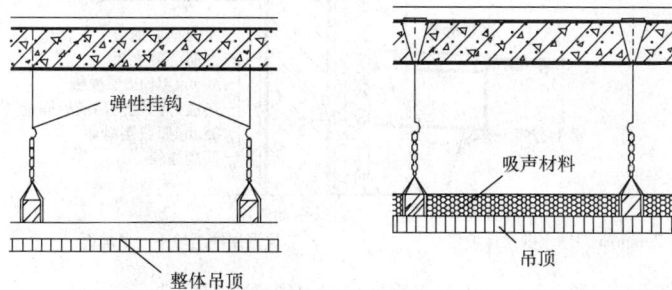

图 8-31　利用吊顶棚隔声

8.5.3　楼地面的保温

在严寒和寒冷地区，建筑底层室内采用实铺地面构造，对于直接接触土壤的周边部分，需要进行保温处理，减少经地面的热损失，即从外墙内侧到室内 2000mm 范围内铺设保温层。

对于接触室外空气的地板（如骑楼、过街楼的地板），以及不采暖地下室上部的地板等，也应采取保温措施。以不采暖的地下室为例，地下室以上的底层地面应全部做保温处理。保温层可设置在底层地面的结构层与地面面层之间，也可设在结构层之下，即地下室顶板之下。但后者要考虑板底有无管线铺设、施工是否方便、管道检修以及防火规范的要求，如图 8-32 所示。

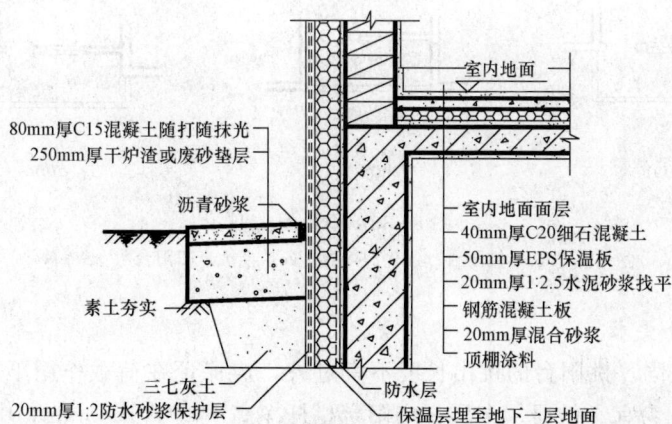

图 8-32　地下室勒脚与室内地面保温构造（一）

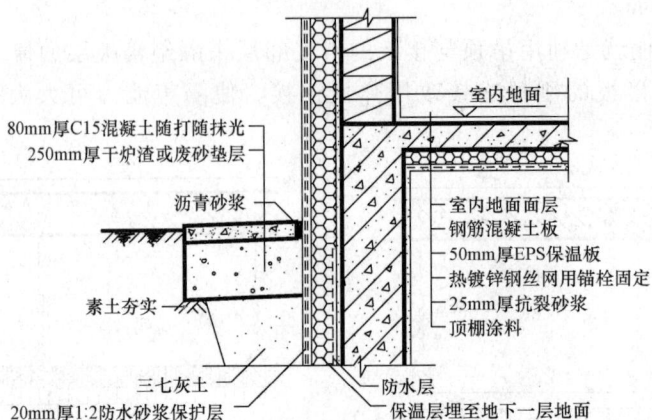

图 8-32　地下室勒脚与室内地面保温构造（二）

8.6　阳台与雨篷

8.6.1　阳台

阳台（Balcony）是多高层居住建筑中不可缺少的室内外过渡空间。它空气流通，视野开阔。人们可以在阳台上眺望、休息、晾晒衣物和从事家务活动。

1. 阳台的类型

根据阳台与建筑物外墙的相对位置不同，可分为凸阳台（又称挑阳台）、凹阳台和半挑半凹阳台（图 8-33）。按使用性质分，有生活阳台和服务阳台。按使用条件分，有开敞式阳台和封闭式阳台。

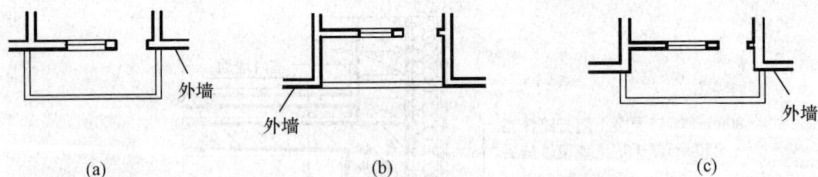

图 8-33　阳台的类型
(a) 挑阳台；(b) 凹阳台；(c) 半挑半凹阳台

2. 阳台的设计要求

（1）安全、坚固。挑阳台的挑出长度不宜过大，应保证在荷载作用下不发生倾覆现象，以 1200～1800mm 为宜。低层、多层住宅阳台栏杆净高不低于 1050mm，中高层住宅阳台栏杆（栏板）净高不低于 1100mm，但也不大于 1200mm。阳台栏杆形式应防坠落（垂直栏杆净间距不应大于 110mm）、防攀爬（不设水平栏杆），且放置花盆处应采取防坠落措施。

（2）适用、美观。阳台所用材料应经久耐用，金属构件应做防锈处理，表面装修应注意色彩的耐久性和抗污染性。阳台栏杆（栏板）应结合地区气候特点和风俗习惯，满足使用及立面造型的要求。南方地区宜采用有助于空气流通的空透式栏杆，而北方寒冷地区和中高层住宅应采用实体栏杆，并满足立面美观的要求，为建筑物的形象增添风采。

　　3. 阳台的构造

　　(1) 栏杆与扶手。阳台栏杆的形式考虑地区特点和造型要求，有空花栏杆、实心栏板及组合式栏杆，如图 8-34 所示。按材料不同，有金属栏杆、钢筋混凝土栏杆或栏板、砖砌栏板、钢筋网水泥栏板等。

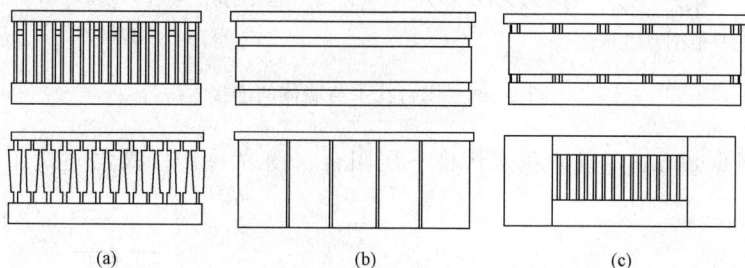

图 8-34　阳台栏杆形式

(a) 空花栏杆；(b) 实心栏板；(c) 组合式栏杆

　　阳台扶手有 $\phi 50$mm 钢管扶手和混凝土扶手两种，混凝土扶手顶面宽度一般不少于 120mm。若考虑上面放置花盆时，其宽度至少为 250mm，且外侧应设挡板，以防花盆坠落。

　　(2) 栏杆扶手的连接构造。金属栏杆扶手多采用预埋铁件焊接，或预留孔洞用水泥砂浆锚固。钢筋混凝土栏板扶手可与阳台板一起整浇而成，也可用预制栏杆（栏板）借预埋铁件焊接。砖砌栏板的厚度一般为 60mm，为加强砌体的整体性，在砌体中配置通长钢筋或钢筋网，并采用现浇混凝土扶手（图 8-35）。

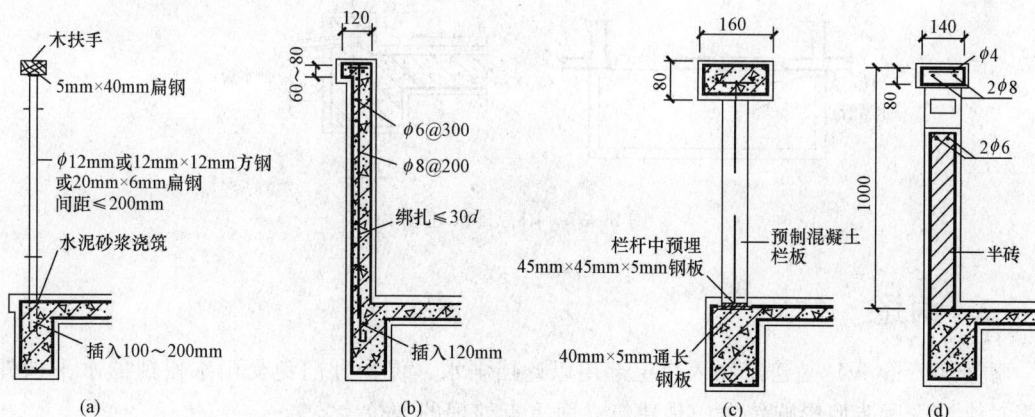

图 8-35　阳台栏杆、扶手的连接

(a) 金属栏杆；(b) 现浇混凝土栏板；(c) 预制混凝土栏杆；(d) 砖砌栏板

　　扶手与墙体的连接，多采用墙内预留孔，将扶手或扶手中的铁件伸入孔内，填混凝土锚固，或在墙上预埋铁件焊接（图 8-36）。

　　(3) 阳台的排水。开敞式阳台地面应做防水和有组织排水，阳台地面低于室内地面 30～60mm，以免雨水流入室内，排水口处设置 $\phi 40$mm 或 $\phi 50$mm 的镀锌管或塑料管水舌，

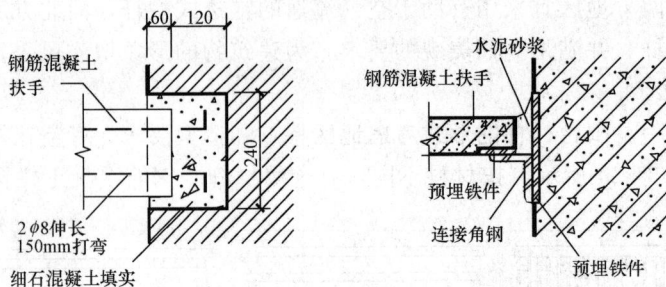

图 8-36　阳台扶手与墙体的连接

水舌向外挑出至少 80mm，以防积水污染下层阳台（图 8-37）。高层建筑阳台宜用水落管排水。

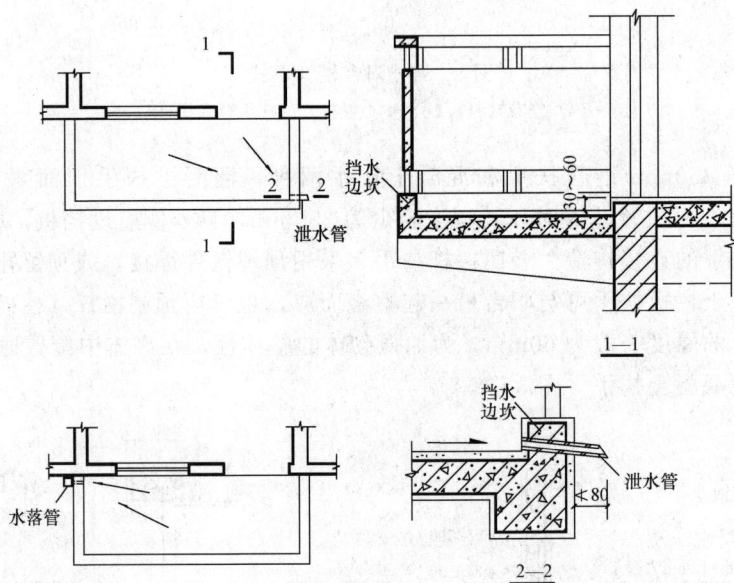

图 8-37　阳台排水处理

8.6.2　雨篷

　　雨篷（Canopy）是建筑物入口上部用以遮挡雨水、保护外门免受雨水侵蚀的水平构件。雨篷对建筑立面造型影响较大，是建筑立面重点处理的部位。

　　雨篷按其结构形式不同，可分为板式雨篷和梁板式雨篷。由于承受的荷载不大，一般雨篷板的厚度较薄，而且可做成变截面形式（图 8-38）。

　　对于板式雨篷，板顶应做好防水和排水处理，常用防水砂浆抹面，并做 1‰ 的排水坡度。防水层应沿外墙上翻至少 250mm，形成泛水，如图 8-38（a）、（b）所示。对于梁板式雨篷，考虑美观及防止周边滴水，常将周边梁向上翻起成反梁式。为防止泄水管阻塞导致上部积水并出现渗漏，在雨篷顶部及四周则须做防水砂浆饰面，形成泛水，如图 8-38（c）所示。雨篷在板底周边应设滴水。对于有节能保温要求的建筑需保温处理，以解决"热桥"问题。

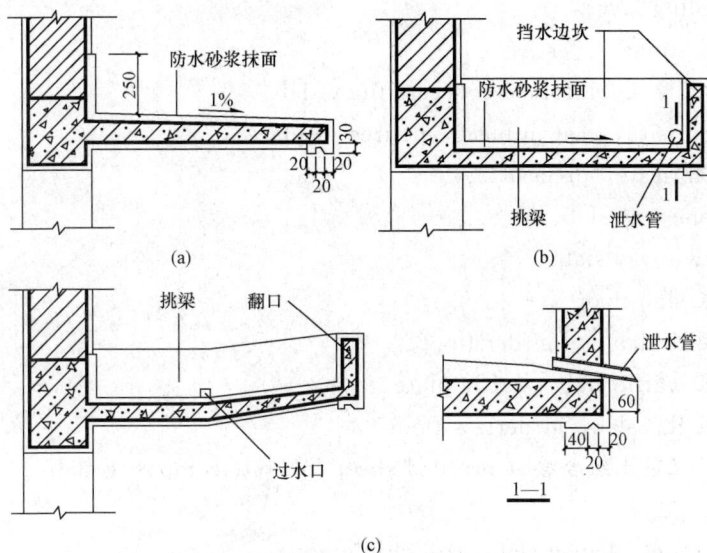

图 8-38 雨篷构造
(a) 板式无组织排水雨篷；(b) 板式有组织排水雨篷；(c) 梁板式雨篷

本 章 小 结

本章主要讲述楼板层、地坪层、地面、顶棚、阳台及雨篷的构造，重点是钢筋混凝土楼板的类型及特点，常用的顶棚和楼地面构造，楼板面的防水、隔声与保温构造及阳台、雨篷的构造。

复习思考题

1. 楼地层的设计要求有哪些？由哪些构造层次组成？
2. 现浇钢筋混凝土楼板按受力分哪几种？各适用什么情况？
3. 楼地面的类型有哪几种？画图说明各种类型的构造做法。
4. 绘图说明楼地面保温构造层次与做法。
5. 绘图说明阳台排水处理的做法。
6. 绘图说明板式雨篷、梁板式雨篷的构造做法。

本章专业英语词汇表

1. 楼板 floor slab
2. 地面 ground

3. 面层 topping layer

4. 结构层 structure layer

5. 顶棚层 ceiling layer

6. 附加层 additional layer

7. 钢筋混凝土楼板 reinforced concrete floor slab

8. 现浇 cast-in-situ，cast-in-place，poured-in-place

9. 预制 prefabricate，precast

10. 单向板 one-way slab

11. 双向板 two-way slab

12. 板式楼板 slab floor

13. 梁板式楼板 slab and girder floor

14. 井式楼板 waffle slab，waffle plate

15. 无梁楼板 flat slab，girderless floor

16. 压型钢板混凝土组合楼板 profiled sheet-concrete composite slab

17. 实心板 solid slab

18. 槽形板 trough-shaped slab，trough plate

19. 空心板 cored slab，hollow slab

20. 叠合楼板 superimposed slab

21. 顶棚 direct type ceiling

22. 吊顶棚 suspended ceiling，hung ceiling

23. 吊筋 hanger，hanging bar

24. 龙骨 joist

25. 整体地面 monolithic floor surface

26. 板块地面 block floor surface

27. 卷材地面 coiled floor surface

28. 涂料地面 coatings floor surface

29. 踢脚板 skirting board

30. 墙裙 dado

31. 阳台 balcony

32. 雨篷 canopy

第 9 章

楼 梯

📖 教学要求

1. 熟悉楼梯的组成及类型。
2. 掌握楼梯的主要尺度与设计。
3. 掌握钢筋混凝土楼梯构造及楼梯细部构造。
4. 了解电梯与自动扶梯的相关知识。
5. 熟悉室外台阶及坡道的设计与构造。
6. 了解高差处无障碍设计的构造处理及要求。

9.1 概述

在建筑物中，垂直方向的交通设施一般有楼梯、电梯、自动扶梯、爬梯、台阶以及坡道等。楼梯既是建筑中各楼层间的垂直交通枢纽，也是进行安全疏散的主要构件。电梯作为快捷、方便的垂直交通设施，多用于层数较多或有特殊需要的建筑物中。但对于设有电梯或自动扶梯的建筑物，也必须设置楼梯，以便在正常情况下的通行及紧急情况下的安全疏散。由于爬梯对使用者的身体状况及持物情况有所限制，在民用建筑中并不多见，一般在通往屋顶、电梯机房等非公共区域采用。在建筑物入口处，用台阶联系有高差的室内外地面，为方便车辆、轮椅通行，也可增设坡道。

9.1.1 梯的概念

爬梯、楼梯及坡道的区别，在于其坡度的大小。如图 9 - 1 所示，爬梯的坡度范围为 45°~90°，常用坡度为 59°、73°和 90°。楼梯的坡度范围在 23°~45°，舒适坡度一般为 26°~34°。台阶的适宜坡度 10°~20°，10°以下的坡度适用于坡道。

9.1.2 楼梯的组成与设计要求

楼梯（Stair）主要由楼梯梯段、平台及栏杆扶手三部分组成（图 9 - 2）。

1. 楼梯梯段

楼梯梯段（Flight）是供建筑物楼层之间上下行走的通道段落，是楼梯的主要使用和承重部分，由若干踏步组成。为了使人们上下楼梯时不致过度疲劳和适应行走的习惯，一般规定每跑楼梯段的踏步数不应超过 18 级，但也不应少于 3 级，步数太少不易被人们察觉，容易摔倒。

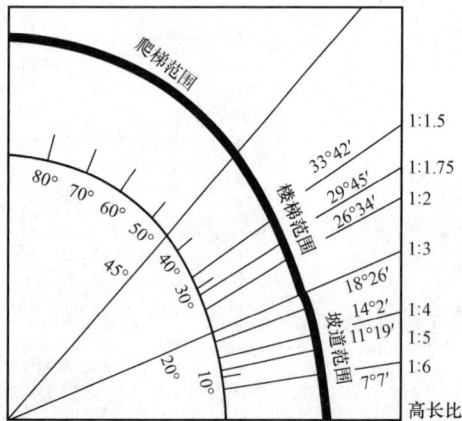

图 9-1　爬梯、楼梯和坡道的坡度范围

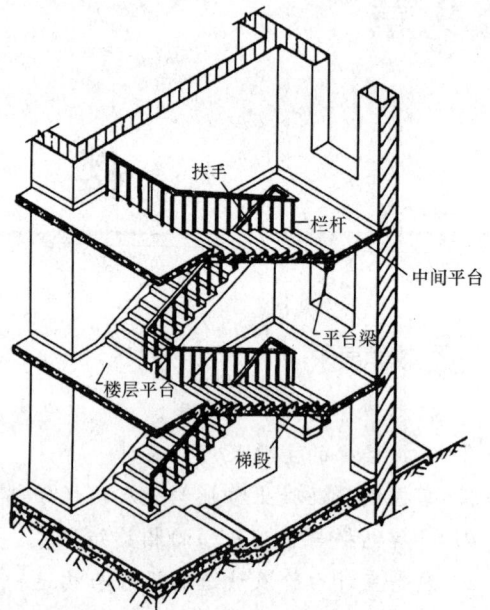

图 9-2　楼梯的组成

2. 楼梯平台

楼梯平台（Platform）是指连接两楼梯段之间的水平部分。楼梯平台按其所处位置不同，分为中间平台和楼层平台。与楼层地面标高平齐的平台称为楼层平台，其作用是楼梯转折和连通某个楼层分配人流。两楼层之间的平台称为中间平台，其作用是供人们行走时调节体力和改变行进方向。

3. 栏杆扶手

栏杆扶手（Balustrade and handrail）是设在梯段及平台边缘处安全的围护构件。当梯段宽度不大时，只在梯段临空面设置；当梯段宽度较大时，需要在梯段中间加设中间栏杆扶手。扶手一般附设于栏杆顶部，供依扶之用，也可附设于墙上，称为靠墙扶手。

楼梯的设计要求有：坚固、耐久、安全、防火，人员上下通行方便，搬运家具物品能顺利通过与转弯，具有足够的通行和疏散能力；同时，还应考虑楼梯造型的美观要求，以及满足施工和经济条件等要求。

9.1.3　楼梯的类型

1. 按楼梯所处的位置分

（1）室内楼梯：是指位于建筑内部的楼梯。

（2）室外楼梯：是指位于建筑外墙以外的开敞楼梯，常布置在建筑端部或结合连廊、栈桥等布置，其四周一般不设墙体，顶层宜设雨篷。符合规定的室外楼梯，可作为疏散楼梯（室外疏散楼梯与封闭楼梯间、防烟楼梯间等同，都视为疏散楼梯），并计入疏散总宽度。

2. 按主要承重构件所用材料分

楼梯按主要承重构件所用材料分，有钢筋混凝土楼梯、木楼梯、钢楼梯等。其中，钢筋混凝土楼梯因其坚固、耐久、防火，故应用较普遍。

3. 按防火要求分

按照防火要求，楼梯（间）的形式常见采用开敞楼梯、敞开楼梯间、封闭楼梯间、防烟楼梯间等。

（1）开敞楼梯（Open staircase）：是指在建筑内部没有墙体、门窗或其他建筑构配件分隔的楼梯。火灾发生时，它不能阻止烟、火蔓延，无法保证使用者的安全，只能作为楼层空间的垂直联系。公共建筑内的装饰性楼梯和住宅套内楼梯等常以开敞楼梯形式出现［图 9 - 3 (a)］。

（2）敞开楼梯间（Unclosed staircase）：是指楼梯四周有一面敞开、其余三面为具有相应燃烧性能和耐火极限的实体墙，火灾时不能阻止烟、火进入的楼梯间。在符合规定的层数和其他条件下，可以作为垂直疏散通道并计入疏散总宽度［图 9 - 3 (b)］。

（3）封闭楼梯间（Enclosed staircase）：是指楼梯四周用具有相应燃烧性能和耐火极限的建筑构配件分隔，火灾时能防止烟、火进入，并保证人员安全疏散的楼梯间。通往封闭楼梯间的门为双向弹簧门或乙级防火门［图 9 - 3 (c)］。

（4）防烟楼梯间（Smoke-proof staircase）：是指在楼梯间入口处设有防烟前室或设有开敞式的阳台、凹廊等，能保证人员安全疏散的楼梯间。通向前室和楼梯间的门均为乙级防火门［图 9 - 3 (d)］。

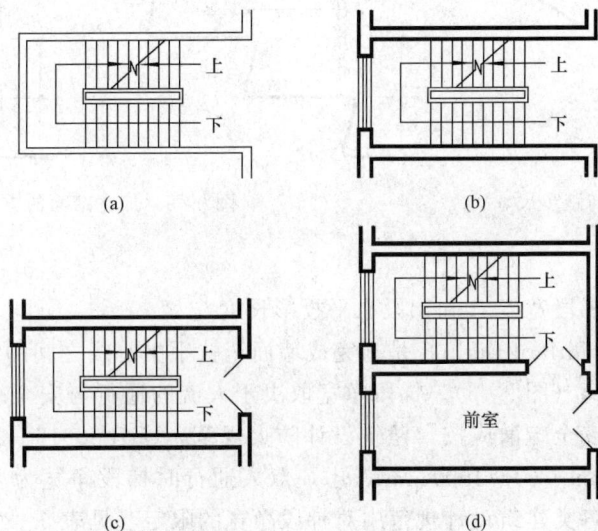

图 9 - 3 楼梯的形式
(a) 开敞楼梯；(b) 敞开楼梯间；(c) 封闭楼梯间；(d) 防烟楼梯间

9.2 楼梯的主要尺度

1. 楼梯坡度与踏步尺寸

楼梯的坡度（Slope）是指各级踏步前缘的假定连线与水平面之间的夹角（图 9 - 4）。楼梯的坡度越小越平缓，行走也越舒服，但却加大了楼梯间的进深，增加了建筑面积和造价；坡度过大，行走易疲劳。因此，楼梯坡度是依据建筑的使用性质和人流行走的舒适度、安全感、楼梯间的尺度、面积等因素综合确定的。例如，对公共建筑中人流量大及特殊使用人群，安全要求高的楼梯坡度应平缓一些，反之则陡一些，以节约楼梯间面积。

楼梯坡度可采用踏步（Step）的高宽比来表达，常用踏步的高宽比为 $1:2$ 左右。常用楼梯的踏步尺寸见表 9-1。

表 9-1   常用楼梯的踏步尺寸

名称	住宅	学校、办公楼	剧院、会堂	医院（病人用）	幼儿园
踏步高 h/mm	150～175	140～160	120～150	150	120～150
踏步宽 b/mm	260～300	280～340	300～350	300	260～300

注：$2h+b=600\sim620$mm 或 $h+b=450$mm。

踏步由踏面（Foot-plate）和踢面（Kick-plate）组成。在不改变梯段长度的情况下，为加宽踏面以增加行走舒适度，可将踢面倾斜或踏面出挑（图 9-5）。

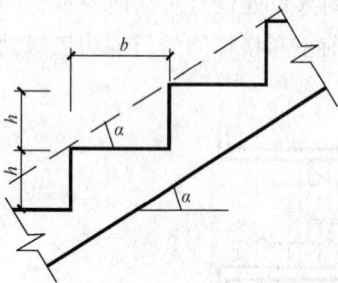

图 9-4   楼梯坡度与踏步尺寸   图 9-5   加宽踏面的方法

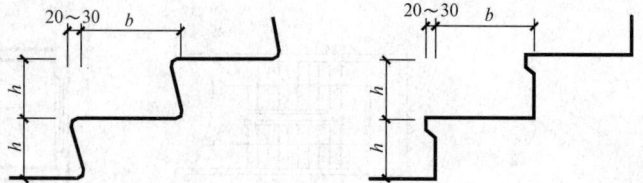

2. 梯段尺度

梯段尺度主要指梯段宽度 B 和梯段水平投影长度 l。

梯段净宽（Net width of flight）是指完成墙面至扶手中心线之间的水平距离或两个扶手中心线之间的水平距离（图 9-6）。梯段净宽取决于人流的通行与安全疏散以及家具、设备的搬运通行。人流的安全疏散应按《建筑设计防火规范》（GB 50016—2014）来确定，每股人流宽度通常按 550mm＋(0～150)mm 考虑，双人通行时梯段净宽为 $1.1\sim1.4$m，以此类推。同时，还需满足各类建筑设计规范中对梯段净宽的限定，见表 9-2。

梯段水平投影长度是踏面宽度水平投影的总和，即 $l_i=b(n_i-1)$，其中 b 为踏面宽度，n 为梯段上的踏步数（图 9-7）。

3. 平台宽度

楼梯休息平台宽度（Width of platform）有中间平台宽度 D_1 和楼层平台宽度 D_2，为了搬运家具设备的方便和通行的顺畅，楼梯平台宽度不应小于梯段净宽。楼层平台宽度 D_2 一般比中间平台宽度 D_1 宽松一些，以利于人流分配和停留。梯段改变方向时，扶手转向端处的休息平台最小宽度不得小于 1.20m；连续直跑楼梯的平台宽度不应小于 1.10m。休息平台的最小净宽度要求见表 9-2。

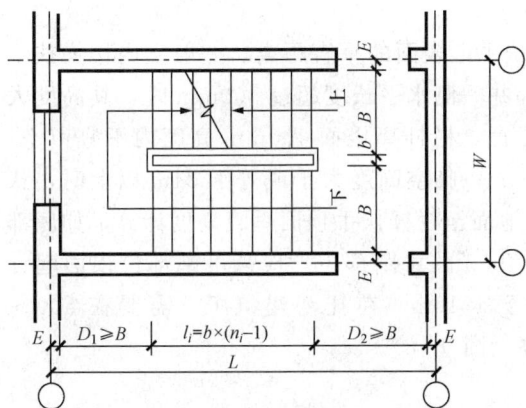

图 9-6 楼梯平面图

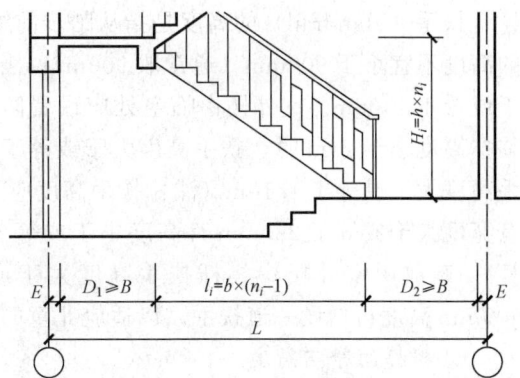

图 9-7 楼梯剖面图

表 9-2   最小梯段净宽和休息平台净宽   (单位：m)

建筑类型		梯段净宽	休息平台净宽
居住建筑	套内楼梯	一边临空，≥0.75 两侧有墙，≥0.90	—
	6 层及 6 层以下单元式住宅且一边设有栏杆的楼梯	≥1.00	≥1.20
	7 层及 7 层以上的住宅	≥1.10	≥1.20
	老年住宅	≥1.20	≥1.20
公共建筑	汽车库、修车库	≥1.10	≥1.10
	老年人建筑、宿舍、一般高层公建、体育建筑及儿童建筑、中小学校	≥1.20	≥1.20（包括直跑楼梯中间的休息平台）
	电影院、剧院、商店、港口客运站	≥1.40	≥1.40
	医院病房楼、医技楼、疗养院 次要楼梯	≥1.30	≥1.30
	医院病房楼、医技楼、疗养院 主要楼梯和疏散楼梯	≥1.65	≥2.00
	铁路旅客车站	≥1.60	≥1.60

4. 梯井宽度 b'

梯井（Stair well）是指由楼梯梯段和休息平台内侧围成的空间（图 9-6）。梯井宽度 60～200mm 为宜。多层公共建筑中双跑双折式楼梯的梯井净宽不宜小于 150mm。住宅中梯井净宽大于 110mm 时，必须采取防止儿童攀滑的措施。托儿所、幼儿园、中小学及少年儿童专用活动场所的楼梯，梯井净宽大于 200mm 时，其扶手必须采取防止攀滑的措施和采用不易登踏的栏杆花饰。

5. 栏杆扶手的尺寸

栏杆与扶手是楼梯的安全围护构件，应坚固、耐久。同时，栏杆与扶手的形式影响着建筑室内空间的装饰效果，应造型美观。

栏杆（Balustrade）是梯段的安全围护设施，其与人体尺度关系密切，因此应合理地确定其尺寸。栏杆净距不应大于110mm。

扶手（Handrail）的高度是指从踏步前缘至扶手上表面的垂直距离。一般室内楼梯扶手的高度不宜小于900mm（通常取900m）。当靠梯井一侧水平长度超过500mm时，其高度大于或等于1.05m。室外楼梯临空处应设置防护栏杆，栏杆离楼面100mm高度内不宜留空。临空高度小于24m时，扶手高度大于或等于1.05m；临空高度大于或等于24m以上时，扶手高度大于或等于1.10m（注：扶手高度应从楼地面至栏杆扶手顶面垂直高度计算，如底部有宽度大于或等于220mm且高度小于或等于450mm的可踏部位，应从可踏部位顶面起计算）。疏散用室外楼梯栏杆扶手高度大于或等于1.10m。在托幼建筑中，需要在500～600mm高度再增设一道扶手，以适应儿童的身高（图9-8）。

6. 楼梯的净空高度

为了保证人员行走安全不碰头，无压抑感，楼梯下应具有一定的净空（Headroom）高度。楼梯下的净高包括平台下净高和梯段下净高。平台下净高是指平台或地面到顶棚下表面最低点的垂直距离；梯段下净高（Clear height）是指踏步前缘线至梯段下表面的垂直距离。平台下的净高应大于或等于2.00m，梯段下的净高应大于或等于2.20m，包括每个梯段下行最后一级踏步的前缘线300mm的前方范围（图9-9）。

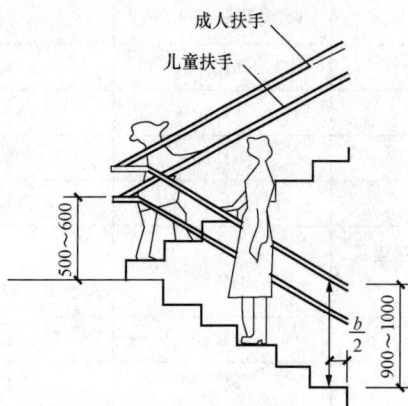

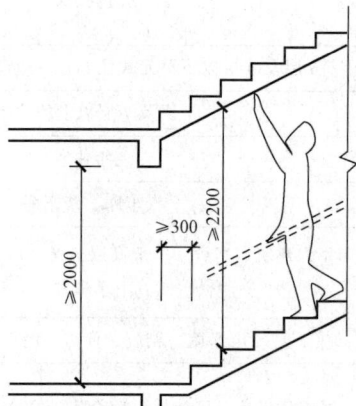

图9-8　楼梯扶手高度　　　　　图9-9　楼梯下面净空高度控制

为了节省空间或便于室内外的联系，往往在楼梯下设出入口，但底层中间平台下的净高不足无法过人。为了使底层中间平台下的净高满足要求，可以采用以下方式解决：

（1）底层设长短跑梯段。起步第一跑为长跑，提高了底层中间平台标高，如图9-10（a）所示。这种方式适用于在楼梯间进深较大、底层平台宽度富余的情况。

（2）降低底层中间平台下的地坪标高。底层中间平台下的地坪标高低于室内地坪标高（±0.000），但应高于室外地坪标高，以免雨水内溢，如图9-10（b）所示。这种方式适用于室内外有高差较大的情况。

（3）综合以上两种方式。在采取长短跑梯段的同时，又降低底层中间平台下的地坪标高，如图9-10（c）所示。这种处理方法兼有前两种方式的优点。

（4）底层设直跑楼梯。底层设直跑楼梯直接从室外上二层，如图9-10（d）所示。这种方式用于住宅建筑时，需注意入口处雨篷底面标高的位置，保证净空高度满足要求。

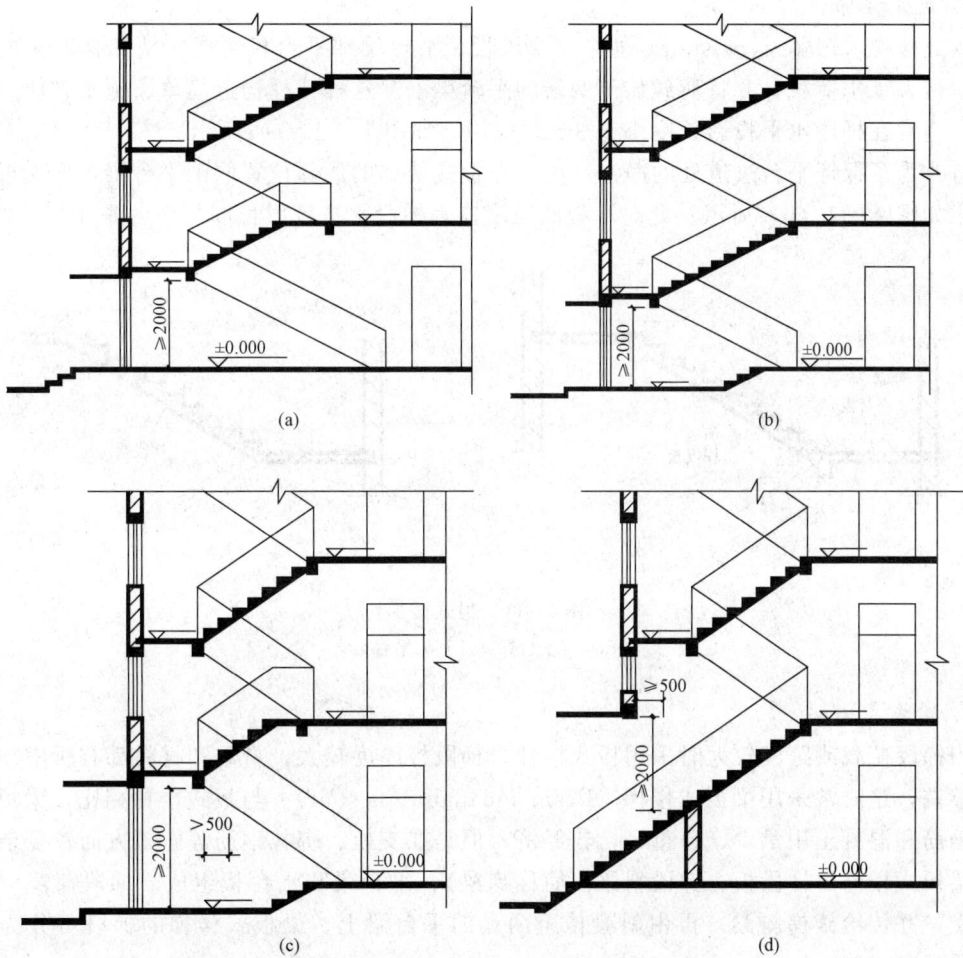

图 9-10 底层中间平台下设出入口时净高不足的处理方式

（a）底层设长短跑；（b）局部降低地坪；（c）底层设长短跑并局部降低地坪；（d）底层设直跑楼梯

9.3 钢筋混凝土楼梯

钢筋混凝土楼梯按施工方法不同，有现浇整体式和预制装配式两类。

9.3.1 现浇整体式钢筋混凝土楼梯

现浇整体式钢筋混凝土楼梯可塑性强，结构整体性好，刚度大，有利于抗震，但模板工程量大，施工周期长，自重大，受季节温度影响大。一般适用于抗震要求高、楼梯形式和尺寸变化多的建筑物中。

现浇整体式钢筋混凝土楼梯按梯段的结构形式不同，可分为板式楼梯和梁板式楼梯两种。

1. 板式楼梯

板式楼梯（Plate-type stair）通常由梯段板、平台梁和平台板组成。楼梯梯段上的荷载由梯段板来承担荷载，并将荷载传至两端的平台梁上。这种楼梯构造简单、施工方便、造型简洁，通常在梯段水平投影长度小于 3m 时采用，如图 9-11（a）所示。

有时为了保证平台过道处的净空高度，在板式楼梯的局部位置取消平台梁，形成折板式楼梯，如图 9-11（b）所示。此时，板的跨度应为梯段水平投影长度与平台深度尺寸之和。

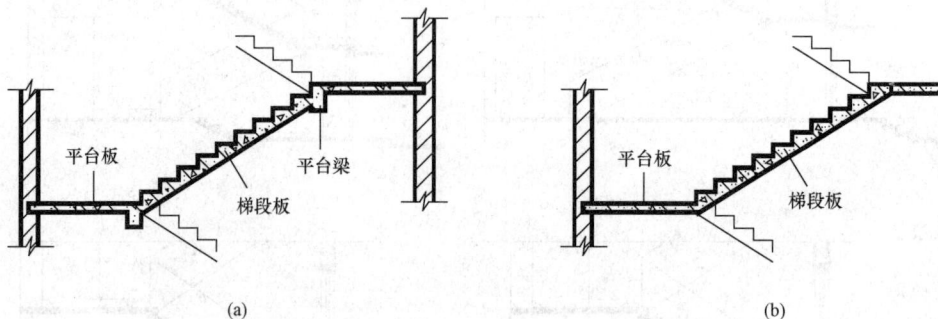

图 9-11　板式楼梯
(a) 有平台梁；(b) 无平台梁

2. 梁板式楼梯

当梯段荷载或跨度较大时采用板式楼梯，梯段板厚度较大，自重和材料都有所增加，经济性较差，这时常采用梁板式楼梯（Beam and slab type stair）。与板式楼梯相比，梁板式楼梯的钢筋和混凝土用量少、自重轻，较经济；但是在支模、绑扎钢筋等施工方面较复杂。

梁板式楼梯由梯段板、梯段斜梁（简称梯梁）、平台梁和平台板组成。梯段荷载由梯段板承受，并传给楼梯斜梁，再由斜梁传至两端的平台梁上。梁板式楼梯的梯段可分为梁承式、梁悬臂式等。

（1）梁承式：梯梁在梯段板之下，踏步外露，称为明步式，如图 9-12（a）所示；梯梁在踏步板之上，形成反梁，踏步包在里面，称为暗步式，如图 9-12（b）所示。

（2）梁悬臂式楼梯：即踏步板从梯梁两边或一边悬挑而出。多用于框架结构建筑中或室外露天楼梯（图 9-13）。

此楼梯一般为单梁或双梁悬臂支承踏步板和平台板。踏步板断面形式有平板式、折板式和三角形板式。平板式断面踏步板使梯段踢面空透，常用于室外楼梯。折板式断面踏步板踢面未漏空，可加强板的刚度并避免污染侧面，但踏步板底支模困难且不平整。三角形断面踏步板板底平整，支模简单，但混凝土用量和自重均有所增加。

9.3.2　预制装配式钢筋混凝土楼梯

预制装配式钢筋混凝土楼梯根据生产、运输、吊装和建筑体系的不同，有许多不同的构造形式，根据梯段的构造和预制踏步的支承方式不同，大致可分为梁承式、墙承式和悬臂式等类型。

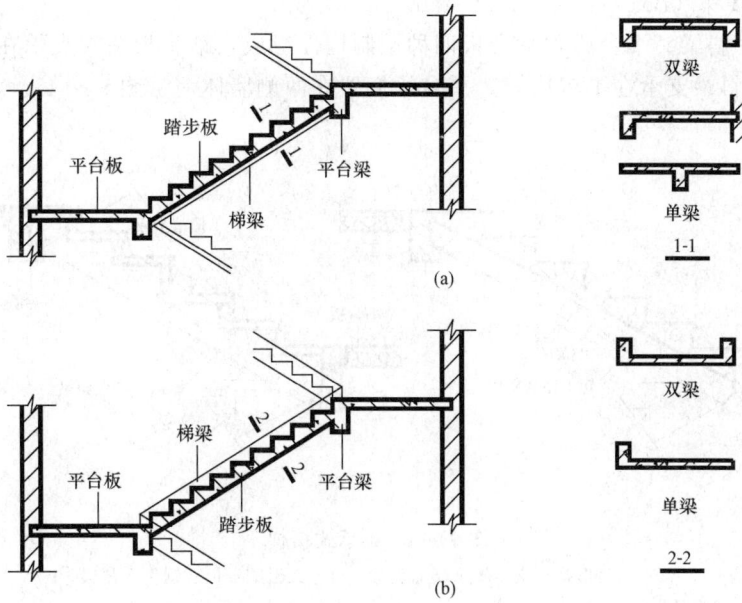

图 9-12 梁承式楼梯

(a) 明步式；(b) 暗步式

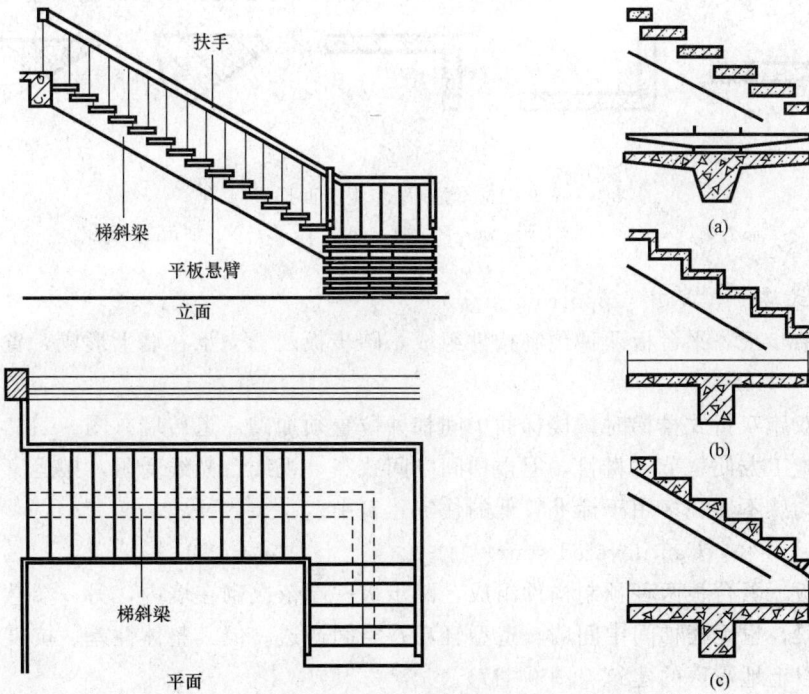

图 9-13 现浇梁悬臂式楼梯

(a) 平板式；(b) 折板式；(c) 三角形板式

1. 梁承式楼梯（Beam-supporting stair）

由踏步板、斜梁、平台梁和平台板四种预制构件组成，踏步板两端支承在斜梁上（也可采用单斜梁），斜梁支承在平台梁上，平台梁搁置在两侧墙体上（图 9 - 14）。

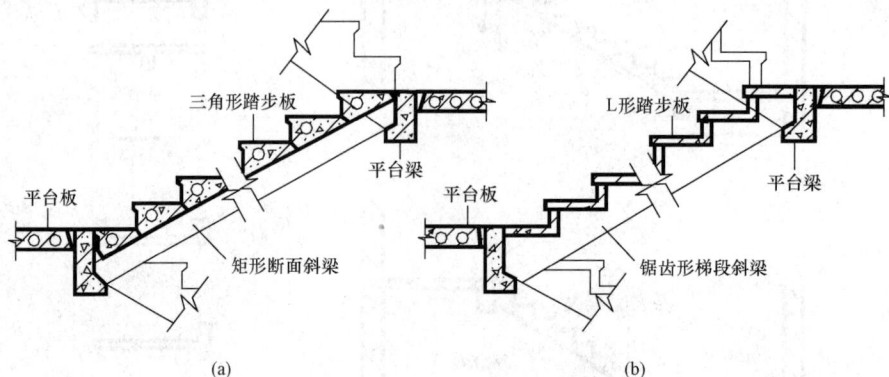

图 9 - 14　梁承式楼梯
（a）三角形踏步板、矩形断面斜梁；（b）L 形踏步板、锯齿形斜梁

踏步板的断面形式有一字形、L 形、倒 L 形和三角形等（图 9 - 15）。斜梁的形式与踏步板协调，如三角形踏步板应采用矩形斜梁、L 形斜梁，一字形、L 形踏步板应采用锯齿形斜梁（图 9 - 16）。平台梁多为 L 形截面，平台板与预制钢筋混凝土楼板的板形基本相同。

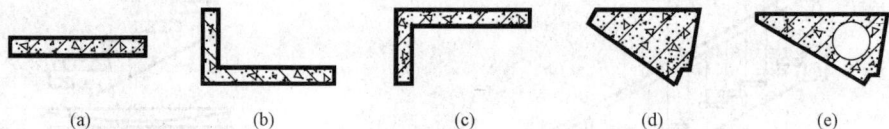

图 9 - 15　预制踏步板断面形式
（a）一字形；（b）L 形；（c）倒 L 形；（d）三角形；（e）抽孔三角形

2. 墙承式楼梯（Wall-supporting stair）

楼梯由踏步板、平台板两种预制构件组成，踏步板两端支承在墙上形成，省去了平台梁和斜梁。

当用于双跑双折式楼梯时，楼梯间中间梯井位置须加砌一道砖墙（图 9 - 16）。这种楼梯构造简单、施工方便、节省材料，但楼梯间空间狭窄，视线、光线受阻，搬运家具物品及较多人流上下均感不便，多用于标准较低的住宅建筑中。

3. 悬挑式楼梯（Cantilevered stair）

由踏步板、平台板两种预制构件组成，踏步板一端依次砌在墙内，另一端悬空，省去了平台梁和斜梁，也无楼梯间中间墙，造型轻巧、空间通透。但其整体性差、抗震能力弱，不宜用于 7 度以上地震区的建筑（图 9 - 17）。

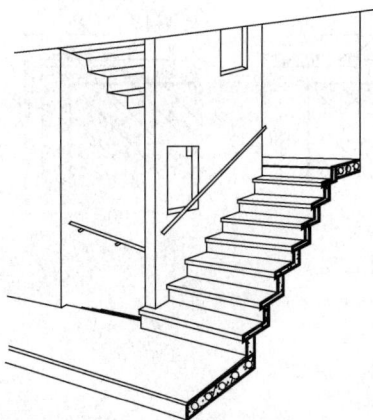

图 9-16　墙承式楼梯

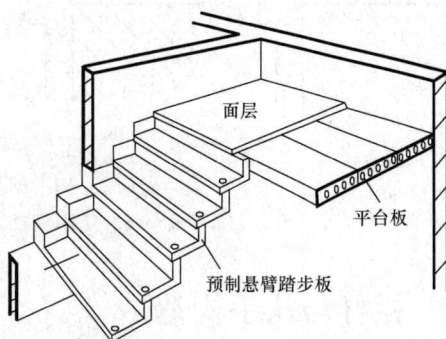

图 9-17　悬挑式楼梯

9.4　楼梯的细部构造

9.4.1　踏步面层与防滑处理

1. 踏面面层

楼梯踏步面层应便于行走、耐磨、防滑并保持清洁。踏步面层的材料及做法，视装修要求而定，一般与门厅或走道的楼地面装修用材一致，常用水泥砂浆、水磨石、大理石、花岗石、缸砖等（图 9-18）。

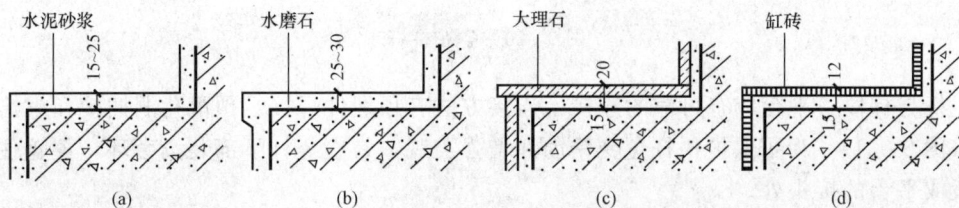

图 9-18　踏步面层构造

（a）水泥砂浆面层；（b）水磨石面层；（c）天然石或人造石面层；（d）缸砖面层

2. 踏面的防滑处理

为避免行人使用楼梯时滑到，保护踏步阳角，踏步面层应有防滑措施，特别是人流量较大的公共建筑，必须对楼梯踏面进行处理。

防滑处理的方法通常设置防滑条（Non-slip strip），其材料一般采用凹槽、金刚砂、水泥铁屑、带防滑条缸砖、马赛克、金属条（铸铁、铝条、铜条）等材料设置在靠近踏步前缘处（图 9-19）。防滑条凸出踏步面一般在 2～3mm，过高不便于行走，过低防滑作用不明显。在踏步两端靠近栏杆（或墙）100～150mm 处，一般不设置防滑条。

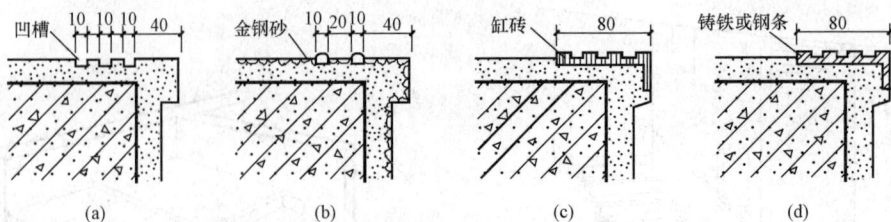

图 9-19 踏步面层防滑处理

（a）防滑凹槽；（b）金钢砂防滑条；（c）缸砖包口；（d）铸铁包口

9.4.2 栏杆与扶手构造

1. 栏杆的形式与构造

栏杆形式可分为空花栏杆、实心栏板和组合式栏杆三种。

（1）空花栏杆（Hollowed-out railings）。空花栏杆一般采用圆钢、方钢、扁钢和钢管等金属材料做成（图 9-20）。常用断面尺寸为：实心竖杆圆形断面尺寸一般为 $\phi16\sim30$mm，方形断面尺寸为 15~25mm，扁钢 $(30\sim50)$mm$\times(3\sim6)$mm，钢管 $\phi20\sim50$mm。

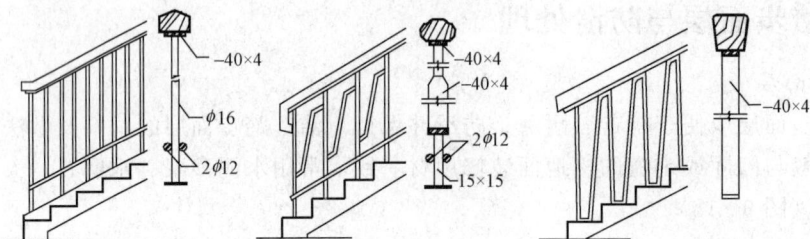

图 9-20 空花栏杆

栏杆与梯段、平台应有可靠的连接，连接方法有预埋件焊接、预留孔洞插接和螺栓连接三种（图 9-21）。为了保护栏杆免受锈蚀和增强美观，常在竖杆下部装设套环，覆盖住栏杆与梯段或平台的接头处。

（2）实心栏板（Solid barriers）。实心栏板是以栏板取代空花栏杆，可节约钢材，无锈蚀问题，比较安全。栏板通常采用现浇或预制的钢筋混凝土板、钢丝网水泥板或砖砌栏板，也可采用具有较好装饰性的有机玻璃、钢化玻璃等做栏板。工程中采用现浇钢筋混凝土实心栏板时，可利用栏板顶面做扶手，也可利用水磨石等装饰性强的材料做扶手（图 9-22）。

（3）组合式栏杆（Combined type railings）。组合式栏杆是将空花栏杆和实心栏板组合而成的一种栏杆形式。栏板为防护和装饰构件，通常采用钢筋混凝土、钢化玻璃板、有机玻璃板、木板、塑料贴面板和铝板等材料；栏杆竖杆为主要抗侧力构件，常采用钢材或不锈钢等材料（图 9-23）。

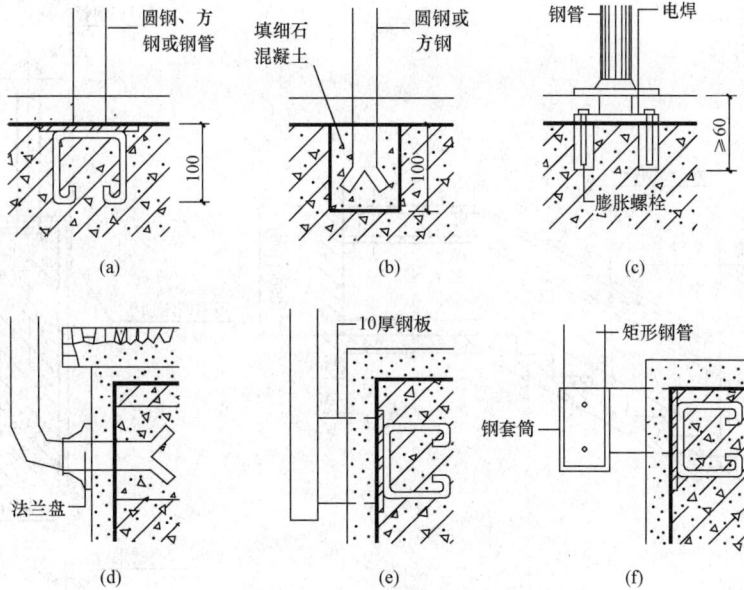

图 9-21　栏杆与梯段、平台的连接

（a）预埋钢板焊接；（b）预留孔浆锚；（c）螺栓连接；（d）立杆埋入踏步侧面预留孔内；

（e）立杆焊在踏步侧面的钢板；（f）立杆插入踏步侧面的钢套管内，螺丝固定

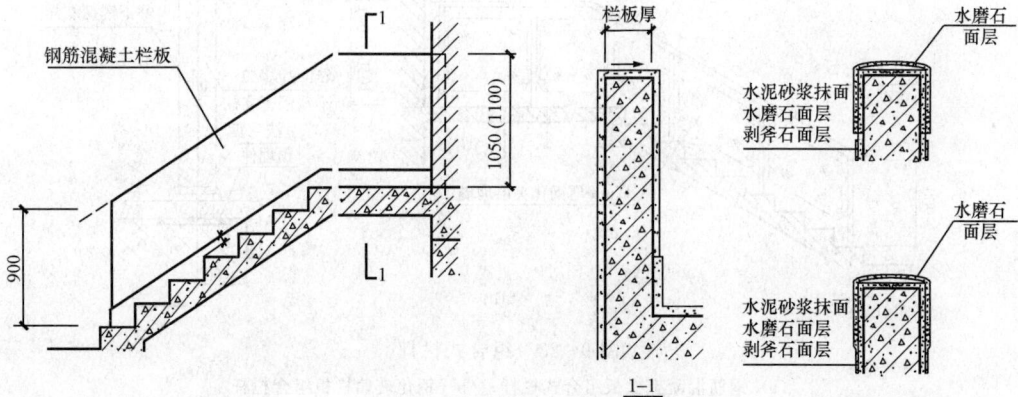

图 9-22　钢筋混凝土实心栏板构造

2. 扶手构造

扶手通常用木材、塑料、金属材料、石材等材料做成，其断面应考虑人的手掌尺寸，一般为 40～90mm 宽，且扶手形式应美观（图 9-24）。

（1）扶手与栏杆的连接。扶手与栏杆的连接应安全可靠。其连接方法依据扶手和栏杆的材料而定。硬木扶手与金属栏杆的连接，通常是在金属栏杆的顶端先焊接一根通长扁钢，然后再用木螺钉将扁钢与扶手连接在一起。塑料扶手与金属栏杆的连接与硬木扶手相似。金属扶手与金属栏杆常用焊接连接，如图 9-24（c）所示。

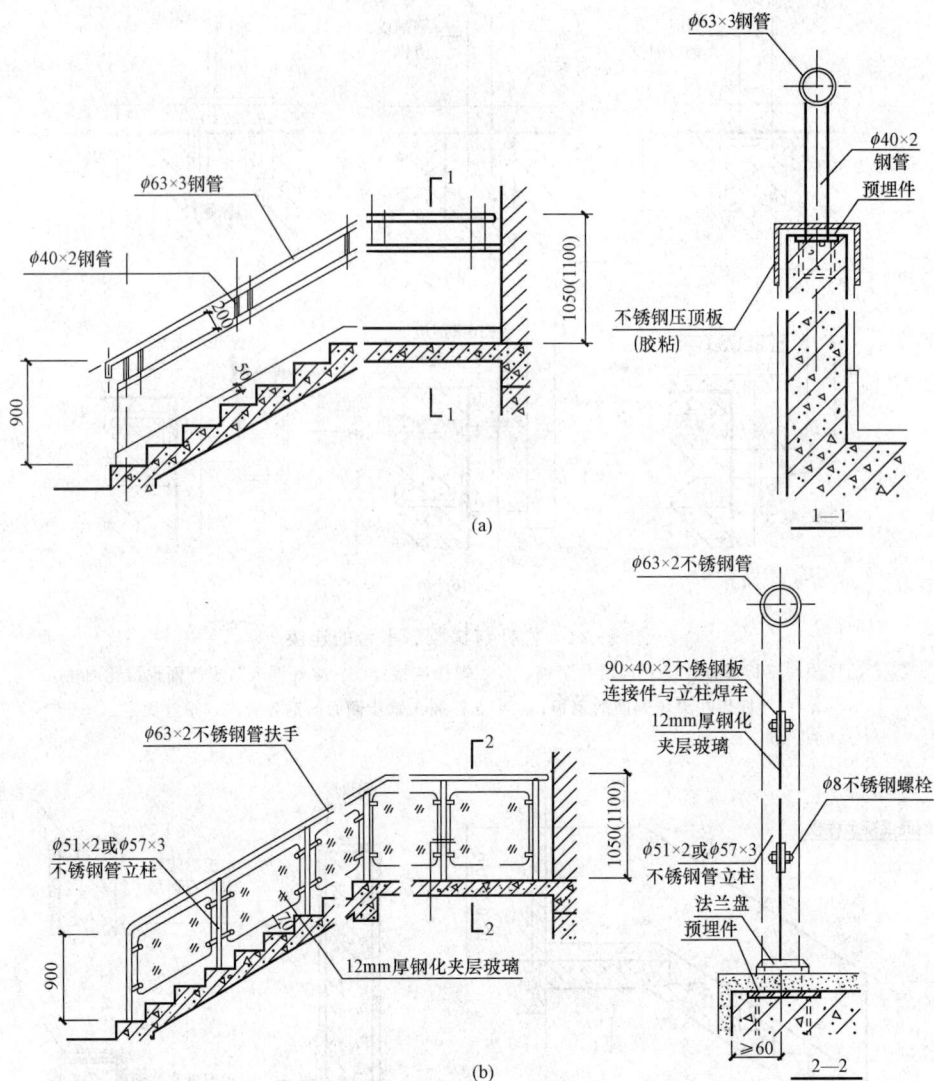

图 9-23 组合式栏杆

（a）钢筋混凝土栏板组合式栏杆；（b）钢化玻璃栏板组合栏杆

（2）扶手与墙体的连接。在楼梯顶层楼层平台临空一侧，应设置水平扶手，扶手端部应与墙固定在一起。若为砖墙或砌块墙，可在墙上预留孔洞，将扶手和栏杆插入洞内，用水泥砂浆或细石混凝土填实，如图 9-25（a）所示。若为钢筋混凝土墙或柱，则可采用预埋铁件焊接，如图 9-25（b）所示。

靠墙扶手通过连接件固定于墙上。连接件通常直接埋入墙上的预留孔内，也可以采用预埋件焊接的连接，如图 9-26 所示。

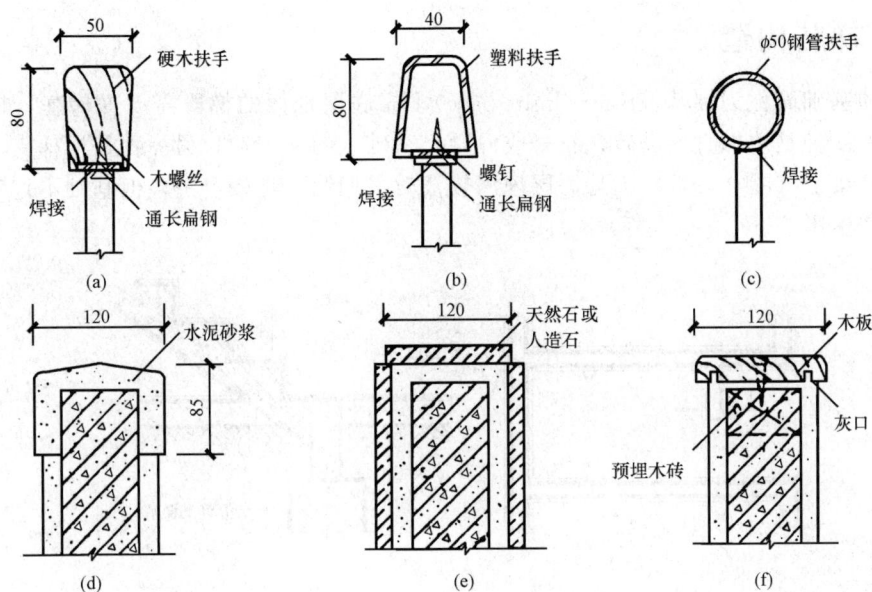

图 9 - 24　扶手的形式与连接构造

（a）硬木扶手；（b）塑料扶手；（c）金属扶手；（d）水泥砂浆扶手；（e）天然石（或人造石）扶手；（f）木板扶手

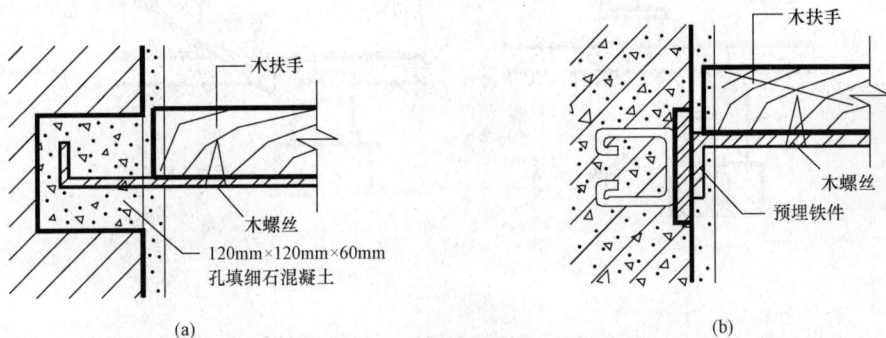

图 9 - 25　顶层水平扶手端部与墙（柱）的连接

（a）预留孔洞插接；（b）预埋铁件焊接

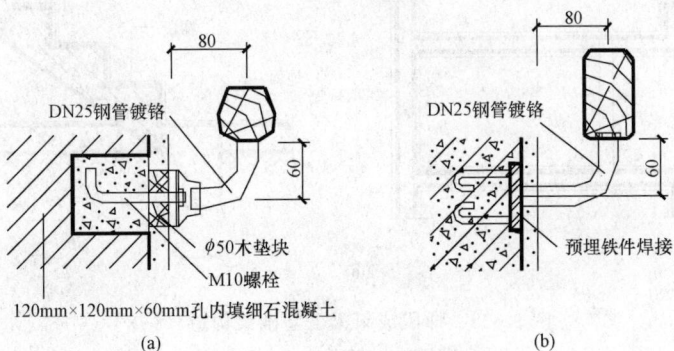

图 9 - 26　靠墙扶手的连接

（a）预留孔洞插接；（b）预埋铁件焊接

9.4.3 梯基构造

楼梯的基础简称为梯基（Stair flight base）。靠底层地面的梯段需设置梯基，梯基的做法有两种：一种是楼梯直接设砖、石材或混凝土基础（图 9-27）；另一种是楼梯支承在钢筋混凝土地基梁上（图 9-28）。当持力层埋深较浅时采用第一种较经济，但基础不均匀沉降时对楼梯会产生影响。

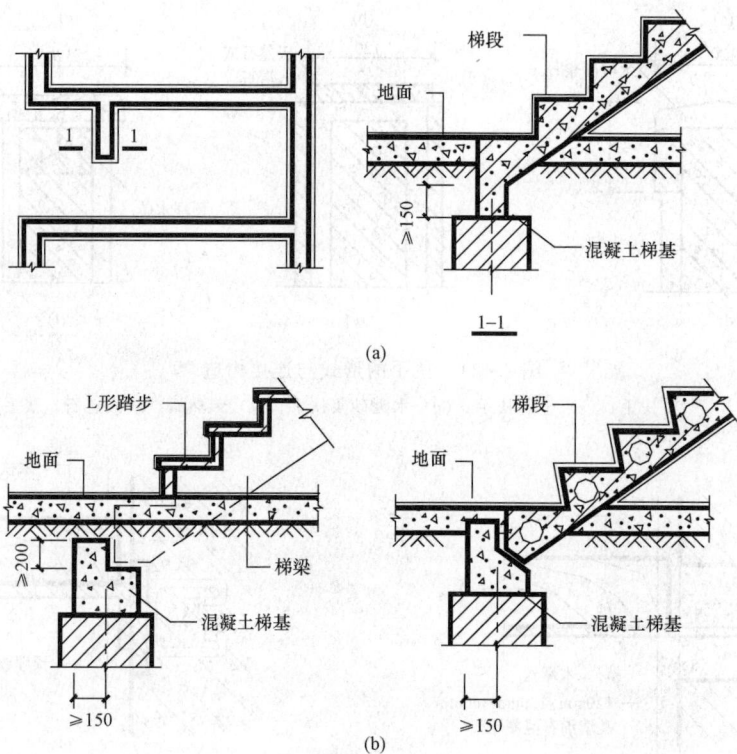

图 9-27　梯段或斜梁下条形基础构造
(a) 现浇楼梯；(b) 预制楼梯

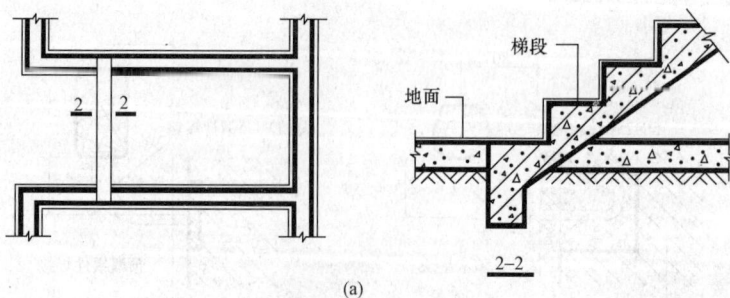

图 9-28　梯段或斜梁下基础梁构造（一）
（a）现浇楼梯

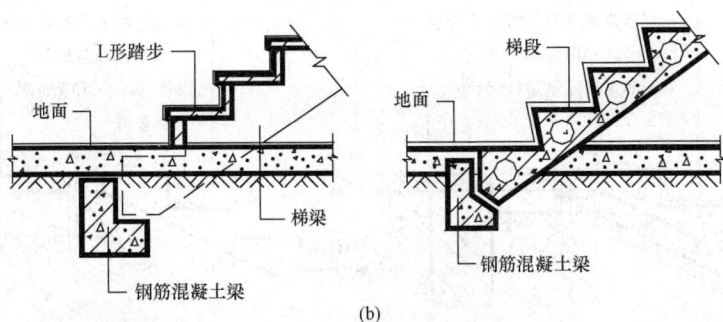

(b)

图 9-28 梯段或斜梁下基础梁构造 (二)

(b) 预制楼梯

9.5 室外台阶与坡道

台阶（Step）与坡道（Ramp）都是设置在建筑物出入口处室内外高差之间的交通联系部分。在一般民用建筑中，大多设置台阶；在车辆通行及特殊的情况下可设置坡道，如医院、宾馆、幼儿园、行政办公大楼以及工业建筑的车间大门等处。

9.5.1 室外台阶

室外台阶包括踏步与平台两部分。

台阶的坡度应比楼梯平缓，通常踏步高度为 100～150mm，踏步宽度为 300～400mm。平台设置在出入口与踏步之间，起缓冲过渡作用。为保证在门开启后，还有能站立一个人的位置，平台宽度至少等于门洞口宽度每边各加 300mm；平台的出墙长度应大于门扇宽度，一般为门扇宽度加 300～600mm。为防止雨水积聚或溢水室内，平台面宜比室内地面低 20～60mm，并向外找坡 1%～4%，以利排水（图 9-29）。

室外台阶应坚固耐磨，具有较好的耐久性、抗冻性和抗水性。台阶按材料不同有混凝土台阶、钢筋混凝土台阶、石台阶

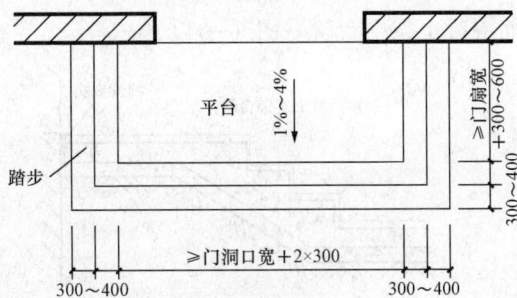

图 9-29 台阶的组成及尺度

等。混凝土台阶应用最普遍，由面层、混凝土结构层和垫层组成。面层可用水泥砂浆或水磨石，也可采用地面砖、天然石材或人造石材等块材面层，如图 9-30（a）所示。垫层可采用灰土（北方干燥地区）、碎石等，如图 9-30（b）所示。当地基较差或踏步数较多时可采用钢筋混凝土台阶，构造同楼梯，如图 9-30（c）所示，台阶也可用毛石或条石，其中条石台阶不需要另做面层，如图 9-30（d）所示。

房屋主体沉降、热胀冷缩及冰冻等因素，可能会造成台阶与建筑物之间出现裂缝，为了防止此问题的出现，可加强房屋主体与台阶之间的联系，形成整体沉降；或将二者结构完全

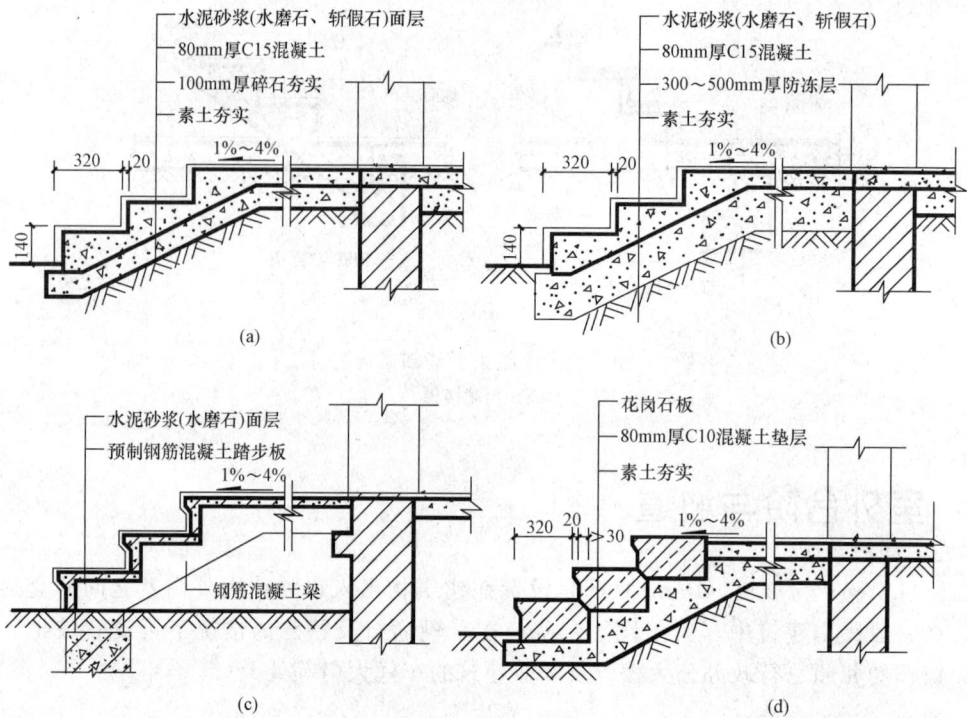

图 9-30　台阶构造
（a）混凝土台阶；（b）设防冻层台阶；（c）架空台阶；（d）石材台阶

脱开，设置沉降缝并在施工时间上滞后主体建筑。在严寒地区，若台阶下面的地基土为冻胀土，为保证台阶稳定，减轻冻土影响，可采用换土法，换上保水性差的砂、石类土，或采用钢筋混凝土架空台阶（图 9-31）。

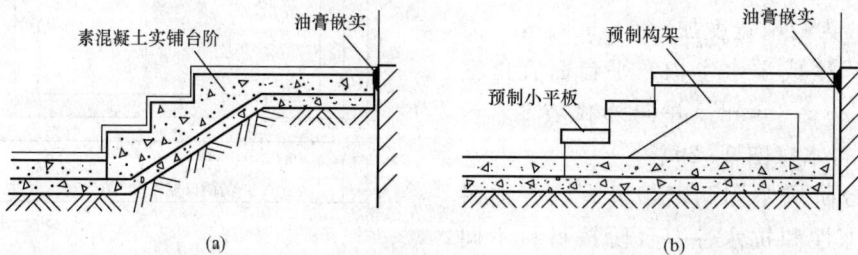

图 9-31　台阶与主体结构脱开的做法
（a）实铺台阶；（b）架空台阶

9.5.2　坡道

　　坡道也是建筑垂直交通设施的一种，与楼梯相比，坡道的坡度平缓，上下更省力，通行能力与水平走道近似，疏散能力较大，在新建和改建的城市道路、建筑、室外通路中广泛应用；其缺点是占用面积很大。

坡道的坡段宽度应大于门洞口宽度，每边至少600mm，坡段的出墙长度取决于室内外地面高差和坡道的坡度大小。坡道的坡度与使用要求、面层材料及构造做法有关。一般为1：6～1：12（图9-32）。坡道也应采用耐久、耐磨和抗冻性好的材料，如混凝土，构造与台阶类似。坡道对防滑要求较高或坡度较大时可设置防滑条或面层做成锯齿形，如图9-33所示。

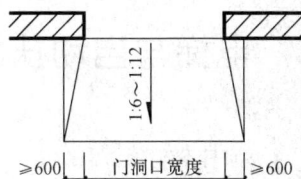

图 9-32 坡道尺度

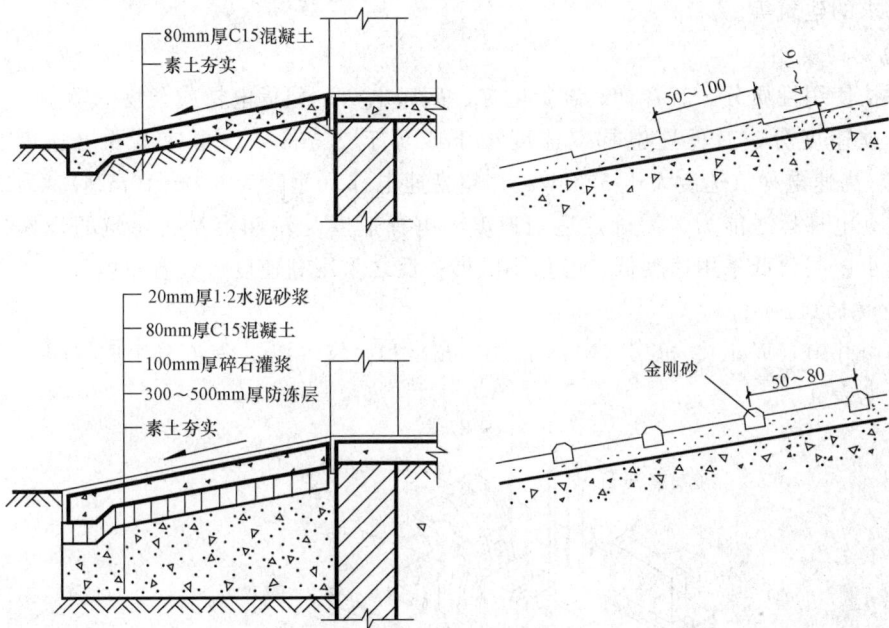

图 9-33 坡道构造

大型公共建筑，如高级宾馆、大型办公楼、医院等主要出入口处，常将台阶和坡道同时设置，形成气派壮观的室外大台阶，如图9-34所示。

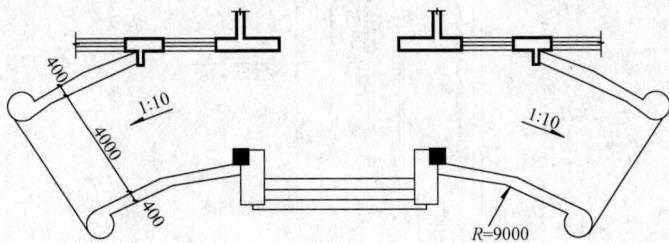

图 9-34 台阶与坡道相结合

9.6 电梯与自动扶梯

9.6.1 电梯

电梯（Elevator）是建筑物楼层间垂直交通运输的快速运载设备，常见于高层建筑中；在一些有特殊要求的多层建筑物内也可设置，如航站楼、地铁站、医疗建筑、商场或有无障碍设计要求的建筑等。

1. 电梯的类型

电梯按使用性质分，有客梯、客货电梯、病床电梯、载货电梯或杂物电梯。

按行驶速度分，有低速电梯（速度小于或等于 2.5m/s）、中速电梯（速度为 2.5～5.0m/s）、高速电梯（速度大于 5.0m/s）、超高速电梯（速度为 6.0～10m/s）。为缩短等候时间，提高电梯运送能力，需确定适当速度。电梯速度与轿厢容量、建筑的规模、层数有关。规模小、层数低采用速度低、容量小电梯；反之采用高速度、大容量电梯。

2. 电梯的组成

电梯由井道（Well）、机房（Machine room）和底坑（Pit）三部分组成（图 9-35），各部分尺寸见表 9-3。

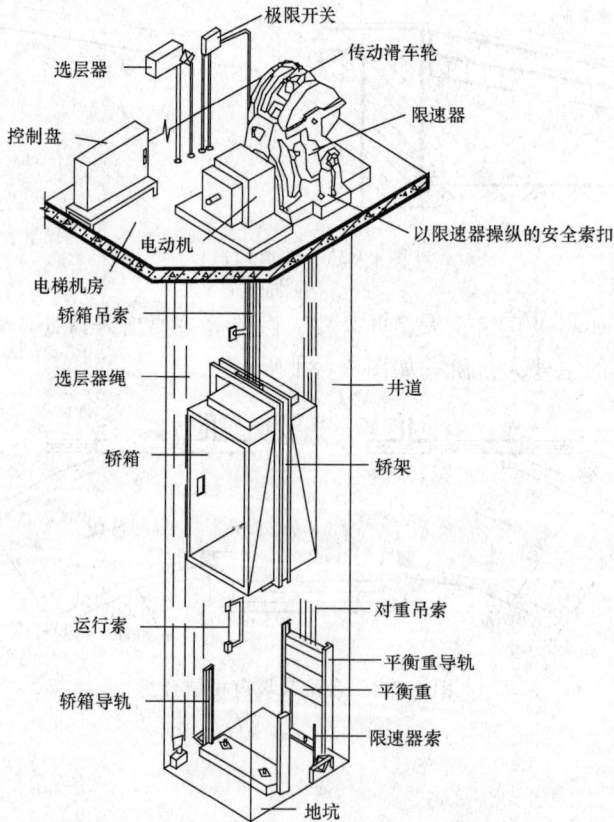

图 9-35　电梯井道内部透视示意图

表 9 - 3　　　　　　　　　　　　　常用乘客电梯各部分尺寸

载重量 /[kg(人)]	速度 /(m/s)	轿门 /(mm×mm)		轿厢尺寸 /(mm×mm×mm)	井道尺寸 /(mm×mm)	机房尺寸 /(mm×mm×mm)	底坑深 /mm	顶层高 /mm
		形式	宽×高	宽×深×高	宽×深	宽×深×高		
800 (10)	1.00	中分门	800 (900) ×2100	1350 ×1400 ×2200	1900 (2000) ×2200	3200×4900×2200	1400	3800
	1.60					3200×4900×2400	1600	4000
	2.50					2700×5100×2800	2200	5000
1000 (13)	1.00	中分门	900 (1100) ×2100	1600 ×1400 ×2300	2200 (2400) ×2200	3200×4900×2200	1400	4200
	1.60					3200×4900×2400	1600	4200
	2.50					3200×4900×2800	2200	5000
1350 (18)	1.00	中分门	1100 ×2100	2000 ×1500 ×2500	2550 ×2350	3200×4900×2200	1400	4200
	1.60					3200×4900×2400	1600	4200
	2.50					3000×5300×2800	2200	5200
1600 (21)	1.75	中分门	1100 ×2400	2100 ×1600 ×2400	2700 ×2500	3200×4900×2800	c	c
	3.50					3000×5700×3000	3400	5700
	6.00					3000×5700×3400	4000	6200

（1）电梯井道。电梯井道是电梯轿厢（Car）运行的通道，其内除电梯及出入口外还安装有轨道及支撑、平衡重和缓冲器等，如图 9 - 36 所示。

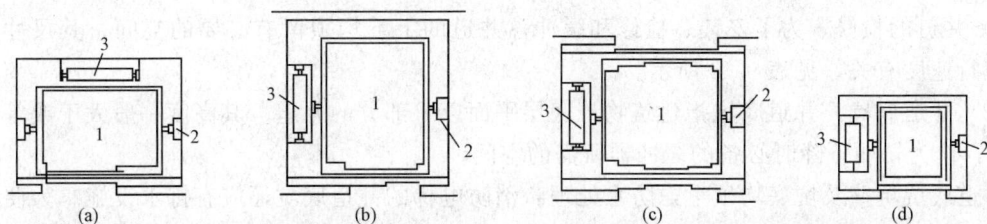

图 9 - 36　电梯分类与井道平面示意图
（a）乘客电梯（双扇推拉门）；（b）病床电梯（双扇推拉门）；（c）载货电梯（中分双扇推拉门）；（d）小型杂物电梯
1—电梯厢；2—轨道及撑架；3—平衡重

1）井道的防火。电梯井道是高层建筑贯通各层的垂直通道，火灾事故中火焰及烟雾容易从中蔓延。因此井道的围护构件多采用钢筋混凝土墙。高层建筑的电梯井道内，超过两部电梯时应用墙隔开。

2）井道的隔声。为了减轻机器运行时对建筑物产生振动和噪声，应采用适当的隔振隔声措施。一般情况下，只在机房机座下设置弹性垫层来达到隔振和隔声目的，如图 9 - 37（a）所示。电梯运行速度超过 1.50m/s 者，除设弹性垫层外，还应在机房与井道间设隔声层，高度为 1.50～1.80m，如图 9 - 37（b）所示。

3）井道的通风。井道除设排烟通风口外，还要考虑电梯运行中井道内空气流动问题。一般运行速度在 2.00m/s 以上的乘客电梯，在井道的顶部和底坑应有大于或等于 0.30m×

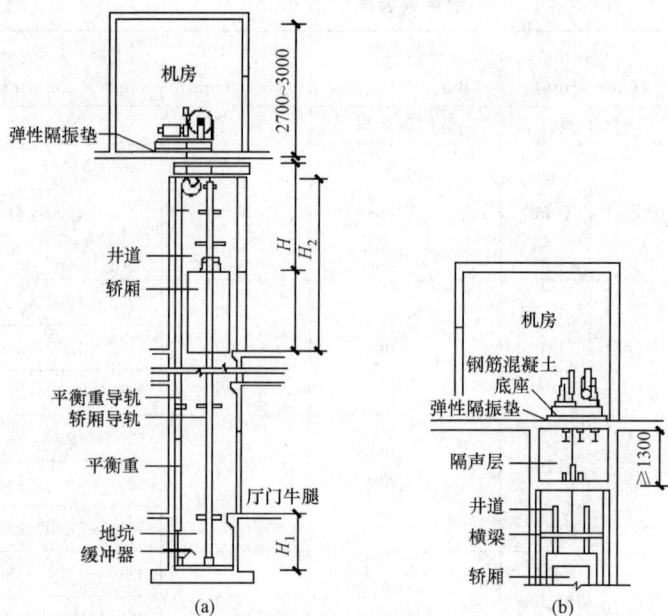

图 9-37 电梯机房隔振、隔声处理

(a) 无隔声层；(b) 有隔声层

0.60m 的通风口，上部可以和排烟孔（井道面积的 3.5%）结合。层数较高的建筑，中间也可酌情增加通风孔。

4）井道的检修。为了安装、检修和缓冲，井道的上下均须留有必要的空间，其尺寸与电梯运行速度有关，见表 9-3 所示。

（2）井道底坑。井道底坑指建筑物最底层平面以下部分的井道。其高度一般大于或等于 1.40m，作为轿厢下降时必备的缓冲器所需的空间。

井道底坑坑壁及坑底均须考虑防水处理。消防电梯的井道底坑还应有排水设施。为便于检修，须考虑坑壁设置爬梯和检修灯槽，坑底位于地下室时，宜从侧面开检修用小门，坑内预埋件按电梯厂要求确定。

（3）电梯机房。电梯机房一般设置在电梯井道的顶部，少数也设在底层井道旁边（图 9-38）。机房的平面尺寸须根据机械设备的尺寸及管理、维修等需要来决定。

机房围护构件的防火要求应与井道一样。为了便于安装和修理，机房的楼板应按机器设备要求的部位预留孔洞。

（4）电梯门。电梯门是指电梯井壁在每层楼面留出的门洞而设置的专用门。其装修与电梯厅墙面装修应协调统一。轿厢门和每层专用门应全部封闭，以保证安全，宽度一般取 0.80～1.50m，开启方式一般为中分推拉式或旁开双折推拉式。

3. 电梯设计要求

电梯在排列组合时有如下要求：每个服务区内单侧排列的电梯不宜超过 4 台，双侧排列的电梯不宜超过 2×4 台，且电梯不应在转角处贴邻布置，如图 9-39 所示。

在每层电梯门口处要设相应的等候区，称为候梯厅，其深度要求不得小于 1.50m，公共

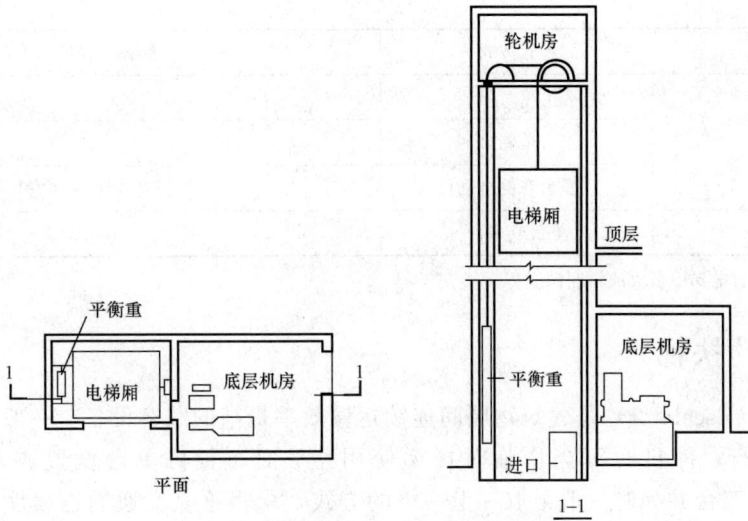

图 9-38 底层机房电梯

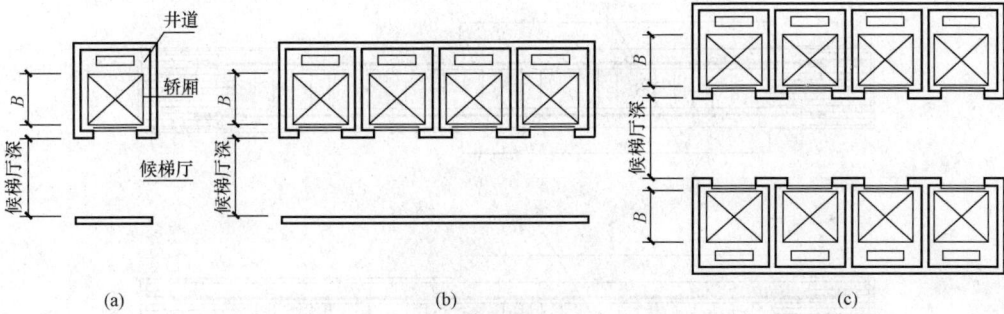

图 9-39 常见的候梯厅布置方式

(a) 单台电梯；(b) 多台并列；(c) 多台对列

建筑中设电梯时，必须有无障碍电梯，候梯厅的深度要不应小于 1.80m。此外，候梯厅深度还需考虑电梯的类型、数量、轿厢尺寸和布置方式等，见表 9-4。

表 9-4　　　　　　　　　　　　　候 梯 厅 最 小 深 度

电梯类别	布置方式	候梯厅深度
住宅电梯	单台	$\geqslant B$
		老年居住建筑，$\geqslant 1.6m$
	多台单侧排列	$\geqslant B^*$
	多台双侧排列	$\geqslant$ 相对电梯 B^* 之和，并 $<3.5m$
乘客电梯	单台	$\geqslant 1.5B$
	多台单侧排列	$\geqslant 1.5B^*$，当电梯群为 4 台时应 $\geqslant 2.4m$
	多台双侧排列	$\geqslant$ 相对电梯 B^* 之和，并 $<4.5m$

续表

电梯类别	布置方式	候梯厅深度
病床电梯	单台	≥1.5B
	多台单侧排列	≥1.5B*
	多台双侧排列	≥相对电梯 B* 之和
无障碍电梯	单台或多台	≥1.8m

注：B^* 是指多台电梯中最大的轿厢深度。

9.6.2　自动扶梯

自动扶梯（Escalator）是建筑物层间连续运输效率最高的载客设备。一般自动扶梯均可正、逆方向运行，停机时可当作临时楼梯使用。平面布置可单台设置或双台并列，如图 9-40 所示。双台并列时一般采取一上一下的方式，求得垂直交通的连续性，但必须在两者之间留有足够的结构间距（目前有关规定为不小于 380mm），以保证装修的方便及使用者的安全。

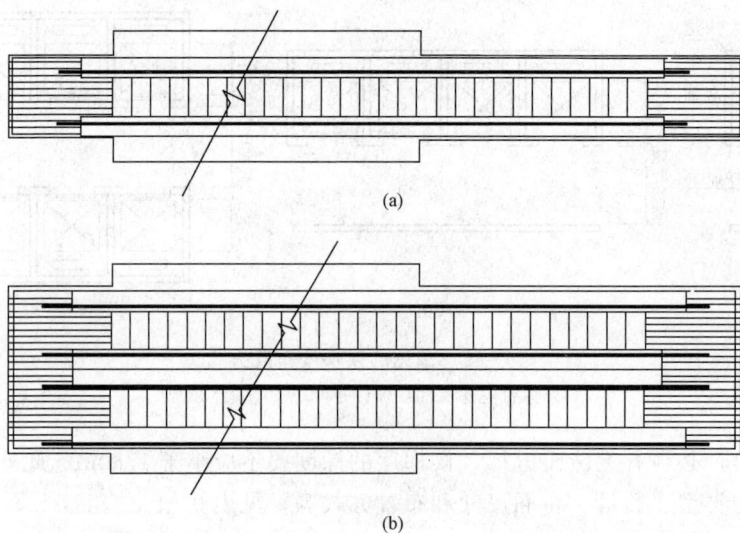

(a)

(b)

图 9-40　自动扶梯平面图

(a) 单台布置，(b) 双台并列

常见的自动扶梯的倾角为 27.3°（配合楼梯使用）、30°（优先采用）和 35°（布置紧凑时用）。常用的自动扶梯宽度如表 9-5 所示。

表 9-5　　　　　　　　　　　　　　自动扶梯的梯段宽度

使用情况	单人	单人携物	双人
梯段宽度/mm	600	800	1000~1200

　　布置自动扶梯，其出入口部位还应留出足够的缓冲区域，一般不小于 2.5m，以使部分行动缓慢的老年人、儿童等有足够空间安全上下。当有密集人流穿行时，这一距离还应增加。

　　自动扶梯的机械装置悬在楼板下面，楼层下做装饰处理，底层则做地坑，且地坑应作防水处理。在电梯机房上部自动扶梯口处应做活动地板，以利检修。自动扶梯基本尺寸如图 9 - 41 所示。

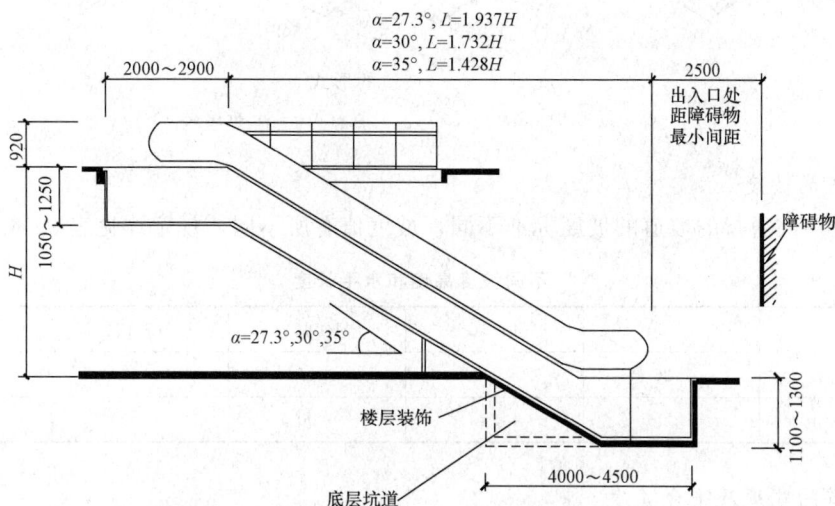

图 9 - 41　自动扶梯基本尺寸

　　在建筑物中设置自动扶梯时，上下两层面积总和如超过防火分区面积要求时，应按防火要求设防火隔断或复合式防火卷帘封闭自动扶梯井。

9.7　无障碍设计

　　为建设城市的无障碍环境，提高人民社会生活质量，确保人们能够没有困难地、安全地、方便地行动并使用各种设施，在道路或建筑物中出现高差的位置进行无障碍设计（Accessible design）。实际生活中虽然可以采用诸如楼梯、台阶、坡道等设施，解决连通不同高差的问题。但这些设施在使用时，仍然会给残疾人造成不便，特别是乘轮椅者、拄盲杖者和使用助行器者。

　　下面主要就无障碍设计中一些有关楼梯、台阶、坡道等的特殊构造问题作介绍。

9.7.1　坡道的坡度和宽度

1. 坡道的形式

　　在有无障碍设计要求的建筑中，供轮椅通行的坡道大多设置在建筑的主入口或是室内地面有高差处。考虑到轮椅使用的方便，坡道的表面应平整、防滑、无反光。

　　依据地面高差大小、空地面积以及周围环境等因素，供轮椅通行的坡道可设计成直线式、直角式或折返式（图9-42），但不宜设计成弧形，以防轮椅在坡面上因重心产生倾斜而摔倒。

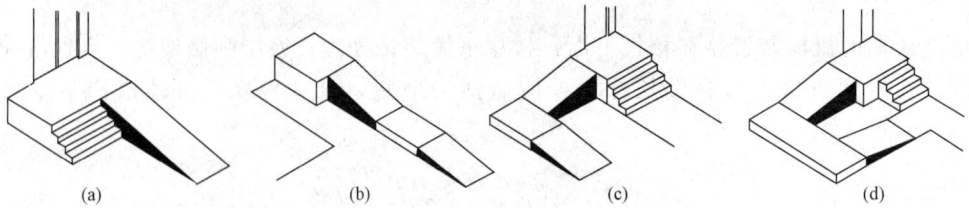

图9-42 坡道的形式

(a) 直线式；(b) 多段式；(c) 直角式；(d) 折返式

2. 坡道的坡度

便于残疾人通行的坡道的坡度标准不同，坡度值有所不同，规定详见表9-6。

表9-6 不同坡度高度和水平长度

坡度	1∶20	1∶16	1∶12	1∶10	1∶8
最大高度/m	1.20	0.90	0.75	0.60	0.30
水平长度/m	24.00	14.40	9.00	6.00	2.40

3. 坡道的宽度及平台宽度

为便于残疾人使用的轮椅顺利通过，坡道的最小宽度应不小于1.00m。轮椅坡道起点、终点和中间休息平台的水平长度不应小于1.50m（图9-43）。

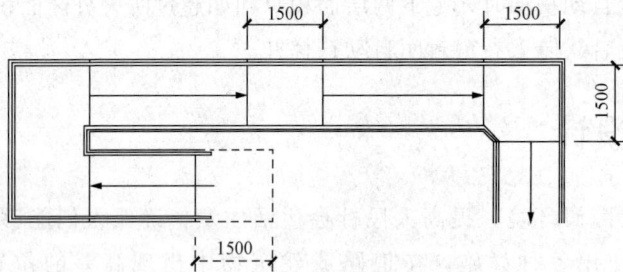

图9-43 坡道起点、终点和休息平台水平长度

9.7.2 楼梯形式及扶手栏杆

1. 楼梯形式及相关尺度

残疾者或盲人使用的室内楼梯，宜采用直行形式，不宜采用弧形梯段或在半平台上设置扇形踏步（图9-44）。

公共建筑楼梯的坡度应尽量平缓，踏步宽度不应小于280mm，踏步高度不应大于160mm，且每步踏步应保持等高。

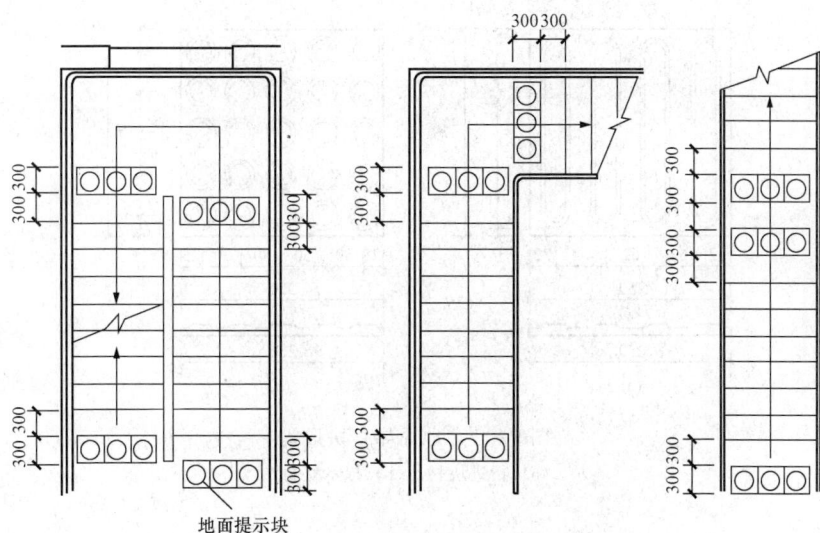

地面提示块

图 9-44　楼梯梯段宜采取直行方式

2. 踏步设计要求

视力残疾者或盲人使用的楼梯踏步应选用合理的结构造形式及饰面材料，不应采用无踢面和直角形突缘的踏步，表面应平整防滑，以防发生勾绊行人或其助行工具的意外事故。

3. 扶手

楼梯、坡道宜在两侧均设扶手，公共楼梯可设上下双层扶手。在楼梯的梯段或坡道的坡段起始及终结处，扶手应自其前缘向前伸出 300mm 以上，两个相临梯段的扶手应该连通，扶手末端应伸向墙面或末端向下延伸（图 9-45）。扶手的断面形式应便于抓握（图 9-46）。

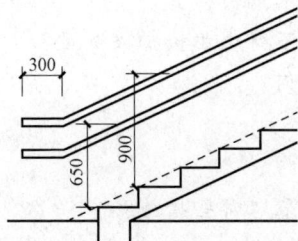

图 9-45　扶手收头形式

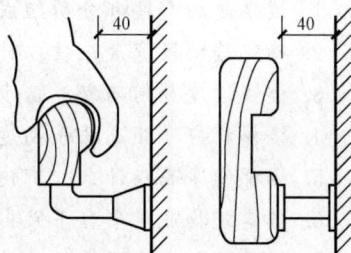

图 9-46　扶手断面形式

9.7.3　导盲块的设置

导盲块（Tactile ground surface indicator）又称地面提示块，一般设置在有障碍物、需要转折、存在高差等场所，利用其表面上的特殊构造形式，向视力残疾者提供触感信息，提示其该行走、停步或改变行进方向等。导盲块按照其表面突起样式分为行进块材（Directional indicator）和提示块材（Warning indicator）（图 9-47），图 9-44 中已经标明了它在楼梯中的位置，在坡道上也适用。

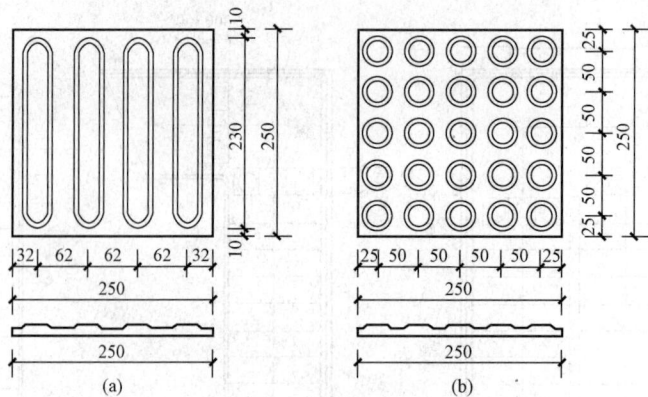

图 9 - 47　地面导盲块形式

（a）行进块材；（b）提示块材

本 章 小 结

　　本章主要讲述梯的概念，楼梯的组成、类型及设计，钢筋混凝土楼梯构造，室外台阶与坡道的设计与构造，并介绍了电梯与自动扶梯及无障碍设计的相关知识。楼梯是建筑中重要的垂直交通设施，楼梯的组成与形式、主要尺度，以及钢筋混凝土楼梯构造是学习的重点内容。

复习思考题

1. 楼梯是由哪些部分所组成的？简述各组成部分的作用及要求如何？

2. 确定楼梯段宽度应该以什么为依据？为什么要求平台宽度不得小于楼梯段宽度？

3. 楼梯坡度如何确定？踏步高与踏步宽和行人步距的关系如何？

4. 楼梯栏杆净距及扶手高度有何要求？

5. 楼梯的净高指什么？有何要求？

6. 当建筑物底层平台下做出入口时，为使净高满足要求，可采取哪些措施？

7. 钢筋混凝土楼梯常见的结构形式有哪几种？各自有何特点？

8. 楼梯踏步面层做法有哪些？如何防滑？

9. 栏杆与踏步、栏杆与扶手的连接构造如何？

10. 实体栏板构造做法如何？

11. 台阶与坡道的形式有哪些？构造要求如何？

12. 电梯由哪几部分组成？电梯井道的设计应满足什么要求？

13. 有高差处无障碍设计有哪些具体的特殊构造？

☕ 本章专业英语词汇表

1. 楼梯 stair
2. 楼梯梯段 stair flight
3. 楼梯平台 platform
4. 栏杆 balustrade
5. 扶手 handrail
6. 开敞楼梯间 open staircase
7. 敞开楼梯间 unclosed staircase
8. 封闭楼梯间 enclosed staircase
9. 防烟楼梯间 smoke-proof staircase
10. 坡度 slope
11. 踏步，台阶 step
12. 踏面 foot-plate
13. 踢面 kick-plate
14. 净宽 net width
15. 梯井 stair well
16. 栏杆 balustrade
17. 扶手 handrail
18. 净空 headroom
19. 墙承式楼梯 wall-supporting stair
20. 梁承式楼梯 beam-supporting stair
21. 悬挑式楼梯 cantilevered stair
22. 防滑条 non-slip strip
23. 梯基 stair base
24. 坡道 ramp
25. 电梯 lift，elevator
26. 井道 well，shaft
27. 机房 machine room
28. 地坑 pit
29. 轿厢 car
30. 自动扶梯 escalator
31. 无障碍设计 accessible design，non-barrier design
32. 导盲块 tactile ground surface indicator
33. 行进块 directional indicator
34. 提示块 warning indicator

第 10 章

屋　顶

教学要求

1. 了解屋顶的作用、设计要求及类型。
2. 熟悉屋面的防水与排水。
3. 掌握平屋顶中卷材防水屋面、刚性防水屋面的构造做法。
4. 掌握坡屋顶中块瓦屋面、沥青瓦屋面、压型钢板屋面的构造做法。
5. 熟悉屋顶的保温与隔热措施，掌握保温平屋顶的细部构造。

10.1　概述

10.1.1　屋顶的作用及设计要求

屋顶是建筑物最上部的围护结构，用以抵御风霜雨雪、太阳辐射等外界的不利因素对内部使用空间的影响；屋顶又是承重结构，用以承受屋顶自重、风雪荷载以及施工和检修屋面时的各种荷载；同时屋顶还是决定建筑轮廓形式的重要部分，对建筑形象起着突出的作用。

屋顶设计从功能出发应满足以下几方面的要求。

1. 强度和刚度要求

屋顶作为承重结构应具有足够的强度和刚度，以承受自重、风雪荷载及积灰荷载、屋面检修荷载等；同时不允许屋顶受力后有较大的变形。

2. 防水与排水要求

屋顶应采用不透水的防水材料（Waterproof material）以及合理的构造处理来达到防水的目的，并采用一定的排水坡度（Drainage slope）将雨水尽快排走。屋顶的防水、排水是一项综合性的技术问题，它与建筑结构形式、防水材料、屋顶坡度、屋顶构造处理等有关；应防排结合，综合各方面的因素加以考虑。一般平屋顶防水是以"防"为主，以"排"为辅；坡屋顶防水是以"防"为辅，以"排"为主。

3. 保温或隔热要求

屋顶作为围护结构应具有一定的保温隔热能力，既要保证建筑物的室内气温稳定，又要避免能源浪费和室内表面结露、受潮等。

4. 建筑美观要求

屋顶的形式在很大程度上影响着建筑造型和建筑物的性格特征。因此，在屋顶设计中还应注重建筑艺术效果。

10.1.2　屋顶的类型

1. 按屋顶形式分

屋顶的形式主要与房屋的使用功能、屋面材料、结构形式、经济及建筑造型要求等有关，归纳起来大致可分为平屋顶、坡屋顶和曲面屋顶三大类（图 10-1）。

单坡顶　　硬山两坡顶　　悬山两坡顶　　四坡顶

庑殿顶　　歇山顶　　圆攒尖顶　　挑檐平屋顶

女儿墙平屋顶　　挑檐女儿墙平屋顶　　V形折板屋顶　　筒壳屋顶

抛物面壳屋顶　　扁壳屋顶　　砖石拱屋顶　　双曲拱屋顶

球形网壳屋顶　　车轮形悬索屋顶　　马鞍形悬索屋顶　　辐射式折板屋顶

图 10-1　屋顶的类型

（1）平屋顶。坡度小于 3% 的屋顶，称为平屋顶（Flat roof）。一般平屋顶常用坡度为 2%~3%，是目前应用最广泛的一种屋顶形式。

（2）坡屋顶。坡度在 3% 以上的屋顶，称为坡屋顶（Pitched）。它是我国传统的建筑屋顶形式，有着悠久的历史，在民用建筑中广泛应用。现代城市建筑中，某些建筑为满足景观或建筑风格的要求也常采用各种形式的坡屋顶。

（3）曲面屋顶。曲面屋顶（Curved roof）多属于空间结构体系，如壳体、悬索、网架等。这类屋顶坡度变化大、类型多，适用于大跨度、大空间和造型特殊的建筑屋顶。

2. 按屋面热工性能分

（1）保温屋面，屋面设置保温层，以减少室内热量向外散失，保证顶层空间冬季温度适宜，达到采暖节能目的。纬度35°以北地区、青藏高原等地区的建筑屋面常采用保温屋面。

（2）隔热屋面，屋面采取隔热措施，以减少室外热量向室内传递，保证顶层空间夏季温度适宜，减少夏季的空调能耗。长江流域、四川盆地、东南沿海等地区的建筑屋面常采用隔热屋面。

（3）非保温非隔热屋面，屋面不设置保温层，也不需采取隔热措施。在黄淮地区的建筑屋面常采用非保温非隔热屋面。

3. 按屋面使用性质分

（1）上人屋面，屋顶作为室外使用空间，可以作为人们活动、休闲的场所。

（2）非上人屋面，屋顶不允许人们上去活动。

10.2 屋顶的防水与排水

10.2.1 屋顶的防水

根据建筑物屋面防水等级及设防要求，选择合适的防水材料，在屋面上形成一个封闭的防水覆盖层，防止雨水渗漏。

1. 屋面的防水等级

根据建筑物的类别、重要程度、使用功能要求确定防水等级，并应按相应等级进行防水设防；对防水有特殊要求的建筑屋面，应进行专项防水设计。《屋面工程技术规范》（GB 50345—2012）将屋面防水划分为两个等级，见表10-1。

表 10-1 屋面防水等级和设防要求

防水等级	建筑类别	设防要求
Ⅰ级	重要建筑和高层建筑	两道防水设防
Ⅱ级	一般建筑	一道防水设防

2. 屋面的防水材料

（1）防水材料的种类。防水材料根据其防水性能及适应变形能力的差异，可分成柔性防水材料和刚性防水材料两大类。

1）柔性防水材料，目前工程中大量采用的是高聚物改性沥青防水卷材、合成高分子防水卷材、防水涂料等。

①高聚物改性沥青防水卷材（High polymer modified bituminous waterproof sheet）：主要品种有SBS或APP改性沥青防水卷材、再生橡胶防水卷材、铝箔橡胶改性沥青防水卷材等。特点是较沥青防水卷材抗拉强度高、抗裂性好、有一定的温度适用范围。SBS改性沥青防水卷材，适合于寒冷地区和结构变形频繁的建筑；APP改性沥青防水卷材，适合于紫外线辐射强烈及炎热地区的建筑。

②合成高分子防水卷材（High polymer waterproof sheet）：主要品种有三元乙丙橡胶、

聚氯乙烯（PVC）、氯丁橡胶、氯化聚乙烯-橡胶共混防水卷材等。合成高分子防水卷材具有抗拉强度高，抗老化性能好，抗撕裂强度高，低温柔韧性好以及冷施工等特性。

③防水涂料（Waterproof paint）：有三类，即沥青基防水涂料、高聚物改性沥青涂料、合成高分子防水涂料。防水涂料具有温度适应性好，施工操作简单，速度快，劳动强度低，污染少，易于修补等特点。特别适用于轻型、薄壳等异型屋面的防水。

2）刚性防水材料。刚性防水材料除了传统的黏土块瓦外，还有防水砂浆、细石混凝土、沥青瓦和金属板等。

①防水砂浆、细石混凝土：构造简单，施工方便，造价低，但对温度变化和结构变形比较敏感，易产生裂缝，多用于气温变化小的我国南方地区的屋面防水。

②沥青瓦（Asphalt tile）：是以玻璃纤维为胎基，经浸涂石油沥青后，面层压天然色彩砂，背面撒以隔离材料而制成的瓦状片材。其具有质量轻、柔性好、耐酸碱、不褪色的特点，适用于坡屋顶的防水层，或多道防水层的面层。

（2）防水材料的厚度要求。为确保屋面防水质量，使屋面防水层在合理使用年限内不发生渗漏，不仅要合理选择防水材料，还要根据设防要求选定其厚度，见表 10-2。

表 10-2　　　　　　　　　　　屋面防水材料厚度要求

防水等级	防水层选用材料	厚度/mm
I	合成高分子防水卷材	≥1.2
	高聚物改性沥青防水卷材	≥3.0
	合成高分子防水涂膜	≥1.5
	高聚物改性沥青防水涂膜	≥2.0
	聚合物水泥防水涂膜	≥1.5
	细石防水混凝土	≥40
II	合成高分子防水卷材	≥1.5
	高聚物改性沥青防水卷材	≥4.0
	合成高分子防水涂膜	≥2.0
	高聚物改性沥青防水涂膜	≥3.0
	聚合物水泥防水涂膜	≥2.0
	细石防水混凝土	≥40

10.2.2　屋顶的排水

为了防止屋面积水过多、过久，造成屋顶渗漏，屋顶不但要做好防水，还要组织好排水，使屋面雨水迅速排除。

1. 屋顶坡度

（1）屋顶坡度的表示方法。常用的坡度表示方法有斜率法、百分比法和角度法，如图 10-2 所示。斜率法以屋顶高度与坡面的水平投影之比表示，如 1:2；百分比法是以屋顶高度与坡面的水平投影长度的百分比表示，常用 "i" 作标记，如 $i=2\%$、$i=3\%$ 等；角度法是以坡面与水平面所构成的夹角表示，常用"α"作标记，如 $\alpha=30°$、$45°$等。其中，坡屋顶常用斜率法表示，平屋顶常用百分比法表示，而角度法虽然比较直观，但在实际工程中难以操作，故较少使用。

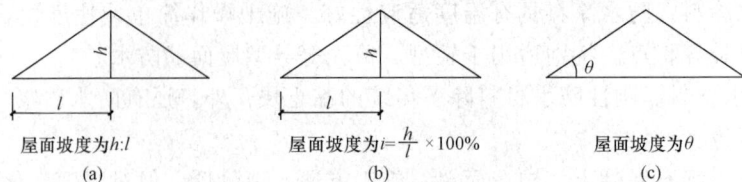

屋面坡度为$h:l$　　　　屋面坡度为$i=\dfrac{h}{l}\times100\%$　　　　屋面坡度为θ
(a)　　　　　　　　　　(b)　　　　　　　　　　(c)

图 10 - 2　屋顶坡度的表示方法
(a) 斜率法；(b) 百分比法；(c) 角度法

（2）影响屋顶坡度的因素。屋顶坡度的大小与屋顶防水材料、地区降雨量大小、屋顶结构形式、建筑造型要求以及经济条件等因素有关。对于一般民用建筑主要考虑以下两方面因素的影响。

1）屋顶防水材料的影响。防水材料的性能及其尺寸大小直接影响屋顶坡度。防水材料的防水性能越好，屋顶的坡度可越小。防水材料的尺寸越小，屋顶接缝越多，漏水的可能性就越大，屋顶的坡度应大一些，以便迅速排除雨水，减少漏水的机会。

2）地区降雨量的影响。降雨量（Rainfall）的大小对屋顶防水影响很大，降雨量大，漏水的可能性大，屋顶坡度应适当增加。我国南方地区年降雨量和每小时最大降雨量都高于北方地区，因此采用相同的屋顶防水材料时，一般南方地区的屋顶坡度要大于北方地区。

（3）屋面的排水坡度。综合考虑屋面坡度的影响因素，确定合适的排水坡度，并应符合表 10 - 3 的规定。

表 10 - 3　　　　　　　　　　　　屋 面 的 排 水 坡 度

屋　面　类　别	屋面排水坡度（％）
卷材防水、刚性防水平屋面	2～5
块瓦	20～50
波形瓦	10～50
油毡瓦	≥20
网架、悬索结构金属板	≥4
压型钢板	5～35
种植土屋面	1～3

2. 屋顶坡度的形成方式

屋顶坡度的形成有材料找坡和结构找坡两种方式，如图 10 - 3 所示。

（1）材料找坡（Material-slope），也称垫置坡度，是在水平搁置的屋面板上用轻质材料如水泥炉渣、石灰炉渣或水泥膨胀蛭石等垫出坡度，然后在其上做防水层。垫置坡度不宜过大，否则会使屋面荷载加大。材料找坡的屋面室内顶棚面平整，建筑加层方便，但增加了屋面自重，当建筑物跨度较大时尤为明显，因此，材料找坡多用于民用建筑中的平屋顶。

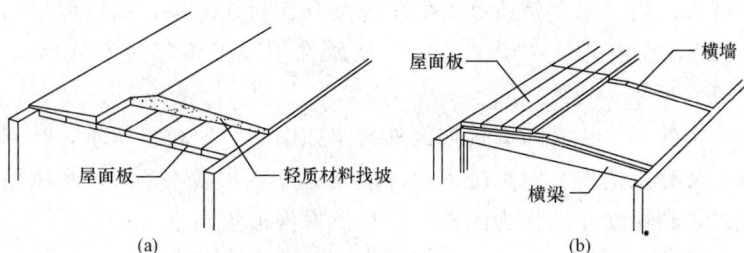

图 10 - 3 屋顶坡度的形成
（a）材料找坡；（b）结构找坡

（2）结构找坡（Structure-slope），也称搁置坡度，是将支承屋面板的墙或梁做成一定的倾斜坡度，其上直接铺设屋面板，形成排水坡度。这种做法不需另设找坡层，屋顶荷载减轻，造价低，但顶棚不平，结构和构造较复杂，多用于生产性建筑或民用建筑中的坡屋顶。

3. 排水方式

屋顶的排水方式分为无组织排水和有组织排水两大类。

（1）无组织排水（Non-organization drainage），也称自由落水（Free fall），是指屋面雨水经挑檐自由下落至室外地面的一种排水方式（图 10 - 4）。这种做法构造简单，造价低，但雨水有时会溅湿勒脚甚至污染墙面，一般用于低层或次要建筑及降雨量较少地区的建筑。

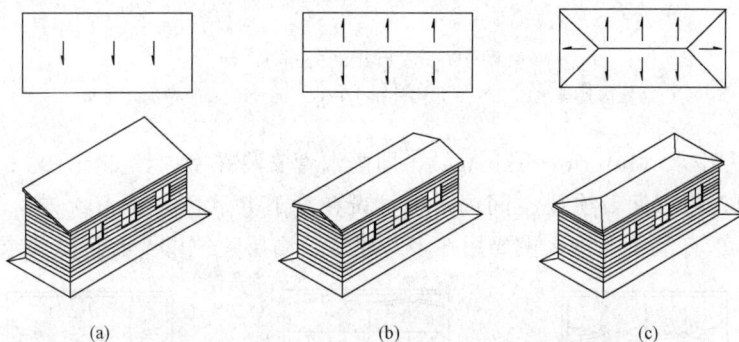

图 10 - 4 无组织排水
（a）单坡排水；（b）双坡排水；（c）四坡排水

（2）有组织排水（Organized drainage）。有组织排水是指屋顶雨水通过排水系统的天沟（Gutter）、雨水口（Rainwater Outlet）、雨水管（Rainwater pipe）等，有组织地将雨水排至室外地面或室内地下排水管网的一种排水方式。这种排水方式构造较复杂，造价相对较高；但是减少了雨水对建筑物的不利影响，因而在建筑工程中应用广泛。有组织排水又分为有组织外排水和有组织内排水两种方式。

1）有组织外排水（Exterior drainage），即雨水管安装在建筑物外墙上，其优点是雨水管不影响室内空间的使用和美观，构造简单，是屋顶常用的排水方式。

①挑檐沟外排水。屋顶雨水汇集到悬挑在墙外的挑檐沟（Eaves gutter）内，再由雨水管排下，如图 10 - 5（a）所示。

②女儿墙外排水。当考虑建筑造型需要将外墙升起封住屋顶，高于屋顶的这部分外墙称为女儿墙（Parapet）。在女儿墙内设置天沟，雨水在屋顶汇集穿过女儿墙流入室外的雨水管，如图 10 - 5（b）所示。

③女儿墙挑檐沟外排水。女儿墙挑檐沟外排水如图 10 - 5（c）所示，特点是在屋顶檐口部位既有女儿墙，又有挑檐沟。雨水进入檐沟前先通过女儿墙，一般蓄水屋面和种植屋面常采用这种排水方式，利用女儿墙作为围护，利用挑檐沟汇集雨水。

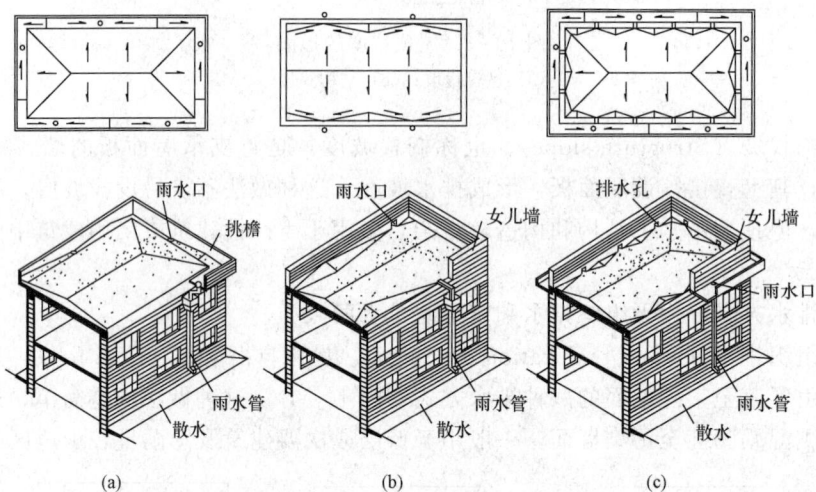

图 10 - 5　有组织外排水

(a) 檐沟外排水；(b) 女儿墙外排水；(c) 带女儿墙的檐沟外排水

2）有组织内排水（Interior drainage），即雨水管安装在室内，如图 10 - 6 所示，一般设在卫生间、过道、楼梯间等次要空间内，也可设在管道井（Pipe shaft）内，但应避免设在主要使用空间内。有组织内排水主要用在多跨建筑、高层建筑以及有特殊要求的建筑。

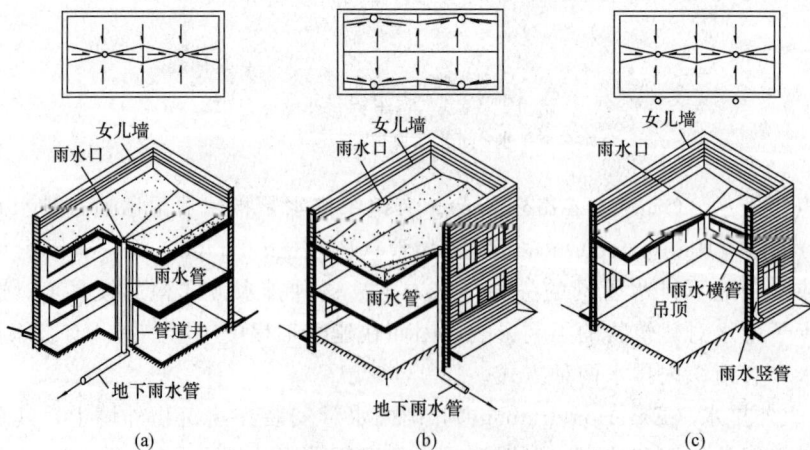

图 10 - 6　有组织内排水

(a) 屋顶中部内排水；(b) 外墙内侧内排水；(c) 内落外排水

（3）排水方式的选择。屋面排水方式的选择应考虑地区年降雨量、建筑物高度、质量等级、使用性质、环境特征等因素，一般遵循如下原则：

1）等级低的建筑，为了控制造价宜优先选择无组织排水。

2）在年降雨量大于 900mm 的地区，当檐口高度大于 8m 时；在年降雨量小于 900mm 的地区，当檐口高度大于 10m 时，宜选择有组织排水。

3）积灰较多的屋面应采用无组织排水，以免大量的粉尘积于屋面，降雨时造成流水通道的堵塞。

4）严寒地区的屋面宜采用有组织内排水，以免雪水的冻结导致挑檐的拉裂或室外雨水管的损坏。

5）临街建筑雨水排向人行道时宜采用有组织排水。

（4）屋顶排水组织设计。屋顶排水组织设计的主要任务是将屋面划分成若干个合理的排水区域，选择合适的排水装置并进行合理的布置，达到屋面排水线路简捷、雨水口负荷均匀、排水通畅的目的。屋顶排水组织设计一般按下列步骤进行。

1）确定排水坡面数目。根据屋面宽度及造型的要求确定排水坡面数目。一般情况下，临街建筑平屋顶屋面宽度小于 12m 时，可采用单坡排水；宽度大于 12m 时，宜采用双坡或四坡排水。

2）划分排水区域。根据屋顶的投影面积及排水坡面数，考虑每个雨水口、雨水管的汇水面积及屋面变形缝的影响，合理地划分排水区域，确定排水装置的规格并进行布置。一般每个雨水口、雨水管的汇水面积（Catchment area）不宜超过 200m²，可按 150～200m² 计算，使每个排水区域的雨水流向各自的雨水管。

当屋面有高差时，若高屋面的投影面积大于 100m²，高屋面可自成排水系统；若高屋面的投影面积小于 100m²，可将高屋面的雨水排至低屋面上，但需对低屋面受雨水冲刷的部位做好防护措施（如平屋顶可加铺卷材，再铺 300～500mm 宽的细石混凝土滴水板）。

3）确定檐沟的形式、材料及尺寸。檐沟的形式和材料可根据屋面类型的不同有多种选择，如坡屋顶中可用钢筋混凝土、镀锌铁皮作成槽形檐沟；平屋顶中可采用钢筋混凝土槽形檐沟或女儿墙内檐沟。

檐沟断面尺寸应根据地区降雨量和汇水面积的大小确定。一般钢筋混凝土檐沟净宽应不小于 300mm，沟内纵向坡度不小于 1%，沟底水落差不得超过 200mm。檐沟排水不得流经屋面变形缝和防火墙。金属檐沟的纵向坡度宜为 0.5%。

4）确定雨水管的材料、管径及间距。雨水管可采用硬质 PVC、镀锌铁皮、铸铁、钢管等制成，其直径有 75mm、100mm、125mm、150mm、200mm 等几种规格，一般民用建筑常用管径为 100mm。檐沟外排水两个雨水管间距宜在 24m 以内，女儿墙外排水雨水管间距宜在 15m 以内，内排水雨水管间距宜在 15m 以内。

雨水管应位于建筑的实墙处，距墙面不应小于 20mm，管身用竖向间距不大于 2000mm 的管箍与墙面固定，且下端出水口距散水的高度不应大于 200mm。

10.3 平屋顶构造

平屋顶因其具有能适应各种屋顶平面形状、构造简单、施工方便、屋顶表面便于利用等优点，成为建筑中广泛采用的屋顶形式。按屋面防水层的不同有卷材防水平屋面、刚性防水平屋面、涂膜防水平屋面等，下面分别叙述。

10.3.1 卷材防水平屋顶

卷材防水平屋顶是将柔性防水卷材或片材用胶结材料粘贴在屋面基层上，形成一个整体封闭的防水覆盖层。卷材防水的整体性、抗渗性好，具有一定的延伸性和适应变形的能力，也称柔性防水。卷材防水可用于防水等级为Ⅰ～Ⅱ的屋面工程。

1. 卷材防水平屋顶的构造层次及做法

屋顶主要解决承重、保温隔热、防水排水三方面的问题，由于各种材料性能上的差异，目前很难有一种材料兼备以上三种功能。因此，形成了屋顶的构造层次是多层次的，一般包括结构层、找坡层、找平层、结合层、防水层和保护层等。由于地区的差异，平屋顶的构造层次也有所不同。

（1）结构层。结构层（Structure layer）的主要作用是承担屋面的荷载，一般采用现浇或预制钢筋混凝土屋面板。板型及结构布置与钢筋混凝土楼板相同。

（2）找坡层。平屋顶中多采用材料找坡，找坡层（Sloping layer）一般设在结构层之上，保温层之下。保温屋面中也可用保温层兼做找坡层。

（3）保温层。保温层（Insulating layer）是在屋面上用保温材料设置一道热量的阻隔层，以防止室内热量向外扩散。保温材料一般为轻质多孔材料，保温层的厚度要根据气候条件和材料的性能经热工计算确定。

（4）防水层。防水层（Waterproof layer）由防水卷材和相应的卷材胶粘剂构成，见表10-4。

表 10-4 卷材防水层与卷材胶粘剂

卷材分类	卷材名称举例	卷材胶粘剂
沥青类卷材	石油沥青油毡	石油沥青玛瑞脂
	焦油沥青油毡	焦油沥青玛瑞脂
高聚物改性沥青防水卷材	SBS改性沥青防水卷材	热熔、自粘、粘结均有
	APP改性沥青防水卷材	
合成高分子防水卷材	三元乙丙丁基橡胶防水卷材	丁基橡胶为主体的双组分A与B液1:1配比搅拌均匀
	二元乙丙橡胶防水卷材	
	氯丁橡胶防水卷材	CY-409液
	氯丁聚乙烯-橡胶共混防水卷材	BX-12及BX-12乙组份

卷材防水层与基层的粘结方法有满粘法、空铺法、条粘法、点粘法等。对于有排汽要求、防水层上有重物覆盖或基层变形较大的屋面，应优先采用空铺法、条粘法或点粘法；但距屋面周边800mm内应满粘，卷材与卷材之间的搭接也应满粘。

（5）隔汽层。隔汽层（Vapour barrier）的主要作用是阻止室内的水蒸气向屋顶保温层渗透，降低保温层的保温性能；以及防止水蒸气引起防水层起鼓、皱折、断裂，降低防水层的防水能力。

在纬度 40°以北地区且室内空气湿度大于 75%，或其他地区室内空气湿度常年大于 80%时，若采用吸湿性保温材料做保温层时设应设置隔汽层。

隔汽层放置在结构层之上、保温层之下。隔汽层可采用气密性、水密性好的单层卷材或防水涂料。采用卷材时，可用空铺法施工。

（6）找平层。卷材防水层要求铺贴在坚固而平整的基层上，以防止卷材凹陷或断裂，因此在松软材料及预制屋面板上铺设防水卷材以前，须先做找平层（Leveling layer）。找平层一般设在防水层和隔汽层下部，铺贴卷材及涂料防水的找平层可采用水泥砂浆、细石混凝土或混凝土随打随抹，其做法及要求见表 10-5。

表 10-5　　　　　　　　　　　　　　　找平层厚度和技术要求

类别	基层种类	厚度/mm	技术要求
水泥砂浆找平层	整体现浇混凝土	15～20	1∶2.5～1∶3（水泥∶砂）体积比，宜掺抗裂纤维
	整体或板状材料保温层	20～25	
	装配式混凝土板	20～30	
细石混凝土找平层	板状材料保温层	30～35	混凝土强度等级为 C20
混凝土随浇随抹	整体混凝土	—	原浆表面抹平、压光
	整板现浇混凝土		

为防止找平层变形开裂而使卷材防水层破坏，在找平层中应留设分格缝。分格缝的宽度一般为 5～20mm，纵横缝的间距不宜大于 6m，分隔缝内宜嵌填密封材料。

（7）结合层。结合层（Bonding layer）一般设在找平层之上，防水层和隔汽层之下。作用是使基层和防水层之间形成一层胶质薄膜，保证卷材与基层粘结牢固。沥青卷材防水屋面，通常用冷底子油作结合层；合成高分子防水层屋面，则用配套的专用基层处理剂处理。

（8）保护层。保护层（Protective coating）设置在防水层上，用以减缓雨水对屋面的冲刷力和降低太阳的辐射热影响，防止防水卷材老化，延长其使用寿命。其构造做法根据防水层使用材料和屋面的使用情况而定。

1）非上人屋面。保护层仅起保护防水层的作用。沥青类防水卷材宜采用绿豆砂或铝银粉涂料；高聚物改性沥青及合成高分子类防水层可用铝箔面层、彩砂及涂料等，如图 10-7（a）所示。

2）上人屋面。保护层具有保护防水层和兼做活动地面的双重作用。一般可在防水层上浇筑 30～40mm 厚的 C20 细石混凝土；也可以用沥青胶或水泥砂浆铺贴缸砖、大阶砖、细石混凝土预制板等，如图 10-7（b）所示。预制块材或现浇细石混凝土保护层与防水层之间应做隔离层，可干铺塑料膜、土工布或卷材，也可铺抹低强度等级的砂浆。

2. 卷材防水平屋面的细部构造

卷材防水层是一个封闭的整体，屋面的渗漏多出现在防水薄弱部位，如檐口、高低屋面交接处等部位，因此，必须对这些部位加强防水处理。

保护层：
a.粒径3～5mm绿豆砂(普通油毡)
b.粒径1.5～2mm石粒或砂粒(SBS油毡自带)
c.氯丁银粉胶、乙丙橡胶的甲苯溶液加铝粉

防水层：
a.普通沥青油毡卷材(三毡四油)
b.高聚物改性沥青防水卷材(如SBS改性沥青卷材)
c.合成高分子防水卷材

结合层：
a.冷底子油
b.配套基层及卷材胶剂

找平层：20mm厚1:3水泥砂浆

保温层：按需要而设(如聚苯乙烯泡沫塑料板)

找坡层：按需要而设(如1:8水泥炉渣)

隔汽层：
a.普通沥青油毡卷材(一毡二油)
b.高聚物改性沥青防水卷材(如SBS改性沥青卷材)
c.合成高分子防水卷材

结合层：
a.冷底子油
b.配套基层及卷材胶剂

找平层：20mm厚1:3水泥砂浆

结构层：钢筋混凝土板

(a)

保护层：
a.20mm厚1:3水泥砂浆粘贴400mm×400mm×30mm预制混凝土块
b.现浇40mm厚C20细石混凝土
c.缸砖(2～5mm厚玛琋脂结合层)

隔离层：10mm厚低强度等级水泥砂浆

防水层：
a.普通沥青油毡卷材(三毡四油)
b.高聚物改性沥青防水卷材(如SBS改性沥青卷材)
c.合成高分子防水卷材

结合层：
a.冷底子油
b.配套基层及卷材胶剂

找平层：20mm厚1:3水泥砂浆

找坡层：按需要而设(如最薄30mmLC5.0轻集料混凝土2%坡)

结构层：钢筋混凝土板

(b)

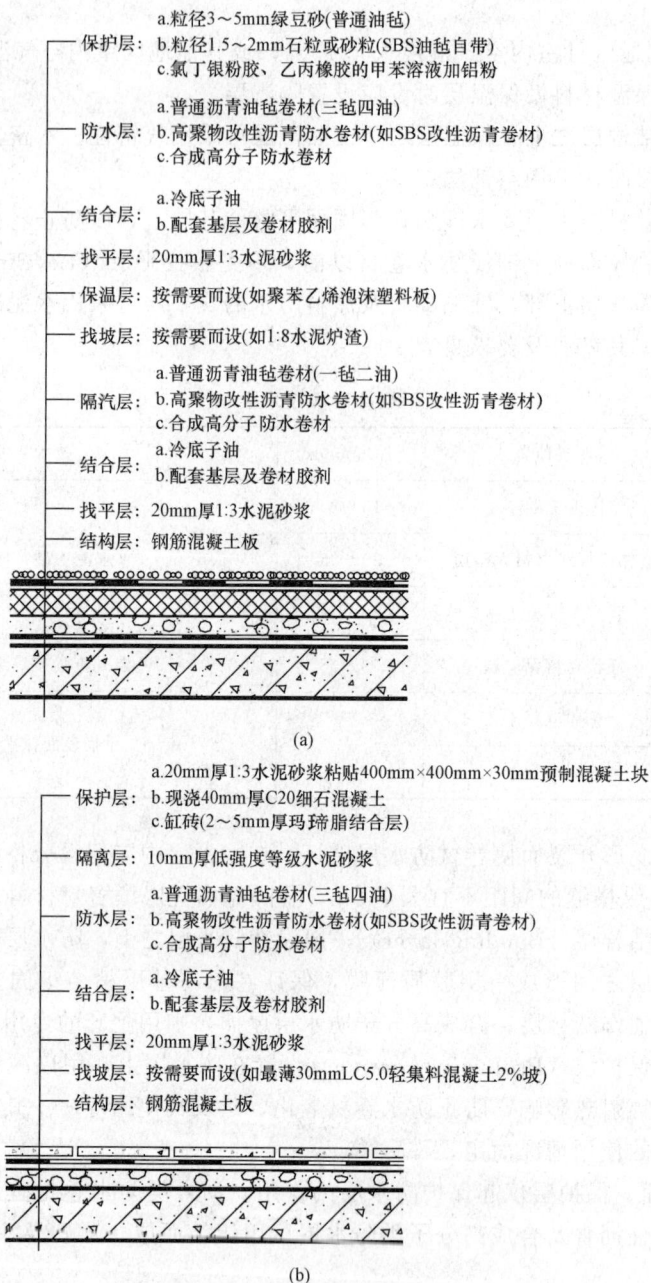

图 10-7　卷材防水平屋顶的构造层次及做法

(a) 保温非上人屋面；(b) 非保温上人屋面

（1）泛水构造。泛水（Flashing）是指屋面与高出屋面的垂直面交接处的防水处理，如女儿墙、出屋面的烟道、通风道、高出屋面的墙体与屋面的交接处、屋面变形缝等处均做泛水处理。

泛水的构造要点包括：

1）垂直墙面与屋面相交处的基层利用找平层做成圆弧或45°斜面，以保证卷材粘贴结实并防止卷材直角转弯而折断，圆弧半径按表10-6选用。

表 10-6　　　　　　　　　　　　　转角处圆弧半径

卷 材 种 类	圆弧半径/mm
沥青防水卷材	100～150
高聚物改性沥青防水卷材	50
合成高分子防水卷材	20

2）转弯处加铺一层防水卷材。

3）卷材在垂直墙面上的粘贴高度（或称泛水高度）不应小于250mm，顺水面可取180mm。

4）卷材要收头，收头方式应根据墙体材料确定。墙体为砖墙时，卷材收头可直接铺至女儿墙压顶下，用压条钉压固定并用密封材料封闭严密，压顶应做防水处理，如图10-8（a）所示；卷材收头也可压入砖墙凹槽内固定密封，凹槽距屋面面层的高度不应小于250mm，凹槽上部的墙体应做防水处理，如图10-8（b）所示。墙体为混凝土墙时，卷材收头可采用金属压条钉压，并用密封材料封固，如图10-8（c）所示。

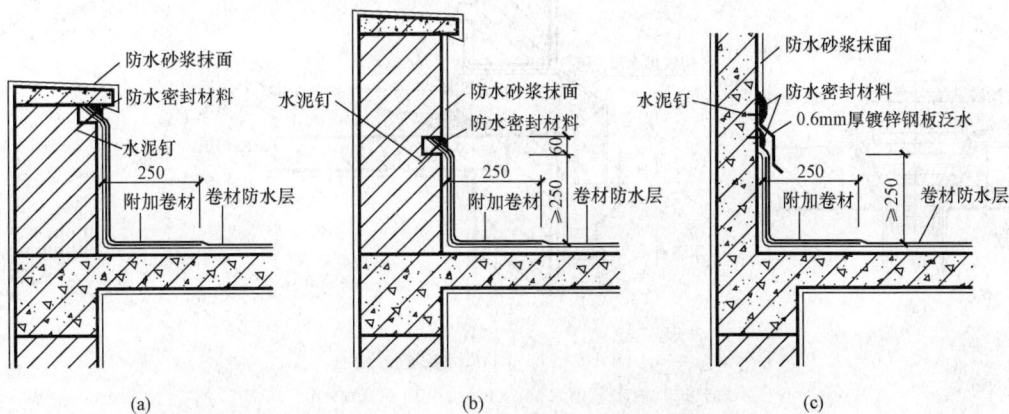

图 10-8　女儿墙泛水构造
(a) 砖墙女儿墙；(b) 砖墙女儿墙；(c) 钢筋混凝土女儿墙

女儿墙顶部通常做钢筋混凝土压顶，并设有坡度坡向屋面。

（2）檐口（Eave）构造。

1）自由落水檐口。自由落水檐口即为无组织排水檐口，在檐口800mm范围内的卷材采用满粘法，卷材收头应固定密封，挑檐底面做滴水线或滴水槽处理，如图10-9所示。

2）檐沟外排水檐口。檐沟外排水檐口应解决好卷材收头及与屋面交接处的防水处理。天沟与屋面交接处应做成弧形，与屋面交接处的附加层宜空铺，空铺宽度不应小于200mm。卷材的收头固定，可采用压砂浆、嵌油膏或插铁卡等方法处理。檐沟板底面做滴水线或滴水槽处理，如图10-10所示。

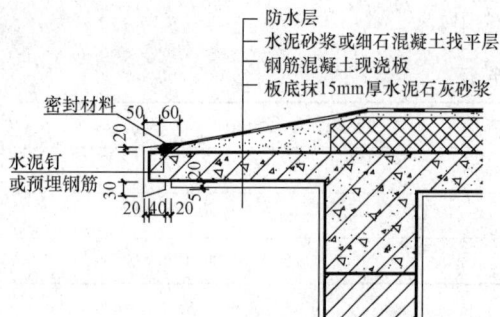

图 10-9 自由落水檐口构造

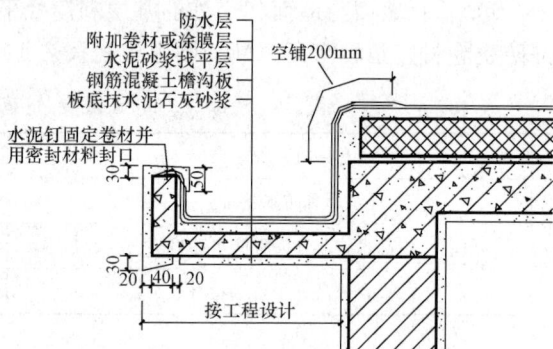

图 10-10 挑檐沟檐口构造

（3）雨水口。雨水口是屋面雨水汇集并排至雨水管的关键部位，应保证其排水畅通，防止渗漏和堵塞。雨水口常用的材料为金属和塑料，分为水平雨水口和垂直雨水口两种。其基本构造做法为：防水层伸入雨水口内，用沥青胶粘牢，雨水口四周增铺一层防水层。为防止雨水口堵塞，雨水口处加盖铸铁罩或铁丝网罩，如图 10-11 所示。雨水口四周直径 500mm 范围内坡度不应小于 5%。

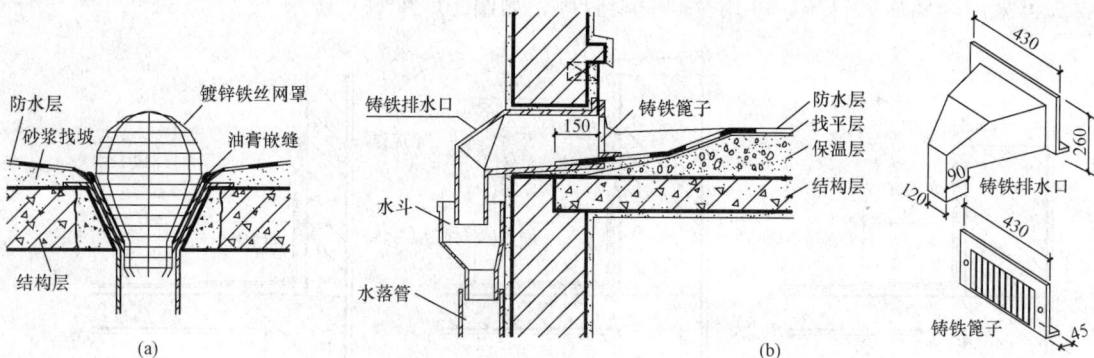

图 10-11 雨水口构造

（a）檐沟内水平雨水口；（b）女儿墙垂直雨水口

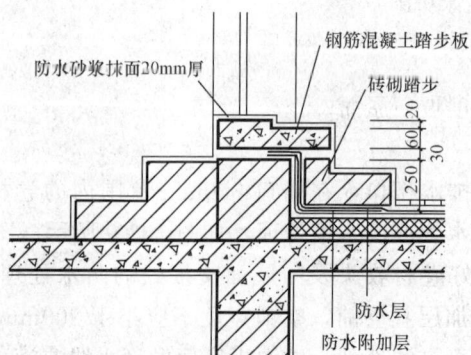

图 10-12 水平出入口构造

（4）屋面上人口。屋面上人口分为水平出入口和垂直上人口。

水平出入口是指从楼梯间或阁楼到达上人屋面的出入口，除要做好屋面防水层的收头以外，还要防止屋面积水从出入口进入室内，出入口要高出屋面两级踏步，构造做法如图 10-12 所示。

垂直上人口是为屋面检修时上人用，若屋顶结构为现浇钢筋混凝土，可直接在上人口四周浇出孔壁，将防水层收头压在混凝土或角钢压顶下，如图 10-13 所示。上人口孔壁也可用砖砌筑，上做混凝土压顶，上人口加盖钢制或木制包镀锌铁皮孔盖。

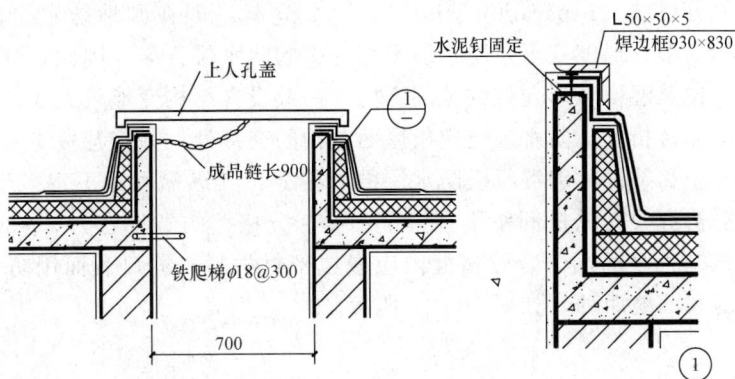

图 10-13 垂直上人口构造

10.3.2 刚性防水平屋顶

刚性防水平屋面是指用防水砂浆或防水混凝土等刚性防水材料作为防水层的屋面。这种屋面构造简单，施工方便，造价低，但防水层对温度变化和结构变形比较敏感，易产生裂缝而渗漏水。刚性防水平屋面不适于用松散材料做保温层的屋面及受较大震动或冲击的建筑屋面。

1. 刚性防水平屋顶的构造层次和做法

刚性防水平屋顶一般由结构层、找平层、隔离层和防水层组成，如图 10-14 所示。

(1) 结构层。结构层要求具有足够的强度和刚度，一般多采用现浇钢筋混凝土屋面板。当采用预制钢筋混凝土屋面板时，应用掺微膨胀剂的强度等级不低于 C20 的细石混凝土灌缝。

(2) 找平层。当结构层为预制钢筋混凝土板时，应在结构层上用 20mm 厚 1:3 水泥砂浆找平。若采用现浇钢筋混凝土屋面板或设有低强度等级砂浆的隔离层时，可不设找平层。

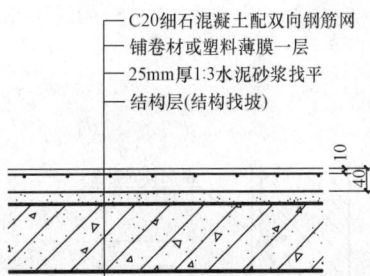

图 10-14 刚性防水屋顶的构造层次

(3) 隔离层。隔离层（Separation layer）又称浮筑层。其作用是将防水层和结构层隔离分开，以适应各自的变形，消除防水层与结构层之间的粘结力及机械咬合力，避免由于温差、干缩、荷载作用等因素使结构层发生变形、开裂，从而导致刚性防水层产生裂缝。隔离层一般铺设在找平层上，可采用干铺塑料膜、土工布或卷材，也可采用铺抹低强度等级的砂浆等做法。

(4) 防水层。细石混凝土防水层厚度不应小于 40mm，内配 $\phi4 \sim \phi6$ 间距 $100 \sim 200mm$ 的双向钢筋网片，钢筋保护层厚度不应小于 10mm。细石混凝土强度等级不低于 C20，为提高细石混凝土的防水性能，细石混凝土中宜掺膨胀剂（UEA）、减水剂或防水剂等。

2. 刚性防水平屋顶的细部构造

刚性防水平屋顶的细部构造包括分格缝、泛水、檐口等部位的构造处理。

（1）分格缝。分格缝（Separation joint）又称分仓缝，即在刚性防水层内设置的变形缝，防止由于结构变形、温度变形及防水层干缩等引起防水层开裂。因此，分格缝应设置在结构变形敏感的部位及温度变形允许的范围之内，一般设在结构变形较大或较易变形处，如屋面板支承端、屋面转折处、防水层与突出屋面结构的交接处，并应与板缝对齐。

普通细石混凝土和补偿收缩混凝土防水层的分格缝，其纵横间距不宜大于 6m，钢纤维混凝土防水层的分格缝，其纵横间距不宜大于 10m。分格缝的宽度宜为 5~30mm，防水层内的钢筋网在分格缝处全部断开，分格缝内应嵌填密封材料，缝口表面用防水卷材铺贴盖缝。分格缝有平缝和凸缝两种，如图 10-15 所示。

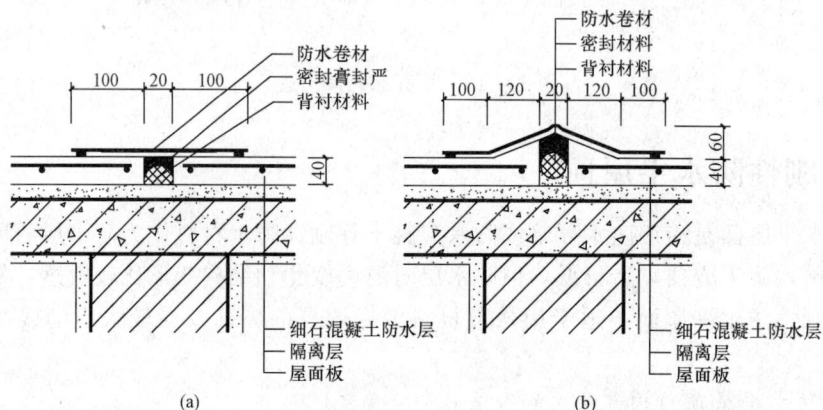

图 10-15 分格缝构造
（a）平缝；（b）凸缝

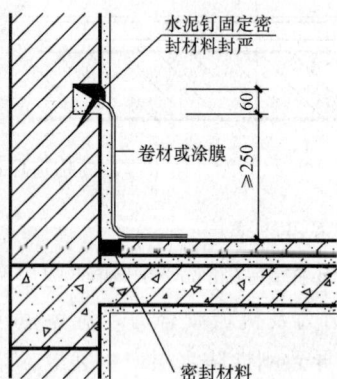

图 10-16 刚性防水屋顶泛水构造与柔性防水屋面的檐沟挑檐相同。

（2）泛水构造。为防止温度变形和结构变形对泛水处防水性能的影响，刚性防水层与垂直墙面交接处应留宽度为 30mm 的缝隙，并用密封材料嵌填。泛水处应铺设卷材或涂膜防水附加层，如图 10-16 所示。高度及收头构造与柔性防水屋面泛水相同。

（3）檐口构造。

1）自由落水挑檐。挑檐端部抹 1:2.5 水泥砂浆，与刚性防水层接缝处填嵌密封膏，挑檐底面做滴水处理，如图 10-17 所示。

2）檐沟挑檐。檐沟内铺设防水卷材或涂刷防水涂膜，并做防水附加层，如图 10-18 所示。卷材收头构

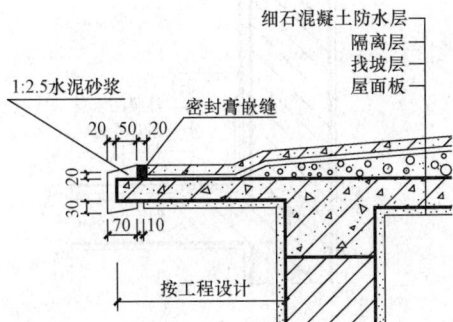

图 10-17　刚性防水自由落水檐口构造　　　　图 10-18　刚性防水挑檐沟檐口构造

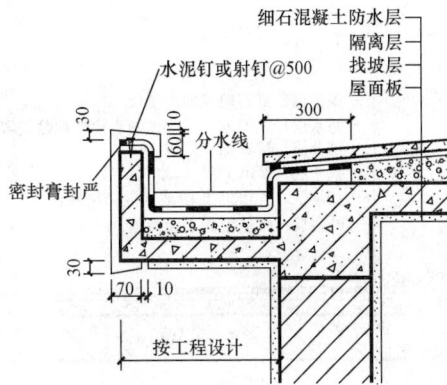

10.3.3　涂膜防水平屋顶

涂膜防水是指用防水涂料涂刷在屋面基层上，经干燥或固化，在屋面基层上形成一层不透水的薄膜层以达到防水目的的一种屋面做法。这种屋面具有防水性好、粘结力强、耐腐蚀、耐老化、弹性好、延伸率大、施工方便等优点，主要适用于防水等级为Ⅱ的屋面防水，也可用作Ⅰ级屋面两道防水设防中的一道防水层。

1. 涂膜防水平屋顶的构造层次及做法

涂膜防水平屋顶的构造层次及做法与卷材防水平屋面基本相同，也是由结构层、找坡层、找平层、结合层、防水层和保护层等组成，如图 10-19 所示，且防水层以下的各基层的做法均应符合卷材防水的有关规定。

防水涂膜层一般由两层或两层以上的涂层组成，且应分层分遍涂布。每一涂层应厚薄均匀，表面平整，待先涂的涂层干燥成膜后，方可涂布后一遍涂料。对于某些防水涂料（如氯丁胶乳沥青涂料）需铺设胎体增强材料（即所谓的布），以增强涂层的贴附覆盖能力和抗变形能力。

涂膜防水屋顶的保护层可采用细砂、云母、蛭石、浅色涂料、水泥砂浆或块材等，水泥砂浆保护层的厚度不宜小于 20mm。当采用水泥砂浆或块材时，应在涂膜与保护层之间设置隔离层。

2. 涂膜防水平屋顶的细部构造

涂膜防水平屋顶的细部构造与卷材防水构造基本形同，可参考卷材防水的节点详图。

无组织排水檐口的涂膜防水层收头，应用防水涂料多遍涂刷或用密封材料封严。檐口下端应做滴水处理。天沟、檐沟与屋面交接处应加铺有胎体增强材料的附加层，附加层宜空铺，空铺宽度不应小于 200mm。

泛水处的涂膜防水层，宜直接涂刷至女儿墙的压顶下，收头处理应用防水涂料多遍涂刷封严；压顶应做防水处理，如图 10-20 所示。

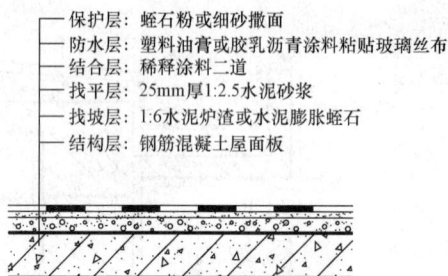

图 10-19 涂膜防水平屋顶的构造层次

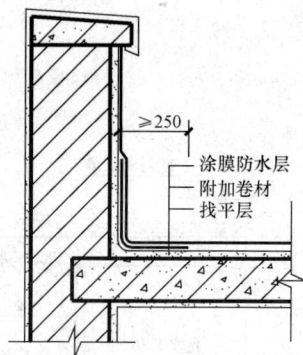

图 10-20 涂膜防水屋顶泛水构造

10.4 坡屋顶构造

近年来，我国坡屋顶工程数量不断增加，如城市建造别墅均以坡屋顶为主，多、高层住宅也常采用坡屋顶形式，城市屋面平改坡工程增多，而广大村镇建房仍采用传统的坡屋顶。选择坡屋顶，一方面考虑的是屋面排水等使用功能，另一方面则是外观形式上的美观大方。此外，坡屋顶也是一种节能效果很好的屋面形式。

坡屋顶的种类很多，从材料上看，有块瓦（Tile）屋面、沥青瓦（Asphalt shingle）屋面、波形瓦（Pantile）屋面、金属板（Metal plate）屋面等；从屋架的结构类型上看，有轻钢结构、现浇混凝土结构、预制钢筋混凝土屋架或木屋架结构等结构形式。

10.4.1 坡屋顶的防水等级

根据建筑物的性质、重要程度、地域环境、使用功能要求以及屋面防水层的设计使用年限，将屋面分为一、二两级防水，并应符合表 10-7 所列规定。大型公共建筑、医院、学校等重要建筑屋面的防水等级为一级，其他为二级。

表 10-7　　　　　　　　　　　　坡屋面防水等级

项　　　目	坡屋面防水等级	
	一级	二级
防水层设计使用年限	≥20 年	≥10 年

10.4.2 坡屋顶的屋面类型、坡度和防水垫层

根据建筑物高度、风力、环境等因素，确定坡屋面类型、坡度和防水垫层，并应符合表 10-8 的规定。

表 10-8 屋面类型、坡度和防水垫层

坡度与垫层	屋面类型						
	沥青瓦屋面	块瓦屋面	波形瓦屋面	金属板屋面		防水卷材屋面	装配式轻型坡屋面
				压型金属板屋面	夹芯板屋面		
适用坡度（%）	≥20	≥30	≥20	≥5	≥5	≥3	≥20
防水垫层	应选	应选	应选	一级选用 二级宜选	—	—	应选

注：1. 防水垫层是坡屋面中通常铺设在瓦材或金属板下面的防水材料。
    2. 装配式轻型坡屋面是以冷弯薄壁型钢屋架或木屋架为承重结构，轻质保温隔热材料、轻质瓦材等装配组成的坡屋面系统。

10.4.3 坡屋顶的承重结构

坡屋顶的承重结构与平屋顶明显不同，其结构层顶面坡度较大，直接形成屋顶的排水坡度。坡屋顶常见的结构形式有檩式、板式和椽式。本节主要介绍檩式和板式结构。

1. 檩式结构

檩式结构（Purlin type structure）是在屋架或山墙上支承檩条（Purlin），檩条上铺设屋面板或椽条（Rafter）的结构体系。现代建筑常用的形式为屋架承重和山墙承重，如图 10-21 所示。

（1）屋架承重。屋架（Roof truss）支承在墙或柱上，其上搁置檩条，以承受屋顶荷载，如图 10-21（a）所示。这种承重方式可以形成较大的内部空间，多用于要求有较大空间的建筑，如食堂、教学楼等。

（2）山墙承重。山墙承重是根据屋顶所要求的坡度，将横墙上部砌成三角形，在墙上直接搁置承重构件（如檩条）来承受屋顶荷载的结构方式，这种方式称为山墙承重或硬山搁檩，如图 10-21（b）所示。山墙承重构造简单、施工方便、节约材料，有利于屋顶的防火和隔声，适用于开间小于 4.5m、房间尺寸较小的建筑，如住宅、宿舍、旅馆等。

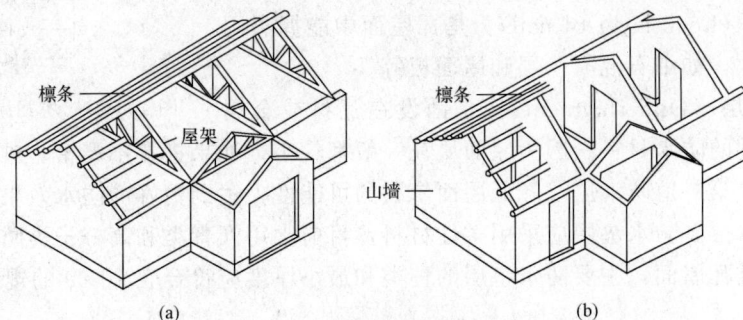

图 10-21 坡屋顶的檩式结构类型
(a) 屋架承重；(b) 山墙承重

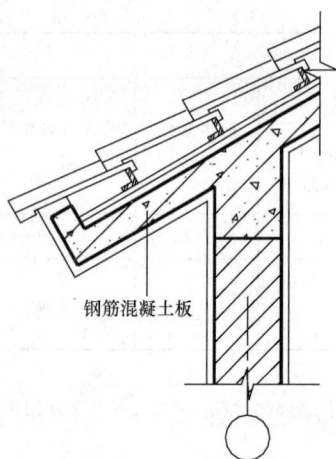

图 10-22　钢筋混凝土板式
结构瓦屋顶

2. 板式结构

板式结构是直接将屋面板搁置在墙、柱、斜梁或屋架上的支承方式。屋面板多采用钢筋混凝土板。可用现浇整体式，如图 10-22 所示；也可采用预制装配式。板式结构近年来常用于住宅或风景园林建筑的屋顶。

10.4.4　坡屋顶构造

坡屋顶是利用各种瓦材作防水层，靠瓦与瓦之间的搭盖来达到防水的目的。目前常用的屋面瓦材有块瓦、沥青瓦、金属压型板、波形瓦等。

1. 块瓦屋面

块瓦包括烧结瓦和混凝土瓦等，适用于防水等级为一级和二级的坡屋面。

块瓦屋面的铺瓦方式包括水泥砂浆卧瓦和（钢、木）挂瓦条挂瓦。水泥砂浆卧瓦存在着产生冷桥、污染瓦片、冬季砂浆收缩拉裂瓦片、粘结不牢引起脱落、不利于通风隔热节能等缺陷。挂瓦条挂瓦施工方便安全，而且可避免水泥砂浆卧瓦的缺陷。下面以挂瓦条挂瓦屋面为例介绍块瓦屋面构造。

（1）块瓦屋面的构造组成。块瓦屋面的构造层次一般包括屋面板、保温隔热层、持钉层、防水垫层、顺水条、挂瓦条和块瓦面层，如图 10-23 所示。

1）屋面板：用于承托保温隔热层和防水层的承重板，可采用钢筋混凝土板、木板或增强纤维板。结构找坡不应小于 30%。

2）保温隔热层：保温隔热材料可采用硬质聚苯乙烯泡沫塑料保温板、硬质聚氨酯泡沫保温板、喷涂硬泡聚氨酯、岩棉、矿渣棉或玻璃棉等，但不宜采用松散状保温隔热材料。

3）持钉层（Lock layer of nail）：是瓦屋面中能握裹固定钉的构造层次，如细石混凝土层和屋面板等。

4）防水垫层（Underlayment）：是铺设在瓦材或金属

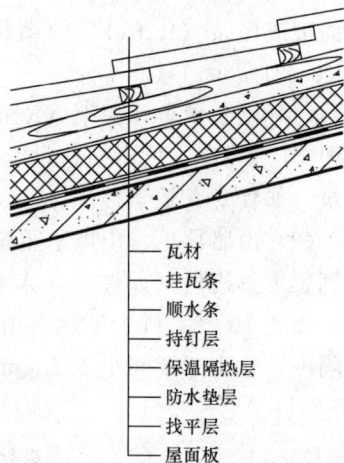

瓦材
挂瓦条
顺水条
持钉层
保温隔热层
防水垫层
找平层
屋面板

图 10-23　块瓦屋面构造层次

板下起防水作用的防水材料。因为屋面块瓦一般都较小，如果搭接不严密，难免会漏水，设防水垫层可构成第二道防水层，降低屋面渗漏的可能性，达到更好的防水效果，因此防水垫层也称为次防水层。防水垫层应采用柔性材料，目前常用沥青类和高分子类防水垫层。对于一级防水的各类瓦屋面，主要防水垫层的种类和最小厚度应符合表 10-9 的规定。

表 10-9　一级设防瓦屋面的主要防水垫层种类和最小厚度

防水垫层种类	最小厚度/mm
聚合物改性沥青防水垫层	2.0

防水垫层种类	最小厚度/mm
SBS、APP 改性沥青防水卷材	3.0
自粘聚合物改性沥青防水卷材	1.5
高分子类防水卷材	1.2
高分子类防水涂料	1.5
沥青类防水涂料	2.0
复合防水垫层 （聚丙烯丙纶防水垫层＋聚合物水泥防水胶粘材料）	2.0 （0.7＋1.3）

5）顺水条（Counter batten）、挂瓦条（Tile batten）。根据材料不同可为木质和金属材质，木挂瓦条应钉在顺水条上，顺水条用固定钉钉入持钉层内；钢挂瓦条与钢顺水条应焊接连接，钢顺水条用固定钉钉入持钉层内。

（2）块瓦屋面的细部构造。

1）纵墙檐口。纵墙檐口的构造与屋顶的排水方式、屋顶承重结构、屋面基层、屋面出檐长度等有关，有无组织排水和有组织排水两大类。

①无组织排水檐口。屋面板挑檐利用钢筋混凝土板直接悬挑，挑檐板端部向上翻起形成封檐，防水垫层铺贴至翻起板顶部进行收头处理，如图 10-24 所示。

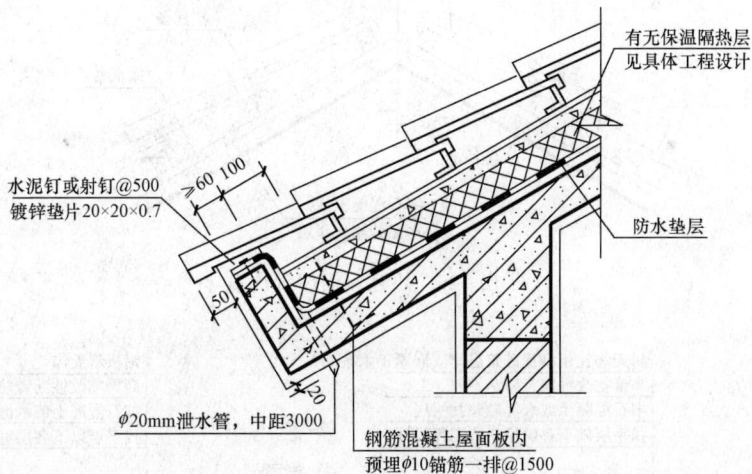

图 10-24　块瓦屋面挑檐构造

②有组织排水檐口。有组织排水檐口有外挑檐沟和女儿墙封檐两种，多用外挑檐沟。外挑檐沟多采用现浇钢筋混凝土屋面板直接形成，檐沟内铺设防水卷材或涂刷防水涂膜，并做防水附加层，如图 10-25 所示。

2）屋脊和斜天沟构造。块瓦屋面的屋脊（Flat ridge）可用 1∶3 水泥砂浆贴脊瓦，如图 10-26 所示。

斜天沟（Slope cullis）处可用 1∶3 水泥砂浆贴斜天沟瓦，也可用铝板做斜天沟，如图 10-27 所示。

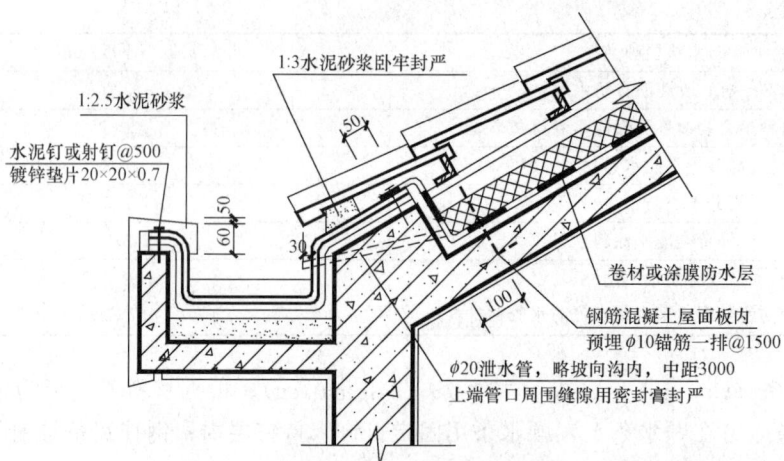

图 10-25 块瓦屋面外挑檐沟构造

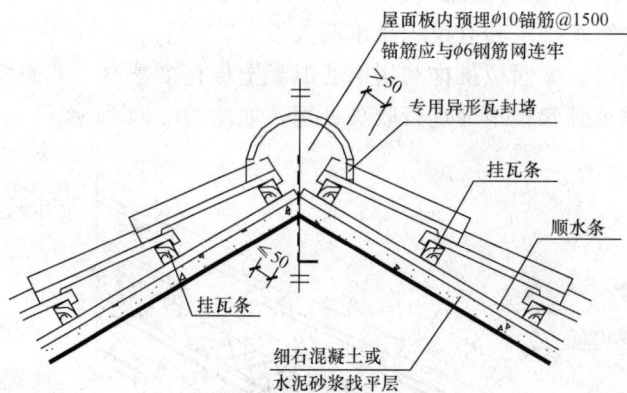

图 10-26 块瓦屋面屋脊构造

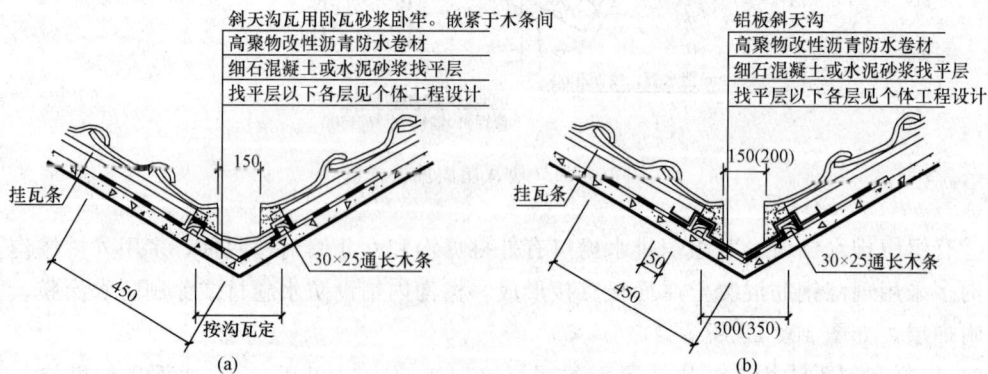

图 10-27 块瓦屋面斜天沟构造
(a) 砂浆卧瓦斜天沟；(b) 铝板斜天沟

3) 山墙檐口。山墙檐口有悬山和硬山两种。

①悬山。屋面板挑出山墙的檐部称为悬山。为使此处屋面收头整齐和不漏水，通常用 1∶3 水泥砂浆卧山墙封檐瓦封住端部，如图 10 - 28 所示。

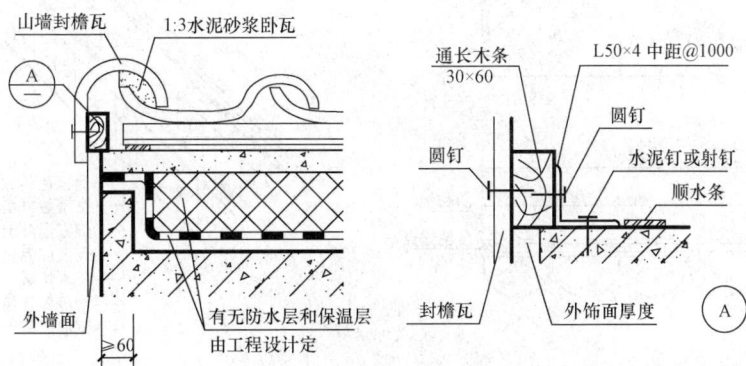

图 10 - 28　块瓦屋面悬山构造

②硬山。山墙高出屋面形成女儿墙的做法称为硬山。山墙和屋面的交接处是瓦屋面容易漏水部位，必须做好泛水处理。转角处应增设防水垫层附加层，如图 10 - 29 所示。

2. 沥青瓦屋面

沥青瓦又称油毡瓦，是一种优质高效的瓦状改性沥青防水材料。形状有方形和圆形，如图 10 - 30 所示。沥青瓦分为平面沥青瓦（平瓦）和叠合沥青瓦（叠瓦）。平瓦适用于防水等级为二级的坡屋面，叠瓦适用于防水等级为一级和二级的坡屋面。沥青瓦屋面的坡度不应小于 20%。

沥青瓦屋面的构造层次一般包括屋面板、保温隔热层、防水垫层、持钉层和沥青

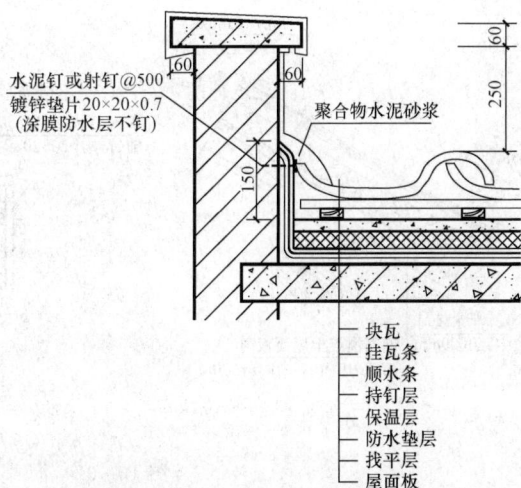

图 10 - 29　块瓦屋面硬山构造

瓦。如图 10 - 31 所示。沥青瓦的铺设采取钉粘结合、以钉为主的方法。如在木屋面板上铺设沥青瓦，每张瓦片不应少于 4 个固定钉；如在细石混凝土基层上铺设沥青瓦，每张瓦片不应少于 6 个固定钉；当屋面坡度大于 100% 或处于大风区，应增加固定钉的数量。上下沥青瓦之间应采用全自粘粘结或沥青基胶粘材料加强。

沥青瓦屋面还要处理好如檐口、屋脊等防水薄弱部位的细部构造。图 10 - 32 所示为沥青瓦屋面檐口构造。

3. 金属板屋面

金属板屋面的板材主要有压型钢板和金属面绝热夹芯板。

压型钢板是以镀锌钢板为基料，经轧制成形并敷以各种防腐涂层与彩色烤漆而成的轻质屋面板，具有围护和防水双重功能，而且自重轻、施工方便、装饰性和耐久性强，常用于装

饰要求较高的大空间建筑。压型钢板屋面适用于防水等级为一级和二级的坡屋面。

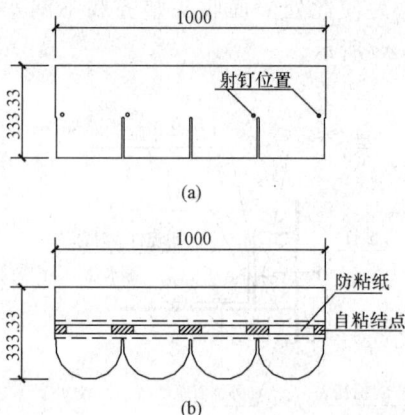

图 10-30　沥青瓦
(a) 方形；(b) 圆形

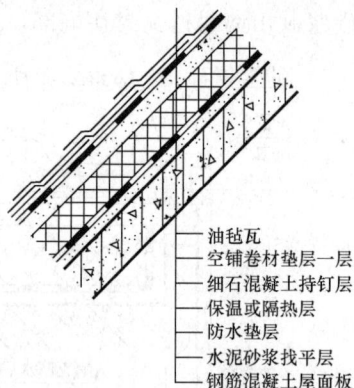

图 10-31　沥青瓦屋面的构造层次

油毡瓦
空铺卷材垫层一层
细石混凝土持钉层
保温或隔热层
防水垫层
水泥砂浆找平层
钢筋混凝土屋面板

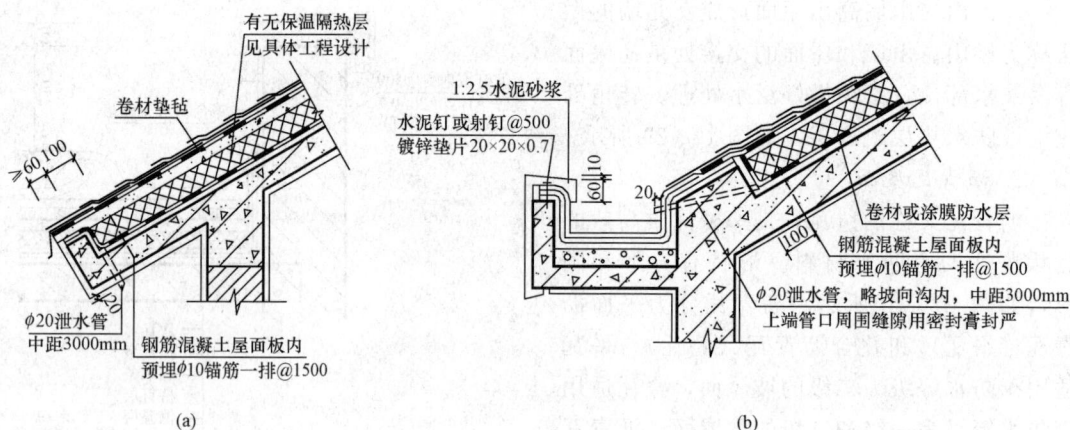

图 10-32　沥青瓦屋面檐口构造
(a) 自由落水檐口；(b) 有组织檐沟外排水檐口

金属面绝热夹芯板是由彩色涂层钢板作表层，聚苯乙烯泡沫塑料或硬质聚氨酯泡沫作芯材，通过加压加热固化制成的夹芯板，是具有防寒、保温、体轻、防水、装饰、承力等多种功能的高效结构材料，主要用于公共建筑、工业厂房的屋顶。金属面绝热夹芯板屋面适用于防水等级为二级的坡屋面。

下面仅介绍压型钢板屋面构造，金属面绝热夹芯板屋面构造可参见本章第 10.5 节"屋顶的保温与隔热"。

(1) 压型钢板屋面的基本构造。压型钢板屋面的构造层次包括压型钢板屋面板、固定支架和钢檩条，如图 10-33 所示。压型钢板的固定方式有明钉固定和金属螺钉固定两种。防水等级为一级的压型钢板屋面不应采用明钉固定，应采用大于 180°咬边连接的固定方式；防水等级为二级的压型钢板屋面采用明钉固定或金属螺钉固定方式时，钉帽应有防水密封措施，即采用带防水垫圈的镀锌螺栓（螺钉）在波峰固定。当压型钢板波高超过 35mm 时，压型钢板应先固定在钢支架上，铁支架再与檩条相连，檩条多为槽钢、工字钢等。

（2）压型钢板屋面的细部构造。无组织排水挑檐多用屋面压型钢板直接挑出，由于压型钢板刚度较弱，出挑长度不宜大于 300mm，如图 10 - 34（a）所示；有组织排水外挑檐沟，一般采用与屋面压型钢板同一材料制作，压型钢板

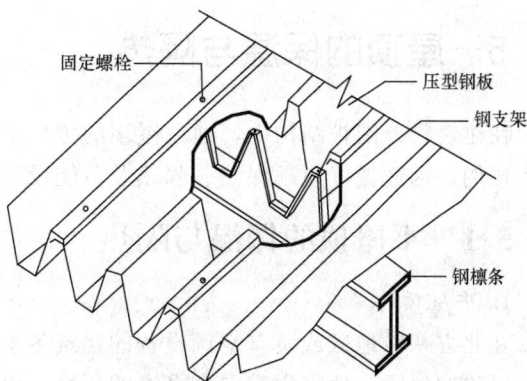

图 10 - 33 压型钢板屋面的构造组成

伸入檐沟的长度不小于 60mm，并用镀锌螺栓固定，如图 10 - 34（b）所示；山墙泛水及山墙包角，均采用与屋面板同一材料进行封盖处理，如图 10 - 34（c）、（d）所示。

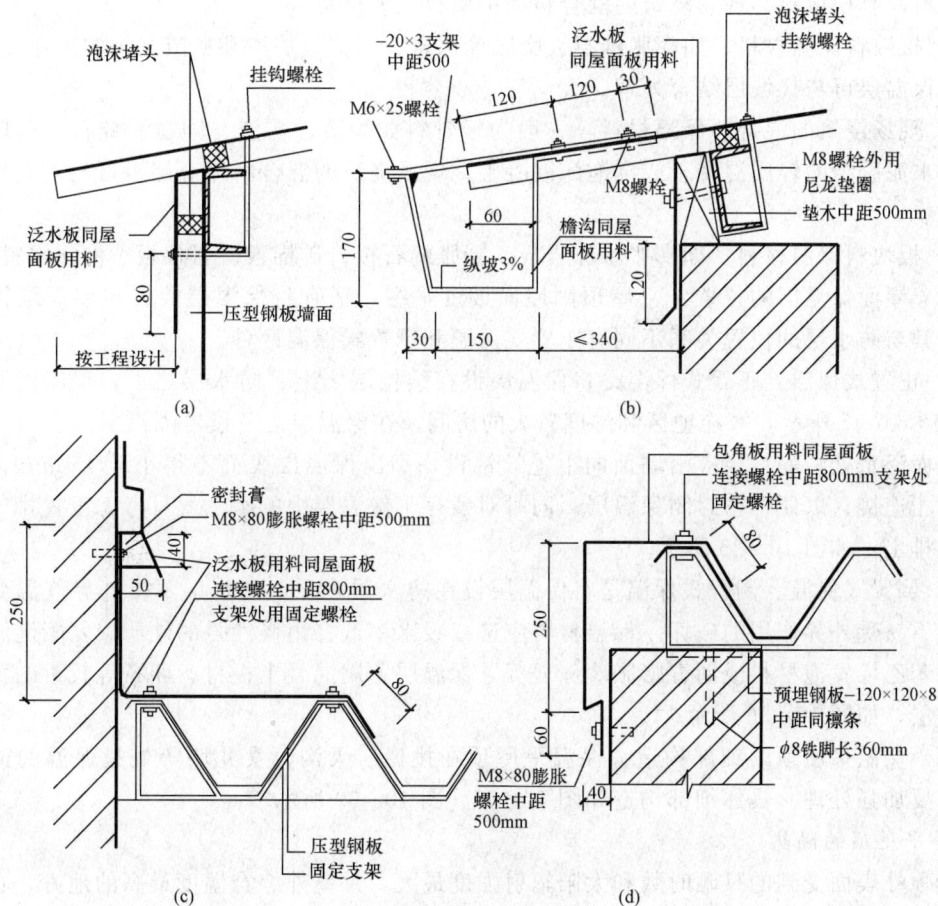

图 10 - 34 压型钢板屋面细部构造

（a）挑檐构造；（b）挑檐构造；（c）山墙泛水构造；（d）山墙包角

10.5 屋顶的保温与隔热

在建筑物外围护结构中，通过屋顶的传热量有时会占建筑物整个外围护结构的传热量的很大比例，因此做好屋顶保温、隔热及节能设计是十分重要的。

10.5.1 平屋顶的保温与隔热

1. 平屋顶的保温

在北方寒冷地区或装有空调设备的建筑冬季室内采暖时，须在围护结构中设置保温层以提高屋顶的热阻，使室内有一个舒适的环境。保温层的材料和构造方案是根据使用要求、气候条件、屋顶的结构形式、防水处理方法、材料种类、施工条件及整体造价等因素综合确定的。

（1）屋面的保温材料。保温材料多采用吸水率低、导热系数较小及具有一定强度的轻质多孔材料，有松散料、现场浇筑的混合料和板块料三大类。

1）松散料保温材料，如膨胀蛭石、膨胀珍珠岩、矿棉、炉渣和矿渣之类的工业废料等。松散料保温层可与找坡层结合处理。

2）现场浇筑的混合料保温材料，一般为轻骨料如炉渣、矿渣、陶粒、蛭石、珍珠岩与石灰或水泥胶结的轻质混凝土或浇泡沫混凝土。现场浇筑的混合料保温层也可与找坡层结合处理。

3）板块料保温材料，如膨胀珍珠岩板、膨胀蛭石板、矿棉板、岩棉板、泡沫塑料板等。

（2）屋面保温层的位置。平屋顶因屋面坡度平缓，适宜将保温层放置在屋面结构层之上，依其与防水层的位置关系不同有正置式保温和倒置式保温两种。

1）正置式保温。正置式保温是将保温层设在结构层之上、防水层之下，也叫内置式保温，如图10-7所示。寒冷地区和湿度较大的房间，在保温层之下设置隔汽层。

屋面泛水处，隔汽层应沿墙面向上连续铺设，高出保温层表面不得小于150mm，并与防水层相连接，以便严密封闭保温层；同时对残存于保温层中的水蒸气可考虑设置排气道和排气孔排出，如图10-35所示。

2）倒置式保温。倒置式保温是将保温层设在防水层之上，防水层不受外界气温变化的影响，不易受外界作用的破坏。保温材料应选择吸水率低、耐候性强的硬质聚氨酯泡沫塑料板、聚苯乙烯发泡材料或沥青膨胀珍珠岩等。保温层上用混凝土板材、卵石等较重的覆盖层做保护层，如图10-36所示。

（3）保温平屋顶的细部构造。保温平屋顶在挑檐、天沟、女儿墙等处是保温的薄弱环节，需要加强处理。具体细部构造如图10-37～图10-39所示。

2. 平屋顶的隔热

屋顶外表面受到的日晒时数和太阳辐射强度最大，是室外综合温度最高的地方，它的传热量及对室温的影响也最大。因此，屋顶隔热对改善顶层房间的室内生活和工作条件极为重要，特别是对于南方炎热地区。

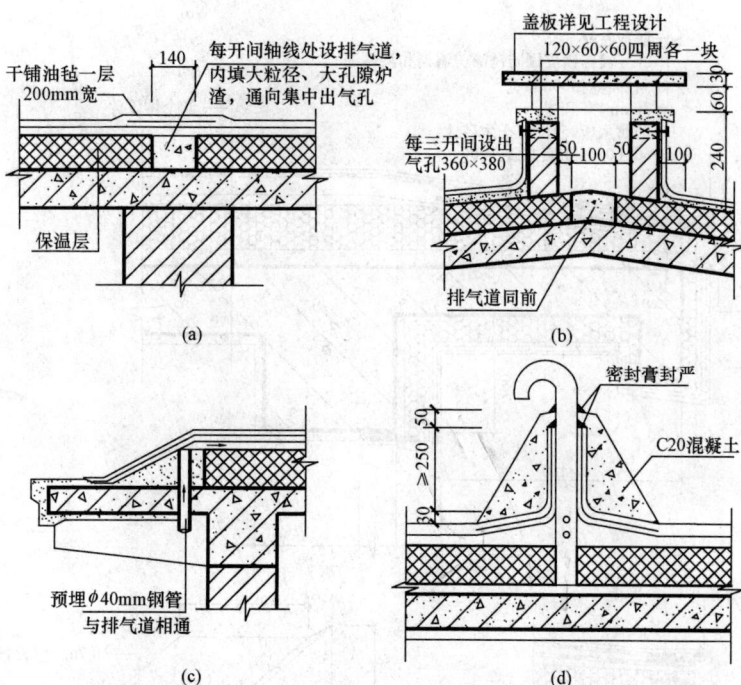

图 10-35 卷材防水屋面排气构造

（a）保温层设排气道；（b）砖砌出气孔；（c）檐口进风口；（d）管道出气孔

（1）通风隔热。通风隔热是在屋顶设置通风的空气间层，利用空气的流动带走进入空气间层的部分热量。其隔热好、散热快，多用于夏热冬暖而又多雨的地区。

1）架空通风隔热。通风空气间层设在防水层上，采用砖垛上铺预制混凝土平板、大阶砖，或采用预制混凝土山形板、Π形板、折板等形成通风间层，如图 10-40 所示。通风间层的开口应迎向当地夏季主导风向，并采用带形单向通风层，否则风向不

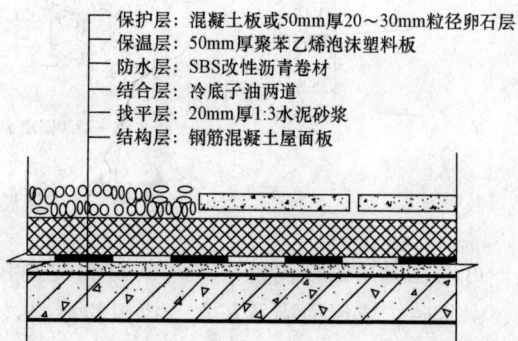

图 10-36 倒置式保温屋面

定，易形成紊流，影响通风效果。通风间层的架空高度宜为 180～300mm，不宜超过 360mm。这种通风层不仅能达到通风降温、隔热防晒的目的，还可起到保护屋面防水层的作用。

2）顶棚通风隔热。通风空气间层设在结构层下，利用结构层与吊顶棚之间的空间形成通风间层，在檐墙处开设通风口通风降温，如图 10-41 所示。此种做法通风效果好，但造价高，一般在室内装修要求设吊顶棚时采用。

（2）反射隔热。太阳辐射到屋面上，其能量一部分被吸收转化成热能对室内产生影响；一部分被反射到大气中。反射量与入射量之比称为反射率，反射率越高越利于屋面降温。因

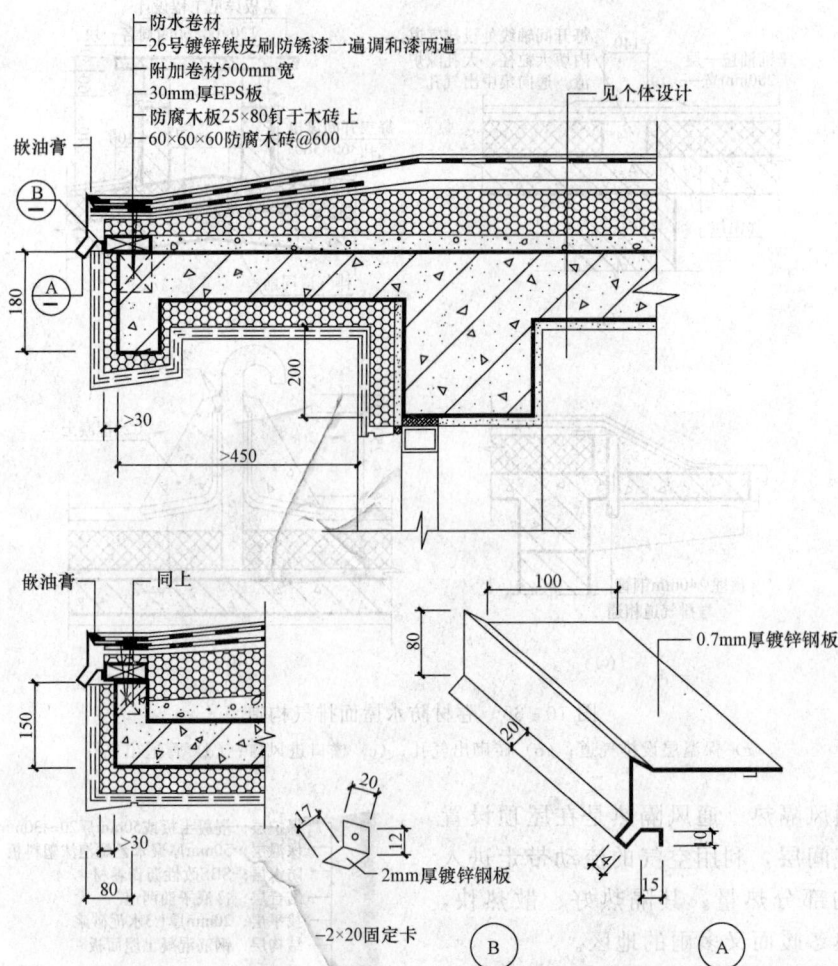

防水卷材
26号镀锌铁皮刷防锈漆一遍调和漆两遍
附加卷材500mm宽
30mm厚EPS板
防腐木板25×80钉于木砖上
60×60×60防腐木砖@600

见个体设计

嵌油膏

180

200

>30

>450

嵌油膏　同上

150

>30

80

100

80

0.7mm厚镀锌钢板

20

B

2mm厚镀锌钢板

−2×20固定卡

A

4

15

图 10-37　保温平屋顶挑檐构造

此,可以在屋顶铺设浅色或光滑的材料提高屋面反射率而达到降温的目的,如铺设浅色豆石、大阶砖,或屋面刷石灰水、铝银粉涂料,以及用带铝箔的油毡防水面层等。

(3)植被隔热。植被隔热屋顶又被称为种植屋面,是在屋顶上栽种绿色植物,利用植被的蒸发和光合作用吸收太阳的辐射热,从而达到降温隔热的目的。这种做法既提高了屋顶的隔热性能,又可美化和净化环境,但增加了屋顶的荷载。

植被隔热屋顶的防水工程翻修困难,因此对防水层的要求较高,其合理使用年限不应小于15年,应采用二道或二道以上防水层设防,最上道防水层必须采用耐根穿刺防水材料,如铅锡锑合金防水卷材、复合铜胎基 SBS 防水卷材、铜箔胎 SBS 防水卷材、SBS 耐根穿刺防水卷材、APP 耐根穿刺防水卷材等。

建筑屋面种植宜选用改良土或无机复合种植土,地下建筑顶板种植宜选用田园土。种植介质四周需增设挡墙,挡墙下部应设泄水孔,如图 10-42 所示。

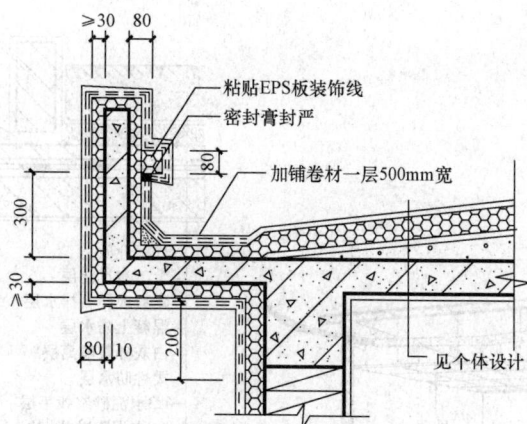

图 10 - 38 保温平屋顶檐沟构造

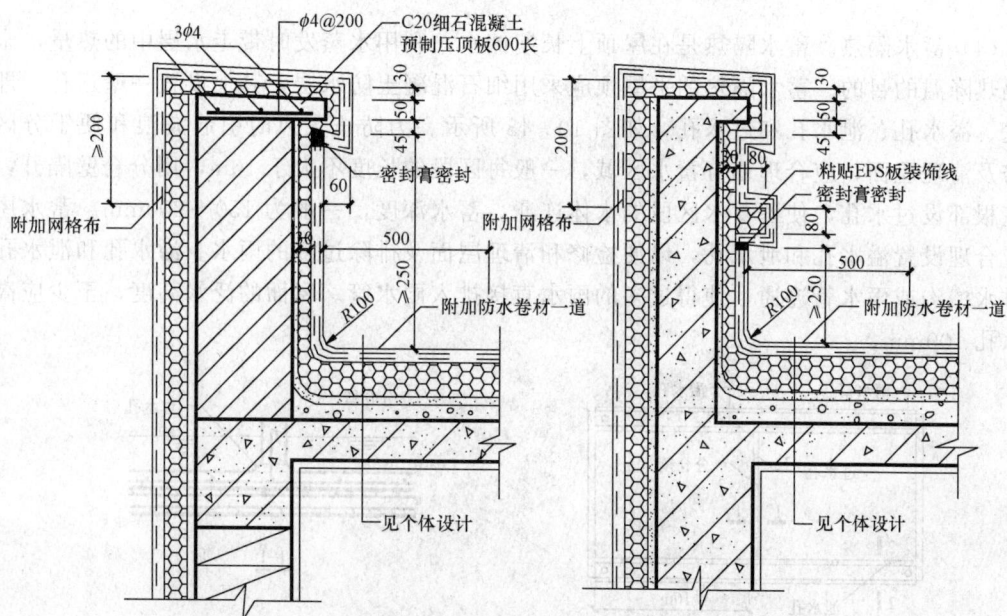

图 10 - 39 保温平屋顶女儿墙构造

(a) 砖墙女儿墙;(b) 钢筋混凝土女儿墙

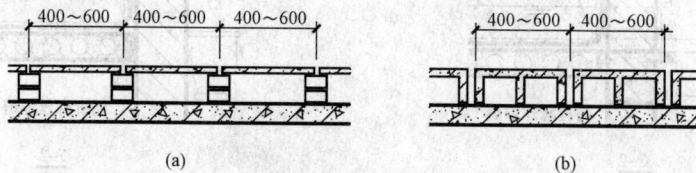

图 10 - 40 架空通风隔热屋面

(a) 预制混凝土平板与大阶砖架空层;(b) 预制混凝土山形板架空层

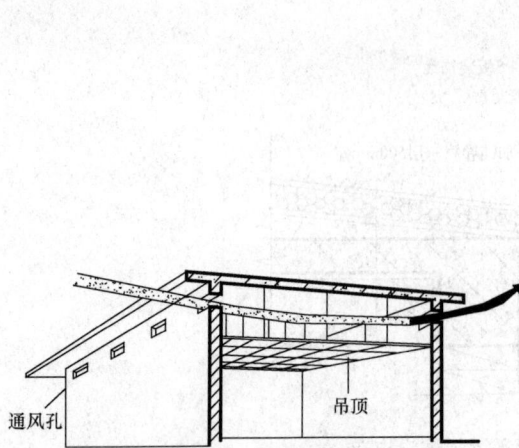

图 10-41　吊顶通风隔热屋面

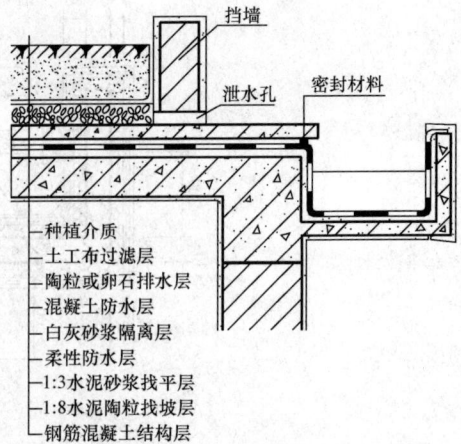

图 10-42　植被隔热屋面构造

（4）蓄水隔热。蓄水隔热是在屋顶上长期储水，利用水蒸发时带走水层中的热量，来达到隔热降温的目的。蓄水隔热的平屋顶应采用细石混凝土防水层，其上设置一壁三孔，即分仓壁、溢水孔、泄水孔和过水孔，如图 10-43 所示。为防止大风时引起波浪和便于分区段检修及清理屋面，应合理划分蓄水区域，一般每区段的长度不大于 10m，用分仓壁隔开，分仓壁根部设过水孔，使各蓄水区段的水体连通。蓄水深度，一般为 150～200mm。蓄水屋面还应合理设置溢水孔和泄水孔，以便检修和清理屋面及排除过多的雨水。溢水孔和泄水孔应与排水檐沟或雨水管连通，使得过多的雨水直接排入雨水管。屋面的泛水高度，至少应高出溢水孔 100mm。

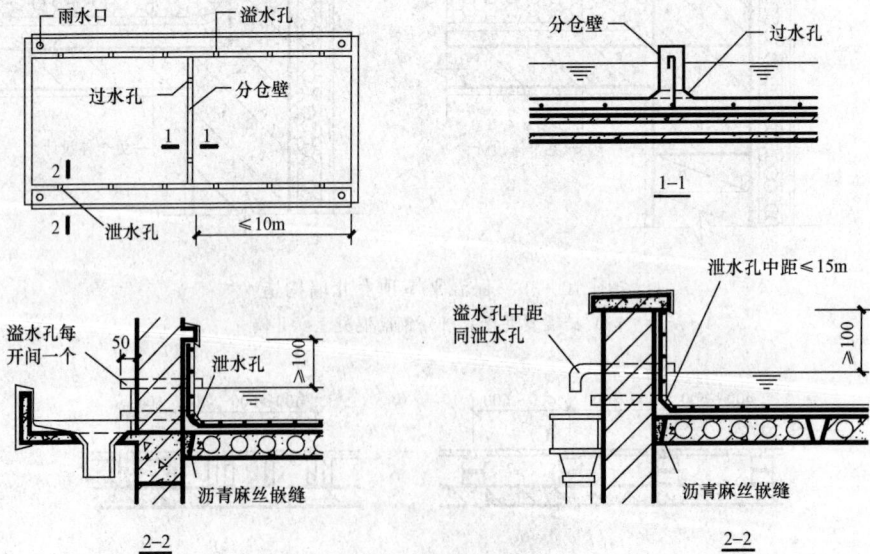

图 10-43　蓄水屋面构造

10.5.2　坡屋顶的保温与隔热

1. 坡屋顶保温

坡屋顶因其构造组成使得吊顶棚与屋面之间形成了一个三角形的阁楼空间，提高了屋顶的保温能力，所以保温要求不高时，可不另设保温层。但寒冷地区及保温要求较高的建筑仍需进行保温设计。

坡屋顶保温可根据结构体系、屋面盖料、经济性及地方材料来确定。

（1）钢筋混凝土结构坡屋顶。可在瓦材和屋面板之间铺设一层保温层，也可在屋面板下用聚合物砂浆粘贴聚苯乙烯泡沫塑料板保温层，如图 10-44 所示。

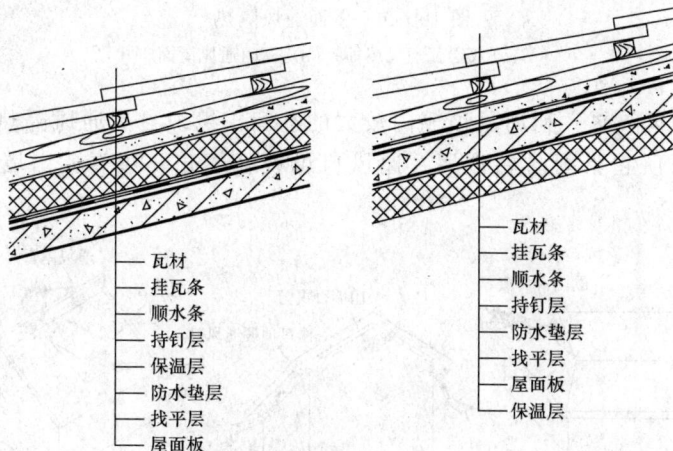

瓦材
挂瓦条
顺水条
持钉层
保温层
防水垫层
找平层
屋面板

瓦材
挂瓦条
顺水条
持钉层
防水垫层
找平层
屋面板
保温层

图 10-44　坡屋顶的保温构造

（2）压型钢板坡屋顶。可采用金属夹芯板，即内外两层金属板中间夹保温材料，如聚苯乙烯泡沫塑料板、硬泡聚氨酯泡沫塑料、矿棉、岩棉等；也可在板上铺如乳化沥青珍珠岩、水泥蛭石等保温材料后，再做防水层，如图 10-45 所示。

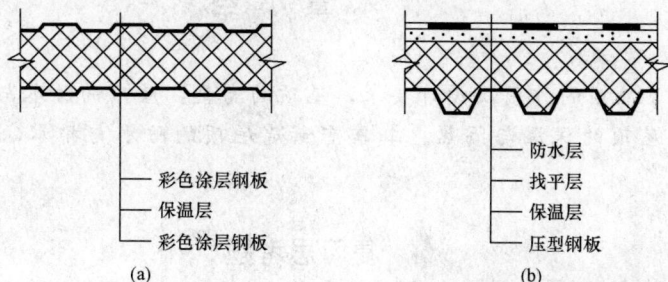

彩色涂层钢板
保温层
彩色涂层钢板

防水层
找平层
保温层
压型钢板

(a)　　　　　　　　　(b)

图 10-45　压型钢板屋面保温

（a）金属夹芯板；（b）压型钢板上布置保温层

2. 坡屋顶的隔热

坡屋顶的隔热除了采用实体材料隔热外，较为有效的措施是设置通风间层，常见的做法有：

（1）屋面通风隔热。屋面铺设双层瓦或檩条下钉纤维板，形成通风间层，利用空气流动带走通风间层中的一部分热量，如图 10 - 46 所示。

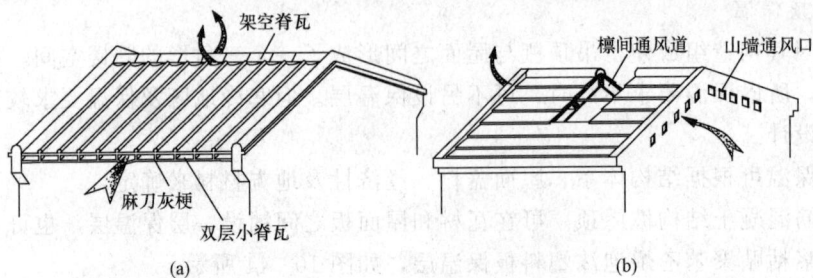

图 10 - 46　屋面通风隔热
(a) 双层瓦通风屋面；(b) 檩间通风屋面

（2）吊顶棚通风隔热。利用吊顶棚内较大的空间，组织自然通风隔热，其隔热效果明显，且对木结构屋顶起驱潮防腐作用。通风口可设在檐口、屋脊、山墙和坡屋顶上，如图 10 - 47所示。

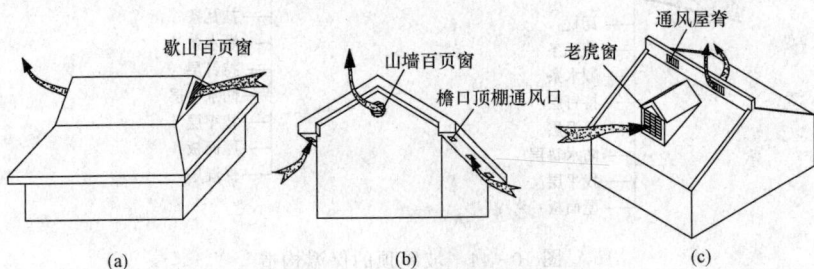

图 10 - 47　吊顶棚通风隔热
(a) 歇山百叶窗；(b) 山墙百叶窗和檐口通风口；(c) 老虎窗与通风屋脊

本 章 小 结

本章主要介绍了屋顶的作用及设计要求，屋顶的类型，屋顶的防水与排水，平屋顶构造，坡屋顶构造，屋顶的保温与隔热。本章重点是屋顶的防水与排水，平屋顶及坡屋顶构造。

复习思考题

1. 屋顶外形有哪些形式？
2. 屋顶的设计要求有哪些？
3. 屋顶坡度的形成方法有几种？各有什么特点？
4. 屋顶排水方式有哪几种？
5. 卷材防水平屋面的构造层次有哪些？各起什么作用？

6. 绘制卷材防水平屋面檐口及泛水构造详图。

7. 什么是刚性防水屋面？刚性防水屋面构造层次有哪些？为什么要设隔离层？

8. 简述块瓦屋面的构造层次。

9. 绘图说明保温平屋顶檐口细部构造。

10. 绘图说明保温平屋顶女儿墙泛水细部构造。

11. 平屋顶隔热降温措施有哪些？

12. 坡屋顶隔热降温措施有哪些？

本章专业英语词汇表

1. 平屋顶 flat roof

2. 坡屋顶 pitched roof

3. 曲面屋顶 curved roof

4. 保温屋面 Insulation roof

5. 隔热屋面 heat insulation roof

6. 柔性防水材料 flexible waterproof material

7. 刚性防水材料 rigid waterproof material

8. 高聚物改性沥青防水卷材 high polymer modified bituminous waterproof sheet

9. 合成高分子防水卷材 high polymer waterproof sheet

10. 防水涂料 waterproof paint

11. 沥青瓦 asphalt tile

12. 降雨量 rainfall

13. 材料找坡 material-slope

14. 结构找坡 structure-slope

15. 无组织排水 non-organization drainage

16. 自由落水 free fall

17. 有组织排水 organized drainage

18. 内排水 interior drainage

19. 外排水 exterior drainage

20. 天沟 gutter

21. 挑檐沟 eaves gutter

22. 女儿墙 parapet

23. 结构层 structure layer

24. 汇水面积 catchment area

25. 找坡层 sloping layer

26. 保温层 insulating layer

27. 防水层 waterproof layer; water-proof course

28. 隔汽层 vapour barrier

29. 找平层 leveling layer

30. 结合层 bonding layer

31. 保护层 protective coating

32. 泛水 flashing

33. 檐口 eave

34. 隔离层 separation layer

35. 块瓦 tile

36. 沥青瓦 asphalt shingle

37. 波形瓦 pantile，corrugated tile

38. 檩式结构 purlin type structure

39. 檩条 purlin

40. 椽条 rafter

41. 屋架 roof truss

42. 持钉层 lock layer of nail

43. 顺水条 counter batten

44. 挂瓦条 tile batten

45. 屋脊 flat ridge

第 11 章

门 与 窗

教学要求

1. 了解门窗的设计要求与分类。
2. 掌握门窗洞口尺度选择，木门、铝合金门窗、塑钢门窗的组成与构造。
3. 掌握节能门窗设计要点与连接构造。
4. 了解防火、隔声、防射线等门窗的要求及构造。

11.1 门窗的设计要求与类型

11.1.1 门窗的设计要求

门的主要作用是通行与疏散，也兼起采光和通风、分隔与联系建筑空间等作用；窗的主要作用是采光、通风及观察与瞭望。作为围护构件，门和窗应具有一定的保温、隔热、隔声、防火、防水、防风沙及防盗等功能。此外，门窗是建筑立面造型和室内装修的重要组成部分，门窗的大小、数量、位置、材质、造型及排列组合方式等对建筑造型和装饰效果均有一定的影响。因此，在进行门窗设计时，应满足坚固耐久、节能环保、造型美观、开启灵活、关闭紧密，便于维修和清洁等要求，而且规格类型尽量统一，以适应建筑工业化生产的需要。

11.1.2 门窗的类型

1. 按材料分

根据门窗所用材料不同，常见的有木门窗、钢门窗、铝合金门窗，及塑钢、铝塑门窗和玻璃钢门窗等复合材料制作的门窗。其中，塑钢门窗具有良好的密封、抗腐蚀、保温隔热及隔声等性能，已基本取代了木门窗、钢门窗、铝合金门窗。新型玻璃钢门窗具有耐候性强、强度大，密封、保温性好等特点，成为了继木、钢、铝、塑钢之后的第五代门窗产品。

2. 按开启方式分

(1) 门。门按开启方式的不同，有平开门、弹簧门、推拉门、折叠门、卷帘门、上翻门、升降门等，常见的有以下几种（图 11-1）：

1) 平开门。平开门（Side-hung door）是水平开启的门，它的铰链装于门扇的一侧与门框相连，使门扇围绕铰链轴转动，其门扇有单扇、双扇和内开、外开之分。平开门构造简单，开启灵活，加工制作简便，易于维修，在建筑中最常见、使用最广泛。

2）弹簧门。弹簧门（Swing door）是在门扇侧边用弹簧铰链或用地弹簧代替普通铰链，开启后能自动关闭。单向弹簧门常用于有自动关闭要求的房间，如卫生间的门，纱门等；双向弹簧门多用于人流出入频繁或有自动关闭要求的公共场所，如公共建筑门厅的门等。双向弹簧门门扇上一般要安装玻璃，供出入的人相互观察，以免碰撞。为保证使用安全，托幼、中小学等建筑中不得使用弹簧门。

3）推拉门。推拉门（Sliding door）通过上下轨道，左右推拉滑动进行开关，有单扇和双扇两种，开启后占用空间少，受力合理，不易变形；但在关闭时难于密封，且构造复杂。推拉门在居住类建筑中使用广泛，在人流较多的场所，可采用光电式或触动式自动推拉门。

4）折叠门。折叠门（Folding door）是由几个较窄的门扇相互间用合页连接而成，开启后，门扇折叠在一起推移到洞口的一侧或两侧，少占室内空间。简单的折叠门，只在侧边安装铰链，复杂的还要在门的上边或下边装导轨及转动五金配件。

5）转门。转门（Revolving door）是由三或四扇门连成风车形，固定在中轴上，在弧形门套内水平旋转，两扇门的边框与门套接触，可阻止室内外空气对流。转门构造复杂，造价较高，一般用作人员进出频繁，且有空调设备的公共建筑的外门。由于转门的通行能力差，不能作疏散用。因此，在转门的两旁还应另设平开门或弹簧门，作为不需要空气调节的季节和大量人流疏散之用。

在功能方面有特殊要求的门还有保温门、隔声门、防火门、防盗门等。

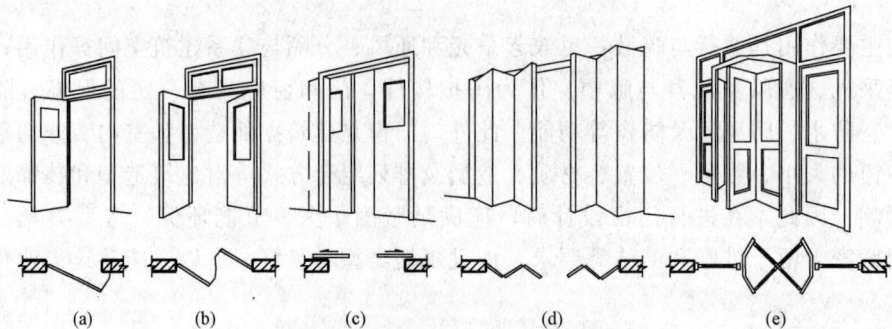

图 11-1　门的开启方式
（a）平开门；（b）弹簧门；（c）推拉门；（d）折叠门；（e）转门

（2）窗。窗依据开启方式不同，常见的窗有以下几种（图 11-2）：

1）平开窗。平开窗（Side-hung window）的窗扇用合页与窗框侧边相连，可水平开启的窗，有外开、内开之分。外开窗开启后，不占室内空间，雨水不易流入室内，但易受室外风吹、日晒、雨淋；而内开窗的性能正好与之相反。平开窗构造简单，制作、安装和维修方便，应用非常广泛。

2）悬窗。根据铰链和转轴位置不同，悬窗（Hung window）可分为上悬窗、中悬窗和下悬窗。上悬窗（Top-hung window）铰链安装在窗扇的上边，一般向外开，防雨好，多采用作外门和窗上的亮子。下悬窗（Hopper window）铰链安在窗扇的下边，一般向内开，通风较好，不挡雨，不能用作外窗，可用于内门上的亮子。中悬窗（Center-pivoted window）

是在窗扇两边中部装水平转轴，开启时窗扇绕水平轴旋转，开启时窗扇上部向内，下部向外，对挡雨、通风有利，并且开启易于机械化，故常用作大空间建筑的高侧窗；上下悬窗联动，也可用于靠外廊的窗。

3）立转窗。立转窗（Vertically pivoted window）是在窗扇上下冒头中部设垂直转轴，开启时窗扇绕转轴垂直旋转。立转窗开启方便，通风采光好，但防雨和密闭性较差。

4）推拉窗。推拉窗（Sliding window）分垂直推拉窗和水平推拉窗两种，窗扇是沿水平或竖向导轨或滑槽推拉，开启时不占室内外空间。推拉窗的窗扇及玻璃尺寸均比平开窗大，有利于采光和眺望；但它不能全部开启，通风效果受到影响。

5）固定窗。固定窗（Fixed window）无窗扇、直接将玻璃安装在窗框上，不能开启，只供采光和眺望，多用于门的亮子窗或与开启窗配合使用。

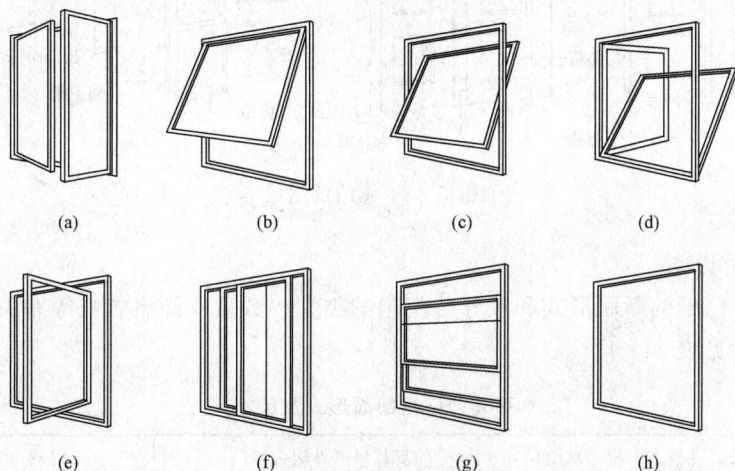

图 11 - 2　窗的开启方式

(a) 平开窗；(b) 上悬窗；(c) 中悬窗；(d) 下悬–平开窗；(e) 立转窗；
(f) 水平推拉窗；(g) 垂直推拉窗；(h) 固定窗

另外，还有集遮阳、防晒及通风等多种功能于一体的百叶窗、滑轴窗、折叠窗等。

窗按层数可分为单层窗和多层窗。

门窗各地均有通用图，设计时可按所需类型及尺度大小直接选用。

11.2　门窗构造

11.2.1　木门窗

由于木窗窗框梃料的断面尺寸大、透光率低，且易变形影响开启，耐久性差等原因，目前已基本不用。

1. 木门的组成

门主要由门框、门扇和建筑五金零件组成（图 11 - 3）。门框（Door frame）又称门樘，由上槛、边框组成，门上设亮子时设中横框，两扇以上的门应设中竖框，一般不设下槛（或称门槛），以便于通行和清扫地面。若考虑保温、隔声、防风雨、防鼠虫等要求可设门槛。门扇（Door leaf）一般由上冒头、中冒头、下冒头边梃等组成。建筑五金零件（Hard ware parts）主要有铰链（又称合页或折页）、门锁、插销、拉手和停门器等。

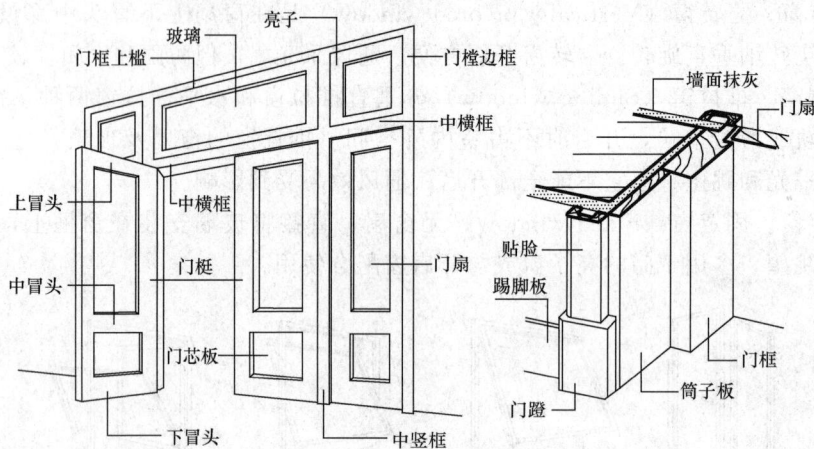

图 11-3　木门的组成

2. 平开门的构造

（1）门框。门框的断面形式和尺寸与门扇的类型、数量及开启方式等有关，平开门门框断面形式及尺寸见表 11-1。

表 11-1　　　　　　　　　　　平开门门框断面形式及尺寸

	单裁口（板、平板、玻璃门）	双裁口（外玻内纱门）	双裁口（弹簧门）
边框	门扇厚加1~2　42~55　52~55　10　90~105	120~132	52~56　90~125
中横框	内门用　42~65　52~60　90~105	120~152	52~65　90~125
中竖框	42~55　60~62　95~105	虚线示钉口位置　120~132	52~90　90~125

为便于门扇密闭，门框四周应做裁口（或铲口），其形式有单裁口与双裁口两种。单裁口用于单层门，双裁口用于双层门或弹簧门。为了节约木材，也可采用门框上钉上木条形成裁口的做法。

为防止门框靠墙面受潮产生翘曲变形，影响门扇的开启，常在该面开 1～2 道背槽，同时也利于门框的嵌固，将背槽涂煤焦油或混合防腐油做防腐处理。

门框的安装常用立口和塞口两种，如图 11-4 所示。

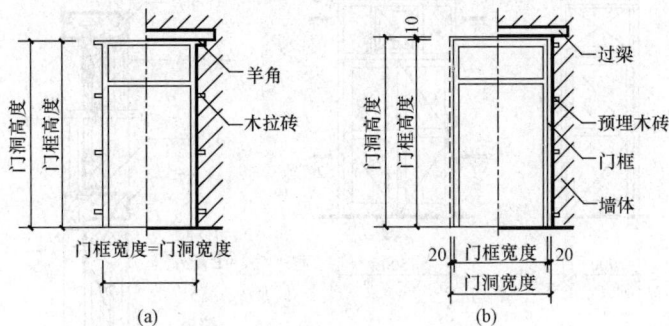

图 11-4 门框的安装方式
(a) 立口；(b) 塞口

立口（又称站口）即先立门框再砌墙。为使门框连接牢固，门框上下槛两端各伸出120mm，称槛出头，俗称"羊角"，并在边框两侧沿高度每隔 600～800mm 钉一块 120mm×120mm×60mm 防腐木砖或开脚铁件，砌入墙体。立口安装门框与墙体结合紧密、牢固，但门框在建筑主体封闭前，始终暴露在外，主体施工时易碰撞变位，受风雨日晒易产生变形。

塞口（又称塞樘子），是在砌墙时留出门洞口，待建筑主体工程结束后，再安装门框。为便于塞入门框，洞口的宽度应比门框大 20～30mm，高度比门框大 10～20mm。洞口两侧墙上沿高度每隔 500～600mm 预埋木砖，用圆钉将门框钉在木砖上；或在门框上固定铁脚，伸入墙体预留洞口内用砂浆窝牢；也可在墙内预埋螺栓固定。但是，在砌体上安装门框严禁用射钉固定。塞口安装方便，但是门框与墙体之间的缝隙较大，一般用面层砂浆直接填塞或用贴脸板封盖，寒冷地区缝内应填矿棉、聚氨酯或聚乙烯泡沫塑料等，如图 11-5 所示。

门框两边框的下端应埋入地面，设门槛时，门槛也应部分埋入地面。

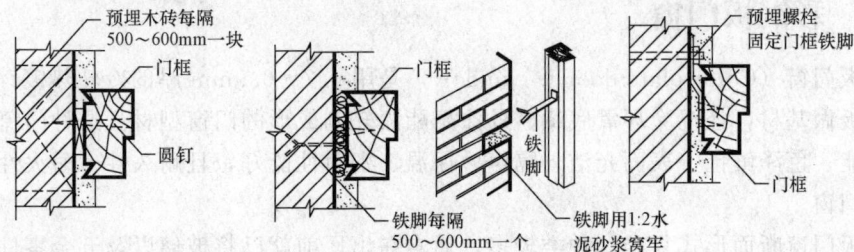

图 11-5 门框与墙体连接

(2) 门扇。按构造不同，民用建筑常见的门扇有镶板门和夹板门两种。

1) 镶板门（Panel door）门扇是由骨架和门芯板组成。骨架一般由上冒头、下冒头、中冒头及边梃组成，在骨架内镶门芯板，门芯板常用 10～15mm 厚的木板、胶合板、硬质纤维板及塑料板等。当门芯板部分或全部采用 3～5mm 厚的玻璃时，则为半玻璃门或全玻璃门；用窗纱或百页代替时，则为纱门或百叶门。另外，不同材料的门芯板也可根据需要进行组合。镶板门可用作一般民用建筑的内门和外门（图 11-6）。

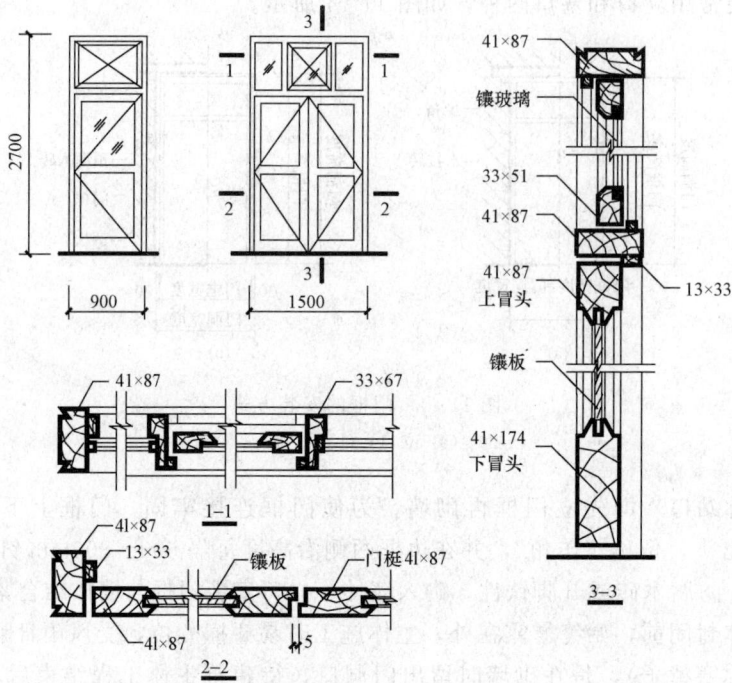

图 11-6 镶板门构造

2) 夹板门（Plywood-faced door）也称贴板门或胶合板门，是用断面较小的方木做骨架，两面粘贴面板而成（图 11-7），面板和骨架形成一个整体，共同抵抗变形。门扇面板多用三层胶合板，也可用塑料面板或硬质纤维板，为了封盖胶合板周边，在骨架四周钉木条封盖。夹板门多为全夹板门也有局部安装玻璃或百叶的夹板门。

11.2.2 彩钢板门窗

彩钢板门窗（Color plate door & window）是用 0.7～0.9mm 厚的冷轧热镀锌板或合金化热镀锌板做基材，经辊涂环氧底漆、外涂聚酯漆轧制成形的门窗型材。这种门窗有较高的防腐蚀性能、色泽鲜艳、表面光洁、隔声、保温、密封性能好，且耐久性、耐火性能优于其他材质的门窗。

彩钢板门窗断面形式复杂，种类较多，通常在出厂前就已将玻璃以及五金零件装好，在现场进行成品安装。

彩钢板门窗有带副框和不带副框两种类型。当外墙面为花岗石、大理石、面砖等贴面材料时，常采用带副框的门窗，或门窗与内墙要求平齐的建筑。安装时，先用自制螺丝将连接

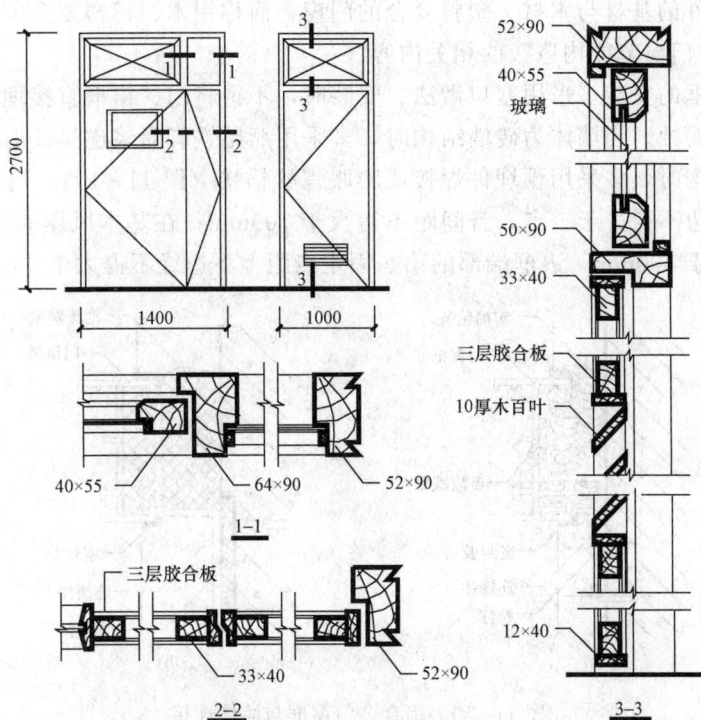

图 11-7 夹板门构造

件固定在副框上，将副框连接件与墙体内预埋件焊牢，待室内外粉刷工程完工后，再将彩钢板门窗固定在副框上，并用密封胶将洞口与副框及副框与窗框之间的缝隙进行密封（图 11-8）。当内外墙面装修为普通粉刷时，常用不带副框的做法，直接用膨胀螺钉将门窗框固定在墙体上（图 11-9）。

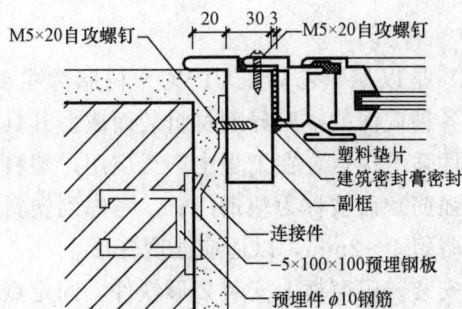

图 11-8 带副框彩钢板门窗

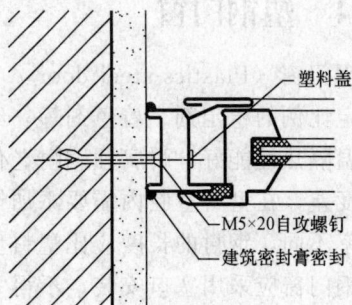

图 11-9 不带副框彩钢板门窗

11.2.3 铝合金门窗

铝合金门窗（Aluminium alloy door & window）是指采用铝合金挤压型材为框、梃、扇料制作的门窗，具有质量轻、强度高、密闭性好、耐腐蚀、便于加工维修及装饰效果雅致等优点而得到广泛的应用；但铝合金型材的导热系数大，为改善其热工性能，目前有一种以铝合金作受力杆件的基材与木材、塑料复合的门窗，简称铝木、铝塑复合节能门窗，可参见本章第 11.3 节"门窗节能构造"的相关内容。

铝合金门窗框的安装多采用塞口做法。安装时，不得将门、窗框直接埋入墙体，以防止碱对门、窗框的腐蚀。当墙体为砖墙结构时，多采用燕尾铁脚灌浆连接或射钉连接；当墙体为钢筋混凝土结构时，多采用预埋件焊接或膨胀螺栓锚接（图 11-10）。门窗框与墙体等的连接固定点，每边不得少于二点，且间距不得大于 700mm；在基本风压大于或等于 0.7kPa 的地区，不得大于 500mm。边框端部的第一固定点距上下边缘不得大于 200mm。

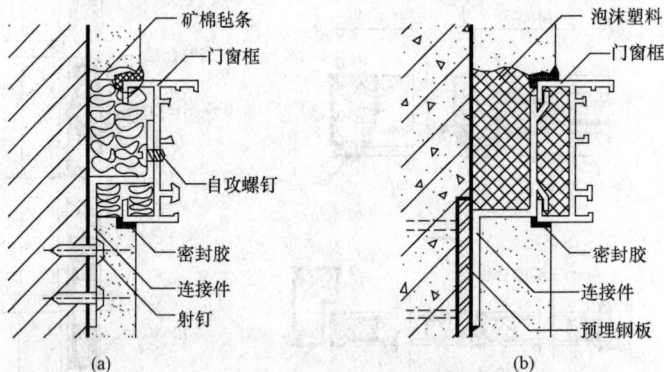

图 11-10　铝合金门窗框与墙体连接
(a) 射钉连接；(b) 预埋件焊接

门窗框固定好后与门窗洞四周的缝隙，一般采用软质保温材料填塞，如将泡沫塑料条、泡沫聚氨酯条、矿棉毡条或玻璃丝毡条等分层填实，外表留 5～8mm 深的槽口用密封膏密封。这种做法主要是为了防止门窗框四周形成冷热交换区产生结露，也有利于隔声，保温；同时可避免门窗框与混凝土、水泥砂浆接触，消除碱对门窗框的腐蚀。

11.2.4　塑钢门窗

塑钢门窗（Plastics-steel door & window）是以聚氯乙烯（UPVC）树脂为主要原料，添加一定比例的稳定剂、着色剂等，经挤压成各种截面的空腹异型材组装而成。其具有密封性、保温隔热性能好，耐腐蚀、耐老化、装饰性强等优点，在工程中广泛应用。塑料的变形大，刚度差，在型材空腔内需要添加钢衬（加强筋）而被称为塑钢门窗。考虑到塑料与钢衬的收缩率不同，钢衬的长度应比塑料型材长度略短 1～2mm，以适应温度变形。

塑钢门窗应采用塞口安装，不得采用立口安装。门窗框上安装 Z 形铁件，固定点应距窗角、中竖框、中横框 150～200mm，固定点之间的间距不应大于 600mm，且不得将固定片直接安装在中横框、中竖框的挡头上。塑料门、窗框在连接固定点的位置背面钻 ϕ3.5mm 的安装孔，并用 ϕ4mm 自攻螺丝将 Z 形镀锌连接铁件拧固在框背面的燕尾槽内。将塑料门、窗框上已安装好的 Z 形连接铁件与洞口的四周固定。混凝土墙洞口，应采用射钉或塑料膨胀螺钉固定；砌体洞口，应采用塑料膨胀螺钉或水泥钉固定，但不得固定在砖缝上；加气混凝土墙洞口，应采用木螺钉将固定片固定在胶粘圆木上；有预埋铁件的洞口，应采用焊接方法固定，也可先在预埋件上按紧固件打基孔，再用紧固件固定（图 11-11）。

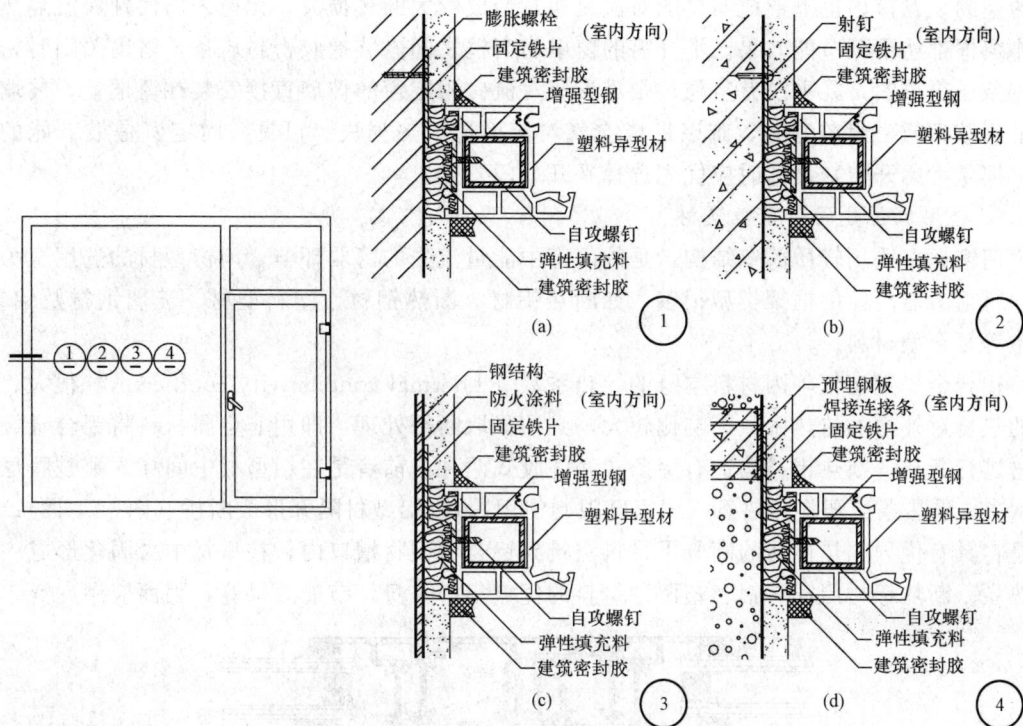

图 11-11　塑钢门窗框与墙体连接

（a）膨胀螺栓连接；（b）射钉连接；（c）焊接连接；（d）预埋件焊接连接

在门窗框与墙体之间的缝隙内嵌塞 PE 高发泡条、矿棉毡或其他软填料，外表面各留出 10mm 左右的空槽，两侧的空槽内用嵌缝膏密封。

11.3　门窗节能构造

门窗是围护结构中保温、隔热的薄弱环节，是影响建筑室内热环境和造成能耗过高的主要原因。例如，在传统建筑中，通过窗的耗热量占建筑总能耗 20% 以上；在节能建筑中，有保温材料的墙体热阻增大，窗的热损失占建筑总能耗的比例更大；在空调建筑中，通过窗户（特别是阳面窗户）进入室内的太阳辐射热，极大地增加了空调负荷。造成门窗能量损失大的原因是门窗与周围环境进行热交换，例如，通过门窗框的热损失，通过玻璃进入室内的太阳辐射热或向室外的热损失，窗洞口热桥及通过门窗缝隙造成的热损失。因此，门窗节能设计主要应从门窗型式、门窗型材、玻璃、密封等方面入手。

11.3.1　门窗节能设计

1. 选择节能门窗形式

门窗形式是影响其节能性能的重要因素。以窗型为例，推拉窗的节能效果差，而平开窗和固定窗的节能效果显著。推拉窗在窗框下滑轨来回滑动，下部滑轨间有缝隙，上部也有较大的空间，在窗扇上下形成明显的对流交换，造成较大的热损失，无论采用何种保温隔热型材作窗框都达不到节能效果。平开窗的窗扇与窗框之间嵌装橡胶密封压条，窗扇关闭时密封橡胶条压得很紧，几乎没有空隙，很难形成对流。固定窗的玻璃直接安装在窗框上，玻璃和窗框用胶条或密封胶密封，难以形成空气对流而造成热损失。可见，固定窗是最节能的窗型，但是考虑开启，设计时应优先选择平开（门）窗。

2. 选用低传热的门窗框型材

门窗框多采用轻质薄壁结构，是外门窗中能量流失的薄弱环节，门窗型材的选用至关重要。目前节能门窗的框架类型很多，如断热铝材、断热钢材、塑料型材、玻璃钢材及铝塑、铝木等复合型材料。

铝合金、钢窗框等因材料本身的导热系数（Thermal conductivity coefficient）很大，形成的热桥对外窗的传热系数影响比较大，必须采取断桥处理，即用非金属材料将铝合金、钢型材进行断热。断热铝材构造有穿条式和注胶式两种，前者是在铝型材中间穿入聚酰胺尼龙（PA66）隔热条或塑料隔热条（国家已限制使用），将铝型材隔开形成断桥（图 11-12）；后者是将具有优异隔热性能的高分子材料浇筑到铝合金型材槽口内，在型材中央固化形成一道隔热层。断热铝材门窗将铝、塑两种材料的优点集于一身，节能效果好，因而应用广泛。

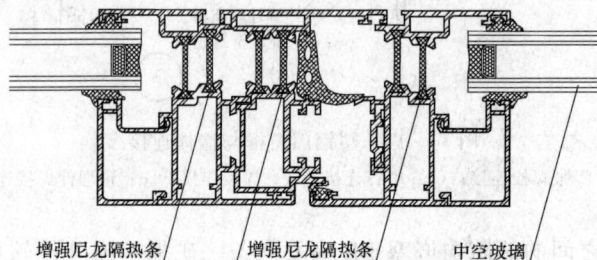

图 11-12　断热铝合金门窗型材

玻璃钢门窗，即玻璃纤维增强塑料门窗（Glass fiber reinforced plastic door and window），利用玻璃纤维作为主要增强材料，以热固性（Thermoset）聚酯树脂作为主要基体材料，通过拉挤工艺生产出不同截面的空腹型材，然后通过切割等工艺制成的新型复合材料门窗（图 11-13）。型材表面经打磨后，可用静电粉末喷涂、表面覆膜等多种技术工艺，获得多种色彩或质感的装饰效果。玻璃钢型材的纵向强度较高，一般情况下不用增强型钢；但型

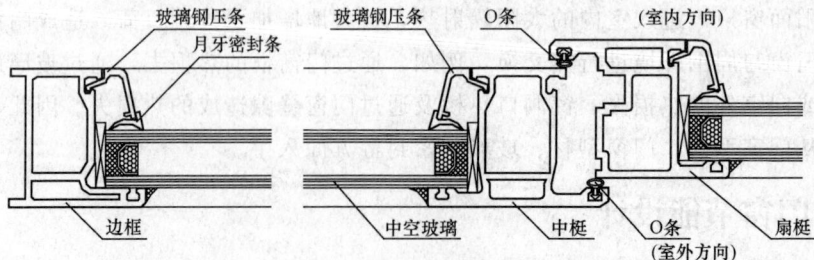

图 11-13　玻璃钢节能门窗型材

材的横向强度较低，门窗框梃连接为组装式，连接处需用密封胶密封，防止缝隙渗漏。玻璃钢门窗因具有质轻、高强、防腐、保温、绝缘、隔声等诸多优点，成为继木、钢、铝、塑之后的又一代新型门窗。

铝塑复合节能门窗的型材将铝合金和塑料结合起来，铝型材平均壁厚达 1.4～1.8mm，表面采用粉末喷涂技术，保证门窗强度高、不变色、不掉色。中间的隔热断桥部分采用改良的 PVC 塑芯作为隔热桥，其壁厚 2.5mm，强度更高。通过铝＋塑＋铝的紧密复合，铝材和塑料型材都有较高的强度，使门窗的整体强度更高。其次，多腔室的结构设计，减少了热量的损失，加之三道密封设计，密封性能更好，如图 11-14 所示。

铝木节能门窗有木包铝门窗和铝包木门窗两种。木包铝节能门窗运用等压原理，采用空心闭合截面的铝合金框作为主要受力结构，型材整体强度高，且气密性和水密性好；在铝合金框靠室内的一侧镶嵌高档优质木材，质地细致，纹理样式丰富，装饰性强，如图 11-15 所示。铝包木节能门窗是其室外部分采用铝合金型材，表面进行氟碳喷涂，可以抵抗阳光中的紫外线及自然界中的各种腐蚀，室内部分为经过特殊工艺加工的高档优质木材，既保留了纯木门窗的特性和功能，外层的铝合金又起到较好的保护作用。

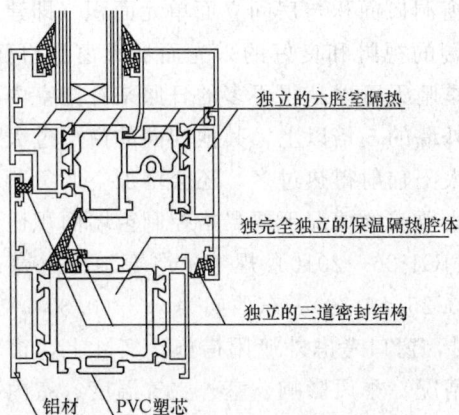

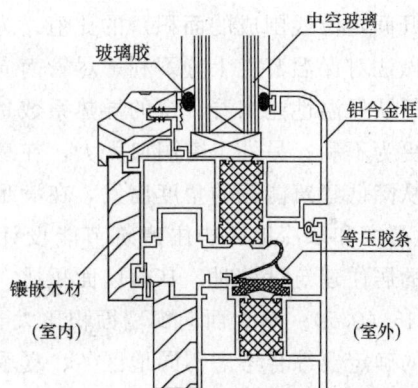

图 11-14　铝塑复合节能门窗型材　　　　图 11-15　木包铝节能门窗型材

3. 选用节能玻璃

在窗户中，玻璃面积占门窗总面积的 58%～87%，采用节能玻璃是提高门窗保温节能效果的一个重要因素。节能玻璃的种类包括：吸热玻璃、镀膜玻璃［热反射玻璃和低辐射（Low-E）玻璃］、中空玻璃和真空玻璃。吸热玻璃、镀膜玻璃、钢化玻璃（又称玻璃纤维增强塑料）、夹层玻璃等品种的玻璃又可以组成中空玻璃或真空玻璃。其中，建筑门窗中使用中空玻璃是一种有效的节能环保途径，在实际工程中应用广泛。

中空玻璃（Hollow glass）又称密封隔热玻璃，由两层或多层玻璃构成，使用高强度高气密性复合胶粘剂，将玻璃片与内含干燥剂的铝合金框架粘结制成，玻璃周边用密封胶密封，中间夹层充入干燥气体隔声、隔热、防结露并能降低能耗，框内的干燥剂用来保证玻璃片间空气的干燥度，如图 11-16 所示。可以根据要求选用不同性能的玻璃原片，如无色透明浮法玻璃、压花玻璃、吸热玻璃、热反射玻璃、夹丝玻璃、钢化玻璃等。

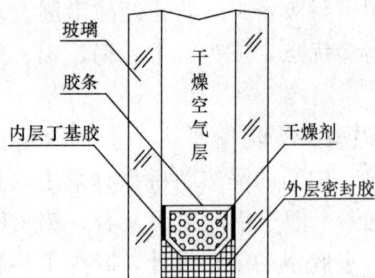

图 11-16 中空玻璃示意图

4. 密封要严密

门窗框与墙体之间、框扇间、玻璃与框扇间的这些缝隙，是空气渗透的通道影响门窗节能效果，应密封严密。门窗框与墙体间缝隙不得用水泥砂浆填塞，应采用弹性材料填嵌饱满，表面用密封胶密封。如塑钢门窗框与墙体间的缝隙，通常用聚氨酯发泡体进行填充，不仅有填充作用，而且还有良好的密封保温和隔热性能。框扇之间、玻璃与框扇之间用密封条挤紧密封，密封胶条分为毛条和胶条。密封胶条必须具有足够的拉伸强度、良好的弹性、耐温性和耐老化性，断面尺寸要与门窗型材匹配，否则，胶条经太阳长期暴晒会老化变硬，失去弹性，容易脱落，不仅密封性差，而且造成玻璃松动产生安全隐患。常用的密封胶条材质主要有丁腈橡胶、三元乙丙橡胶（EPDM）、热塑性弹性体（TPE）、聚氨酯弹性体（P）、硅橡胶等。

5. 控制窗墙面积比

窗墙面积比（Window-wall area ratio）是指窗洞口面积与房间立面单元面积（即建筑层高与开间定位线围成的面积）的比值。为获得开阔的视野和良好的采光而加大窗洞口面积，这种做法对保温节能十分不利。尽管南向窗在冬季晴天可以获得更多的日照来补充室内的热量，但从保温性能来看，窗的导热系数是同面积外墙的 5 倍以上，其他朝向的窗户过大，对节能更为不利；另外，窗洞口太大，在夏季通过太阳辐射得热过多，还会增加空调负荷。因此，从降低建筑能耗的角度出发，在满足室内采光要求的情况下要严格控制窗墙面积比。

《严寒和寒冷地区居住建筑节能设计标准》（JGJ 26—2010）规定：严寒地区（寒冷地区）的居住建筑设计时，其窗墙面积比，北向为 0.25（0.30），东西向为 0.3（0.35），南向为 0.45（0.5）。东、西向窗墙面积比大于 0.25 时，窗口考虑外遮阳措施。实际上，窗墙面积比的确定要综合考虑不同地区冬、夏季的日照情况、季风影响、室外空气温度、室内采光设计标准、外窗开窗面积与建筑能耗等因素。

11.3.2 节能门窗连接构造

上述几种节能门窗均采用塞口安装，方法基本相同。图 11-17 所示为铝合金节能门窗安装通用节点详图，其他节能门窗连接构造可参考选用。

11.4 特殊门窗

特殊门窗包括防火、隔声、防射线等类型的门窗。

11.4.1 防火门窗

按照建筑设计防火规范的要求，必须将建筑内部空间按照一定的面积要求划分成若干个防火分区（Fire compartment），以防止火灾蔓延；但这些分区不可能完全由墙体进行分隔，为了各防火分区之间的交通联系与可视效果，需要设置防火门窗（Fireproof door & win-

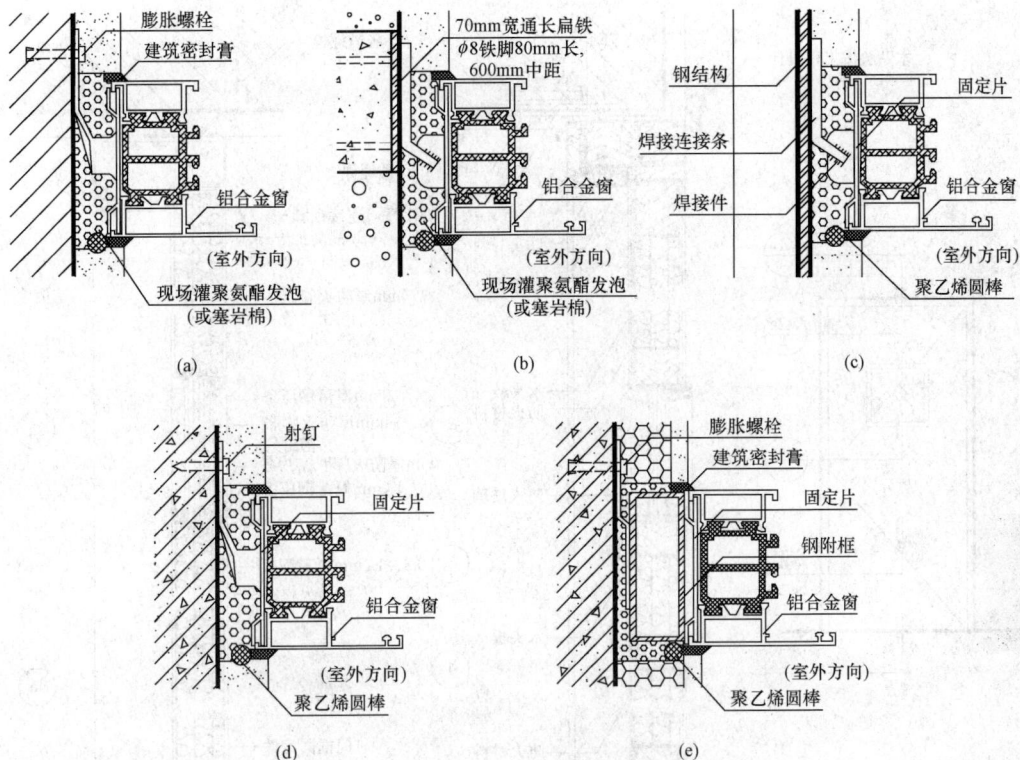

图 11-17 铝合金节能门窗安装通用节点

(a) 砖墙；(b) 轻质墙；(c) 钢结构；(d) 钢筋混凝土墙；(e) 附框安装

dow）进行分隔。考虑交通顺畅与视线通透，在设置防火墙或防火门确实有困难的公共场所（如大型商场、大型展览馆、仓库），可采用防火卷帘作防火分区分隔，火灾时能有效地抑制火势蔓延，确保人员安全疏散和为实施消防灭火争取宝贵的时间。

按照规范规定，防火门窗的耐火等级分为甲、乙、丙三级，其耐火极限分别不应低于1.2h、0.9h、0.6h。一般情况下，甲级防火门窗主要用于防火墙上，乙级防火门窗主要用于防烟楼梯的前室与楼梯间洞口，丙级防火门窗主要用于管道井检查口。有些特殊用途的防火门（如核电站专用门）采用特级钢质防火门时，其耐火极限可达 2.0h 以上。

1. 防火门

按材质不同，防火门（Fire door）主要有木质、钢质、钢木质或其他材质（无机不燃材料）。木质防火门的门框、门扇骨架及门扇面板采用难燃木材或难燃木材制品制作，门扇内填充对人体无毒无害的防火隔热材料，并配以防火五金配件。钢质防火门的门框、门扇骨架和门扇面板采用冷轧薄钢板，门扇内填充对人体无毒无害的防火隔热材料，并配以防火五金配件而组成的具有一定耐火性能的门。门框设密封槽，槽内嵌装由不燃性材料制成的密封条。木质和钢质防火门的门框安装均是通过铁脚与墙内预埋钢板焊接或用膨胀螺栓连接（图11-18）；若为轻型砌块墙需在洞口两侧做钢筋混凝土构造柱连接。

防火门应为向疏散方向开启的平开门，且在关闭后能从任何一侧手动开启；用于疏散的走道、楼梯间和前室的防火门，应装设闭门器和顺序器，即开启后可自动关闭，且能按顺序

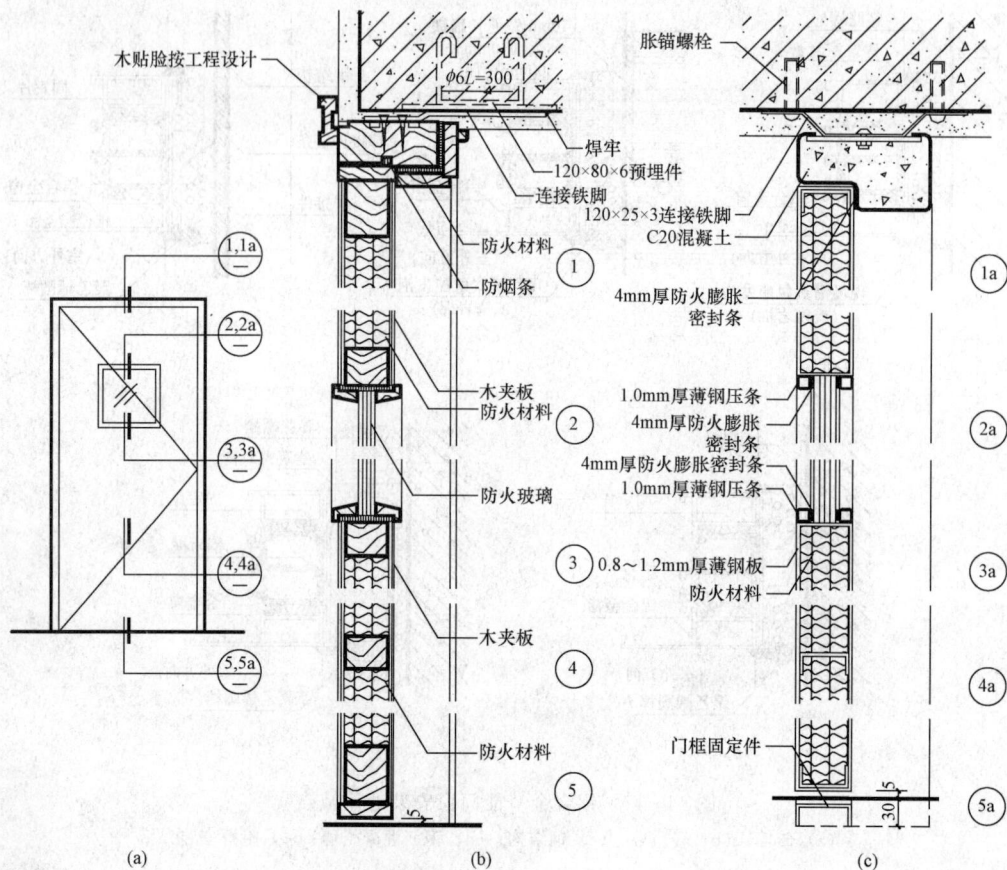

图 11-18 防火门门框与墙体连接

(a) 防火门立面；(b) 木夹板防火门；(c) 钢防火门

关闭（常闭的防火门除外）。

2. 防火窗

防火窗（Fire window）多采用钢质防火窗，由钢窗框、钢窗扇及防火玻璃组成。钢框架内部填充不燃性材料，防火玻璃有复合型（如防火夹层玻璃、薄涂型防火玻璃、防火中空玻璃等）和单片型（如色钾、硼硅酸盐、微晶防火玻璃等），厚度与玻璃品种、构造及耐火极限有关，一般为 16～30mm 厚。窗框与玻璃之间的密封材料应为不燃材料或难燃材料。

防火窗分为固定式与活动式两种。

3. 防火卷帘

防火卷帘（Fire roller shutter）包括钢防火卷帘与无机防火卷帘。无机防火卷帘是防火卷帘的新品种，主要采用无机防火纤维经过特殊加工而成，与钢质防火卷帘相比，无机防火卷帘具有体积小、质量轻、运行平稳、噪声低、外观好的优势，安全性更可靠。防火卷帘门由帘板、卷轴、箱体、导轨、座板、电气传动等部分组成，配有温感、烟感、光感报警系统与水幕喷淋系统，遇有火警可自动报警、自动喷淋、门体自控下降、定点延时关闭，使受灾区域人员得以疏散。防火卷帘与墙体的安装固定可采用预埋钢板焊接或用膨胀螺栓连接；若为轻型砌块墙需在洞口两侧做钢筋混凝土构造柱连接，如图 11-19 所示。

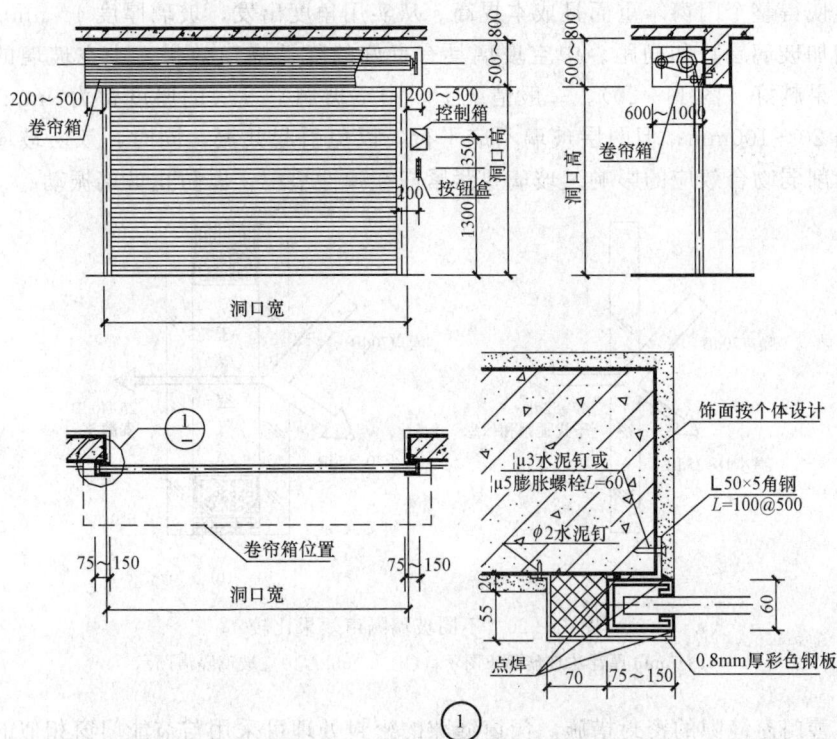

图 11-19 钢防火卷帘的形式与安装

按照《建筑设计防火规范》（GB 50016—2014）的规定，作为防火分区分隔时，在卷帘的一侧或两侧应设置独立的闭式自动喷水系统保护，既能消除烟气，降低环境温度，为人员的安全疏散提供更多时间；同时又对卷帘传动部分及电控箱实行冷却，使其在火灾状态下能有效地运行。

11.4.2 隔声门窗

随着工业、交通、建筑业的发展，噪声已成为人们生活、工作、学习和环境中的一种公害。由于建筑围护结构中的门窗，尤其是一般民宅的门窗，隔声性能很差，隔声量远比外墙低，是外界噪声进入室内的主要通道，门窗隔声性能直接影响建筑环境的优劣。尤其是对于某些高噪声、干扰大的房间（如空调机房、冷冻机房、印刷车间等）或者对声学环境要求较高的厅堂（会议室、播音室、录音室等），需安装隔声门窗（Sound proof door & window）。

门窗都是由框、扇和玻璃组成，在框、扇、玻璃之间又存在着缝隙，所以门窗的隔声性能取决于门窗型材的密度，玻璃的厚度，以及骨架与墙体之间、框扇之间，玻璃与框扇之间缝隙的处理。因此，提高门窗的隔声能力可从以下方面入手：

（1）加大门窗型材骨架的密度。但会致使门窗过重而开关不便，五金零件也容易损坏。隔声门常采用多层复合结构，在两层面板之间填吸声材料（如玻璃棉、玻璃纤维板、岩棉等）。

（2）增加玻璃的厚度。玻璃越厚，隔声性能越好；但对门窗扇的强度要求也高，型材要加大加厚，使得整个门窗笨重而且成本提高。从实用角度出发，玻璃厚度 4～5mm 为宜。

（3）增加玻璃层数和间距。中空玻璃具有良好的降低噪声效果，中空玻璃的空气层越大，隔声效果越好（图 11-20）。一般情况下，中空玻璃空气层的厚度常为 9mm 和 12mm，特殊情况为 20～100mm；但两层玻璃不应平行，以免引起共振，同时，双层玻璃的厚度应不相同，以削弱吻合效应的影响。玻璃要紧紧嵌在弹性垫中，以防止玻璃振动。

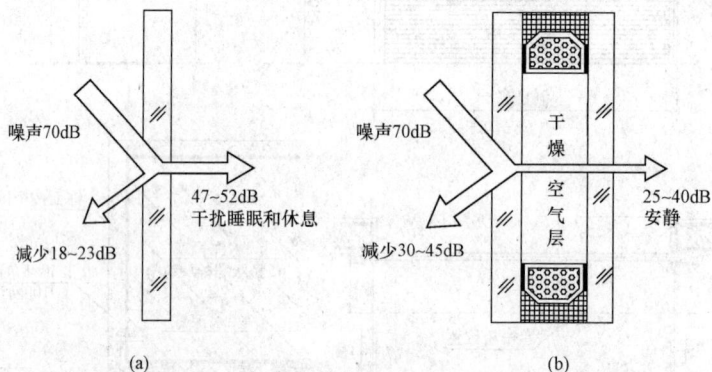

图 11-20　不同玻璃隔声效果比较

（a）5mm 厚浮法玻璃隔声图示；（b）23mm 厚中空玻璃隔声图示

（4）改善门窗缝隙的密封措施。门窗缝隙的密封处理可采用与节能门窗相似的做法，详见本章第 11.3 节"门窗节能构造"的相关内容。

11.4.3　防射线门窗

因为放射线对人体有一定程度的损害，对用于科研、实验、医疗或生产等有辐射源的建筑，其放射室要做防护处理，设置防射线门窗（X-ray proof door & window）。

放射室的内墙均须装置 X 光线防护门，其防护材料为铅板，铅板的厚度须按具体情况经过计算确定，如图 11-21 所示。铅板既可以单面或双面包钉于门板外，也可以镶钉于门扇骨架内（图 11-21）。医院的 X 光治疗室和摄片室的观察窗，均需镶嵌 15～20mm 厚的铅玻璃，呈黄色或紫红色。铅玻璃系固定装置，但也需注意铅板防护，四周均需交叉叠过，不留缝隙，安装要求可参考防射线门。

本 章 小 结

本章主要讲述门窗的设计要求与分类、门窗的组成与构造，节能门窗以及特殊门窗的类型。本章的重点是木门、铝合金门窗、塑钢门窗的连接构造，门窗节能构造处理，以及防火门窗的设计与构造。

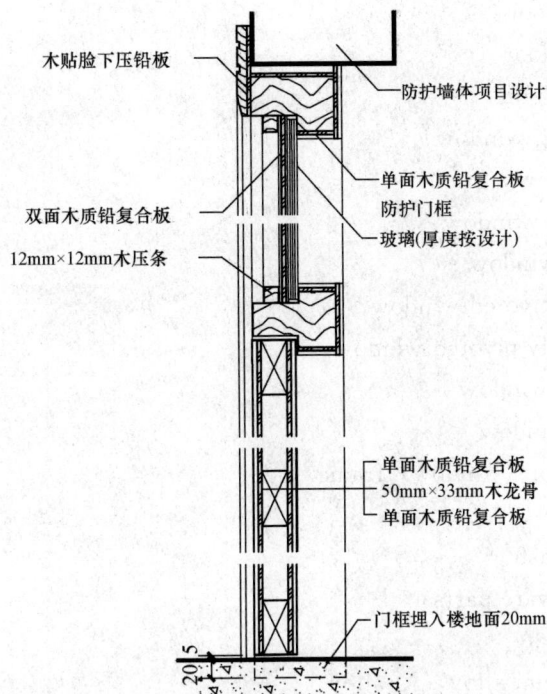

木贴脸下压铅板

防护墙体项目设计

单面木质铅复合板
防护门框
玻璃(厚度按设计)

双面木质铅复合板

12mm×12mm木压条

单面木质铅复合板
50mm×33mm木龙骨
单面木质铅复合板

门框埋入楼地面20mm

图 11-21　防射线木质平开门构造

复习思考题

1. 门窗的设计要求有哪些?

2. 门窗的开启方式有哪些? 各自的特点是什么?

3. 门窗洞口的尺度如何设计?

4. 简述门窗的构造组成。

5. 门窗框的安装方法有几种? 现在的门窗框为何选用塞口安装?

6. 绘制木门安装构造详图。

7. 绘制塑钢门窗安装构造详图。

8. 简述节能门窗设计要点。

9. 绘制铝合金节能门窗安装构造详图。

10. 简述防火门窗与防火卷帘的设置要求。

11. 如何提高门窗的隔声能力?

本章专业英语词汇表

1. 平开门 side-hung door

2. 弹簧门 swing door, spring door

3. 推拉门 sliding door

4. 折叠门 folding door

5. 转门 revolving door

6. 平开窗 side-hung window

7. 悬窗 hung window

8. 上悬窗 top-hung window

9. 下悬窗 hopper window

10. 中悬窗 center-pivoted window

11. 立转窗 vertically pivoted window

12. 推拉窗 sliding window

13. 固定窗 fixed window

14. 门（窗）框 door（window）frame

15. 门扇 door leaf

16. 窗扇 window sash

17. 五金零件 hardware parts

18. 彩钢板 color plate

19. 铝合金 aluminium alloy，Al-alloy

20. 塑钢 plastics-steel

21. 导热系数 thermal conductivity coefficient

22. 玻璃钢 glass fiber reinforced plastic，GFP

23. 热固性 thermoset

24. 热塑性 thermoplasticity

25. 聚酯树脂 polyester resins

26. 环氧树脂 epoxy resins

27. 气密性 air-tightness

28. 水密性 water-tightness

29. 中空玻璃 hollow glass

30. 聚氨酯 polyurethane，PU

31. 窗墙面积比 window-wall area ratio

32. 防火分区 fire compartment

33. 防火门（窗）fire door（window）

34. 防火卷帘 fire roller shutter

35. 保温门（窗）thermal insulating door（window）

36. 隔声门（窗）sound proof door（window），acoustical door（window）

37. 防射线门（窗）X-ray proof door（window）

第 12 章

变　形　缝

📺 **教学要求**

1. 熟悉变形缝的作用及分类。
2. 掌握伸缩缝、沉降缝、防震缝的设置条件。
3. 掌握变形缝的构造处理。

12.1　变形缝的作用、类型及要求

建筑物由于受温度变化、地基不均匀沉降以及地震等因素的影响，结构内部将产生附加的应力和变形，如不采取措施或措施不当，在建筑物变形敏感部位或强度和刚度薄弱部位，会产生裂缝，甚至倒塌，影响使用与安全。为避免或减少这些不利影响，可通过加强建筑物的整体性，使其具有足够的强度与刚度，来克服这些附加应力和变形，避免破坏；或在建筑物变形敏感部位将结构断开，预留缝隙，使建筑物各部分能自由变形，不受约束，防止破坏。后者虽构造复杂，但比较经济，工程中广为采用。这种在建筑物变形敏感部位预留的缝隙称为变形缝。

变形缝按其功能分为三种类型，即伸缩缝（Expansion joint）、沉降缝（Settlement joint）和防震缝（Aseismic joint）。

1. 伸缩缝

当建筑物的长度或宽度较大时，为避免由于温度变化引起材料的热胀冷缩而导致构件开裂，沿竖向将建筑物基础以上部分全部断开的预留缝称为伸缩缝，也称温度缝。

由于基础埋于地下，受温度变化影响较小，不必断开，因此，伸缩缝应从基础顶面开始，将建筑物的墙体、楼板层、屋顶等地面以上构件全部断开。

伸缩缝的宽度一般为 20～30mm，其设置间距（即建筑物的允许连续长度）与结构所用材料、结构类型、施工方式、建筑所处位置和环境有关，有关结构设计规范对此均有明确规定，砌体建筑、钢筋混凝土结构建筑伸缩缝的最大间距可分别见表 12-1、表 12-2。

2. 沉降缝

沉降缝是为了防止建筑物各部分由于地基不均匀沉降引起建筑物破坏而设置的变形缝。

凡属下列情况之一时，均应考虑设置沉降缝：

（1）同一建筑物两相邻部分的高度相差较大、荷载相差悬殊或结构形式不同处。

（2）建筑物建造在不同地基上，且难以保证均匀沉降处。

表 12 - 1　　　　　　　　　　　砌体建筑伸缩缝的最大间距　　　　　　　　　　（单位：m）

砌体类型	屋顶或楼层结构类别		间距
各种砌体	整体式或装配整体式钢筋混凝土结构	有保温层或隔热层的屋顶、楼层	50
		无保温层或隔热层的屋顶	40
	装配式无檩体系钢筋混凝土结构	有保温层或隔热层的屋顶、楼层	60
		无保温层或隔热层的屋顶	50
	装配式有檩体系钢筋混凝土结构	有保温层或隔热层的屋顶	75
		无保温层或隔热层的屋顶	60
黏土砖、空心砖砌体	黏土瓦或石棉水泥瓦屋顶、木屋顶或楼层、砖石屋顶或楼层		100
石砌体			80
硅酸盐块砌体和混凝土块砌体			75

注：1. 层高大于 5m 的砌体结构单层建筑，其伸缩缝间距可按表中数值乘以 1.3，但当墙体采用硅酸盐砌块和混凝土砌块筑时，不得大于 75m。

　　2. 温度较大且变化频繁地区和严寒地区不采暖的建筑物，伸缩缝的最大间距应按表中数值予以适当减小。

表 12 - 2　　　　　　　　　　钢筋混凝土结构伸缩缝的最大间距　　　　　　　　（单位：m）

结构类别		室内或土中	露天
排架结构	装配式	100	70
框架结构	装配式	75	50
	现浇式	55	35
剪力墙结构	装配式	65	40
	现浇式	45	30
挡土墙、地下室墙壁等类结构	装配式	40	30
	现浇式	30	20

注：1. 当屋面板上部无保温或隔热措施时：框架、剪力墙结构的伸缩缝间距，可按表中露天栏的数值选用；排架结构的伸缩缝间距，可按表中室内栏的数值适当减小。

　　2. 排架结构的柱高低于 8m 时，宜适当减小伸缩缝间距。

　　3. 伸缩缝间距应考虑施工条件的影响。必要时（如材料收缩较大或室内结构因施工时外露时间较长）宜适当减小伸缩缝间距。

　（3）建筑物相邻两部分的基础形式不同、宽度和埋深相差悬殊处。

　（4）建筑物平面形状比较复杂、交接部位又比较薄弱处。

　（5）新建建筑物与原有建筑物交接处。

　　为保证沉降缝两侧建筑物各部分自由沉降变形，不受约束，沉降缝必须从基础到屋顶沿建筑物全高设置，即沉降缝贯穿整个建筑物设置。

　　沉降缝的缝宽与地基的性质和建筑物的高度有关。由于地基的不均匀沉陷，会引起沉降缝两侧的结构倾斜，为保证沉降缝两侧建筑物变形各自独立、互不影响，沉降缝宽度视不同情况可按表 12 - 3 选择。

表 12-3	沉降缝宽度		
地基性质	建筑物高度 H 或层数		缝宽/mm
一般地基	$H<5m$		30
	$H=5\sim10m$		50
	$H=10\sim15m$		70
软弱地基	2~3 层		50~80
	4~5 层		80~120
	6 层以上		>120
湿陷性黄土地基			≥30~70

注：沉降缝两侧结构单元层数不同时，由于高层部分的影响，低层结构的倾斜往往很大。因此，沉降缝的宽度应按高层部分的高度确定。

3. 防震缝

在抗震设防地区，当建筑物体形比较复杂或建筑物各部分的高度、竖向荷载、结构刚度相差较悬殊时，需在建筑物的变形敏感部位设置防震缝，将建筑物分成若干规整的结构单元，以防止和减少在地震力作用下建筑物各部分相互挤压、拉抻，造成破坏。

对于多层砌体建筑，有下列情况之一时，宜设防震缝：

(1) 房屋立面高差在 6m 以上。

(2) 房屋有错层，且楼板高差大于层高的 1/4。

(3) 建筑物相邻各部分的结构刚度、质量差别较大。

防震缝应沿建筑物全高设置，一般情况下，基础可不设缝。防震缝的两侧应布置墙或柱，形成双墙、双柱或一墙一柱，使各部分结构封闭，具有较好的刚度。

防震缝的宽度根据建筑物高度和抗震设计烈度来确定。一般多层砌体建筑的缝宽取 70~100mm。多层钢筋混凝土框架结构建筑，当建筑高度不超过 15m 时，缝宽不应小于 100mm；当建筑高度超过 15m 时，地震设计烈度 6 度、7 度、8 度、9 度地区分别每增加高度 5m、4m、3m、2m，宜加宽 20mm。

为简化构造，设计时以上三种变形缝应统一考虑，沉降缝、防震缝可兼做伸缩缝。

12.2 变形缝构造

变形缝的设置，实际上是将一个建筑物从结构上划分成了两个或两个以上的独立单元。但是，从建筑角度来看，它们仍然是一个整体。为了防止风、雨、冷热空气、灰尘等侵入室内，影响建筑物的正常使用和耐久性，同时也为了建筑物的美观，必须对变形缝予以覆盖和装修。这些覆盖和装修，必须保证其在充分发挥自身功能的同时，使变形缝两侧结构单元的水平或竖向相对位移和变形不受限制。

12.2.1 基础变形缝

基础变形缝多为沉降缝，适应建筑物各部分在垂直方向的自由沉降变形，避免因不均匀沉降造成相互干扰。沉降缝两侧多设双墙，墙下基础处理，通常采取双墙式基础、交错式基础和悬挑式基础三种做法。

1. 双墙式基础

建筑物沉降缝两侧的墙下有各自的基础，如图 12-1（a）所示。构造简单、结构整体刚度大，但基础偏心受力，在沉降变形时相互影响。

2. 交错式基础（又称交叉式基础）

建筑物沉降缝两侧的墙下仍设有各自的基础。为避免基础偏心受力，将墙下基础分段错开布置或采用独立式基础，上设钢筋混凝土基础梁支承墙体，如图 12-1（b）所示。虽构造麻烦，但基础受力合理。多用于新建建筑物的基础沉降缝处理。

3. 悬挑式基础

为保证沉降缝两侧的结构单元自由沉降又互不影响，在沉降缝一侧的墙下做基础，另一侧墙利用悬挑梁上设钢筋混凝土基础梁支承，如图 12-1（c）所示。为减轻基础梁上的荷载，墙体宜采用轻质墙体。多用于沉降缝两侧基础埋深相差较大及新旧建筑物交接处的基础沉降缝处理。

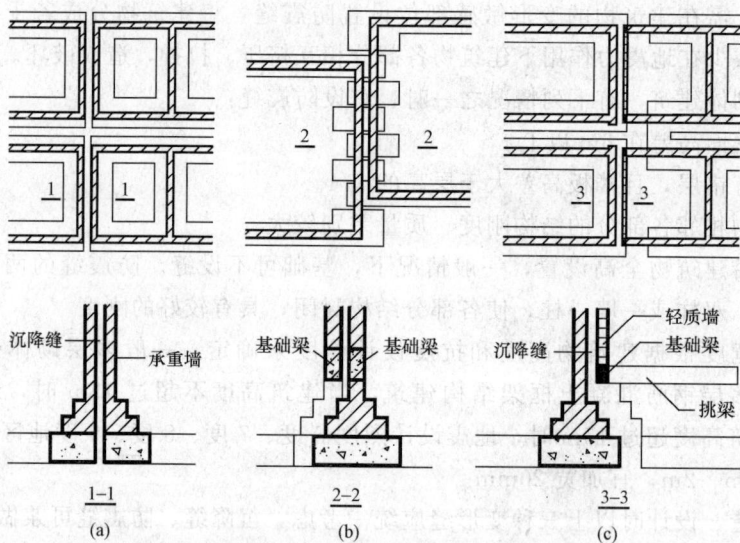

图 12-1　基础变形缝构造

(a) 双墙式基础；(b) 交错式基础；(c) 悬挑式基础

12.2.2　地下室变形缝

变形缝对地下室工程防水不利，应尽量避免设置；如必须设置变形缝时，应对变形缝处的沉降量加以适当控制，同时做好墙身、地面变形缝的防水处理。地下室处沉降缝的宽度宜为 20～30mm，伸缩缝的宽度宜小于 20～30mm。变形缝处混凝土结构的厚度不应小于 300mm。

地下室变形缝应满足密封防水、适应变形、施工方便、检修容易等要求。防水构造可采用设置止水带（Waterstop）、遇水膨胀止水条（Water swelling strip）、防水嵌缝材料、外贴防水卷材等做法形成多道防水防线。除中埋式止水带必须设置外，根据地下室的防水等级适当选用一至两种其他防水构造措施，见表 12-4。

表 12-4 明挖法地下防水工程设防

防水等级	防 水 措 施						
	中埋式止水带	外贴式止水带	可卸式止水带	防水嵌缝材料	外贴防水卷材	外贴防水涂料	遇水膨胀止水条
一级	应选	应选两种					
二级	应选	应选一至两种					
三级	应选	宜选一至两种					
四级	应选	宜选一种					

止水带按做法分有中埋式、外贴式和可卸式三种。中埋式止水带是在进行结构施工时，在变形缝处预埋止水带。可卸式止水带在变形缝两侧混凝土施工时先预埋铁件，后进行止水带安装。无论哪种止水带，埋设时均应位置准确，中间空心圆环应与变形缝的中心线重合。

止水带按材料分有金属止水带（如镀锌钢板、紫铜片）、橡胶止水带和塑料止水带。金属止水带适应变形能力较差，制作较难，故适合于环境温度较高（高于 50℃）的情况；在具有一定加工能力，变形缝变形量不太大时，也可用在一般的温度环境中。遇水膨胀止水条遇水后会发生膨胀，有助于挤密缝隙，对防水有利。

嵌缝材料嵌填施工时，缝内两侧应平整、清洁、无渗水，并涂刷与嵌缝材料相容的基层处理剂；嵌缝时应先设置与嵌缝材料隔离的背衬材料；嵌填应密实，与两侧粘结牢固。

地下室变形缝防水构造如图 12-2 所示。

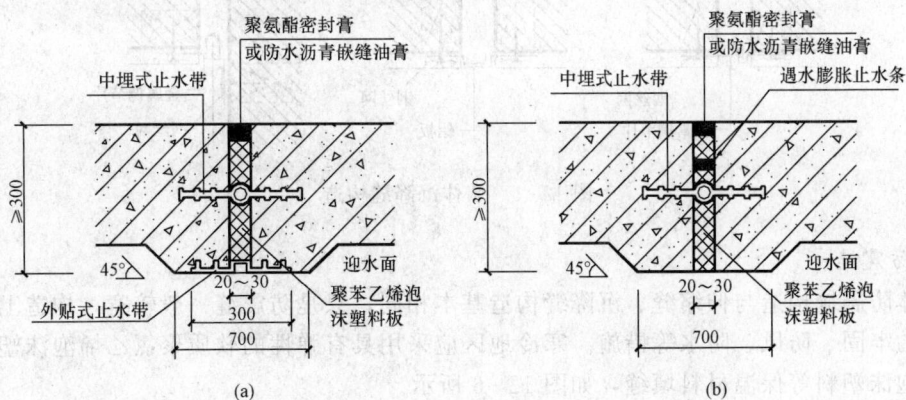

图 12-2 地下室变形缝防水构造
(a) 中埋式止水带与外贴式止水带复合使用；(b) 中埋式止水带与遇水膨胀止水条复合使用

12.2.3 墙体变形缝

1. 伸缩缝

为避免外界自然因素对室内环境的影响，需对伸缩缝进行构造处理，以达到防水、保温、防风的目的。外墙变形缝内应填塞沥青麻丝、泡沫塑料等材料，外侧常用镀锌铁皮、铝板等金属调节片覆盖（图12-3）。如墙面作抹灰处理，为防止抹灰脱落，可在金属片上加钉钢丝网后再抹灰。内墙变形缝通常用具有一定装饰效果的木质盖缝板、金属装饰板盖缝（图12-4）。内外墙变形缝的填缝或盖缝材料及构造应保证结构在水平方向的自由伸缩。

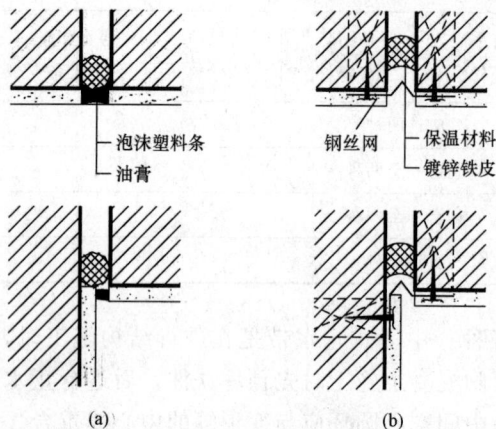

（a）　　　　　　　　　（b）

图12-3　外墙伸缩缝构造

（a）油膏嵌缝；（b）金属板盖缝

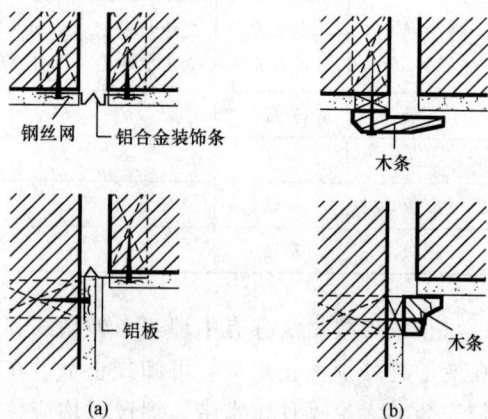

（a）　　　　　　　　　（b）

图12-4　内墙伸缩缝构造

（a）金属装饰板盖缝；（b）木板盖缝

2. 沉降缝

沉降缝可兼起伸缩缝的作用，其构造也与伸缩缝构造基本相同，只是金属调节片或盖缝板应断开处理，以保证两侧结构在竖向的相对变位不受约束，如图12-5所示。

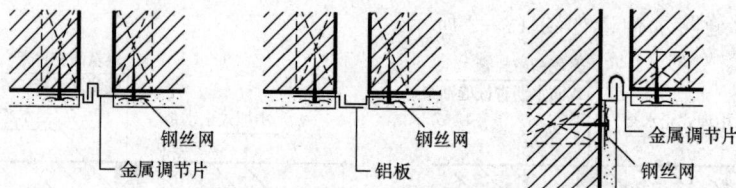

图12-5　墙体沉降缝构造

3. 防震缝

墙体防震缝构造与伸缩缝、沉降缝构造基本相同，只是防震缝一般较宽，构造上更应注意盖缝的牢固、防风、防水等措施。寒冷地区应采用具有弹性的软质聚氯乙烯泡沫塑料、聚苯乙烯泡沫塑料等保温材料填缝，如图12-6所示。

12.2.4　楼地层变形缝

楼地层变形缝的位置和缝宽应与墙体变形缝一致。变形缝常以具有弹性的油膏、沥青麻丝、金属或塑料调节片等材料作填缝或封缝处理，上铺与地面材料相同的活动盖板或金属板，以满足地面的平整、耐磨、防水及防尘等要求。顶棚可用木质盖板、金属板或吊顶覆盖，但盖缝板应一侧固定另一侧自由，以保证结构的自由伸缩和沉降变形，如图12-7所示。

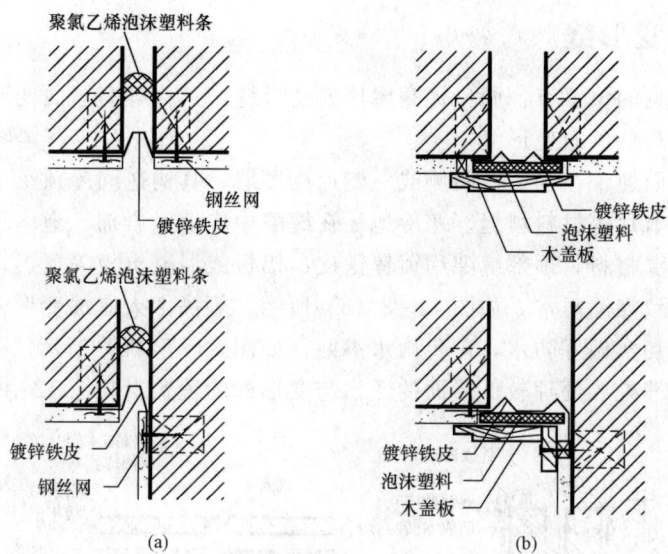

图 12 - 6 墙体防震缝构造

（a）外墙防震缝；（b）内墙防震缝

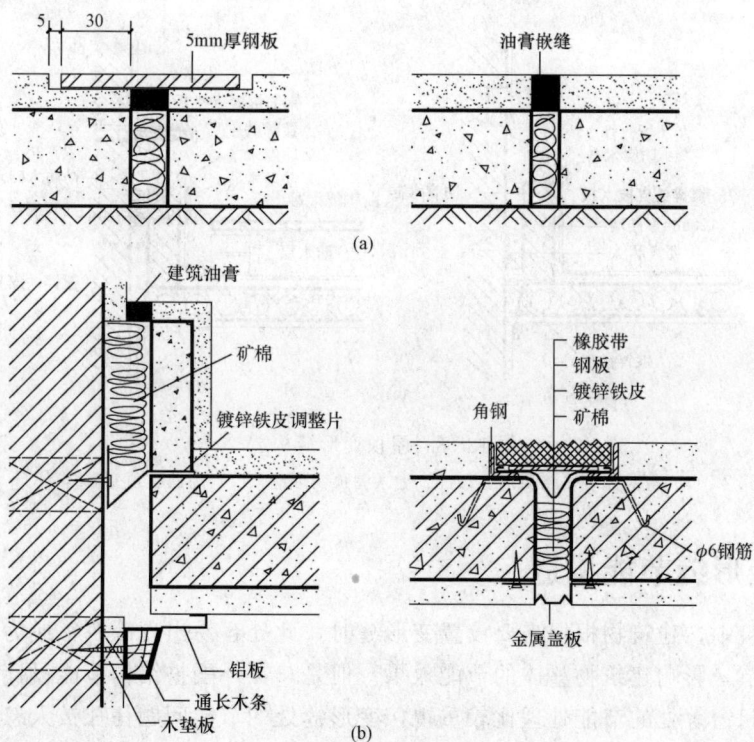

图 12 - 7 楼地层变形缝构造

（a）地面变形缝构造；（b）楼面变形缝构造

12.2.5 屋顶变形缝

屋顶变形缝常见的位置有：同一标高屋顶处变形缝，又称等高屋面变形缝；高低错落屋顶处变形缝，又称高低屋面变形缝。

等高非上人屋面通常在变形缝两侧或一侧加砌矮墙，其构造同屋顶泛水构造。矮墙内用沥青麻丝、金属调节片等材料填缝。寒冷地区在缝隙中应填以岩棉、泡沫塑料或沥青麻丝等具有一定弹性的保温材料。顶部缝隙用镀锌铁皮、铝板或混凝土板等覆盖，允许两侧结构自由伸缩或沉降而不致渗漏雨水，如图 12-8（a）所示。等高上人屋面变形缝因使用要求一般不设矮墙，此时应切实做好防水，避免雨水渗漏，如图 12-8（b）所示。

高低屋面变形缝处要处理较低屋面的泛水与变形缝的覆盖，如图 12-8（c）所示。

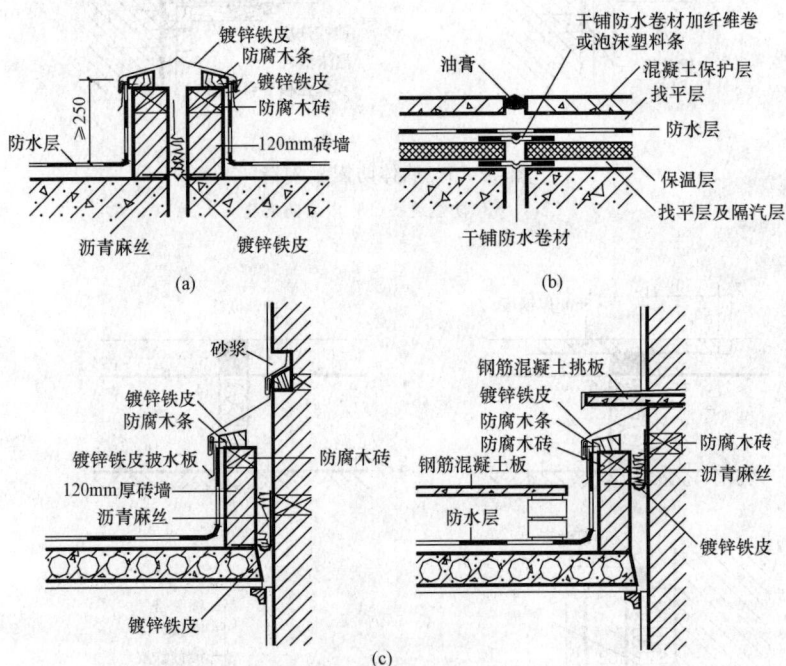

图 12-8 屋顶变形缝构造

（a）等高屋顶平接变形缝；（b）上人屋顶变形缝；（c）高低屋顶变形缝

12.2.6 变形缝节能构造

在节能建筑中，建筑物根据需要设置变形缝时，此处容易出现冷桥，成为节能建筑绝热保温的薄弱环节，影响建筑物整体的节能效果。但是，在外围护结构节能设计与施工时，对外墙、屋面、门窗等处的节能处理比较重视，变形缝处的节能问题往往被人忽视。因此，要取得良好的节能效果，还要解决好变形缝处的节能构造。即在安装外墙装饰板或屋面盖缝板之前，应将保温材料塞入变形缝内，填塞密实。待装饰盖板固定好后，再对变形缝两侧的保温层细部进行处理，严禁直接覆盖。墙身变形缝与屋面变形缝节能构造如图 12-9 和图 12-10 所示。

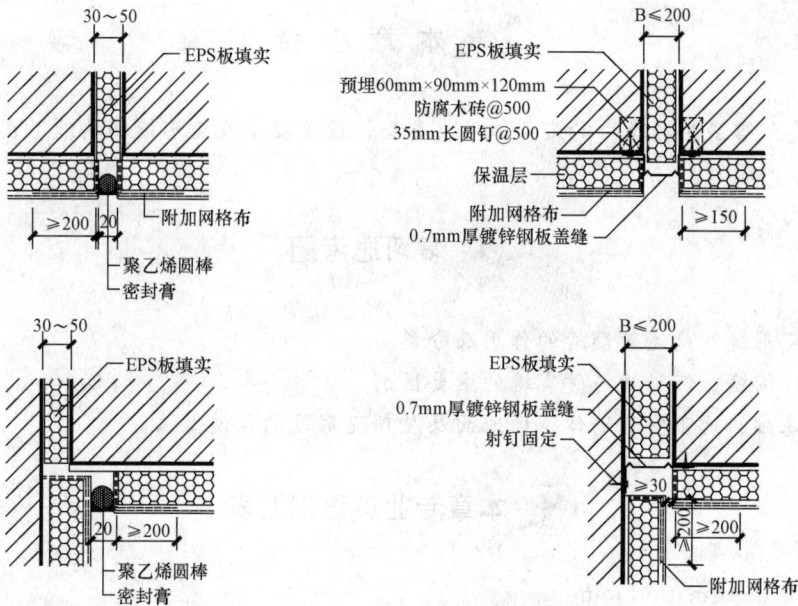

图 12-9　墙身变形缝节能构造

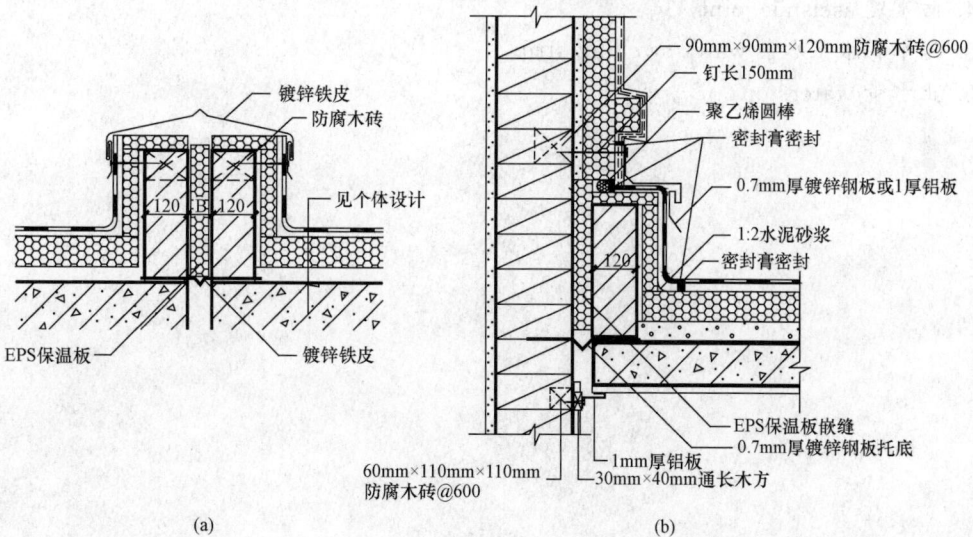

(a)　　　　　　　　(b)

图 12-10　屋面变形缝节能构造

(a) 等高屋面；(b) 高低屋面

目前，一些大型公共建筑和工业建筑采用成品化的建筑变形缝装置。它是由铝合金型材、铝合金板或不锈钢板、不锈钢滑杆及橡胶嵌条等组成的集实用性和装饰性于一体的工业化产品，适用于建筑物的楼地面、内外墙、顶棚和吊顶、屋面等部位的变形缝处理，设计时可从《变形缝建筑构造》（04CJ01）图集中直接选用。

本 章 小 结

本章主要介绍了变形缝的定义、作用、类型，设置要求及变形缝的构造。变形缝构造处理是本章重点内容。

复习思考题

1. 何谓变形缝？简述变形缝的作用及分类。
2. 分述伸缩缝、沉降缝与防震缝的主要区别。
3. 简述基础、地下室、墙体、楼地面及屋顶变形缝的构造做法。

本章专业英语词汇表

1. 变形缝 deformation joint
2. 伸缩缝 expansion joint
3. 沉降缝 settlement joint
4. 防震缝 aseismic joint
5. 遇水膨胀止水条 water swelling strip
6. 止水带 waterstop

第 2 篇 工 业 建 筑

第13章

工 业 建 筑 概 述

教学要求

1. 熟悉工业建筑的设计特点及分类。
2. 了解厂房内部起重运输设备。
3. 熟悉单层工业厂房的结构类型。
4. 掌握钢、钢筋混凝土排架结构及门式刚架结构厂房的构件组成及形式。

13.1 工业建筑的特点与分类

工业建筑（Industrial building）是指为满足工业生产需要而建造的各种不同用途的建筑物与构筑物的总称。直接用于工业生产的各种建筑物，称为工业厂房（Industrial plant）。按生产工艺的要求完成某些工序或单独生产某些产品的单位，称为生产车间。烟囱、水塔、管道支架、冷却塔及水池等生产辅助设施，称为构筑物。

13.1.1 工业建筑的特点

工业建筑与民用建筑一样，在设计原则、建筑材料和建筑技术等方面，两者有许多共同之处。但工业建筑是为工业生产服务的，生产工艺将直接影响建筑平面布局、建筑结构、建筑构造以及施工工艺等，这与民用建筑又有很大差别。工业建筑具有如下特点：

1. 满足生产工艺的要求

为了保证生产的顺利进行，保证产品质量，提高劳动生产率，保护生产设备，厂房设计必须满足生产工艺的要求，以工艺设计为基础。

2. 需要较大的内部敞通空间

厂房中各种生产设备（如机床、锻锤、冶炼炉、冷热轧机等）体形大，并需要各种起重运输工具（如汽车、火车、吊车、电瓶车等）通行，要求厂房内部大并有敞通空间。

3. 动静荷载较大

单层工业厂房屋顶自重大，厂房内一般设置一台或数台吊车，吊车在运行和动力设备（如锻锤）在使用过程中均产生较大的动荷载，因此，多数工业厂房采用钢筋混凝土骨架结构或钢结构。

4. 构造复杂

由于厂房面积、体积都较大，有时采用多跨组合，为解决室内的采光与通风、屋面的防水与排水等问题，构造处理上比较复杂。

5. 工程技术管网多

为满足生产的要求，车间内设置各种工程技术管网（如上下水、热力管道、压缩空气、煤气、乙炔、氧气、电力管网等），需采取相应的安装固定措施。

13.1.2 工业建筑的分类

工业厂房通常按照厂房的用途、内部生产状况及层数进行分类：

1. 按用途分类

（1）主要生产厂房：用于完成主要产品从原料到成品的主要生产工艺过程的各类厂房，如机械制造厂的锻造、铸造、热处理、铆焊、冲压、机械加工及装配车间等。

（2）辅助生产厂房：为主要生产厂房提供生产服务的各类厂房，如机械制造厂中的机械修理、工具、模型车间等。

（3）动力厂房：为全厂提供能源和动力的各类厂房，如发电站、锅炉房、变电所、煤气发生站、压缩空气站等。

（4）储藏用厂房：贮存原材料、半成品和成品的各种仓库，如材料库、成品库。

（5）运输用厂房：管理、存放及检修各种运输工具用的房屋，如机车库、汽车库、电瓶车库等。

（6）其他：不属于上述五类用途的建筑，如水泵房、污水处理用房等。

每一个工厂应设哪些厂房，要根据工厂的生产规模、生产工艺过程来确定。

2. 按内部生产状况分类

（1）冷加工车间（Cold working workshop）：在正常温度、湿度条件下进行生产的车间，如机械加工、装配、机修车间等。

（2）热加工车间（Hot working workshop）：在高温或熔化状态下进行生产的车间，在生产中会产生大量的烟尘、热量及有害气体，如冶炼、铸造、锻造和轧钢车间等。

（3）恒温、恒湿车间（Constant temperature and humidity workshop）：在稳定的温湿度条件下进行生产的车间，如纺织、酿造、精密仪表车间等。

（4）洁净车间（Clean workshop）：为保证产品质量，在无尘无菌、无污染的洁净状态下进行生产的车间，如医药工业中的粉针剂车间、集成电路车间等。

（5）其他特殊状况的车间：如在生产过程中会产生大量腐蚀性物质、放射性物质、噪声、防电磁波干扰等的车间。

3. 按厂房层数分类

（1）单层厂房（Single-story factory），适用于有大型生产设备和加工件，有较大动荷载和大型起重运输设备、需要水平方向组织生产工艺流程的厂房，广泛应用于冶金工业、机械制造工业等重工业厂房，单层厂房有单跨和多跨、等高跨和高低跨之分（图 13-1）。

（2）多层厂房（Multi-story factory），适用于竖向组织生产工艺流程，设备及产品较轻的厂房，多用于轻工、食品、电子、仪表等工业（图 13-2）。

（3）层次混合厂房（Hybrid stories factory），即同一厂房内多种层次混合，多用于热电厂、化工厂等（图 13-3）。

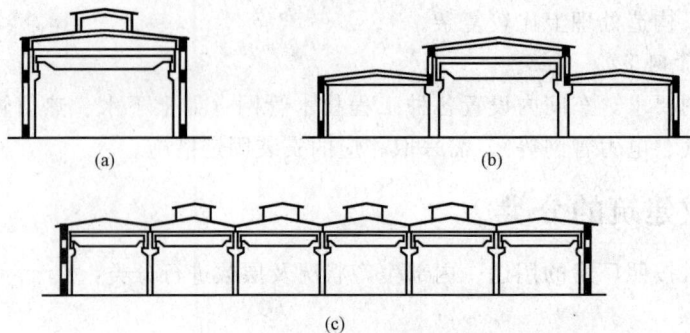

图 13-1 单层厂房

(a) 单跨；(b) 高低跨；(c) 多跨

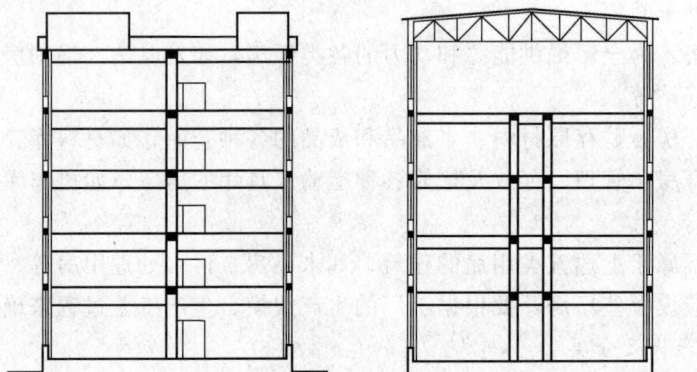

图 13-2 多层厂房

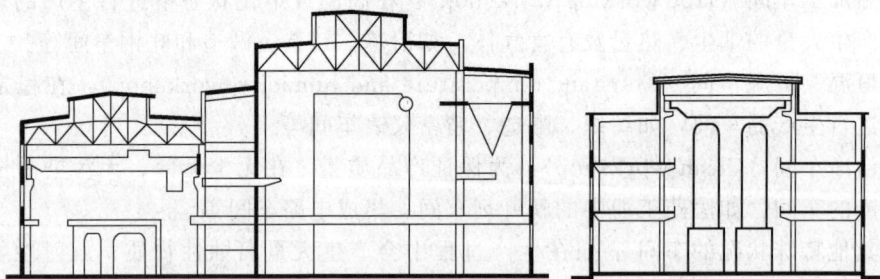

图 13-3 层次混合厂房

13.2 厂房内部的起重运输设备

在生产过程中，为了装卸、搬运各种原材料、成品和半成品，以及进行生产设备的检修等，在厂房内部需设置必要的起重运输设备，如吊车、平板车、电瓶车、汽车、火车等。其中，厂房上部空间的各种吊车，对厂房的建筑设计和结构计算影响最大。常见的吊车有以下几种：

1. 单轨悬挂式吊车

单轨悬挂式吊车（Monorail hanging crane）由电动葫芦和工字形钢轨组成，如图 13-4 所示。工字形钢轨悬挂在屋架（或屋面梁）下弦，可布置成直线或曲线环形轨道，电动葫芦安装在钢轨上，按单轨线路运行或起吊重物，由于钢轨悬挂在屋架下弦，要求厂房屋盖结构应具有较大的强度和刚度。单轨悬挂式吊车的起重量（Elevating capacity）不超过 50kN。

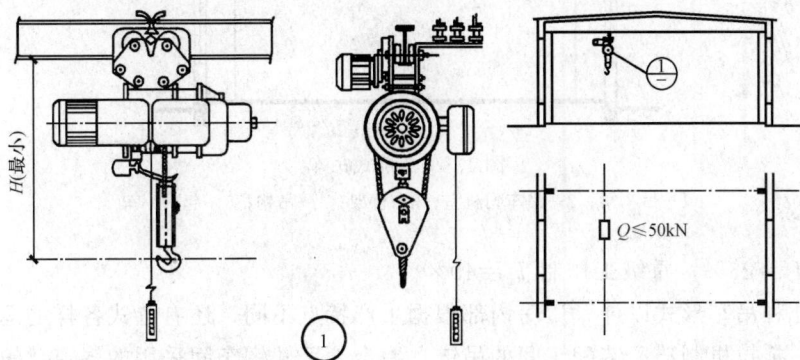

图 13-4　单轨悬挂式吊车

2. 梁式吊车

梁式吊车（Beam crane）由电动葫芦和梁架组成。梁架悬挂在屋架下或支承在吊车梁上，在梁架上安装电葫芦（图 13-5）。梁架沿厂房纵向运行，电葫芦沿厂房横向运行，梁式吊车起重量不超过 50kN，服务范围较大。

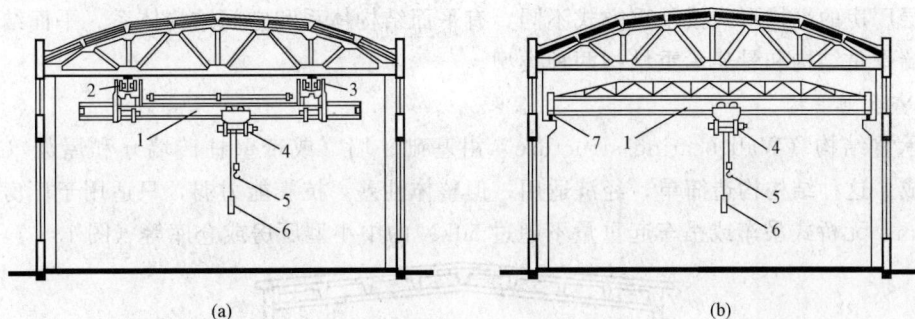

图 13-5　梁式吊车

（a）悬挂梁式吊车；（b）支承在梁上的梁式吊车

1—钢梁；2—运行装置；3—轨道；4—提升装置；5—吊钩；6—操纵开关；7—吊车梁

3. 桥式吊车

桥式吊车（Bridge crane）由桥架和起重小车组成（图 13-6）。桥架支承在吊车梁上，沿厂房纵向往返行驶；起重小车安装在桥架上，沿桥架上的轨道横向运行。司机室设在桥架一端的下方。桥式吊车的起重量为 50～750kN，适用于 12～36m 跨度的厂房。

吊车按工作的重要性和繁忙频繁程度，分为轻级、中级、重级三种工作制。吊车工作制是根据吊车开动时间与全部生产时间的比率来划分的，用 J_c 表示。轻级工作制 $J_c=15\%$，

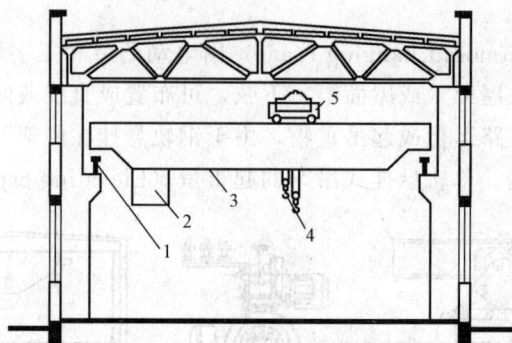

图 13-6　桥式吊车

1—吊车梁；2—吊车司机室；3—桥架；4—吊钩；5—起重小车

中级工作制 $J_c = 25\%$，重级工作制 $J_c = 40\%$。

除上述几种吊车形式以外，厂房内部根据生产特点不同，还有各式各样的运输设备，如火车、汽车，拖拉机制造厂装配车间的吊链，冶金工厂轧钢车间采用的辊道，铸工车间所用的传送带，以及气垫等新型运输工具，此处不一一叙述。

13.3　单层工业厂房的结构类型及组成

13.3.1　单层厂房的结构类型

单层厂房的结构形式按承重方式不同，有平面结构体系和空间结构体系。平面结构体系常采用墙承重结构和骨架承重结构两种类型。

1. 墙承重结构

墙承重结构（Wall bearing structure）由基础、墙（或带壁柱砖墙）和屋架（或屋面梁）组成。这种结构构造简单，经济适用；但整体性差，抗震能力弱，只适用于厂房跨度不大于 15m，无桥式吊车或吊车起重量不超过 50kN 的中小型厂房或仓库等（图 13-7）。

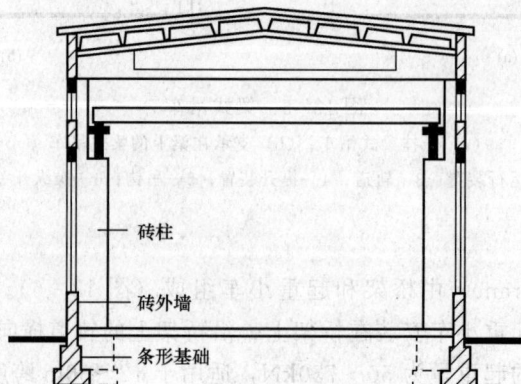

砖柱

砖外墙

条形基础

图 13-7　墙承重结构单层厂房

2. 骨架承重结构

当厂房的跨度、高度、吊车荷载较大及地震烈度较高时，多采用骨架承重结构（Skeleton bearing structure）。骨架结构由基础、柱子、梁、屋架等组成，承受各种荷载，而墙体只起围护或分隔作用。厂房常用的骨架结构有排架结构和刚架结构。

（1）排架结构。排架结构（Bent structure）是单层厂房中最基本、应用较普遍的一种结构形式。它的基本特点是把屋架看成是一根刚度很大的横梁，屋架（或屋面梁）与柱子的连接为铰接，柱子与基础的连接为刚接（图 13 - 8）。屋架、柱子与基础组成了厂房的横向排架；吊车梁、基础梁、连系梁（墙梁）、屋面板等为纵向连系构件，它们和支撑构件将横向排架连成一体，组成了坚固的骨架结构体系。

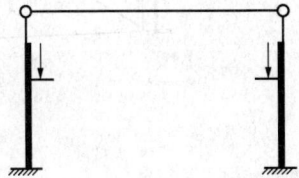

图 13 - 8 排架结构计算简图

（2）刚架结构。刚架结构（Rigid frame structure）的屋架（或屋面梁）与柱子合并为一个构件，柱子与屋架（或屋面梁）采用刚性连接，柱子与基础采用铰接。在竖向荷载作用下柱子对梁有约束作用，因而能减少梁的跨中弯矩；同样，在水平荷载作用下，梁对柱子也有约束作用，能减少柱内的弯矩。刚架结构的优点是梁与柱合一，构件类型少，结构轻巧，空间宽敞，但刚度差。适用于屋盖较轻的无桥式吊车或吊车起重量不大、高度和跨度较小的厂房、仓库等工业建筑。

目前，单层厂房中常用刚架结构形式有无铰刚架、两铰刚架及三铰刚架（图 13 - 9）。

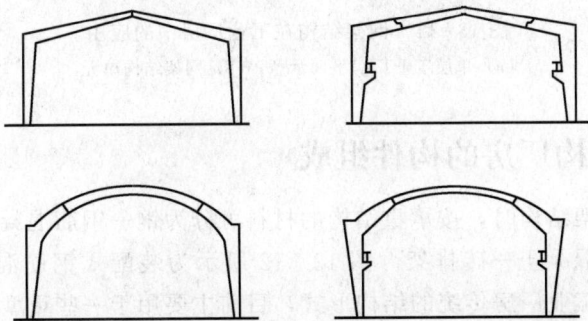

图 13 - 9 刚架结构

3. 空间结构

空间结构（Space structure）的变化主要体现在屋顶结构形式不同，屋顶结构采用折板、壳体及网架等空间结构（图 13 - 10），其优点是传力受力合理、能较充分地发挥材料的力学性能、空间刚度好、抗震性能较强；缺点是施工复杂、现场作业量大及工期长。近年来，我国在一些轻工业厂房中采用了平板网架结构，在整体性、刚度、抗震性、用钢量等很多方面都显著地优于平面结构，且网架下弦便于布置悬挂轻型吊车，工艺布置灵活，是大柱网联合厂房的理想结构形式（图 13 - 11）。

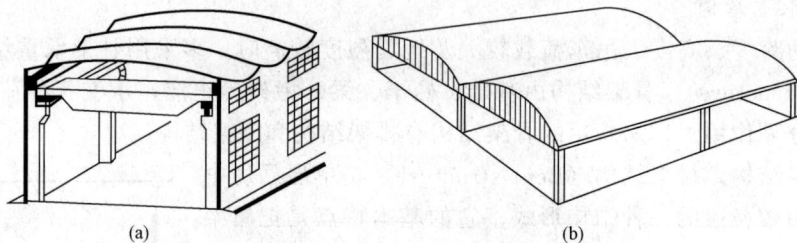

图 13 - 10　空间结构

（a）双曲壳结构；（b）筒壳结构

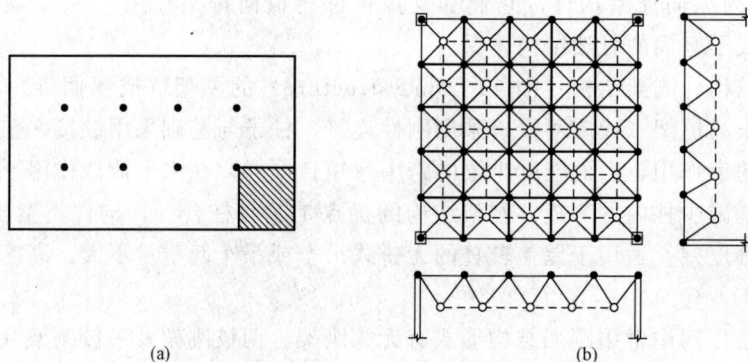

图 13 - 11　网架结构在工业厂房中的应用

（a）单层工业厂房平面示意；（b）网架结构单元

13.3.2　排架结构厂房的构件组成

单层厂房采用排架结构时，按承重结构的材料可分为钢—钢筋混凝土排架、钢筋混凝土排架、钢排架及钢筋混凝土—砖排架。图 13 - 12 所示为装配式钢筋混凝土排架结构厂房，这种形式是我国单层工业厂房传统的结构形式，目前主要用于一些重型工业厂房或生产有腐蚀性介质的厂房。图 13 - 13 所示为钢排架结构厂房，由于钢结构厂房具有较大的承载能力，整体刚度及抗震能力好，钢构件便于制作、运输及安装，厂房的建造周期短，已经在重型和大型工业厂房中得到了普遍应用。

排架结构体系厂房主要由承重构件（Load-carrying member）和围护构件（Enveloping member）两大部分组成。

1. 承重构件

（1）柱。单层厂房中的柱子有排架柱与抗风柱之分。

排架柱是厂房结构的主要承重构件，承受屋架、吊车梁、支撑、连系梁和外墙传来的荷载，并把它传给基础。

单层厂房的山墙面积大，所受风荷载也大，故在山墙内侧设抗风柱。一部分风荷载由抗风柱上端通过屋盖系统传到厂房纵向骨架上去，一部分由抗风柱直接传至基础。

（2）基础。承受柱子和基础梁传来的全部荷载，并传至地基。

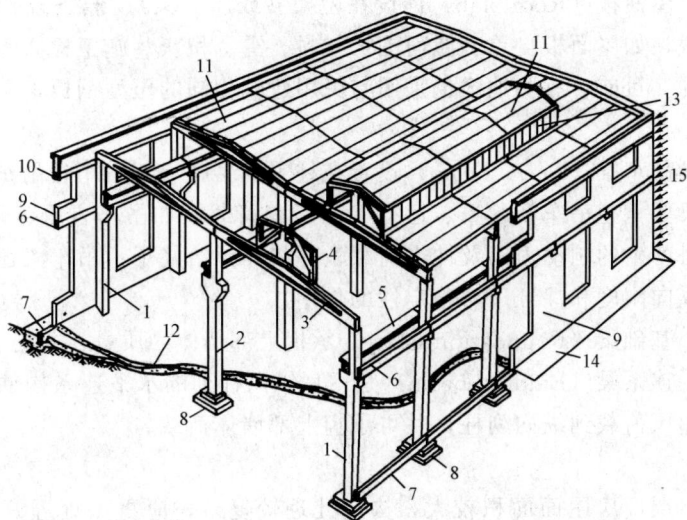

图 13-12　装配式钢筋混凝土排架结构厂房的构件组成

1—边列柱；2—中列柱；3—屋面大梁；4—天窗架；5—吊车梁；6—连系梁；7—基础梁；8—基础；
9—外墙；10—圈梁；11—屋面板；12—地面；13—天窗扇；14—散水；15—风力

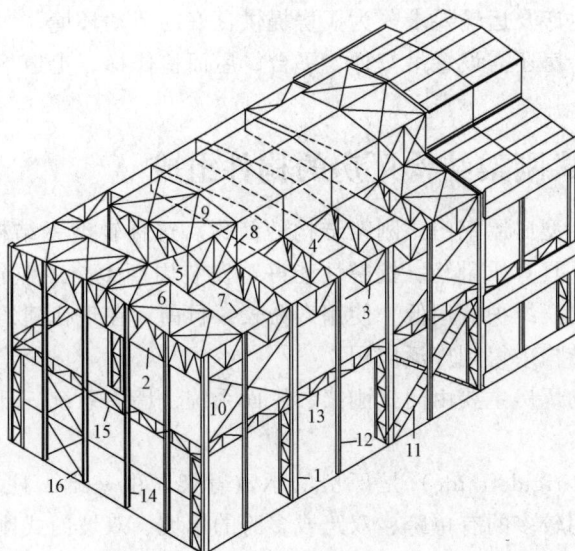

图 13-13　钢排架结构厂房的构件组成

1—横向框架柱；2—屋架；3—托架；4—中间屋架；5—天窗架；6—横向水平支撑；7—纵向水平支撑；
8、9—天窗支撑；10、11—柱间支撑；12—抗风柱；13—吊车梁系统；14—山墙柱；
15—山墙抗风桁架；16—山墙柱间支撑

（3）屋架（或屋面梁）。屋架（或屋面梁）（Roof truss or beam）是屋盖结构的主要承重构件，直接承受天窗、屋面荷载以及悬挂式吊车或管道、工艺设备等荷载，再传给柱与基础。

（4）屋面板。屋面板（Roof slab）铺设在屋架（或屋面梁）、檩条或天窗架上，直接承受板上的各种荷载，如屋面板自重、屋面围护材料、雪、积灰、施工检修等荷载，并将这些荷载传给支承构件。目前，有些地区也采用与民用建筑相同的压型钢板组合屋面板或现浇钢筋混凝土屋面板。

（5）吊车梁。吊车梁（Crane beam）设置在柱子的牛腿上，吊车在吊车梁顶面铺设的轨道上行走。吊车梁要承担吊车和起重、运行中的所有荷载，如吊车自重、吊车最大起重量、吊车起动或制动时产生的制动力以及冲击荷载，并将其传给柱子；吊车梁还有传递厂房纵向荷载、增加厂房纵向刚度和保证厂房稳定性的作用。

（6）基础梁。基础梁（Foundation beam）承担上部墙体的质量，并把它传给基础。

（7）连系梁。连系梁（Binding beam）是厂房纵向柱列的水平连系构件，用以增加厂房的纵向刚度，传递风荷载到纵向列柱，并可承担上部墙体荷载。

2．围护构件

（1）屋面。单层厂房屋面面积较大，构造处理较复杂，应重点处理好屋面的排水、防水、保温、隔热等方面的问题。

（2）外墙。厂房外墙通常采用承自重墙，除承担自重及风荷载外，主要起防风、防雨，保温、隔热、遮阳、防火等作用。

（3）门窗。供交通、采光、通风用。

（4）地面。满足生产及运输要求，为厂房提供良好的劳动环境。

此外，单层工业厂房还需设置吊车梯、平台、屋面检修梯、走道板以及地坑、地沟、散水、坡道等。

13.3.3　轻钢门式刚架结构厂房的构件组成

轻钢门式刚架是轻型房屋钢门式刚架结构的简称。这种轻型钢结构与传统的砖混结构、钢筋混凝土结构相比，具有质量轻、抗震性能好、安装周期短、工业化生产程度高等优点，且外观新颖、色彩丰富、维护费用低、使用寿命长。目前，在现代建筑中，特别是厂房、仓库等大空间、大跨度结构中得到广泛应用。

轻钢门式刚架结构厂房主要由门式刚架、屋面系统、墙面系统三部分组成（图 13-14）。

1．门式刚架

门式刚架（Portal-rigid frame）是厂房的承重骨架，由基础、柱、梁单元构件组合而成，其形式多样，应用较多的有单跨、双跨或多跨的单坡、双坡门式刚架，以及带挑檐和毗屋的刚架形式，如图 13-15 所示。主刚架可采用变截面实腹刚架。主刚架斜梁下翼缘和刚架柱内翼缘的平面外稳定性，由檩条或墙梁相连接的隅撑来保证，主刚架间的交叉支撑可采用张紧的圆钢。

2．屋面系统

屋面系统由屋面板与檩条组成。屋面板可采用彩色压型钢板、夹芯板或板檩合一的轻质大型屋面板；屋面檩条多为冷弯薄壁型钢檩条。

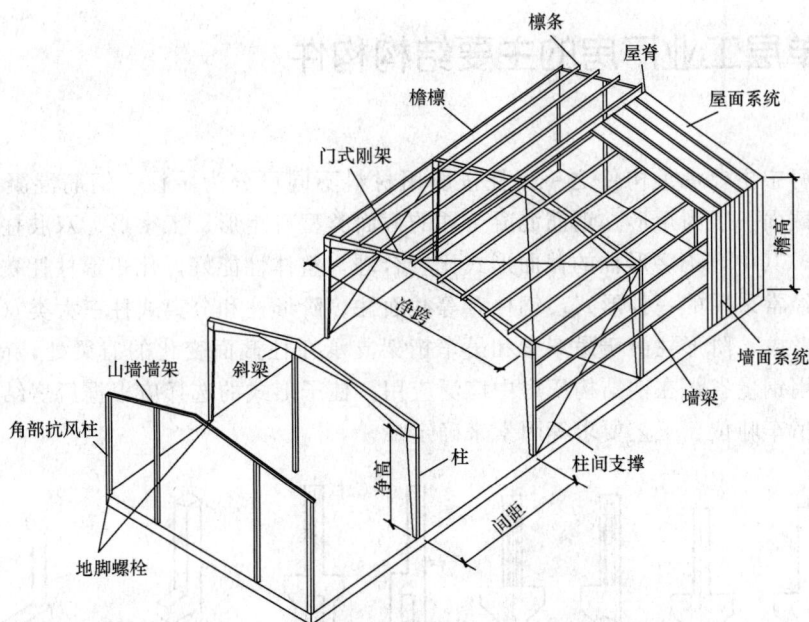

图 13-14 轻钢门式刚架结构厂房的构件组成

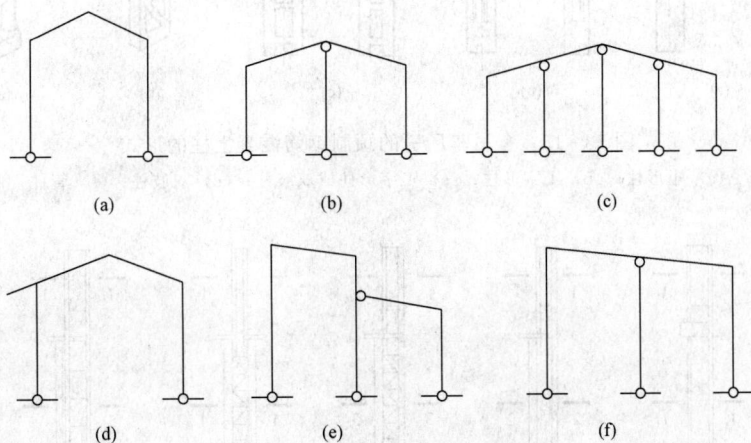

图 13-15 门式刚架的形式

(a) 单跨双坡刚架；(b) 双跨双坡刚架；(c) 多跨双坡刚架；

(d) 带挑檐刚架；(e) 带毗屋刚架；(f) 双跨单坡刚架

3. 墙面系统

墙面系统由墙面板与墙梁组成。墙梁也多为冷弯薄壁型钢檩条。墙面板可采用彩色压型钢板、夹芯板、太空板、石棉水泥瓦和瓦楞铁等；外墙也可采用砌体外墙，或底部为砌体而上部为轻质材料的外墙。

13.4 单层工业厂房的主要结构构件

1. 柱

柱是厂房中主要承重构件之一。柱按所用材料不同可分为砖柱、钢筋混凝土柱和钢柱等。砖柱的截面一般为矩形。钢筋混凝土柱的截面类型有矩形、工字形、双肢柱和空心管柱（图 13-16），其中，工字形柱的截面形式比较合理，整体性能好，比矩形柱耗费材料少，是工业建筑中经常采用的一种形式。钢柱有等截面柱、阶形柱和分离式柱三大类（图 13-17），从经济角度考虑，阶形柱由于吊车梁和吊车桁架支承在柱截面变化的肩梁处，荷载偏心小，构造合理，用钢量省，在钢结构厂房中广泛应用。柱子形式的选择应根据厂房结构类型、跨度、柱距、吊车吨位、工艺要求等因素来确定。

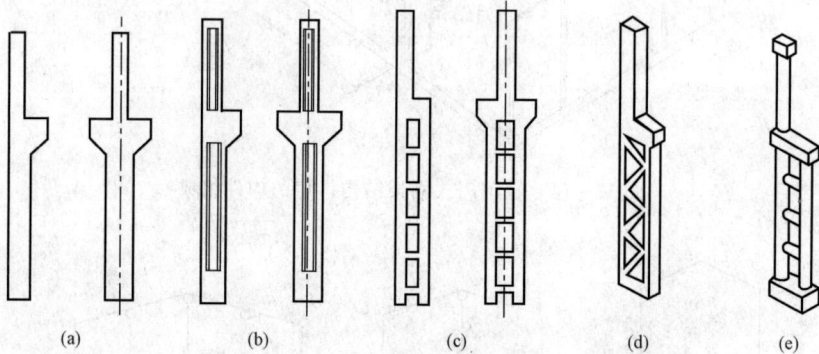

图 13-16 有吊车厂房的预制钢筋混凝土柱的形式

(a) 矩形柱；(b) 工字形柱；(c) 工字形柱或双肢柱；(d) 双肢柱；(e) 管柱

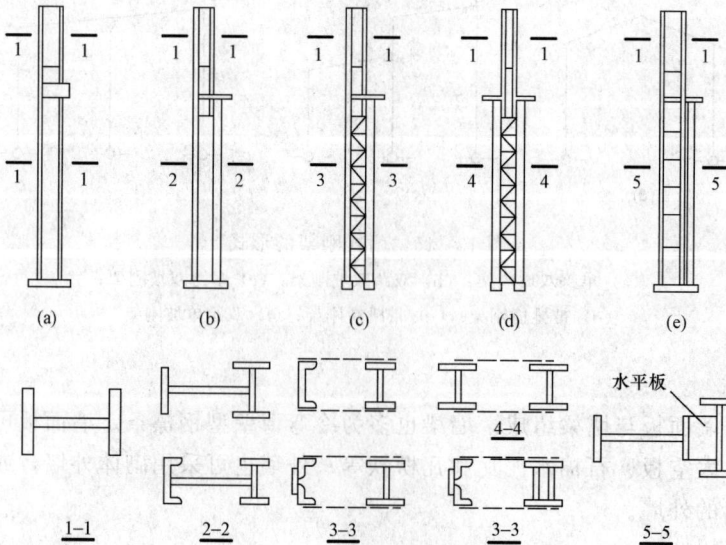

图 13-17 钢柱的常见形式

(a) 等截面柱；(b) 实腹单阶柱；(c) 格构单阶柱；(d) 双阶中柱；(e) 分离式柱

为了使柱与其他构件有可靠的连接，钢筋混凝土柱需在相应位置预埋铁件或钢筋。预制钢筋混凝土柱预埋件的位置及作用如图 13 - 18 所示。

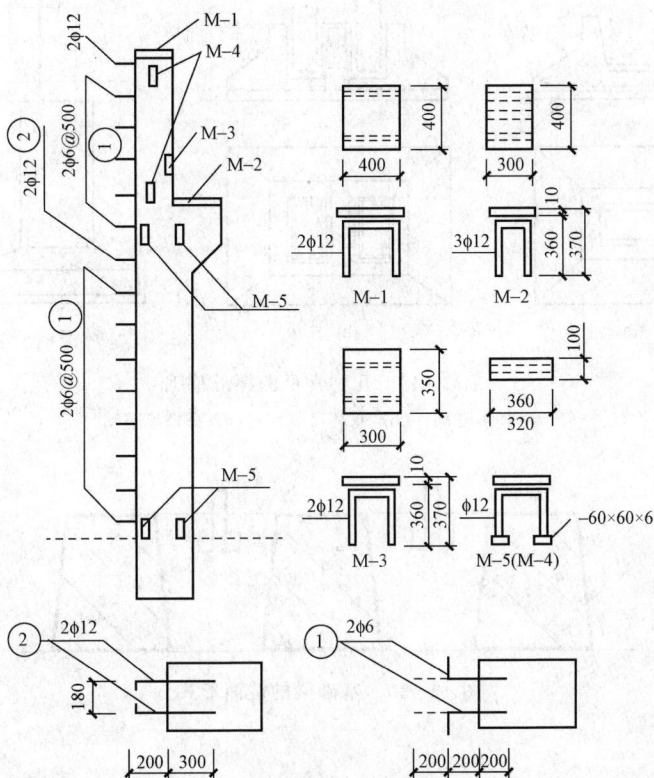

图 13 - 18　预制钢筋混凝土柱的预埋件

注：1. M-1 与屋架连接用埋件。
　　2. M-2、M-3 与吊车梁连接用埋件。
　　3. M-4、M-5 与柱间支撑连接用埋件。
　　4. 2 ф 6@500 与墙体连接用钢筋。
　　5. 2 ф 12 与连系梁或圈梁连接用钢筋。

2. 基础与基础梁

排架结构厂房的柱下基础类型很多，有杯形基础、现浇（柱下）独立基础、柱下条形基础、薄壳基础、桩基础等。其中，杯形基础在单层厂房中应用得较多，其剖面形状为锥形或阶梯形，预留杯口以便插入预制柱灌浆锚固，如图 13 - 19（a）所示；在伸缩缝处设置双柱时，可采用双杯口基础，如图 13 - 19（b）所示；当厂房地形起伏、局部地质软弱，或柱基础附近有较深的设备基础时，为了统一柱子的长度，可采用高杯口基础，如图 13 - 19（c）所示。

搁置在杯形基础顶面上的基础梁，其截面形式常为上宽下窄的倒梯形，节省材料、预制方便，且可利用已制成的梁作为模板（图 13 - 20）。

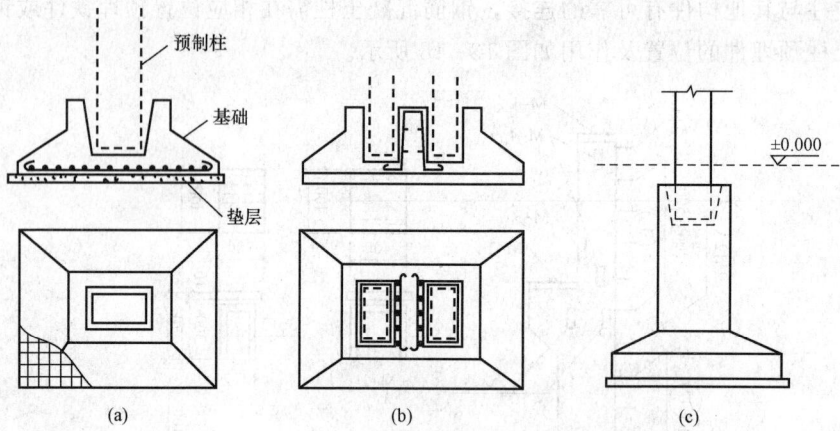

图 13 - 19 几种常见的杯形基础

(a) 杯形基础；(b) 双杯口基础；(c) 高杯口基础

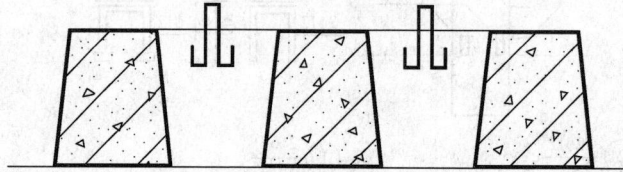

图 13 - 20 基础梁的截面形式

3. 屋盖结构

屋盖结构的主要构件有屋架（或屋面梁）、屋面板、檩条等。根据屋面材料和结构布置情况的不同，屋盖结构分为无檩体系和有檩体系两类，如图 13 - 21 所示。无檩体系是将大型屋面板直接铺设在屋架或屋面梁上，这种体系整体性好、刚度大，构件数量少，施工速度

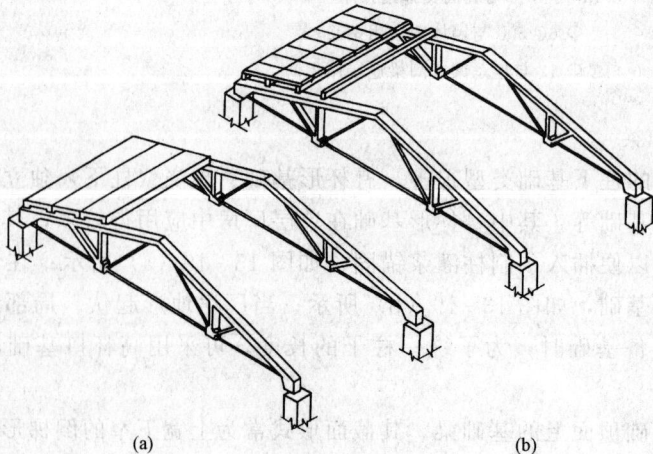

图 13 - 21 屋盖结构类型

(a) 无檩体系；(b) 有檩体系

快，多用于大、中型厂房中。有檩体系是在屋架或屋面梁上先设置檩条，再在檩条上搁置小型屋面板或瓦材，屋面板常为轻型材料，如压型钢板、压型铝合金板、石棉板、瓦楞铁皮等。这种体系屋面可供选择的屋面材料种类多，屋架间距和屋面布置较灵活，自重轻，用料省，运输和安装较轻便；但构件的种类和数量多，构造较复杂。

（1）屋架与屋面梁。屋架与屋面梁是屋盖结构的主要承重构件。屋面梁主要用于跨度较小的厂房，屋面梁有单坡和双坡之分，截面形式有 T 形和工字形两种。因腹板较薄，故常称其为薄腹梁。其特点是形状简单，重心低，稳定性好，但自重较大。当厂房跨度较大时，采用桁架式屋架较经济，屋架按材料不同分为木屋架、钢筋混凝土屋架和钢屋架。钢筋混凝土屋架外形有三角形、梯形、拱形和折线形等几种，钢屋架外形常用的有三角形、梯形、平行弦和人字形等（图 13 - 22）。

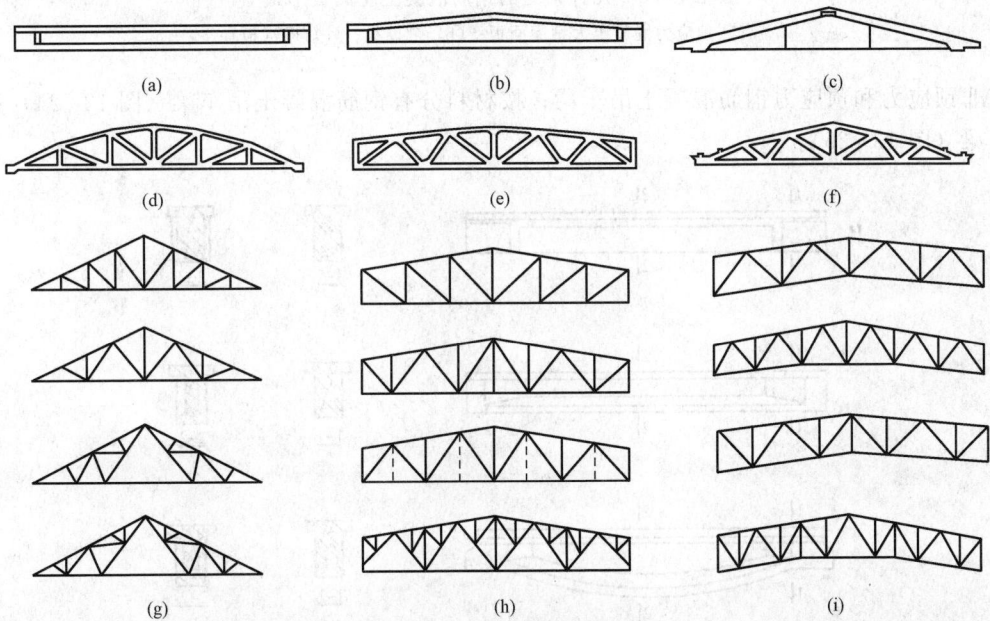

图 13 - 22　屋面梁与屋架的常见形式
(a) 单坡屋面梁；(b) 双坡屋面梁；(c) 组合式屋架；(d) 拱形钢筋混凝土屋架；
(e) 梯形钢筋混凝土屋架；(f) 折线形钢筋混凝土屋架；(g) 三角形钢屋架；
(h) 梯形钢屋架；(i) 人字形钢屋架

（2）屋面板。单层工业厂房的屋面板类型很多，按照构件尺寸分有大型屋面板和小型屋面板之分。我国单层厂房曾广泛采用预应力混凝土大型屋面板，为配合屋架尺寸和檐口排水方式，还有嵌板、挑檐板和檐沟板等，如图 13 - 23 所示，但是由于这些板自重大，笨重，制作、运输都较麻烦，且屋面板与屋架上弦杆的焊接常常得不到保证，已逐渐被压型钢板等轻质屋面板所取代。

4. 吊车梁

设有支承式梁式吊车或桥式吊车的厂房，为铺设轨道需设吊车梁。吊车梁依外形及截面形式的不同，有等截面的 T 形、工字形吊车梁和变截面的鱼腹式吊车梁；按生产制作方式

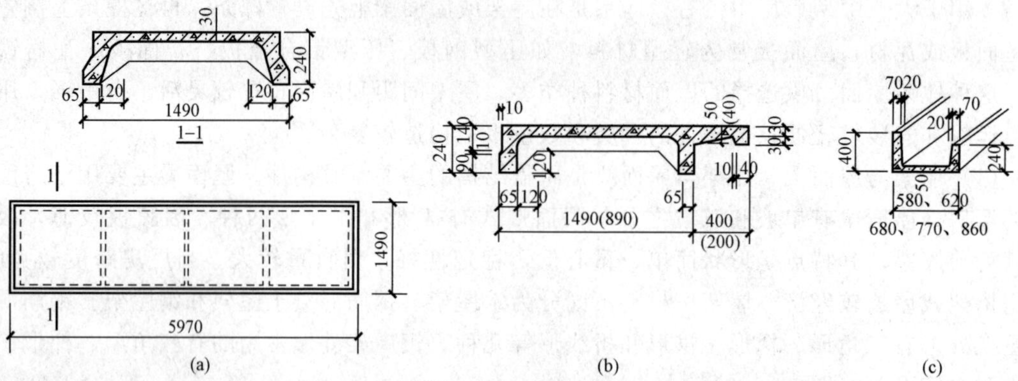

图 13-23　几种常见的钢筋混凝土屋面板形式
(a) 预应力混凝土大型屋面板；(b) 挑檐板；(c) 檐沟板

分有非预应力和预应力钢筋混凝土吊车梁；按材料分有钢筋混凝土吊车梁（图 13-24）和钢吊车梁（图 13-25）。

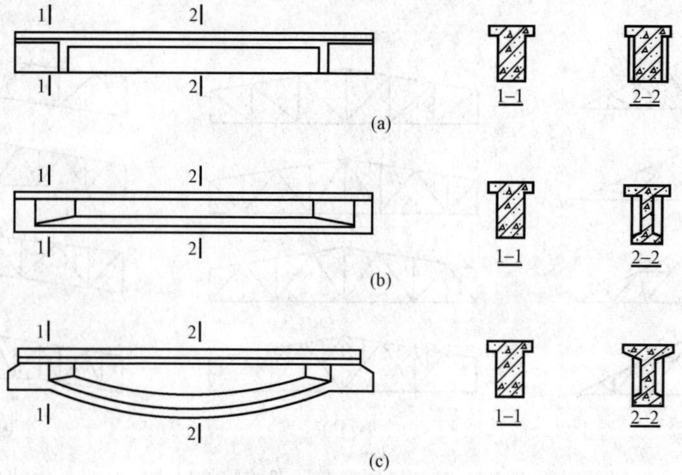

图 13-24　钢筋混凝土吊车梁
(a) T形吊车梁；(b) 工字形吊车梁；(c) 鱼腹式吊车梁

5. 连系梁

当墙体高度大于或等于 15m 时，应在 15m 以下适当位置设置连系梁，以分散墙体自重，降低墙体计算高度，以满足其允许高厚比的要求，同时承担墙上的水平风荷载；在厂房高低跨交接处的封墙，也需设连系梁支承。根据其上墙体厚度的不同，其截面形式有矩形和 L 形两种（图 13-26）。

6. 支撑系统

支撑系统（Supporting system）虽不是厂房的主要承重构件，但是对加强厂房结构的空间整体刚度和稳定性起重要作用。其主要作用是使厂房形成整体空间骨架，以保证厂房的空间刚度；传递水平风荷载以及吊车产生的水平制动力等；保证结构和构件的稳定。

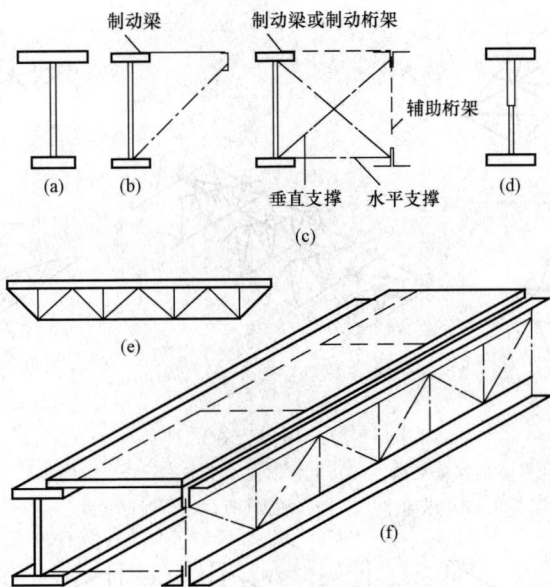

图 13-25　钢吊车梁

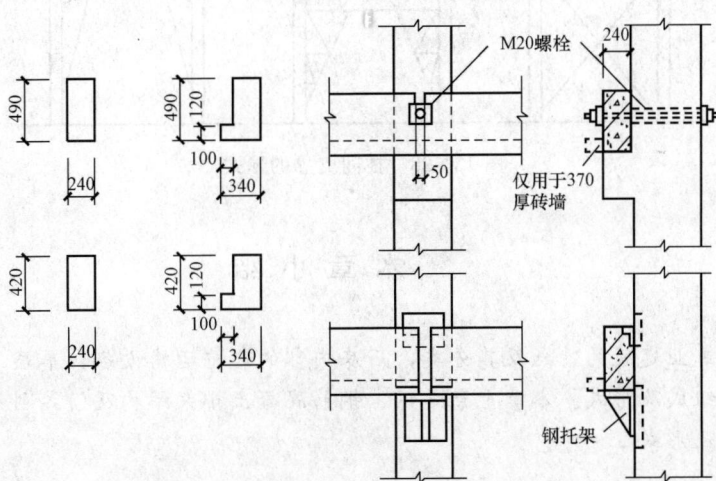

图 13-26　连系梁的截面形式及与柱的连接

支撑系统有屋盖支撑和柱间支撑两类。

(1) 屋盖支撑，包括上弦或下弦横向水平支撑、纵向水平支撑、垂直支撑和纵向水平系杆等，如图 13-27 所示。横向水平支撑和垂直支撑一般布置在厂房端部和伸缩缝两侧的第一或第二柱间。

(2) 柱间支撑，一般设在厂房变形缝区段的中部，或距山墙与横向变形缝处的第二柱间。柱间支撑以吊车梁为界，有上柱支撑和下柱支撑之分，一般采用型钢制成，如图 13-28 所示。

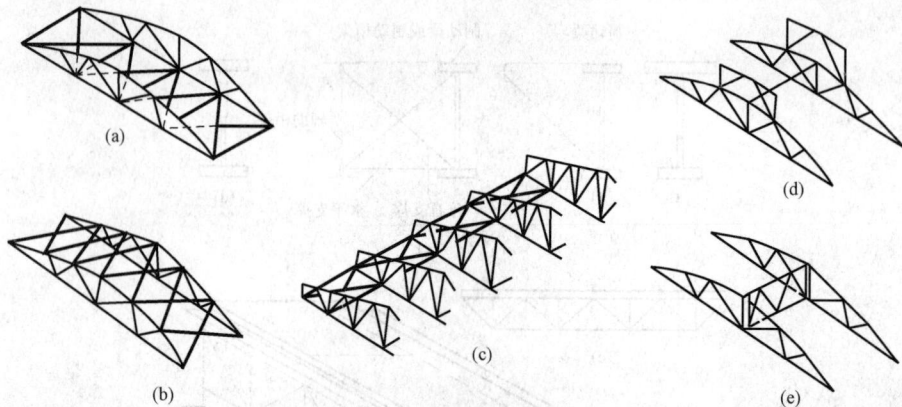

图 13 - 27　屋盖支撑的种类

(a) 下弦横向水平支撑；(b) 上弦横向水平支撑；(c) 纵向水平支撑；
(d) 纵向水平系杆（加劲杆）；(e) 垂直支撑

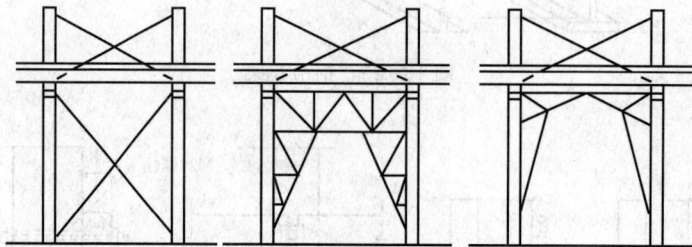

图 13 - 28　柱间支撑的形式

本 章 小 结

　　本章介绍了工业建筑的特点及其分类，厂房内部的起重运输设备，单层工业厂房的结构类型，以及构件组成及形式。本章重点是钢、钢筋混凝土排架结构及门式刚架结构单层工业厂房的构件组成及形式。

复习思考题

1. 什么是工业建筑？有何特点？如何分类？
2. 单层厂房常用的结构形式有哪几种？
3. 装配式钢筋混凝土排架结构的单层厂房由哪些构件组成？
4. 单层钢排架结构厂房由哪些构件组成？
5. 简述门式刚架结构厂房的特点及组成。
6. 工业建筑常用的起重运输设备有哪几种？如何划分吊车工作制？
7. 屋盖结构体系的类型及各自特点是什么？
8. 简述支撑系统的作用及类型。

本章专业英语词汇表

1. 工业建筑 industrial building
2. 工业厂房 industrial plant，factory buildings，industrial factory building
3. 冷加工车间 cold working workshop
4. 热加工车间 hot working workshop
5. 恒温、恒湿车间 constant temperature and humidity workshop
6. 洁净车间 clean workshop
7. 单层厂房 single-story factory
8. 多层厂房 multi-story factory
9. 吊车 crane
10. 单轨悬挂式吊车 monorail hanging crane
11. 梁式吊车 beam type crane
12. 桥式吊车 bridge crane，overhead crane
13. 起重量 elevating capacity，lifting capacity
14. 墙承重结构 wall bearing structure
15. 排架结构 bent structure
16. 刚架结构 rigid frame structure
17. 空间结构 space structure
18. 承重构件 load-carrying member，bearing element
19. 围护构件 enveloping member
20. 屋架（或屋面梁）roof truss or beam
21. 屋面板 roof slab or roof board
22. 吊车梁 crane beam
23. 基础梁 foundation beam
24. 连系梁 binding beam，connecting beam
25. 檩条 purlin，purline
26. 支撑系统 supporting system
27. 预埋件 embedded part
28. 门式刚架 portal-rigid frame

第 14 章

单 层 工 业 厂 房 设 计

教学要求

1. 了解单层工业厂房平面设计的内容及影响因素。
2. 掌握单层厂房的柱网尺寸和定位轴线的标定方法。
3. 了解剖面设计的内容及厂房高度的确定。
4. 掌握单层厂房采光与通风设计。
5. 了解单层厂房立面设计的影响因素。
6. 熟悉辅助用房的组成及其布置方式。

14.1 单层工业厂房平面设计

单层工业厂房（Single-storey industrial building）是指从事各类工业生产及直接为生产服务的房屋，是工业建设必不可少的物质基础。随着科学技术及生产力的发展，建筑材料不断地更新，单层工业厂房的类型越来越多，生产工艺的不断进步对工业建筑突出的一些技术要求更加复杂。为此，单层工业厂房的设计要符合安全适用，技术先进，经济合理的原则。

单层工业厂房的平面、剖面和立面设计是不可分割的整体，设计时应该统一考虑。平面设计较为集中地反映了工业建筑的使用功能、生产工艺的布置情况以及和总平面之间的关系，单层工业厂房设计一般从平面设计开始。单层工业厂房平面及空间组合设计，是在工艺设计及工艺布置的基础上进行的。因此，生产工艺设计（Production processing design）是工业建筑设计的重要依据之一。

一个完整的工艺布置图，主要包括以下五个内容：

（1）根据生产的规模、性质、产品规格等确定的生产工艺流程。

（2）选择和布置生产设备和起重运输设备。

（3）划分车间内部各生产工段及其所占的面积。

（4）初步拟定单层工业厂房的跨数、跨度和长度。

（5）生产对建筑设计的要求，如采光、通风、防振、防尘、防辐射。

图 14-1 为某机械加工车间生产工艺平面图。

14.1.1 平面设计的内容

平面设计主要有以下几个方面内容：

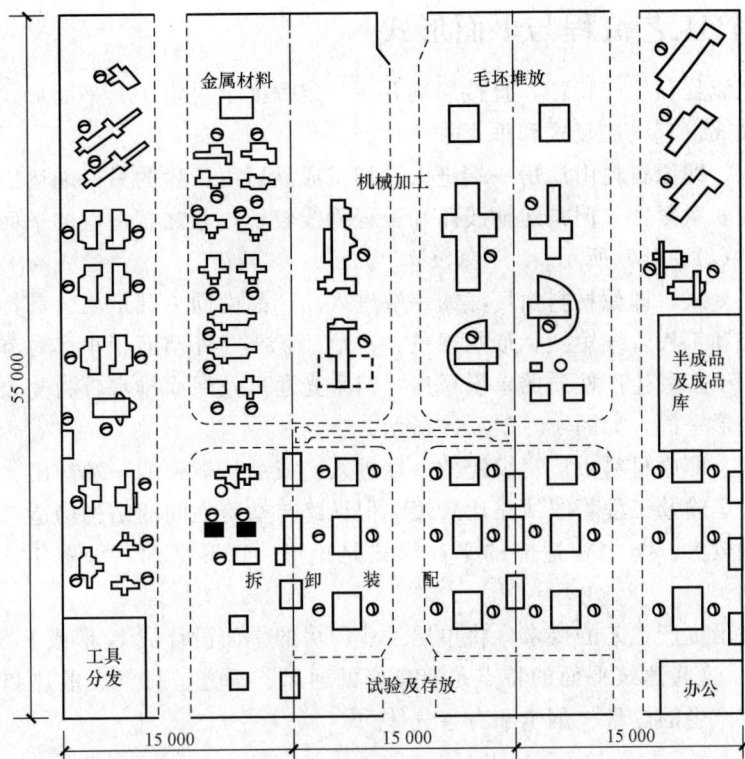

图 14-1 某机械加工厂车间生产工艺平面图

(1) 位置确定。根据厂房的生产工艺和工艺平面图及厂房和总平面的关系，选择厂房合理的平面形状、方位和大小，使其符合生产的要求。确定厂房的位置时应该力求使车间获得良好的天然采光和自然通风，合理布置有害工段及生活用室，妥善处理安全疏散及防火措施。

(2) 建筑工业化。选择适用、经济、合理的柱网、结构型式与构造做法，满足《厂房建筑模数协调标准》（GB 50006—2010）的规定，提高建筑工业化水平，为施工创造方便条件。

(3) 功能布置。合理布置厂房通道、门窗、有害工段、辅助工段及辅助用房，使厂房内部及各个厂房之间的交通运输方便、快捷，生活设施完善，利于工人工作，并满足卫生、防火和安全等方面的要求。

14.1.2 厂房平面形式的影响因素

(1) 厂房生产工艺流程、生产特征、生产规模。

(2) 厂房内部交通及运输情况。

(3) 厂房在总平面图上的位置及和周边其他厂房的关系。

(4) 厂房所处的地形特点及地区气象条件。

(5) 厂房选用的结构类型与经济技术条件。

14.1.3　生产工艺流程与平面形式

厂房的工艺流程和生产特征，直接影响并在一定程度上决定了其平面形式。生产工艺流程的形式有直线式、直线往复式和垂直式三种。

（1）直线式，即原材料由厂房一端进入，加工成品后由厂房的另一端运出。其特点是厂房内部各工段间联系紧密，但是运输线路和工程管线较长，与之相适应的平面形式是矩形平面，如图 14 - 2 （a）、（b）所示。

（2）直线往复式，即原材料由厂房的一端进入，产品由同一端运出。其特点是工段联系紧密，运输线路和工程管线短捷，形状规整，占地面积小，外墙面积小，对节约材料和保温隔热有利。适用于多种生产性质的单层厂房，但采光通风及屋面排水较为复杂。与之相适应的平面形式是矩形平面，如图 14 - 2 （c）所示。

（3）垂直式，即原材料由厂房纵跨的一端进入，成品从横跨的一端运出。其特点是工艺流程紧凑合理，运输及工程管线线路比较短，但纵跨与横跨之间的结构构造较为复杂，费用较高，占地面积较大。与之相适应的平面形式是矩形、L 形平面，如图 14 - 2 （d）、（e）所示。

有时为了满足生产工艺的要求，将单层工业厂房的平面设计成 U 形或 E 形，如图 14 - 2 （f）、（g）所示，这些建筑平面的特点是有良好的通风、采光、排气、散热和除尘能力，便于排除工业生产产生的热量、烟尘和有害气体。

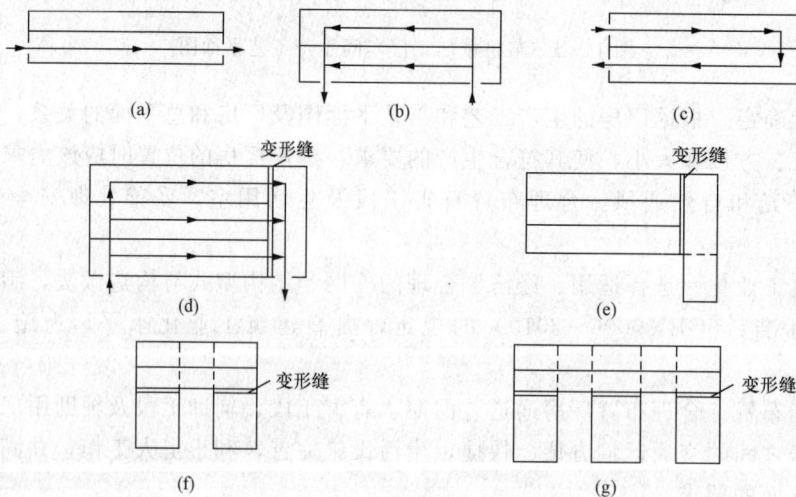

图 14 - 2　单层工业厂房平面形式

14.1.4　柱网选择

柱网（Column grid）是厂房承重柱的定位轴线在平面上排列所形成的网格，如图 14 - 3 所示。柱网的选择实际上就是确定厂房的跨度和柱距。柱网的选择与生产工艺、建筑结构、材料等因素密切相关，并符合《厂房建筑模数协调标准》（GB 50006—2010）中的规定；同时，确定柱网时，应尽量扩大柱网，以提高厂房的通用性和经济合理性。

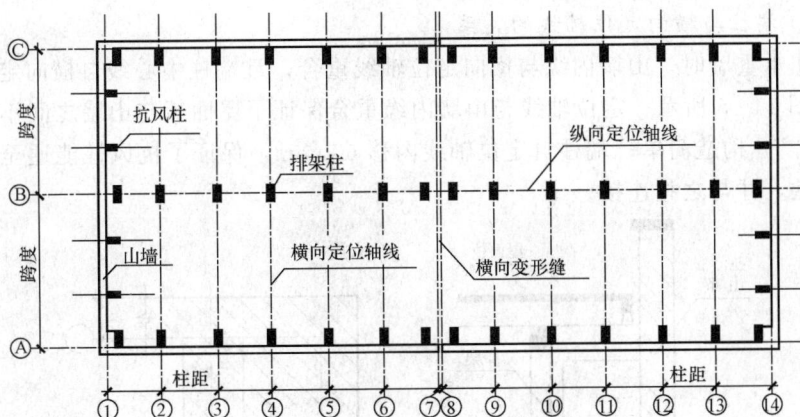

图 14-3　单层工业厂房柱网

1. 跨度

两纵向定位轴线间的距离称为跨度（Span）。厂房跨度小于或等于 18m 时，取扩大模数 30M 数列，如 9m、12m、15m、18m；跨度大于 18m 时，取扩大模数 60M 数列，如 24m、30m、36m 等。

2. 柱距

两横向定位轴线的距离称为柱距（Column spacing）。厂房柱距采用扩大模数 60M 数列，如 6m、12m，一般情况下采用 6m。抗风柱柱距宜采用扩大模数 15M 数列，如 4.5m、6.0m、7.5m。

14.2　单层工业厂房定位轴线

单层厂房的定位轴线（Positioning axis）是确定厂房主要承重构件标志尺寸及相互位置的基准线，同时也是厂房设备安装及施工放线的依据。定位轴线的划分是在柱网布置的基础上进行的。

厂房的定位轴线分为横向定位轴线和纵向定位轴线两种。

14.2.1　横向定位轴线

厂房横向定位轴线（Lateral positioning axis）主要用来标定纵向构件的标志端部，如屋面板、吊车梁、连系梁、基础梁、墙板、纵向支撑等。

1. 中柱、边柱与横向定位轴线的关系

厂房中柱、边柱的中心线与横向定位轴线相重合，且横向定位轴线通过柱基础、屋架中心线及各纵向连系构件（如屋面板、吊车梁等）的接缝中心，如图 14-4 所示。

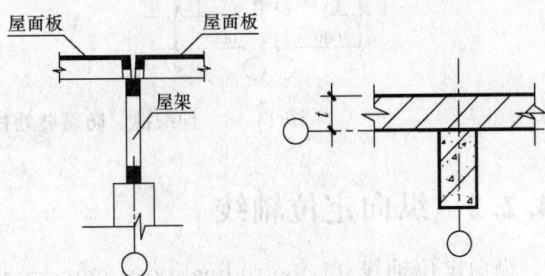

图 14-4　中柱、边柱与横向定位轴线的关系

2. 山墙、端柱与横向定位轴线的关系

山墙为非承重墙时，山墙内缘与横向定位轴线重合，且端柱中心线自横向定位轴线内移600mm，如图 14-5 所示。定位轴线与山墙内缘重合保证了屋面板与山墙之间不留空隙，形成"封闭结合"，构造简单；端柱自定位轴线内移 600mm，保证了抗风柱能通至屋架上弦或屋面梁上翼处，并与之相连接。

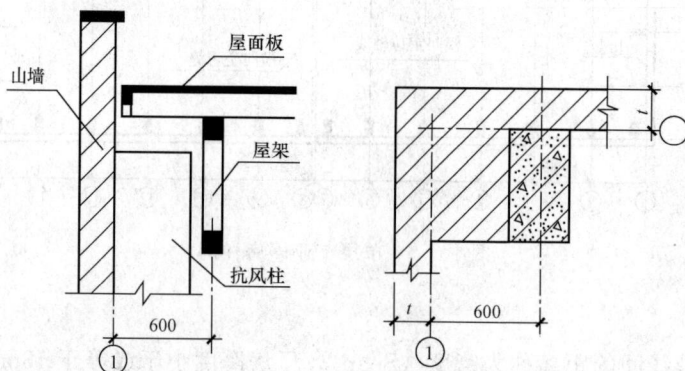

图 14-5　非承重山墙、端柱与横向定位轴线的关系

山墙为砌体承重时，山墙内缘与横向定位轴线间的距离应按砌体块料类型分别为半块或半块的倍数或墙厚的一半，以保证伸入山墙内的屋面板与砌体之间有足够的搭接长度。屋面板与砌体或砌体内的钢筋混凝土梁垫相连接。

3. 横向变形缝处柱与横向定位轴线的关系

横向伸缩缝（Expansion joint）、防震缝（Anti-seismic joint）处的柱应采用双柱与双轴线。柱的中心线均应从定位轴线向内侧各移 600mm。两轴线间加插入距 a_i，a_i 等于伸缩缝或防震缝的宽度 a_e（图 14-6）。这种定位方法，既保证了双柱间有一定的距离且有各自的基础杯口，便于柱的安装，同时又保证了厂房结构不致因没有伸缩缝或防震缝而改变屋面板、吊车梁等纵向构件的规格，施工比较简单。

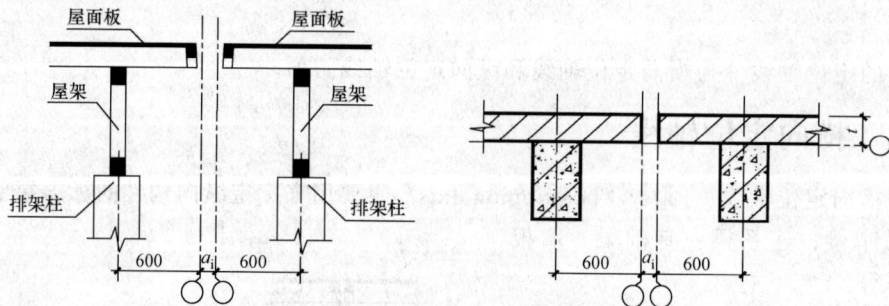

图 14-6　伸缩缝、防震缝处柱与横向定位轴线的关系

14.2.2　纵向定位轴线

纵向定位轴线（Longitudinal positioning axis）主要用来标定厂房横向构件的标志端部，如屋架的标志尺寸以及大型屋面板的边缘。厂房纵向定位轴线应视其位置不同而具体确定。

1. 外墙、边柱与纵向定位轴线的关系

在有吊车的厂房中，为使吊车规格与厂房结构相协调，吊车跨度与厂房跨度的关系如下：

$$L = L_k + 2e$$

式中　L——厂房跨度，即纵向定位轴线间的距离；

　　　L_k——吊车跨度，即吊车轨道中心线间的距离（可查吊车规格资料）；

　　　e——吊车轨道中心线至纵向定位轴线间的距离。

e 值一般取 750mm。当吊车为重级工作制而需要设安全走道板，或者吊车起重量大于 500kN 时 e 值可为 1000mm；在砖混结构的厂房中，当采用梁式吊车时，e 值允许为 500mm，如图 14 - 7 所示。

e 值是由上柱截面高度 h、吊车端部构造尺寸 B（即轨道中心线至吊车端部外缘的距离），以及吊车侧面的安全运行间隙 C_b 等因素确定的，如图 14 - 8 所示。其中：h 值由结构设计确定，一般为 400～500mm；B 值由吊车生产技术要求确定，一般为 186～400mm；吊车侧面安全运行间隙 C_b 与吊车的起重量有关，当吊车起重量≤500kN 时，C_b 值取 80mm，吊车起重量＞500kN 时，C_b 为 100mm。

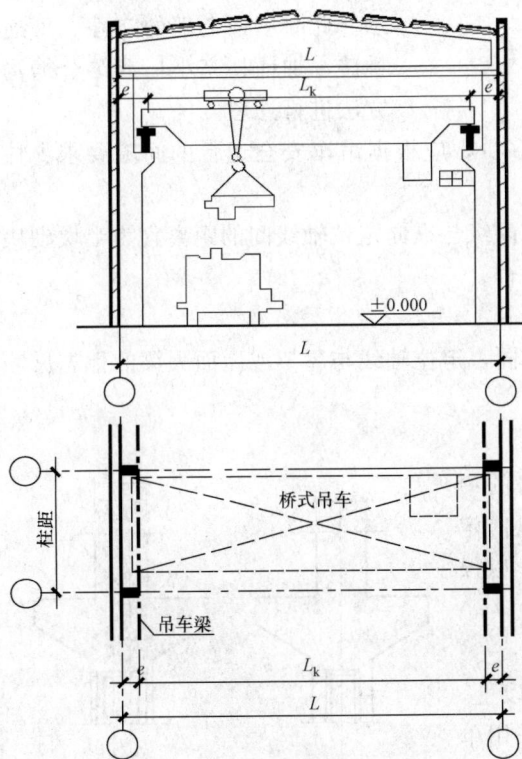

图 14 - 7　吊车跨度与厂房跨度的关系

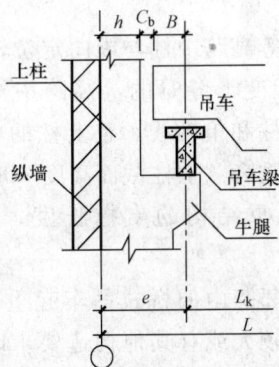

图 14 - 8　吊车轨道中心线至
纵向定位轴线间的距离

在实际工程中，由于吊车形式、起重量、厂房跨度、柱距以及是否设置吊车走道板等条件的不同，外墙、边柱与纵向定位轴线的关系可出现两种情况：

（1）封闭结合。当 $h + B + C_b \leqslant e$ 时，边柱外缘、纵墙内缘宜与纵向定位轴线相重合，此时屋架端部与纵墙内缘重合，即形成"封闭结合"（Closed combination），如图 14 - 9（a）所示。这时屋架上可采用整数块标准屋面板（常用 1.5m×6.0m 大型板），经适当调整板缝后即可铺到屋架的标志端部，不需另设补充构件，屋面板与外墙内表面之间无缝隙，具有构造简单、施工方便的特点。这种形式适用于无吊车或只设悬挂式吊车的厂房。

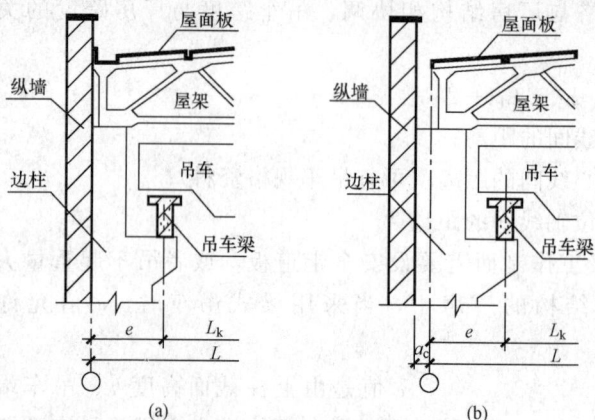

图 14-9 纵墙、边柱与纵向定位轴线的关系

(a) 封闭结合；(b) 非封闭结合

（2）非封闭结合。当 $h+B+C_b>e$ 时，如仍采用"封闭结合"的定位方法，将不能满足吊车安全运行所需的净空尺寸。因此，将边柱外缘从定位轴线向外推移，在边柱外缘与纵向定位轴线之间增设联系尺寸（Connecting size）a_c，即上部屋面板与外墙之间出现空隙，形成"非封闭结合"（Unclosed combination），如图 14-9（b）所示。此时屋顶上部的空隙，可通过挑砖、加铺补充小板或结合檐沟等方法进行处理。

厂房是否需要设置联系尺寸 a_c 及其取值多少，应根据吊车安全运行的间隙要求、柱距以及吊车走道板等因素确定。

当厂房采用承重墙结构时，承重外墙的墙内缘与纵向定位轴线间的距离宜为半块砌块的倍数，或使墙体的中心线与纵向定位轴线相重合。

2. 中柱与纵向定位轴线的关系

中柱处纵向定位轴线的确定方法与边柱相同，定位轴线与屋架或屋面大梁的标志尺寸相重合。

（1）等高跨中柱与纵向定位轴线的关系。

1）无变形缝时的等高跨中柱。等高厂房的中柱宜设单柱和单轴线，且上柱的中心线宜与纵向定位轴线相重合。上柱截面高度一般取 600mm，以保证屋顶承重结构的支撑长度，如图 14-10（a）所示。

当相邻跨内的桥式吊车起重量在 300kN 以上，厂房柱距较大或有其他构造要求时中柱仍可采用单柱，但需设两条纵向定位轴线，两轴线间的距离叫做插入距（Inserting size），用 a_i 表示，此时上柱中心线与插入距中心线重合，如图 14-10（b）所示。插入距 a_i 应符合 3M 数列（即 300mm 或其整数倍）。当其围护结构为砌体时，a_i 可采用分模数 M/2（即 50mm）或其整数倍。

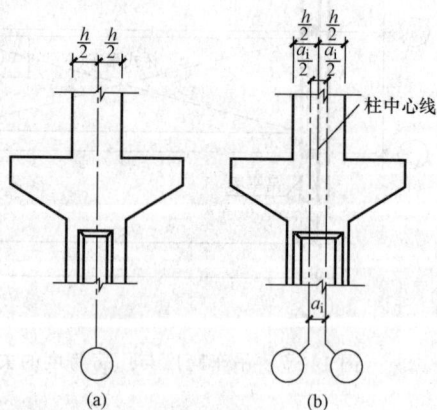

图 14-10 等高跨中柱为单柱时的纵向定位轴线

(a) 一条定位轴线；(b) 两条定位轴线

2）纵向变形缝处的等高跨中柱。当等高跨厂房设有纵向伸缩缝时，可采用单柱并设两条纵向定位轴线。伸缩缝一侧的屋架或屋面梁应搁置在活动支座上，两轴线的间插入距 a_i 等于伸缩缝宽 a_e。

等高跨厂房需设置纵向防震缝时，应采用双柱及双条纵向定位轴线。其插入距 a_i 应根据防震缝的宽度 a_e 及两侧是否"封闭结合"，分别确定为 a_e，或 a_e+a_c，或 $a_c+a_e+a_c$，如图 14-11 所示。

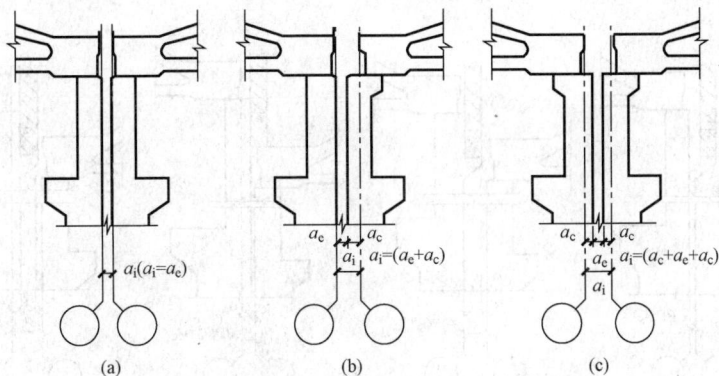

图 14-11　等高跨中柱为双柱时的纵向定位轴线

(a) 设置变形缝；(b) 设置变形缝和单侧联系尺寸；(c) 设置变形缝和双侧联系尺寸

(2) 高低跨中柱与纵向定位轴线的关系。

1) 无变形缝时的高低跨中柱。高低跨处采用单柱时，把中柱看作是高跨的边柱；对于低跨，为简化屋面构造，一般采用封闭结合。根据高跨是否封闭及封墙位置的高低，纵向定位轴线按两种情况定位：

①高跨采用封闭结合，且高跨封墙底面高于低跨屋面，高跨上柱外缘与封墙内缘及纵向定位轴线相重合，宜采用一条纵向定位轴线。若封墙底面低于低跨屋面，宜采用两条纵向定位轴线，其插入距 a_i 等于封墙厚度 t，即 $a_i=t$，如图 14-12 (a)、(b) 所示。

②当高跨采用非封闭结合，上柱外缘与纵向定位轴线不能重合，应采用两条纵向定位轴线。根据高跨封墙高于或低于低跨屋面，插入距分别等于联系尺寸或封墙厚度加联系尺寸 a_c，即 $a_i=a_c$ 或 $a_i=a_c+t$，如图 14-12 (c)、(d) 所示。

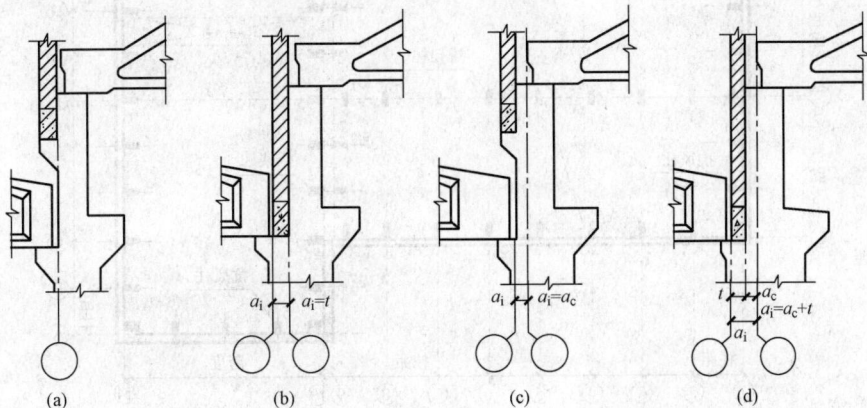

图 14-12　高低跨处单柱与纵向定位轴线的关系

(a) $a_i=0$；(b) $a_i=t$；(c) $a_i=a_c$；(d) $a_i=a_c+t$

a_i—插入距；t—封墙厚度；a_c—联系尺寸

2) 有变形缝时的高低跨中柱。高低跨处设纵向伸缩缝时，采用双柱、两条纵向定位轴线，并设插入距。根据封墙位置的高低，插入距 a_i 分别定为 $a_i = a_e$ 或 $a_i = a_e + t$；根据高跨是否是封闭结合，分别定为 $a_i = a_e$ 或 $a_i = a_e + a_c + t$，如图 14-13 所示。

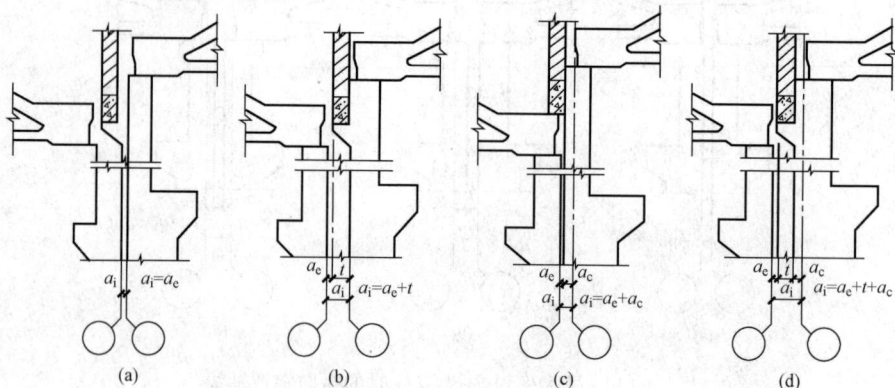

图 14-13　高低跨处双柱与纵向定位轴线的关系

(a) $a_i = a_e$；(b) $a_i = a_e + t$；(c) $a_i = a_e + a_c$；(d) $a_i = a_e + t + a_c$

3. 纵横跨相交处柱与定位轴线的关系

在有纵横跨相交的厂房中，为适应各自的变形，常在交接处设置变形缝（Deformation joint），如图 14-14 所示。纵横跨结构各自独立，有各自独立的柱列系统与定位线。纵横向定位线的标注原则与前述相同。似两个厂房垂直对接在一起，对接处无内墙。两条横向定位线分属于纵横跨。插入距 a_i 与吊车起重量、吊车安全运行空隙、上柱截面高度及封墙厚度有关。

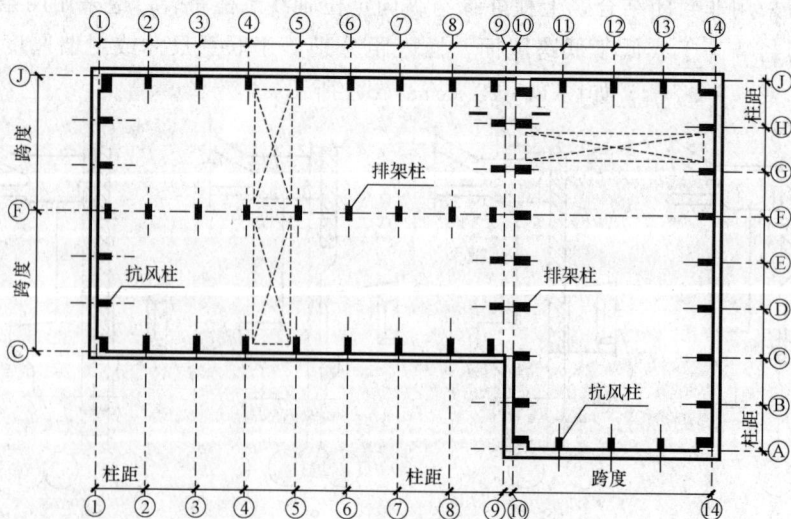

图 14-14　纵横跨设置变形缝

（1）当 $Q \leqslant 200\text{kN}$ 时，端柱中心线自横向定位线内移 600mm，纵向定位线与边柱外缘重合。封墙底部低于低跨屋面，$a_i = a_e + t$，如图 14-15 所示。

（2）当 $Q \geqslant 300\text{kN}$ 时（一般情况横跨吊车起重量 $Q \geqslant 300\text{kN}$），端柱中心线自横向定位线内移 600mm，封墙底部低于低跨屋面，出现联系尺寸 a_c，即纵向定位线与边柱外缘不重合。此时，$a_i = a_e + t + a_c$，如图 14-16 所示。

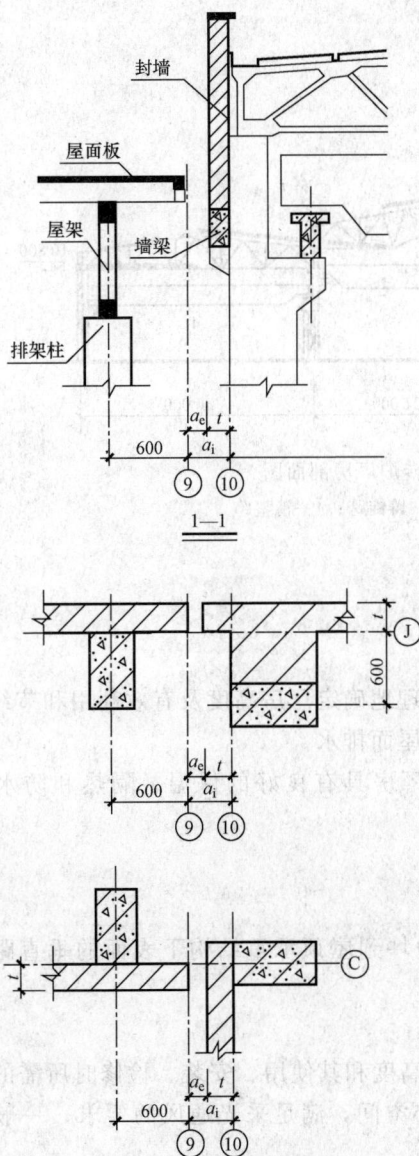

图 14-15　纵横跨处变形缝详图
（高跨 $Q \leqslant 200\text{kN}$）

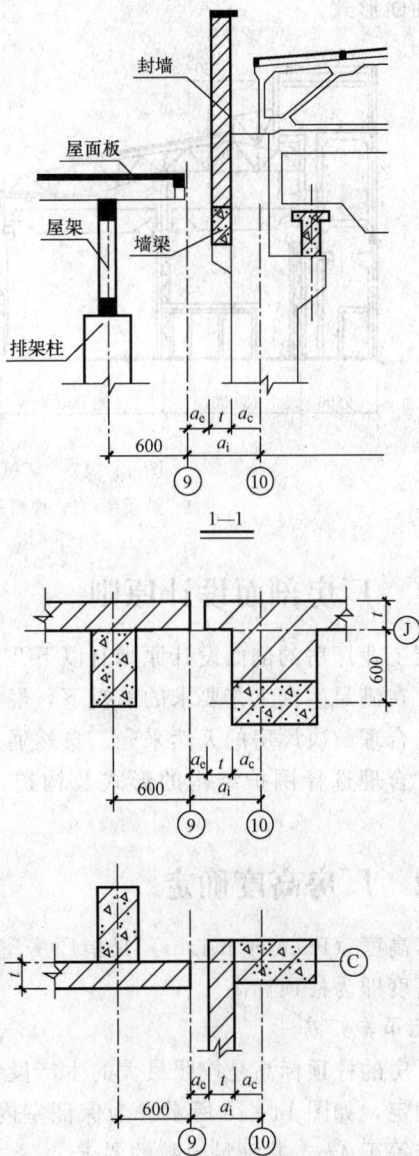

图 14-16　纵横跨处变形缝详图
（高跨 $Q \geqslant 300\text{kN}$）

14.3 单层工业厂房剖面设计

生产工艺不仅影响工业厂房的平面设计，也影响其剖面形式。图 14-17 为某氧气吹转炉厂房剖面图，由于生产工艺流程和各跨的生产设备不同，各跨厂房高度不同，形成了高低错落的剖面形式。

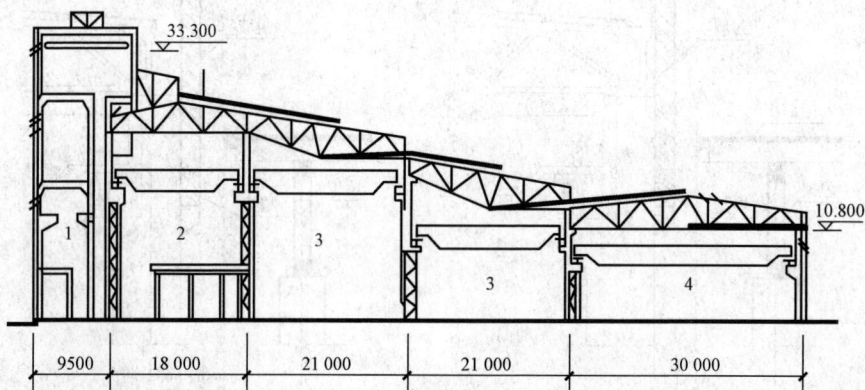

图 14-17 某氧气吹转炉厂房剖面图
1—炉子跨；2—原料跨；3—铸锭跨；4—精整跨

14.3.1 厂房剖面设计原则

单层工业厂房的剖面设计原则有以下几点：
（1）在满足生产工艺要求的前提下，经济合理地确定厂房高度及有效利用和节约空间。
（2）合理解决厂房的天然采光、自然通风和屋面排水。
（3）合理选择围护结构的形式及构造，使厂房具有良好的保温、隔热和防水等围护功能。

14.3.2 厂房高度确定

厂房高度（Factory height）是指厂房室内地坪到屋顶承重结构下表面的垂直距离，一般厂房高度即为柱顶标高。

1. 无吊车厂房

该厂房的柱顶标高是按照最大的生产设备的高度和其使用、安装、检修时所需的净空高度等来确定，如图 14-18 所示。为保证室内最小空间，满足采光通风的要求，一般柱顶标高大于或等于 4m，并满足模数的要求。

2. 有吊车厂房

有吊车厂房的柱顶标高可按下式计算求得（图 14-19）：

$$H = H_1 + h + C_h$$

式中　H——柱顶标高，应符合 3M 数列；

　　H_1——吊车轨顶标高，应符合工艺设计要求；

h——轨顶至吊车上小车顶面的高度，根据吊车起重量由吊车规格表中查出；

C_h——屋架下弦底面至吊车小车顶面的安全空隙。

其中，$H_1 = H_2 + H_3$；

H_2——柱牛腿标高，应符合 3M 数列；

H_3——吊车梁高、吊车轨高及垫层厚度之和。

为了适应设备更新和重新组织生产工艺流程，提高厂房的通用性，可将厂房高度提高一些，利于厂房发展变化要求。

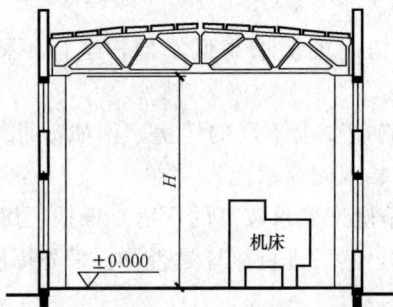

图 14-18　无吊车厂房高度的确定

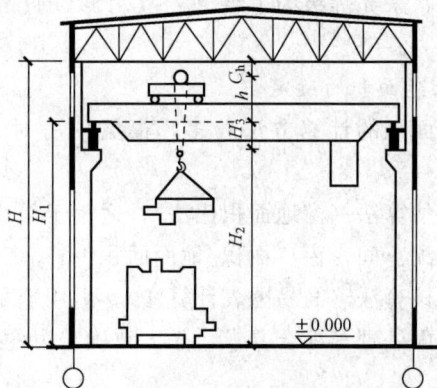

图 14-19　有吊车厂房高度的确定

14.3.3　厂房室内外高差的确定

为了防止雨水侵入厂房室内，厂房室内地坪与室外地面须设置高差（Elevation difference），但为了便于运输工具出入厂房和不加长门口坡道的长度，高差不宜过大，以 150mm 为宜。

当地形复杂时，则因地制宜，在满足工艺需要前提下，尽可能减少土石方量。

14.3.4　天然采光

厂房白天室内通过窗口取得光线称为天然采光。采光设计主要根据室内生产对光线的要求确定窗口的大小、形式及其布置方式，保证室内采光的强度、均匀度及避免眩光。

1. 天然采光的设计标准

天然光线受季节、天气阴晴、时间早晚等因素影响。为使厂房的采光强度不受这些因素的影响，天然采光的设计标准用采光系数 C 表示，如图 14-20 所示。

$$C = E_n / E_w \times 100\%$$

式中　E_n——室内工作面上某点的照度（Interior illuminance）

E_w——同时刻露天地平面上天空扩散光的照度（Exterior illuminance）

《建筑采光设计标准》（GB 50033—2013）将厂房按生产的精细度分为五级，并规定了相应的采光系数（Daylight factor）最低值。这一最低值均根据室外临界照度（Critical illuminance）为 5000lx 制定的。

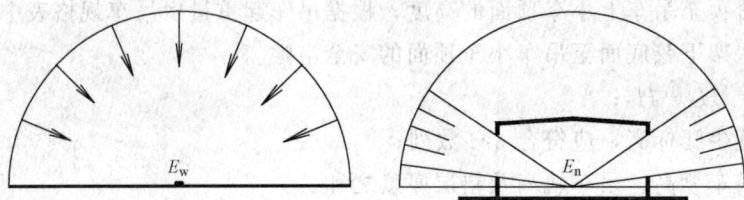

图 14-20　采光系数的确定

　　例如，采光等级为Ⅰ级（$d \leqslant 0.15$）的厂房，$E_{wmin} = 5000 lx$，$E_{nmin} = 250 lx$，$C_{min} = 250/5000 \times 100\% = 5\%$。

　　2. 采光面积的确定

　　采光面积的计算方法较多，根据厂房对采光精确度要求高低不同，选择不同的计算方法。

　　（1）估算法（窗地面积比法），适用于采光精确度要求不高的厂房，例如，Ⅲ级的机械加工及装配车间，窗口面积/地面面积＝1/3.5（单、双侧窗采光）。

　　（2）核算法（简易图表计算法），适用于采光精确度要求较高的厂房。根据厂房的采光、通风、立面处理等综合要求，先大致确定窗的面积，然后进行核算是否符合采光标准值。即$C \geqslant C_{min}$。

　　3. 采光方式的选择

　　厂房的采光方式有侧面采光、上部采光与混合采光，其中侧面采光和混合采光在实际工程中采用的较多。

　　（1）侧面采光。侧面采光分单侧采光和双侧采光。侧面采光时室内的光线不均匀，衰减幅度大，工作面上近窗点光线强远窗点光线弱。距侧窗上沿 H 高 2 倍处的照度值仅为近窗点的 1/20 左右（$C_{far} = C_{near}/20$）（图 14-21）。

　　为提高侧窗的采光效率，使厂房内近、远窗点照度均匀，多采用高低侧窗相结合。在有桥式吊车的厂房中，设置高低侧窗，不仅是采光的需要，也是结构构件布置的需要，为防止吊车梁挡光线，高侧窗窗台至吊车梁顶面的高度约 600mm 左右，如图 14-22 所示。

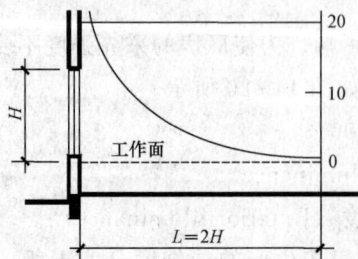

图 14-21　光线衰减曲线　　　　图 14-22　有吊车厂房设置高低侧窗方法

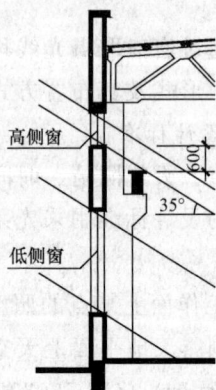

（2）上部采光。当侧墙不能开窗时，为满足室内的天然采光要求，通常在屋顶上设置天窗进行采光，如图 14-23 所示。

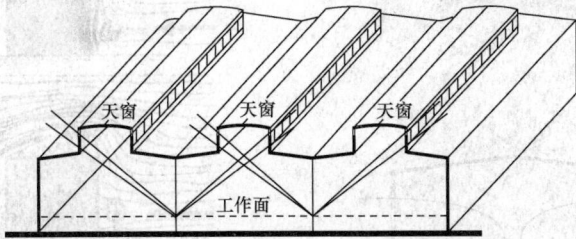

图 14-23 天窗采光

（3）混合采光。当厂房宽度较大（$L>4H$），侧窗采光不能满足厂房的采光要求时，多在屋顶开设天窗，即为混合采光（图 14-24）。

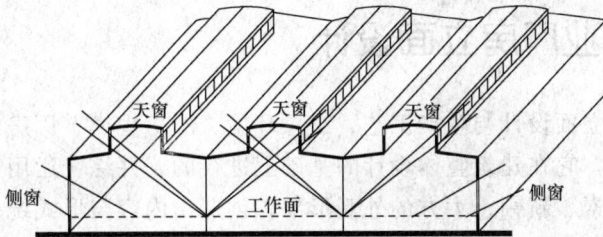

图 14-24 混合采光

14.3.5 厂房通风

厂房通风分为机械通风（Mechanical ventilation）和自然通风（Natural ventilation）两种。机械通风是依靠通风机的力量来实现室内的通风换气，通风稳定、可靠、有效，但需要耗费大量的电能，设备投资及维修费也较高。自然通风是利用自然风力作为空气流动的动力来实现室内的通风换气，是一种既简单又经济有效的通风方式，但是易受外界气象条件的影响，通风效果不稳定，故在单层厂房中广泛应用有组织的自然通风。

自然通风的基本原理是通过热压和风压作用进行换气。热压作用（Hot-pressing effect）主要是利用厂房内部产生热量提高室内空气的温度，使空气体积膨胀，容重变小而自然上升。而室外空气温度相对较低，密度较大，室外冷空气通过厂房下部的门窗进入室内，室内热空气上升，通过上部的高窗或天窗排出，如此循环往复，达到通风的目的，如图 14-25 所示。风压作用（Wind-pressing effect）主要是利用风吹向厂房时，在迎风面空气压力增大，超过大气压力为正压区，在背风面空气压力往往小于大气压力，成为负压区。将厂房的进风口设在正压区，排风口设在负压区，更好地组织通风，如图 14-26 所示。

为有效地组织好自然通风，在厂房剖面设计中要正确选择厂房的剖面形式，合理布置进排气口位置，使外部气流不断地进入室内，进而迅速排除厂房内部的热量、烟尘和有害气体，营造良好的生产环境。

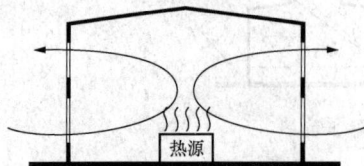

图 14 - 25　热压作用通风原理

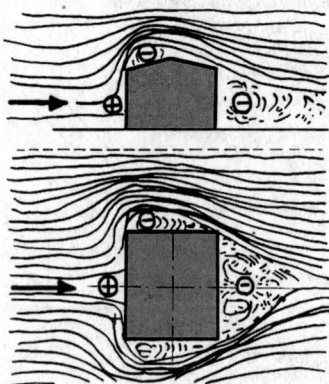

图 14 - 26　风压作用通风原理

14.4　单层工业厂房立面设计

单层工业厂房的立面设计与生产工艺、工厂环境、厂房规模、厂房的平面形式、剖面形式及结构类型有关系，它在建筑整体设计的基础上进行的，并综合运用建筑构图原理，使工业建筑具有简洁、朴素、新颖、大方的外观形象，创造出内容与形式统一的体型。

14.4.1　厂房立面设计的影响因素

单层厂房立面设计主要考虑以下影响因素：

1. 生产工艺的影响

厂房的工艺特点对其形体有很大的影响。例如轧钢、造纸等工业，由于生产工艺流程是直线式的，厂房也多采用单跨或单跨并列的形式，因此厂房的立面形体通常呈现出水平构图的特征，如某钢厂轧钢车间立面，图 14 - 27 所示。

2. 结构、材料的影响

结构、材料对厂房的体型影响也较大，尤其是屋顶结构形式在很大程度上决定了厂房的体型。图 14 - 28 所示为某无缝钢管厂的金工车间立面形体，内部有吊车，屋顶采用折板结构，因此，厂房的内部空间和面积均较大。

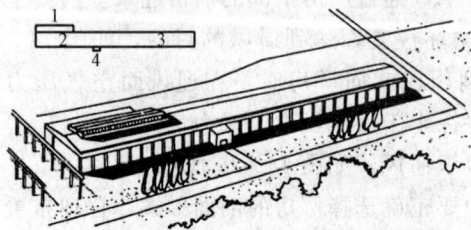

图 14 - 27　某钢厂轧钢车间立面形体

1—加热炉；2—热轧；3—冷轧；4—操纵室

图 14 - 28　某无缝钢管厂的金工车间立面形体

3. 气候、环境的影响

室外太阳辐射强度、空气的温湿度等因素对立面设计均有影响。北方寒冷地区的厂房一般要求防寒保暖，窗口面积不宜开太大，空间组合易采取集中围合布置方式，给人稳重、深厚的感觉；南方炎热地区的厂房，由于重点考虑通风、隔热、散热，因此常采用开敞式外墙，空间组合分散、狭长，具有轻巧、明快的特征。图 14 - 29 为南北方不同气候条件下，陶瓷厂的不同处理方案。

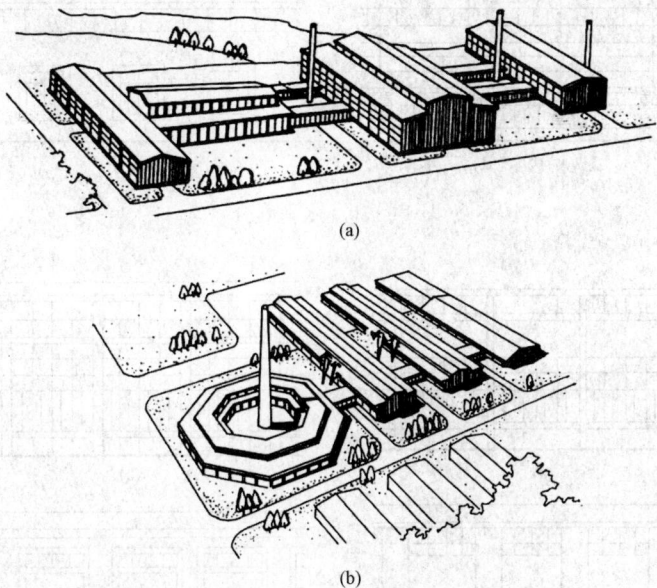

(a)

(b)

图 14 - 29　北方和南方的陶瓷厂示例
(a) 建于北方的陶瓷厂示例；(b) 建于南方的陶瓷厂示例

14.4.2　厂房立面细部设计

厂房立面细部设计是在厂房平面、剖面设计的基础之上，利用柱子、勒脚、门窗、墙面、墙梁、窗台线、挑檐、雨篷等构部件，按照建筑构图原理，对墙面等作有机地组合与划分。

1. 墙面划分

墙面在单层厂房外墙中所占比例与厂房的生产性质、采光等级、室外照度等因素有关。墙面划分主要是安排好门窗位置、墙面色彩的搭配以及窗、墙的恰当比例。一般有三种划分方法：

（1）水平划分。在水平方向设置带形窗，利用带形窗、窗楣线、窗台线等构成水平横线条，并利用其产生的阴影，加强了水平线条的视觉感受，使得厂房立面形象显得明快、大方、平稳，如图 14 - 30 所示。

（2）垂直划分。柱子、窗间墙等垂直线条作明显而有规律的重复，厂房常给人以挺拔、高耸、有力的感觉，如图 14 - 31 所示。

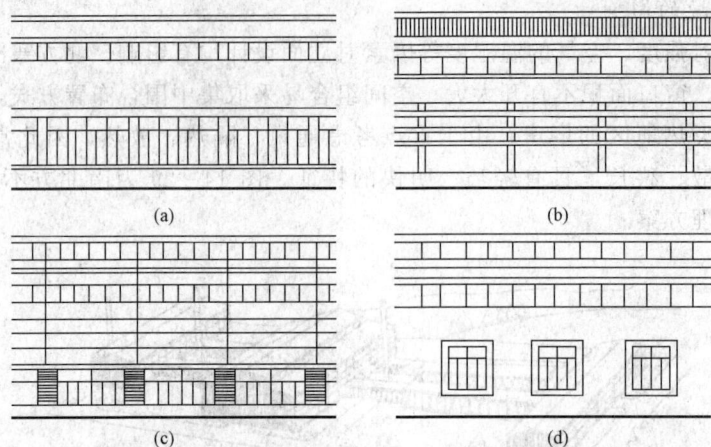

图 14-30   水平划分

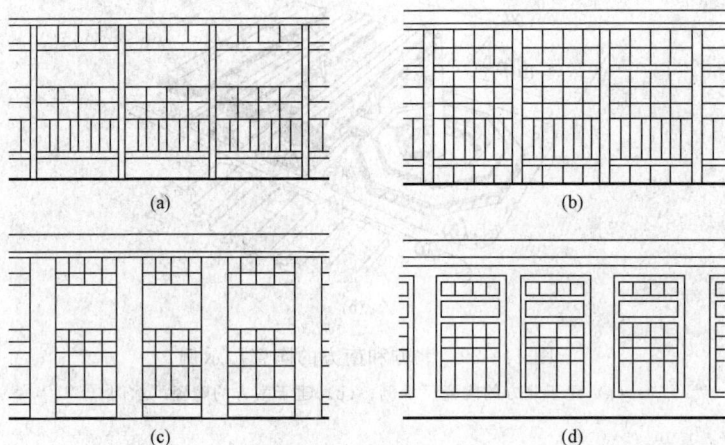

图 14-31   垂直划分

（3）混合划分。实际工程中通常采用水平与垂直线条有机结合，两者相互渗透，取得生动、和谐的立面效果，如图 14-32 所示。

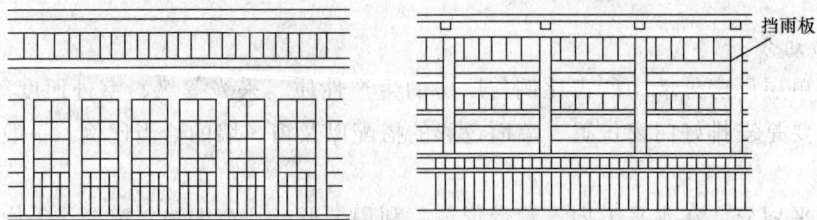

图 14-32   混合划分

2. 墙面虚实处理

墙面虚实处理是指窗、墙之间的比例协调，在满足采光面积和自然通风的前提下，窗与墙之间的比例关系主要有三种：①窗面积大于墙面积，立面以虚为主，显得明快、轻巧；②窗面积小于墙面积，立面以实为主，显得稳重、敦实；③窗面积接近墙面积，立面虚实平衡，显得安静、平淡，实际应用少。

14.5　单层工业厂房辅助用房设计

在工厂中，为方便职工生活，有利生产，除设有全厂性的生活服务用建筑外，在各车间常设置生产管理和生活福利用室，这些用房统称车间辅助用房（Subsidiary room）。

14.5.1　辅助用房的组成

辅助用房根据车间生产的卫生要求，车间规模及地区气候特点不同，由生产卫生用房、生活卫生及福利用房、行政办公用房、生产辅助用房四部分组成。

生产卫生用室包括存衣室、盥洗室、淋浴室等，根据某些生产特殊需要，还可设置洗衣房、衣服干燥室等。生活卫生及福利用室包括休息室、厕所等。车间女工较多时，应设置妇女卫生室。行政办公用室包括党、政、工、团办公室、计划调度、技术检验、值班及会议室等。生产辅助用房包括工具室、材料库、磨刀间、计量室等。

上述组成并非每个车间均需设置，应根据《工业企业设计卫生标准》（GBZ 1—2010）合理确定。

14.5.2　辅助用房的布置方式

辅助用房的布置方式有三种，即毗连式、独立式和厂房内部式辅助用房，如图 14 - 33 所示。

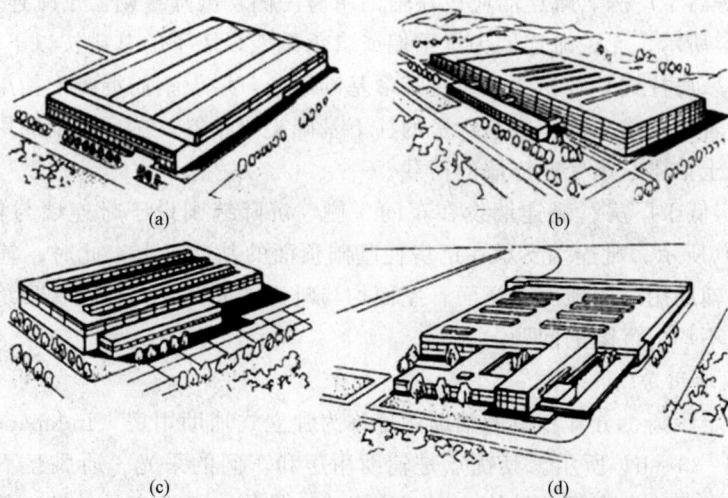

图 14 - 33　位于厂房外部不同位置的辅助用房鸟瞰图
(a) 毗连式（紧靠山墙）；(b) 独立式（有通廊与车间连系）；
(c) 毗连式（紧靠纵墙）；(d) 带庭院毗连式

1. 毗连式辅助用房

(1) 特点。紧靠厂房外墙布置的辅助用房称为毗连式辅助用房（Adjoining subsidiary room），如图 14-33（a）、（c）所示。

其主要优点是：①辅助用房至车间的距离短捷，联系方便；②辅助用房和车间之间共用一道墙，节省材料；且寒冷地区对车间保温有利；③可将车间层高较低的房间布置在辅助用房内，以减小建筑体积，占地较省；④易与总平面图人流路线协调一致；⑤可避开厂区运输繁忙的不安全地带。

其缺点是：①不同程度地影响车间的采光和通风，如图 14-33（c）所示，如辅助用房毗连纵墙且较长，将影响车间的天然采光和自然通风，在这种情况下，边跨应设采光天窗；②车间内部如有较大振动、灰尘、余热、噪声、有害气体时，对辅助用房有干扰，危害较大。

毗连式辅助用房可与山墙或纵墙贴建。由于山墙开设门窗洞口较少，辅助用房靠山墙布置，对车间的采光和通风影响较小，因此，毗连式辅助用房多数与厂房山墙毗连，但当厂房较长时，辅助用房的服务半径较大。

为了解决紧靠厂房外墙布置的毗连式辅助用房的缺点，可以布置成带庭院毗邻式辅助用房，即可以满足采光和通风的要求，又能保证厂房与辅助用房的联系，如图 14-33（d）所示。

(2) 平面组合要求。毗连式辅助用房平面组合时，要求职工上下班的路线应与服务设施的路线一致，避免迂回；在生产过程中使用的厕所、休息室、吸烟室等的位置应相对集中，位置恰当。

(3) 毗连墙及沉降缝的处理。毗连式辅助用房和厂房的结构形式不同，荷载相差也很大，所以在两者毗连处应设置沉降缝，设置沉降缝的方案有两种。

1）辅助用房高于厂房。毗连墙应设在辅助用房一侧，沉降缝则位于毗连墙与厂房之间，如图 14-34（a）所示。无论毗连墙为承重墙或自承重墙，墙下的基础按以下两种情况处理：①若带形基础与厂房柱式基础相遇，应将带形基础断开，增设钢筋混凝土抬梁，承受毗连墙的荷载；②墙下若为柱式基础，应与厂房的柱下基础交错布置，然后在辅助用房的柱式基础上设置钢筋混凝土抬梁，承受毗连墙的荷载。

2）辅助用房低于厂房。毗连墙设在车间一侧，沉降缝则设于毗连墙与辅助用房之间，如图 14-34（b）所示。毗连墙支承在厂房柱基础顶面的基础梁上，此时，辅助用房的楼板采用悬臂结构，辅助用房的地面、楼面、屋面均与毗连墙断开，并设置变形缝，以解决辅助用房和厂房产生不均匀沉陷的问题。

2. 独立式辅助用房

距厂房有一定距离、分开布置的辅助用房称为独立式辅助用房（Independent subsidiary room），如图 14-33（b）所示。其优点是辅助用房和车间的采光、通风互不影响，辅助用房布置灵活，辅助用房和车间的结构方案互不影响，结构、构造容易处理。但缺点是占地较多，辅助用房至车间的距离较远，联系不够方便。独立式辅助用房适用于散发大量生产余热、有害气体及易燃易爆炸的车间。

独立式辅助用房与车间的连接方式有三种：

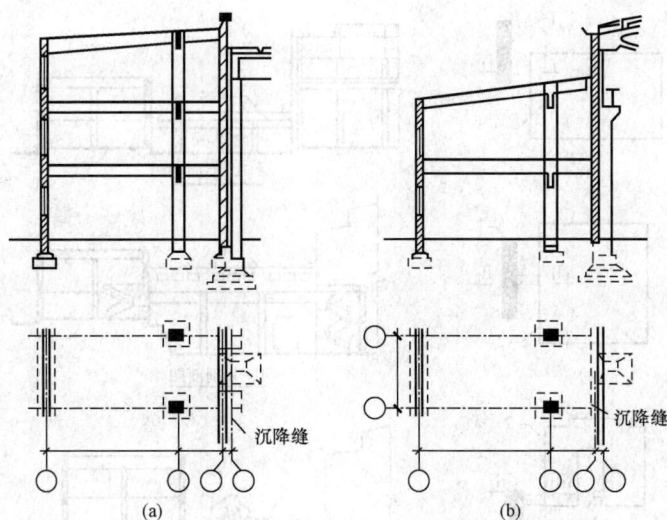

图 14 - 34　毗连式辅助用房沉降缝处理
(a) 辅助用房高于车间；(b) 辅助用房低于车间

　　(1) 走廊连接：这种连接方式简单、实用。根据气候条件，在南方地区多采用开敞式走廊；北方地区多采用封闭式走廊，如图 14 - 35（a）所示。

　　(2) 天桥连接：当车间与独立辅助用房之间有铁路或运输量很大的公路时，在其上空设置天桥连接，这种方式可以避免人流和货流的交叉，有利于车辆运输和行人的安全，如图 14 - 35（b）所示。

　　(3) 地道连接：也是立体交叉处理方法之一，其优点与天桥连接的优点相同，如图 14 - 35（c）所示。

　　应当指出，天桥和地道造价较高，由于与车间室内地面标高不同，使用也不十分方便。

3. 厂房内部式辅助用房

　　厂房内部式辅助用房（Internal subsidiary room）是将辅助用房布置在车间内部可以充分利用的空间内，只要在生产工艺和卫生条件允许的情况下，均可采用这种布置方式。它具有使用方便、经济合理、节省建筑面积和体积的优点；缺点是只能将辅助用房的部分房间（如存衣室、休息室等）布置在车间内，车间的通用性受到限制。

　　内部式辅助用房有下列几种布置方式：①在边角、空余地段布置辅助用房，如柱子上空、柱间空间；②在车间上部设夹层；③利用车间一角布置辅助用房；④在地下室或半地下室布置辅助用房，但较少采用。

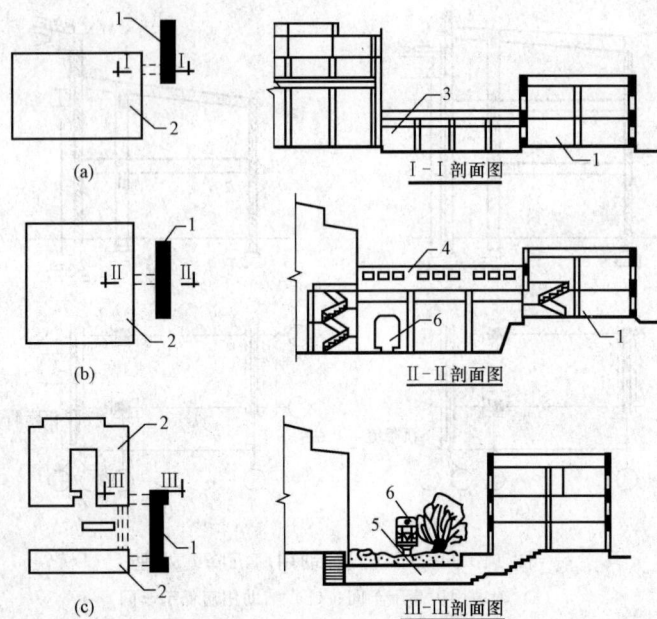

图 14-35　独立式辅助用房与车间的连接方式
（a）走廊连接；（b）天桥连接；（c）地道连接
1—辅助用房；2—车间；3—走廊；4—天桥；5—地道；6—火车

本章小结

本章主要讲述单层工业厂房的平面、剖面与立面设计以及辅助用房设计，重点讲述单层厂房平面设计及其影响因素，定位轴线的划分以及厂房然采光和通风设计。

复习思考题

1. 生产工艺流程如何决定单层工业厂房平面形式？
2. 何为柱网、柱距、跨度？柱距、跨度应符合什么模数要求？
3. 墙、柱和定位轴线的关系是什么，决定因素有什么？并绘出相关的平面节点详图。
4. 影响厂房剖面设计的因素是什么？如何满足天然采光及自然通风？
5. 厂房立面细部处理的方法有哪些？
6. 简述辅助用房与厂房的位置关系及其连接方式。

本章专业英语词汇表

1. 单层工业厂房 single-storey industrial building
2. 生产工艺 production processing

3. 柱网 column grid

4. 跨度 span

5. 柱距 column spacing

6. 定位轴线 positioning axis

7. 横向定位轴线 lateral positioning axis

8. 纵向定位轴线 longitudinal positioning axis

9. 伸缩缝 expansion joint

10. 防震缝 anti-seismic joint，seismic joint

11. 变形缝 deformation joint

12. 封闭结合 closed combination

13. 非封闭结合 unclosed combination

14. 联系尺寸 connecting size

15. 插入距 inserting size

16. 厂房高度 factory height

17. 高差 elevation difference

18. 室内照度 interior illuminance

19. 室外照度 exterior illuminance

20. 临界照度 critical illuminance

21. 采光系数 daylight factor

22. 机械通风 mechanical ventilation

23. 自然通风 natural ventilation

24. 热压作用 hot-pressing effect

25. 风压作用 wind-pressing effect

26. 辅助用房 subsidiary rooms，auxiliary room

27. 毗连式辅助用房 adjoining subsidiary room

28. 独立式辅助用房 independent subsidiary room

29. 内部式辅助用房 internal subsidiary room

第 15 章

单层工业厂房构造

📊 **教学要求**

1. 掌握砌体墙的拉结构造及基础梁的防冻胀构造，了解开敞式外墙构造。
2. 掌握屋面的排水方式及卷材屋面防水细部构造。
3. 了解天窗的类型及特点，掌握平天窗的构造。
4. 了解侧窗、大门的种类与尺寸设计，熟悉平开钢木大门与上挂式推拉门构造。
5. 掌握轻型钢结构厂房细部构造。

15.1 单层工业厂房外墙

单厂外墙由于本身高度与跨度都比较大，要承担自重和较大的风荷载，还要受到起重运输设备和生产设备的振动，因此外墙应具有足够的刚度和稳定性。对于生产工艺有特殊要求时，如有爆炸危险的车间、有腐蚀介质的车间或高温车间等，外墙需采取相应的构造措施。

单厂外墙按照所用材料及构造形式分，有砌体墙、板材墙及开敞式外墙等；按照承重方式分，有承重墙、承自重墙及封墙（Sealing wall）。

15.1.1 砌体墙

在单层钢或钢筋混凝土排架结构厂房中，外墙仅起围护作用，为承自重墙，墙体所用材料及构造方式与民用建筑相同。墙体与柱子的相对位置关系有：墙外包柱，墙砌于柱子之间。由于墙外包柱构造简单、施工方便，基础梁和连系梁易于标准化，实际工程中广泛应用。下面以墙外包柱的形式为例介绍砌体墙构造。

1. 砌体墙的支承

排架结构厂房的砌体墙直接砌筑在基础梁上，基础梁支承在基础顶面上，墙体的重量直接由基础梁承担并传给柱下基础，既可防止墙身由于地基不均匀沉降而开裂，又便于铺设地下管线，同时也有利于构件的定型化与统一化。

根据基础埋深不同，基础梁有不同的搁置位置：当基础埋深较浅时，基础梁直接支承在基础顶面；当基础埋深较大时，可加混凝土垫块（Cushion block）、设高杯口基础或柱外出挑牛腿（Bracket）支承基础梁，如图 15-1 所示。为防止墙身受潮，多采用基础梁代替墙身防潮层，基础梁顶面标高低于室内地面 50mm，且高于室外地面 100mm。

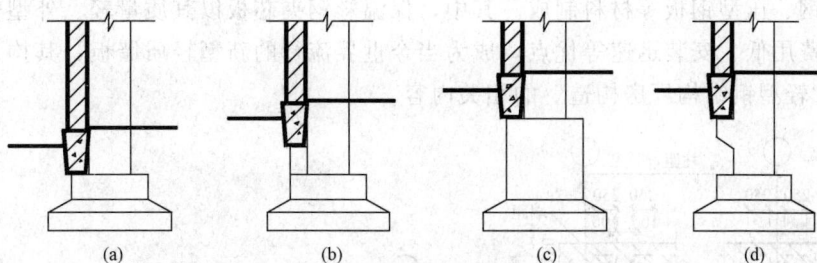

图 15-1 基础梁的搁置位置

(a) 放在基础杯口上；(b) 放在垫块上；(c) 放在高杯口基础上；(d) 放在柱牛腿上

2. 基础梁的防冻胀构造

在寒冷地区，为防止土壤冻胀对基础梁及墙体产生的反拱影响，且避免室内热量通过基础梁向外散失，基础梁应采取必要的防冻胀（Anti-frost swelling）措施。在基础梁周围填干炉渣或干砂防冻层，基础梁底留 50～150mm 空隙，防止土壤冻胀顶裂基础梁和墙体如图 15-2 所示。

3. 墙与柱的连接

为使墙体和排架柱保持一定的整体性和稳定性，防止由于风力、地震力等水平荷载作用，使墙体倾倒或破坏，墙体应与柱子有可靠的水平拉结，即沿柱高 500～600mm 预埋 2φ6 钢筋，砌墙时砌入墙内，属柔性连接（Flexible connection），既保证了墙体整体性和稳定性，且墙体重量不传给柱子（图 15-3）。

4. 墙与屋架或屋面梁的连接

在屋架的端部竖杆或屋面梁端部预埋钢筋与墙体拉结；若在屋架竖杆上预埋钢筋不方便，可在竖杆中预埋钢板，上焊钢筋与墙体拉结（图 15-4）。

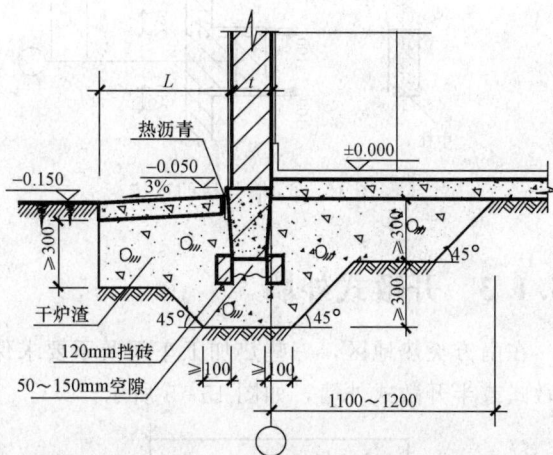

图 15-2 基础梁防冻胀构造

为了增强墙体的稳定性，并加强墙与屋架、柱子的连接，应适当增设圈梁，一般在屋架端部上弦和柱顶标高处各设一道，圈梁应与屋架、柱子或屋面板进行可靠拉结。

15.1.2 板材墙

在工业厂房中，墙体围护结构采用墙板可大大地提高施工效率，加快建设速度，且板材墙的抗震性能也优于砌体墙，因此，板材墙在现代工业建筑得到广泛采用。

根据板材墙所用材料与受力特点分，有重质板材墙和轻质板材墙两大类。重质板材墙通常采用大型钢筋混凝土预制板，通过连接件与预埋件挂接在柱或墙梁上，由于板的自重大、用钢量多，连接构造不理想，板缝处理麻烦，且易渗水透风，保温、隔热效果差等缺点已基本淘汰，取而代之的是各类轻质板材墙。轻质板材墙的墙板可采用石棉水泥瓦、瓦楞铁皮、塑料、玻璃钢、压型钢板等材料制成。其中，保温彩钢夹芯板以其质量轻、外型美观、轻质高强、维护费用低、安装迅速等优点，成为当今世界流行的新型轻质墙板，其构造详见本章第 15.5 节"轻型钢结构厂房构造"的相关内容。

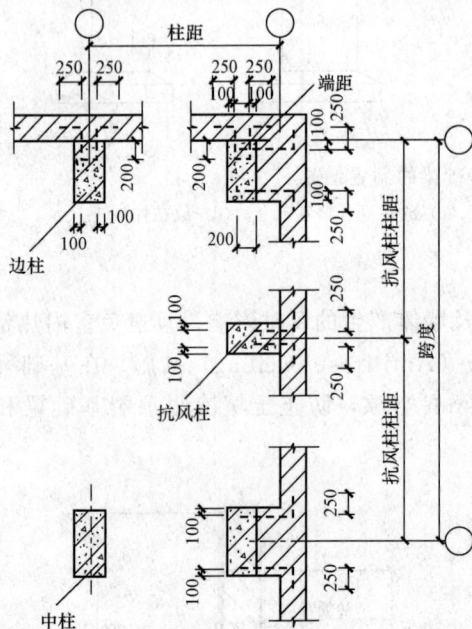

图 15-3 墙与柱的连接

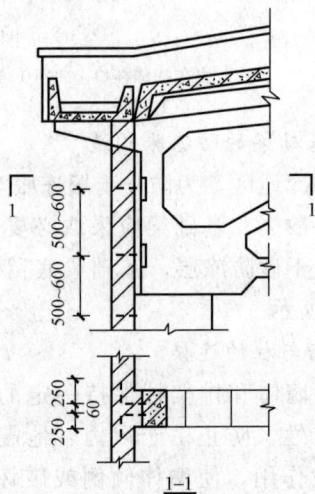

图 15-4 墙与屋架的连接

15.1.3 开敞式外墙

在南方炎热地区，一些热加工车间及不要求保温的仓库，为了自然通风和散热，常采用开敞式或半开敞式外墙，如图 15-5 所示。

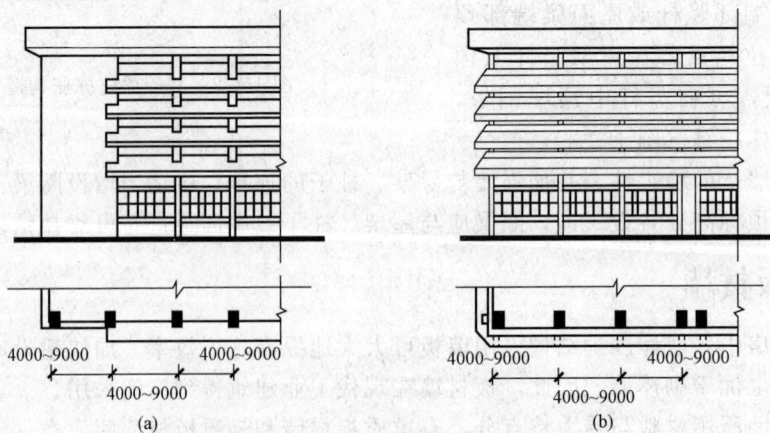

图 15-5 开敞式外墙的布置

(a) 单面开敞式外墙；(b) 四面开敞式外墙

为了防雨水飘入室内，开敞式外墙上多设挡雨板或遮阳板，既挡雨又遮阳。挡雨板的挑出长度 L 与垂直距离 H，应根据飘雨角、日照、通风等要求确定，如图 15-6 所示。飘雨角 α 是指雨点滴落方向与水平夹角，一般按 45°设计。

挡雨板可由石棉水泥瓦、彩色压型钢板制作。一般挡雨板固定在柱外缘的支架上，通过预埋件与柱直接焊接固定，如图 15-7 所示。

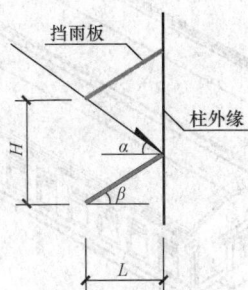

图 15-6 挡雨板与飘雨角的关系　　图 15-7 挡雨板与厂房骨架的连接

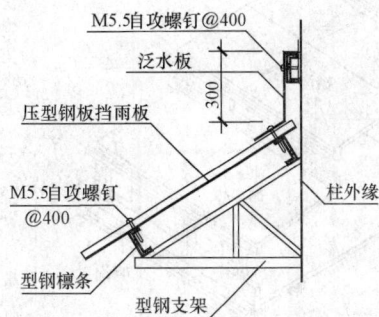

15.2　单层工业厂房屋面

单层工业厂房屋面构造的重点是排水与防水，合理选择排水方式，确定防水构造做法是本节核心内容。

15.2.1　屋面排水

1. 屋面排水坡度

单厂屋面面积较大，为迅速而顺利地将雨水排走，应选择恰当的排水坡度。坡度的大小主要取决于防水做法、防水材料、屋架形式及当地气候条件等。

对于卷材防水屋面，坡度要求平缓些，一般为小于或等于 1/5，常用 1/10～1/15，最小可做到 5%。对于构件自防水屋面（钢筋混凝土构件、镀锌铁皮、石棉水泥波形瓦等），要求排水迅速，排水坡度应陡些，一般小于或等于 1/2，常用 1/4～1/10。

2. 屋面排水方式

与民用建筑一样，厂房屋面的排水方式也分无组织排水和有组织排水两种。选择屋面排水方式主要考虑：地区年降雨量、厂房高度、地区气候条件及车间生产特点等因素。

（1）无组织排水，即雨水直接由屋面经檐口自由排落到散水或明沟内，如图 15-8 所示。适用于高度较低，或积灰较多，或有侵蚀性介质的厂房。

（2）有组织排水，根据排水管的布置位置，有组织排水也有外排水和内排水之分。

1）外排水，即在檐口处做檐沟汇集雨水，安装雨水斗和雨水管，将雨水引到室外地面或室外地下排水

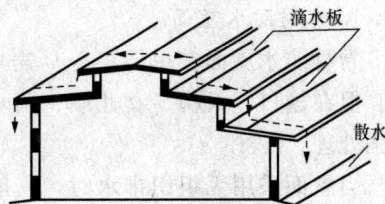

图 15-8 无组织排水

管网，如图 15-9 所示。当多跨厂房总长度小于或等于 100m 时，中间天沟做成贯通厂房纵向长度的长天沟（Gutter），利用天沟的纵向坡度，将屋面雨水引至山墙外的雨水管排出，称为长天沟外排水，如图 15-10 所示。有组织外排水厂房内不设雨水管，构造简单，施工方便；但在寒冷地区，冬季融雪易将雨水管冻结堵塞。

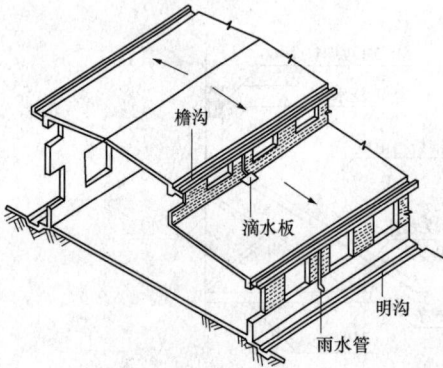

图 15-9 檐沟外排水

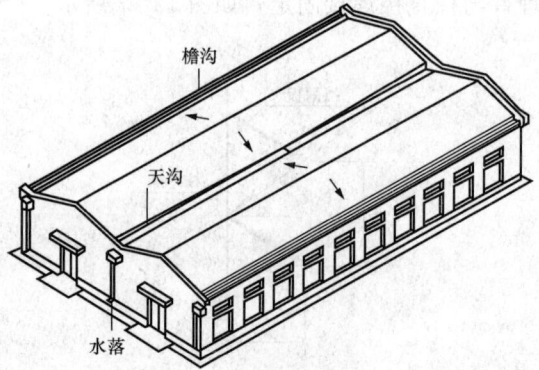

图 15-10 长天沟外排水

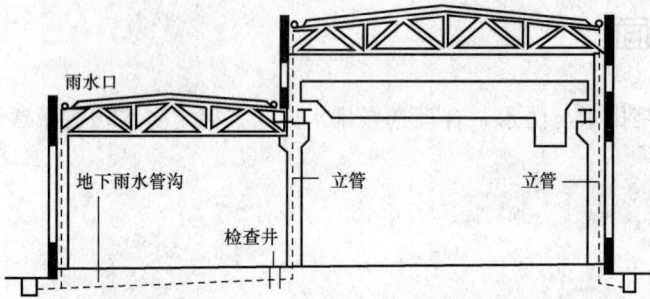

图 15-11 内排水

2）内排水，是将屋面的雨水经厂房内的雨水竖管及地下雨水管排除，如图 15-11 所示。其特点是不受厂房高度限制，排水组织较灵活；但构造复杂，造价及维修费用高，室内的雨水地沟有时会妨碍工艺设备的布置。内排水多用于多跨厂房或严寒多雨地区的厂房。

为了避免厂房内的雨水管沟与工艺设备、管线发生矛盾，可采用悬吊管排水，即在室内设悬吊管将雨水引向外墙处排出，雨水立管可设于室内，也可设有室外，如图 15-12 所示。多用于室内地下工艺管线多、地区降雨量较少、屋面不积灰的厂房。

15.2.2 屋面防水

单厂屋面的防水做法，应根据厂房的使用要求和防水等级确定。屋面防水做法主要有卷材防水、刚性防水、构件自防水等几种。

1. 卷材防水屋面

卷材防水屋面在单层工业厂房中应用非常普遍，其构造原理和做法与民用建筑基本相同。但在檐口、天沟、女儿墙、雨水口及高低跨交接处等部位，是屋面防水的薄弱环节，需加强处理。

当屋面采用无组织排水时，一般是将现浇钢筋混凝土屋面板挑檐板挑出形成挑檐，排水坡度与屋面坡度相同，但要处理好防水卷材收头，其构造与民用建筑相同。当屋面采用檐沟外排水时，可将屋面板跳出翻起形成檐沟，此处需在防水层底附加一层防水卷材，并处理好

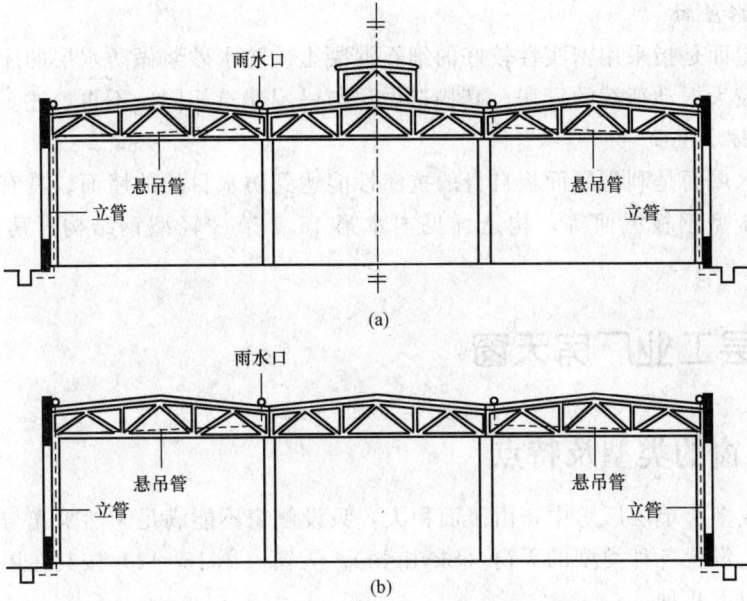

图 15-12　悬吊管排水

(a) 地上排水；(b) 地下排水

卷材收头与檐沟板底的滴水构造；或采用女儿墙外排水，泛水构造与民用建筑基本相同，如图 15-13 所示。

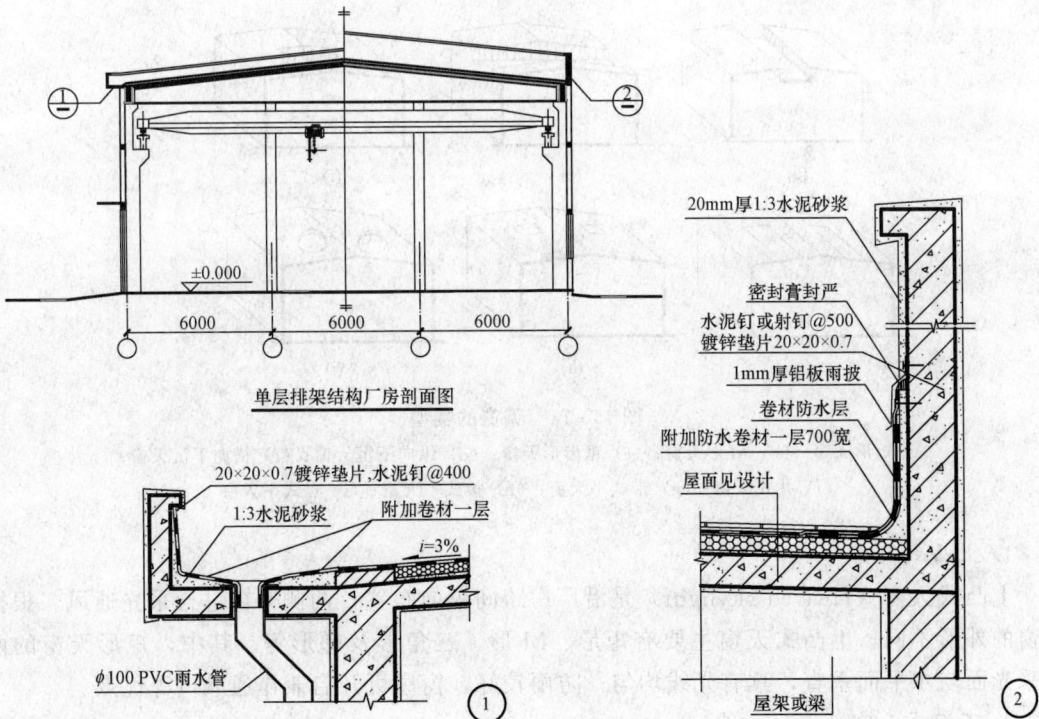

图 15-13　单层工业厂房檐口细部构造

2. 刚性防水屋面

刚性防水屋面是指采用密实性较好的细石混凝土或防水砂浆做防水层的屋面，多用于南方非保温或无较大振动荷载的厂房。其构造做法与民用建筑相同，不再赘述。

3. 构件自防水屋面

构件自防水屋面是利用屋面板自身的抗渗性能达到防水目的的屋面。具有承重、防水双重功能的彩色压型钢板屋面等，构造详见本章第 15.5 节"轻型钢结构厂房构造"的相关内容。

15.3　单层工业厂房天窗

15.3.1　天窗的类型及特点

在大跨度或多跨单层厂房中，由于面积大，只设侧窗不能满足天然采光与自然通风的要求，常在屋面上设置各种类型的天窗（Skylight）。天窗（图 15-14）按其在屋面上的位置不同，可归纳为以下几种：

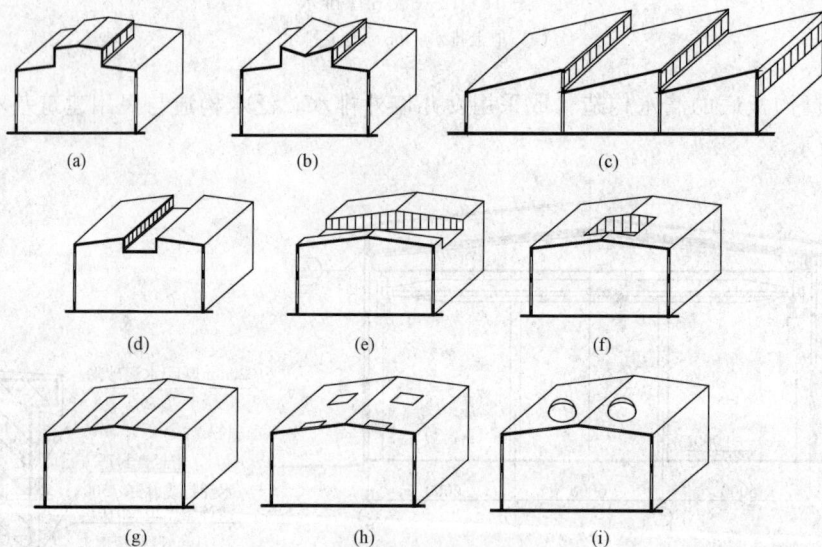

图 15-14　天窗的类型

(a) 矩形天窗；(b) M 形天窗；(c) 锯齿形天窗；(d) 纵向下沉天窗；(e) 横向下沉天窗；

(f) 井式天窗；(g) 带式平天窗；(h) 板式平天窗；(i) 点式平天窗

1. 上凸式天窗

上凸式天窗（Heaved skylight）是沿厂房跨间纵向布置，两侧开窗进行采光通风。根据天窗的外形不同，上凸式天窗主要有矩形、M 形、三角形及梯形等。其中，矩形天窗的两侧采光面与水平面垂直，具有光线均匀，防雨较好，窗扇可开启兼作通风口等优点。

2. 下沉式天窗

下沉式天窗（Sunk skylight）是将部分屋面板铺设在屋架下弦上，利用屋架上、下弦之间的高度，形成采光或通风窗口。与矩形天窗相比，下沉式天窗省去了天窗架等构件，降低了厂房高度，减轻了天窗自重，节省材料，降低造价。

根据屋面板下沉的部位不同，下沉式天窗有纵向下沉式、横向下沉式和井式天窗三种。

3. 平天窗

平天窗（Flat skylight）是根据采光需要在屋面上开设孔洞，在孔洞上覆盖透光材料而成。具有采光效率高，不设天窗架，构造简单、屋面荷载小、布置灵活等优点；但易造成太阳直接热辐射和眩光（Glare），防雨、防冰雹较差，易产生冷凝水和积灰。平天窗适合于冷加工车间，而且近年来发展较快。

平天窗主要有带式平天窗、板式平天窗、点式平天窗等形式。

4. 锯齿形天窗

锯齿形天窗（Sawtooth skylight）是将厂房屋盖做成锯齿形，在垂直面（或稍倾斜）上设采光通风口。窗口大多朝北或北偏东 5°～15°，使厂房内部无直射阳光，光线稳定、均匀。这种天窗常用于要求光线稳定和需要调节温湿度的厂房，如纺织厂、印染厂及某些机械厂等。

随着工业建筑的发展，现代厂房使用的天窗形式越来越新颖、多样、轻巧，而且适应性强，适用于钢结构、现浇钢筋混凝土及网架屋面，可起到采光或通风作用，或二者兼具。图15-15 所示为现代厂房常用的天窗形式及其布置。

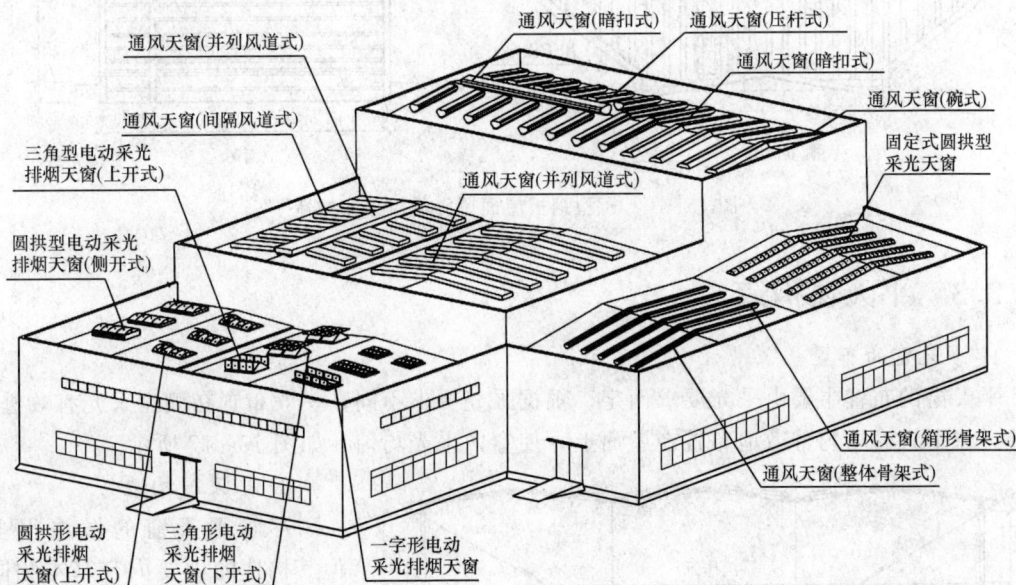

图 15 - 15　现代厂房常用的天窗形式及其布置

15.3.2　通风天窗构造

为了解决厂房的通风问题，在侧窗不能满足通风要求时，可在厂房屋面上设置通风天窗。天窗的选用应按照建筑的通风与采光要求，根据当地的气候条件、主导风向、建筑高度、进排风温差、通风量等因素确定通风天窗的规格型号。通风天窗适用于钢结构、钢筋混凝土框架、排架结构建筑中。

目前，通风天窗多是工厂化生成的定型产品，由天窗架、外围护板（挡风板）、挡雨板、排水沟槽、泛水板、启闭机构等部分组成。天窗架及钢板基座一般采用型钢或钢板制作，钢板基座位于屋面钢檩条上，天窗架位于钢板基座或钢檩条上。挡风板采用 0.6mm 厚的压型钢板或 1.5mm 厚玻璃钢采光板，有采光作用的通风天窗可采用 1.5mm 玻璃钢采光板。

图 15-16 所示为压型钢板屋面屋脊通风天窗构造。

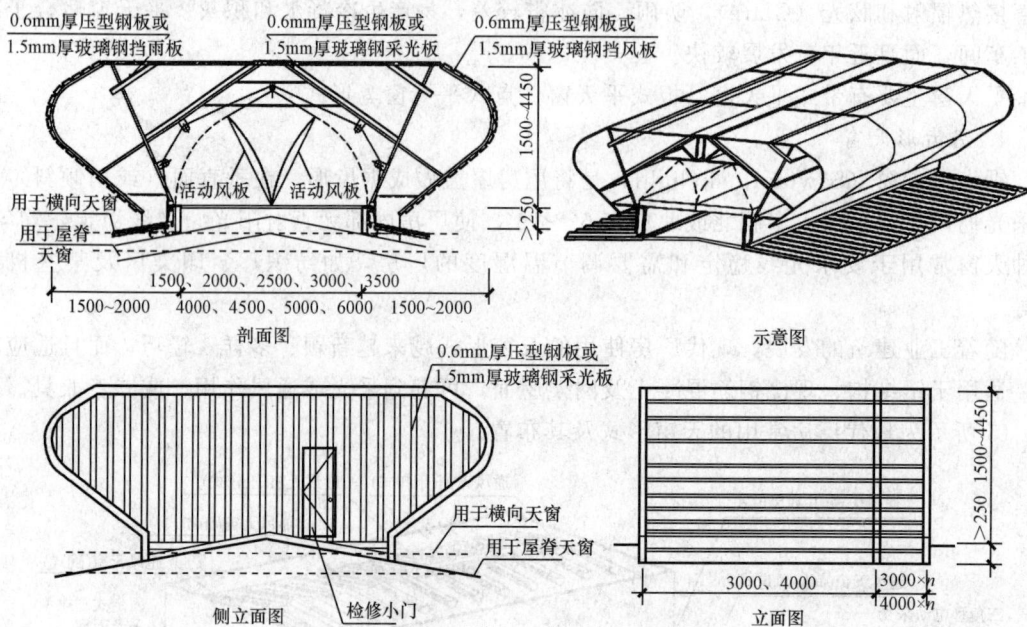

图 15-16 压型钢板屋面屋脊通风天窗构造

15.3.3 平天窗构造

1. 平天窗的布置

平天窗的布置主要由采光要求而定。根据采光要求不同，一般布置在侧窗采光有效进深之外，将平天窗均匀分散地布置在屋面上，使室内采光均匀，如图 15-17 所示。

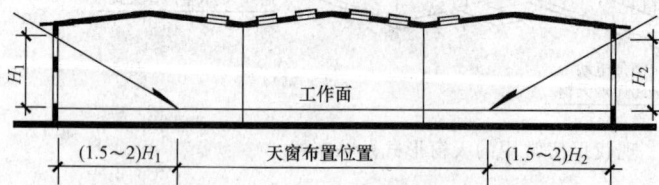

图 15-17 平天窗的布置

2. 平天窗构造

尽管平天窗的做法很多，但其构造的主要内容基本相同。以采光罩平天窗为例，其造型可有穹体、锥体、平板或拱形，其材料可采用玻璃钢、有机玻璃、夹层玻璃或夹层中空玻璃、聚碳酸酯 PC 板等，可设计成单层或双层罩。在构造设计时应解决好平天窗的井壁泛水与采光罩的固定等。图 15-18 与图 15-19 分别为大型屋面板屋面与夹芯板屋面的采光罩平天窗构造，设计时可参考使用。

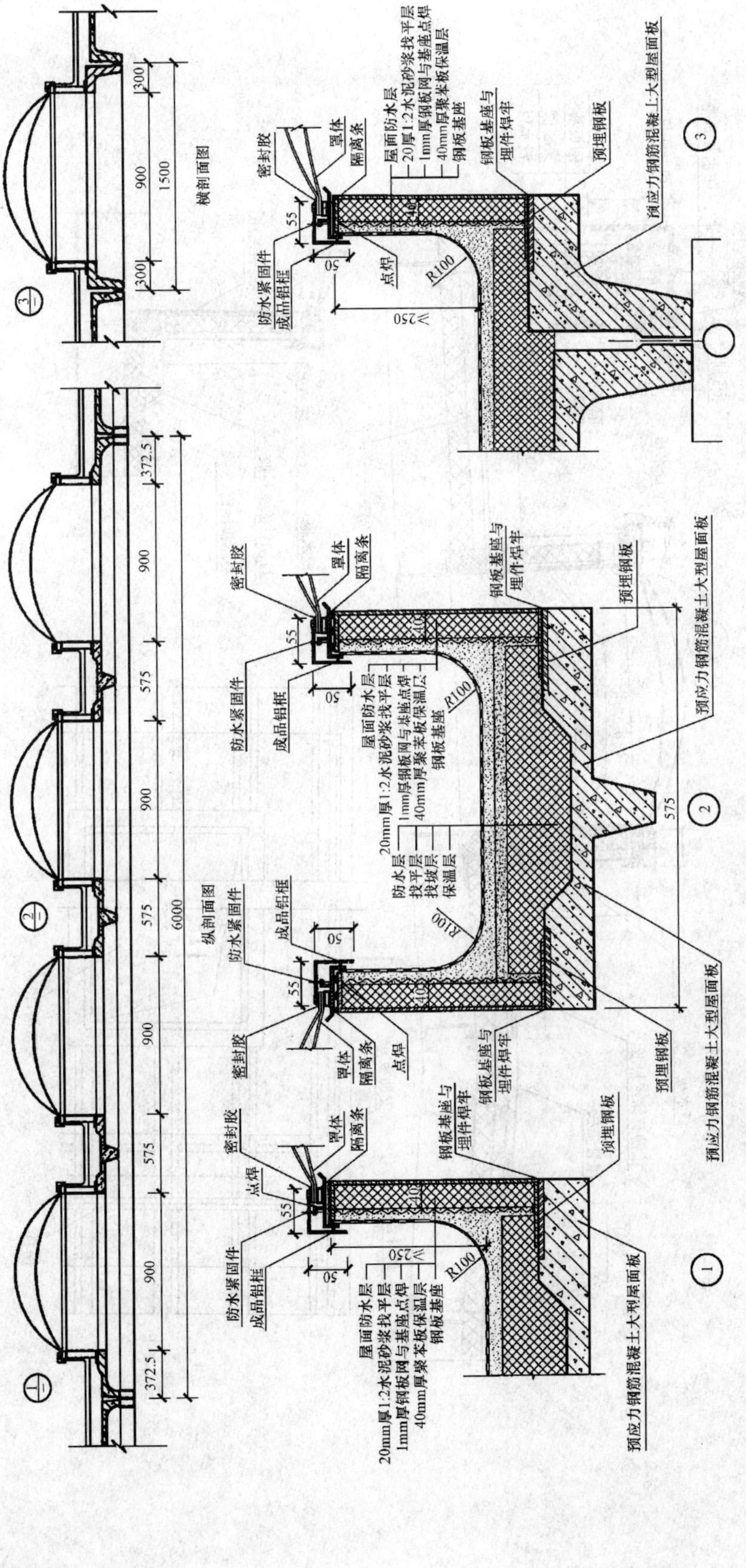

图 15-18　大型屋面板屋面采光罩天窗构造

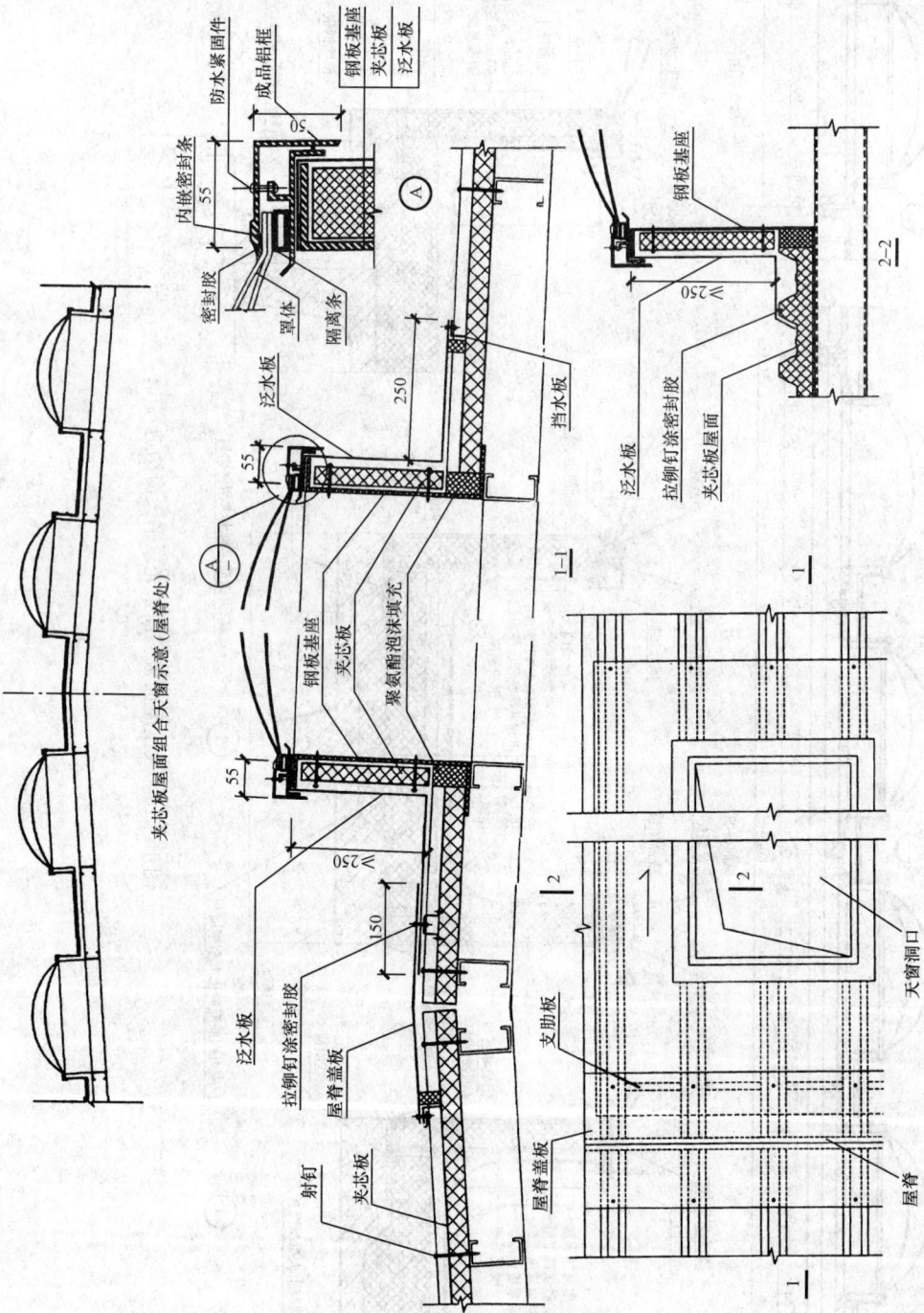

图 15 - 19 夹芯板屋面采光罩平天窗构造

15.4 单层工业厂房侧窗与大门

15.4.1 单层工业厂房侧窗

单层厂房侧窗的面积较大，多采用拼框组合窗。为了便于制作和运输，基本窗的尺寸均有一定限制。当厂房侧窗的洞口大于基本窗的尺寸时，将基本窗进行拼装组合，以得到所需洞口尺寸和窗型。侧窗的开启方式可根据实际情况选择，如可在接近工作面的部分采用平开窗，构造简单，开启方便；固定窗宜设置在外墙中部，有利于采光；中悬窗宜设置在外墙上部，开启角度好，通风良好，如图 15 - 20 所示。

根据生产工艺特点有特殊要求时，如有爆炸危险的车间，侧窗应有利于泄压；恒温恒湿车间，侧窗应有足够的保温、隔热性能；洁净车间，侧窗应防尘和密闭等。

单层厂房的侧窗可在柱距间分段布置成矩形窗，也可采用横向通长的带形窗。由于单层厂房侧窗的组成及构造与民用建筑基本相同，不再赘述。

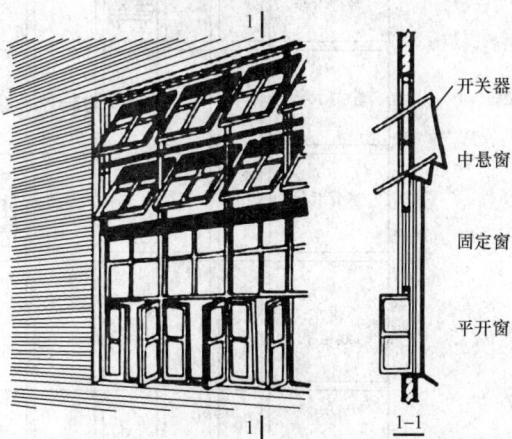

图 15 - 20 单层厂房侧窗的组合示例

15.4.2 单层工业厂房大门

1. 门洞口尺寸的确定

单层厂房大门不仅供人通行，还要经常搬运原材料、成品及生产设备等，因此门洞口的尺寸一般较大，应根据运输工具类型、规格、运输货物的外形并考虑通行方便等因素来确定，并符合 3M 模数。一般门的宽度比满载货物的车辆宽 600～1000mm，宽度应高出 400～600mm。常用厂房大门的规格尺寸如图 15 - 21 所示。

2. 大门类型

工业厂房大门按用途分为一般大门和有特殊要求的门（如防火门、保温门等）；按门扇材料分有木门、钢木门、钢板门和铝合金门等；按开启方式分有平开门、推拉门、折叠门、上翻门、升降门及卷帘门等，如图 15 - 22 所示。

3. 大门构造

（1）平开门。平开门由门框、门扇及五金零件组成。门洞宽度为 3000～5400mm，高度为 3000～6000mm，可组合成多种规格，有电动和手动两种形式。

门框有钢筋混凝土门框、钢门框和砖砌门框三种。当门洞口宽度大于或等于 3000mm时，一般采用钢筋混凝土门框或钢门框。

门扇有木制、钢板、钢木混合几种。当门扇的面积大于 5m² 时，宜采用钢木组合门或

运输工具＼洞口宽	2100	2100	3000	3300	3600	3900	4200 4500	洞口高
3t矿车								2100
电瓶车								2400
轻型卡车								2700
中型卡车								3000
重型卡车								3900
汽车起重机								4200
火车								5100 5400

图 15-21　厂房大门尺寸（mm）

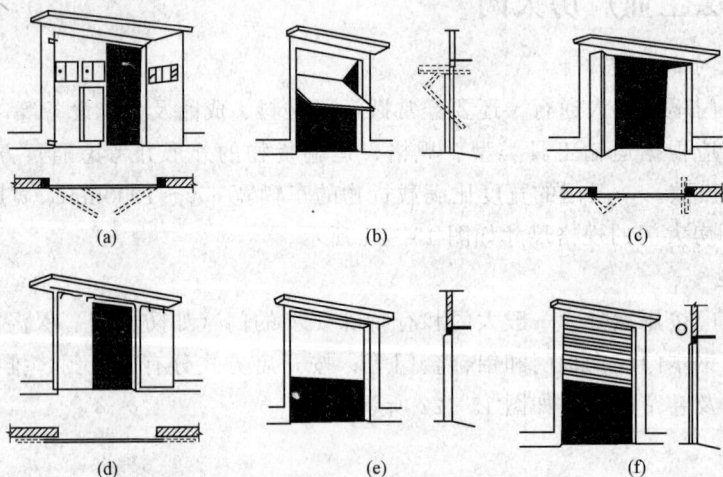

图 15-22　厂房大门几种常见的开启方式

(a) 平开门；(b) 上翻门；(c) 折叠门；(d) 推拉门；(e) 升降门；(f) 卷帘门

钢板门。钢木大门一般用 15mm 厚的木板作门芯板（或夹芯钢板），用螺栓固定在角钢骨架上形成。为防止门扇变形，中间设置角钢横撑和交叉支撑，以增强门窗的刚度，由于门较笨

重，已少用。钢板门的门扇边框采用冷轧方钢管或方钢管和槽钢组合焊接而成，门板采用
0.4mm、0.5mm、0.6mm 厚彩色压型钢板或不锈钢板，保温门采用硬质聚氨酯夹芯板或聚
苯乙烯夹芯板。

　　五金零件有上下转轴、插销、开门机、密封件等。

　　图 15-23 为双扇不锈钢夹芯板平开门构造。

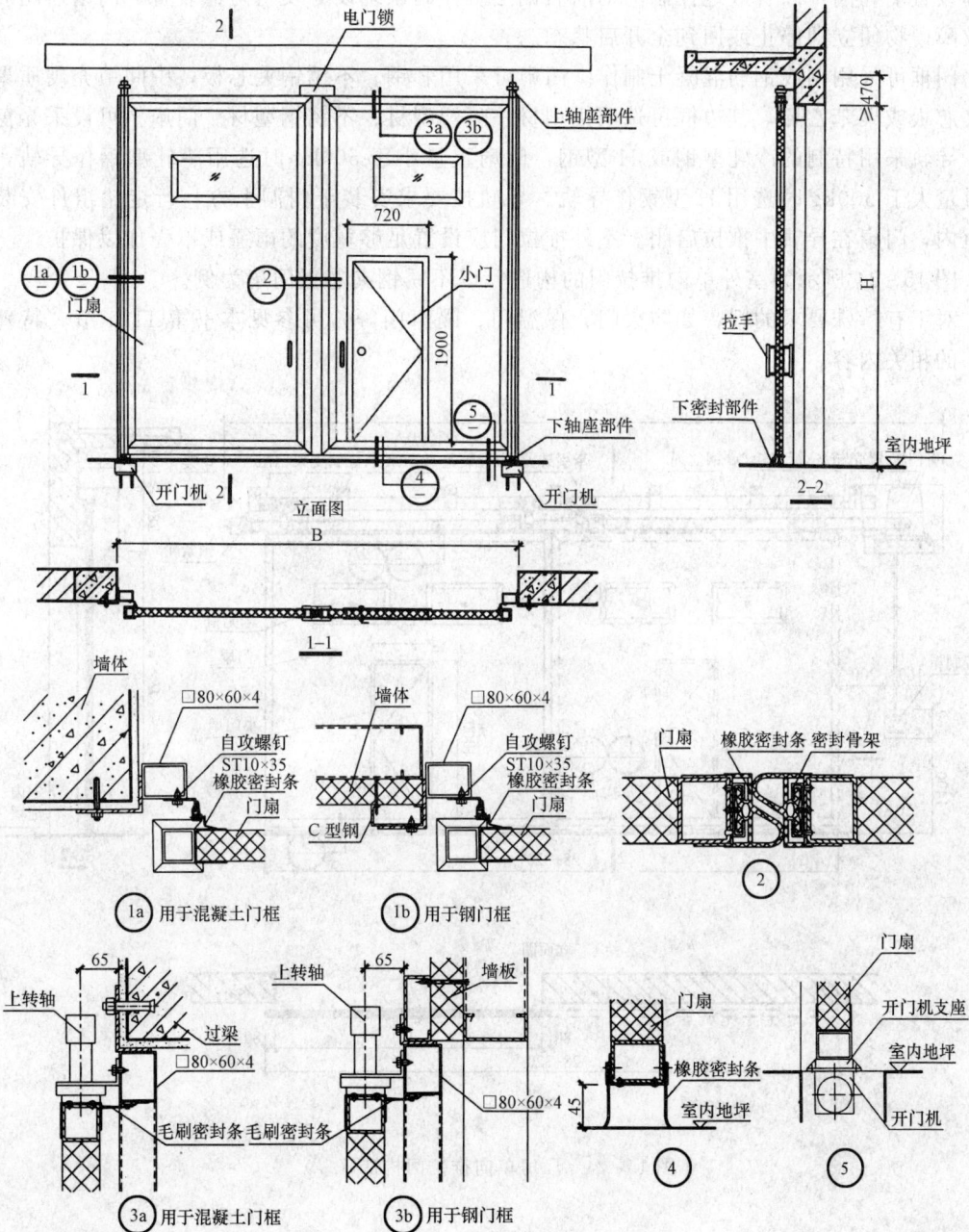

图 15-23　不锈钢夹芯板平开门构造

（2）推拉门。推拉门的门型有单向和双向推拉两种类型，上承重，下导向，室内或室外均可安装。门洞宽度为 3000～9600mm，高度为 3000～9000mm，可组合成多种规格，有电动和手动两种形式。

推拉门由门框、门扇、导轨、行走轮、开门机、罩壳、传动组件、控制系统等组成。门扇通过行走轮悬挂于导轨上，开门机通过传动组件带动行走轮，实现门扇的推拉启闭。门扇下部设置下导向，以有效地控制门扇前后偏摆。控制系统设有安全防撞装置，门扇启闭时如触及障碍物便立即停止或回到全开启状态。

门框可采用钢或钢筋混凝土制作。门扇可采用彩钢、不锈钢夹芯板，中间填充硬质聚氨酯夹芯板或聚苯乙烯，其边框可选用铝型材、喷塑型材、不锈钢型材。门扇上可设采光窗。

导轨采用特制的冷轧型钢或 H 型钢，门扇重量小于 500kg 时选用冷轧型钢作导轨，门扇重量大于 500kg 时选用 H 型钢作导轨。导轨按要求安装于门洞上方，行走轮组件安装入导轨内，门扇在导轨中推拉启闭。室外推拉门应设置足够宽度的雨篷或罩壳加以保护。

图 15 - 24 所示为室外单向推拉门的构造，以不锈钢夹芯板门扇为例。

对于有特殊要求的门，如防火门、保温门、隔声门等，可参见本书第 11.4 节"特殊门窗"的相关内容。

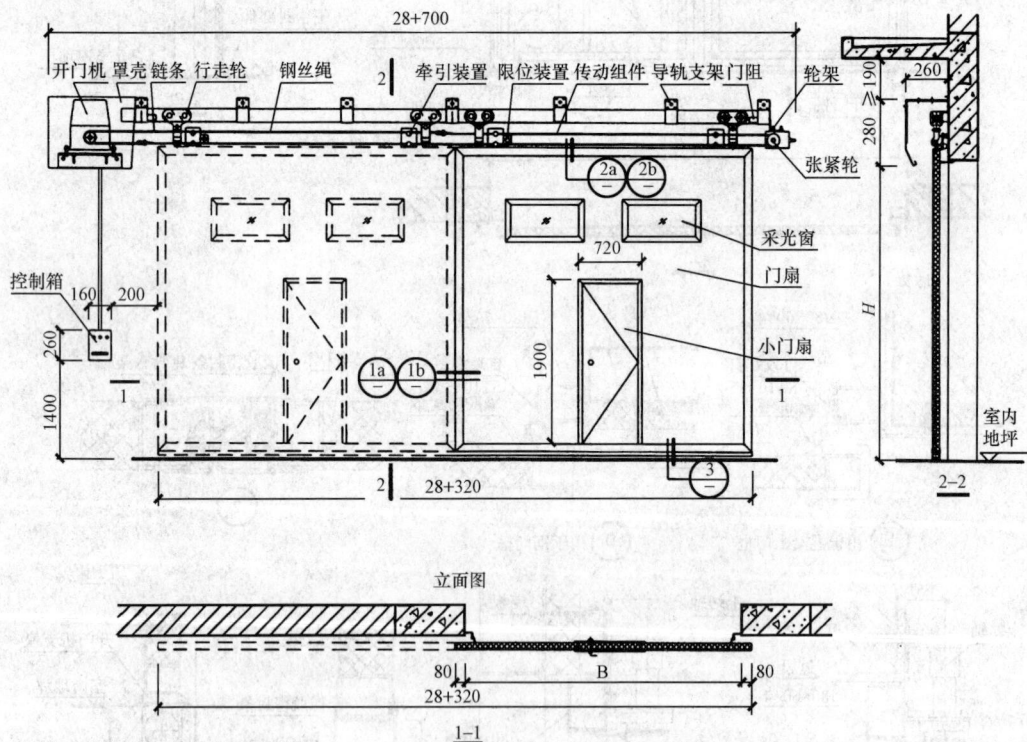

图 15 - 24　厂房单向推拉门构造（一）

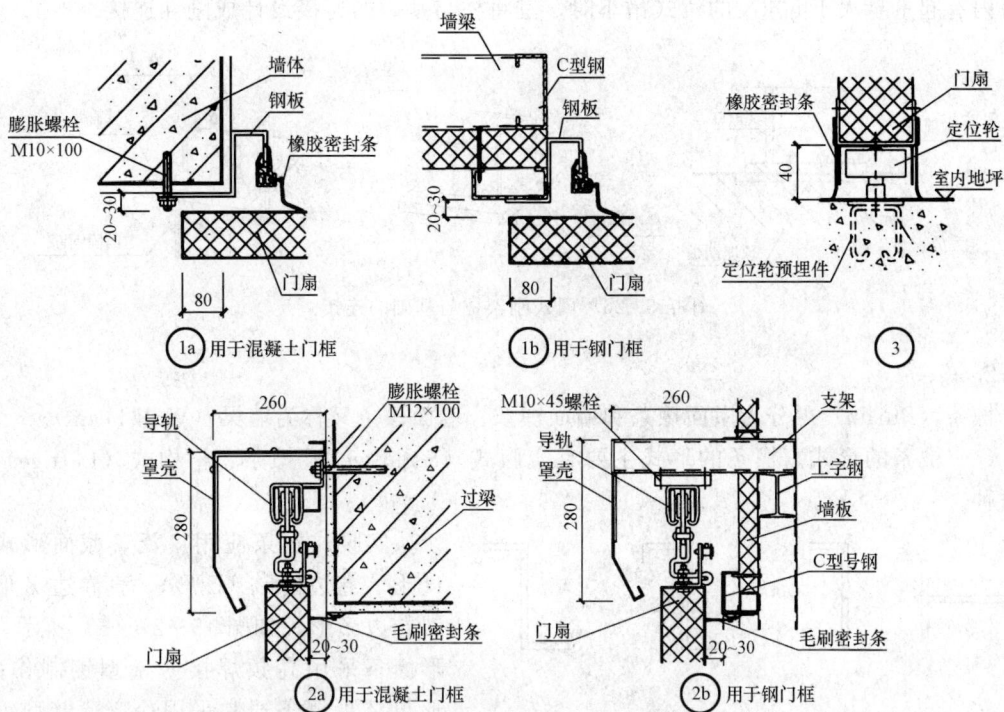

图 15-24　厂房单向推拉门构造（二）

15.5　轻型钢结构厂房构造

15.5.1　轻钢结构厂房的构件组成及构造

轻型钢结构厂房简称轻钢结构厂房，是由门式刚架、屋面系统与墙面系统组成（图 13-14）。下面重点介绍门式刚架、檩条及外围护板材的形式及构造。

1. 门式刚架

（1）门式刚架的组成。门式刚架由刚架梁和刚架柱组成，如图 15-25 所示。刚架梁和柱可采用等截面或变截面实腹焊接工字形或轧制 H 形截面。设有桥式吊车时，柱宜采用等截面构件。变截面构件通常是改变腹板的高度做成楔形。

门式刚架常用于跨度为 9~36m，最大可达 80m，柱距为 6m，柱高为 4.5~9m，最高可达 18m，不设或设有

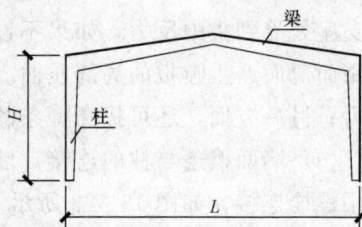

图 15-25　门式刚架

吊车起重量较小的单层工业厂房或公共建筑。设置桥式吊车时起重量不宜大于 200kN，设置悬挂式吊车时起重量不宜大于 30kN。

（2）门式刚架柱与基础的连接。门式刚架柱与基础的连接多按铰接支承设计，基础顶面预埋钢板焊地脚螺栓，柱底设柱脚钢板，柱脚钢板与地脚螺栓连接，如图 15-26 所示。当

厂房内有起重量大于 50kN 的桥式吊车时，宜将柱与基础的连接设计成刚性连接。

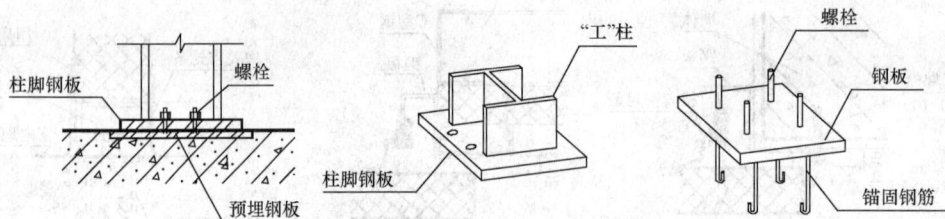

图 15-26 门式刚架柱与基础的连接

2. 檩条

檩条（Purlin）可分为屋面檩条和墙面檩条，墙面檩条又称为墙梁（Wall beam）。

（1）檩条的形式。檩的形式主要有实腹式（Solid-web）檩条、格构式（Lattice）檩条两种。

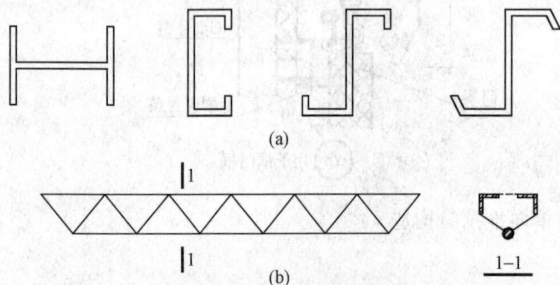

图 15-27 檩条的形式

(a) 实腹式檩条；(b) 格构式檩条

实腹式檩条应用广泛，截面形式有 H 形、卷边槽形（C 形）、直卷边 Z 形和斜卷边 Z 形，如图 15-27（a）所示。H 形檩条采用高频焊接薄壁型钢制作；C 形与 Z 形檩条通常采用冷弯薄壁型钢制作，板厚在 1.5～3mm。C 形檩条的截面互换性大，应用普遍，用钢量省，制造和安装方便；斜卷边 Z 形檩条存放时可叠层堆放，占地少。对于一般位置处的墙面檩条，采用 Z 形檩条可嵌套搭接形成连续墙梁；对于兼做窗框、门框的墙梁，为了得到一个平整的框洞，应采用 C 形截面。

当屋面檩条跨度大于 10m 时，可考虑采用格构式檩条，如图 15-27（b）所示。

（2）屋面檩条与刚架梁的连接。屋面檩条是通过檩托板与刚架梁连接的，如图 15-28 所示。檩托板与刚架梁焊接，檩条端部与檩托板用螺栓连接，连接螺栓应不少于 2 个。檩条在支座处受到集中反力，如果不设檩托板，直接将檩条下翼缘固定于刚架梁上，会因檩条腹板高而薄而产生腹板的局部压曲。因此，设置檩托板来固定檩条有助于提高檩条的局部承压能力；另一方面，还可提高檩条的抗倾覆能力和减少翘曲。

（3）墙面檩条与柱的连接。墙面檩条一般与焊于柱上的角钢支托连接，墙面檩条与钢支托用螺栓连接，如图 15-29 所示。

3. 轻型围护板材

（1）轻型围护板材类型。轻钢结构厂房的外围护板材常用压型钢板与夹芯板。

1）压型钢板。压型钢板用于屋面、墙面的压型钢板厚度一般为 0.5～1.0mm，经成形机辊压冷弯加工成为波纹形、V 形、U 形、W 形、梯形及类似形状。压型钢板不宜用于有强烈腐蚀性介质的厂房，否则，应进行特殊防腐处理。

压型钢板按板型分有高波板和低波板，如图 15-30 所示。波高大于 70mm 的压型钢板

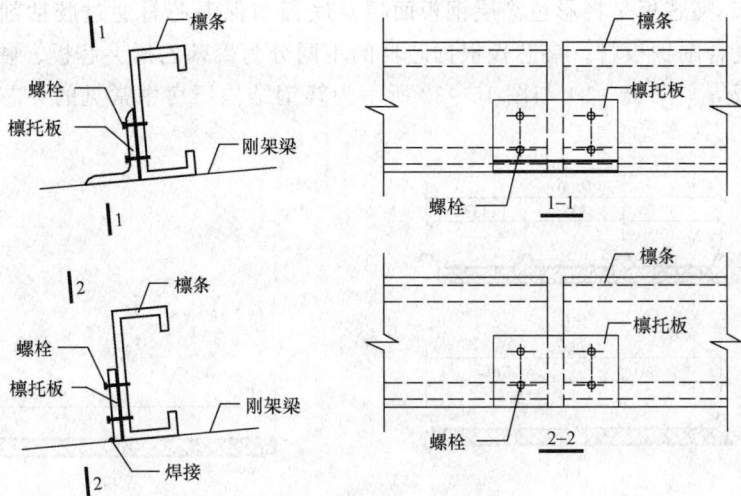

图 15 - 28　屋面檩条与刚架梁的连接

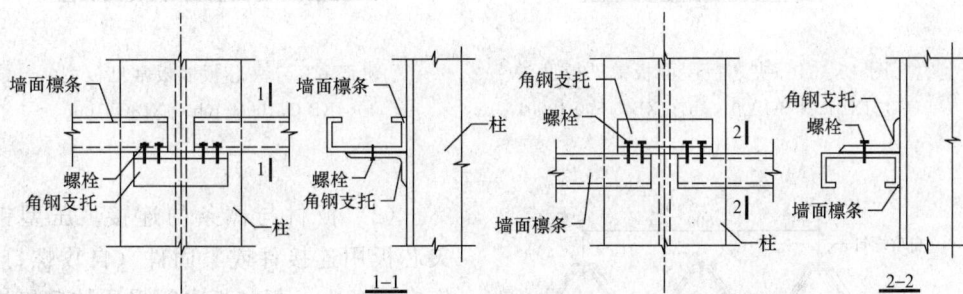

图 15 - 29　墙面檩条与柱的连接

为高波板，波高小于或等于 70mm 的压型钢板为低波板。压型钢板可在工厂轧制，也可在施工现场轧制而成。在工厂轧制的压型钢板，受运输条件限制，一般板长宜在 12m 之内；在施工现场轧制的压型钢板，根据吊装条件，应尽量采用较长尺寸的板材，以减少纵向接缝，防止渗漏。

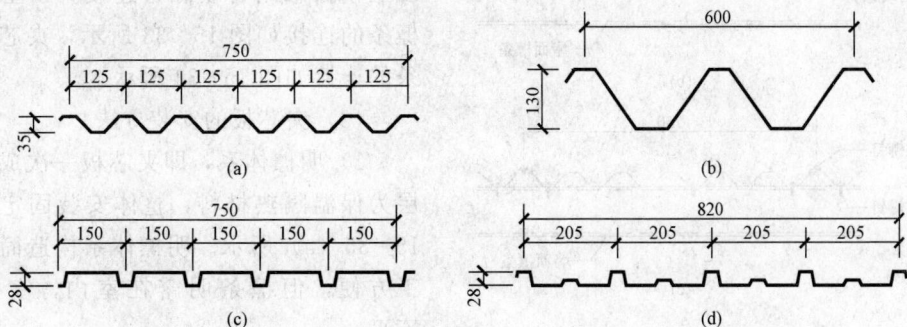

图 15 - 30　压型钢板几种常见板型

(a) YX35-125-750；(b) YX130-300-600；(c) YX28-150-750；(d) YX28-205-820

2）夹芯板。夹芯板是将彩色涂层钢板面板及底板与保温芯材通过胶粘剂（或发泡）复合而成的保温复合围护板材。夹芯板根据芯材的不同分为聚苯乙烯夹芯板、硬质聚氨酯夹芯板、岩棉夹芯板等。图 15-31 与图 15-32 所示为轻钢结构厂房中常见的夹芯板屋面板与夹芯板墙板形式。

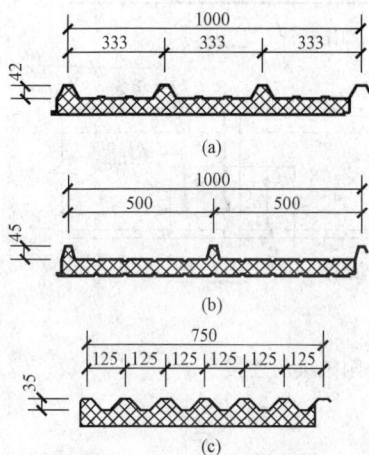

图 15-31　夹芯板屋面板常见板型
（a）JXB42-333-1000；（b）JXB45-500-1000；
（c）JXB35-125-750

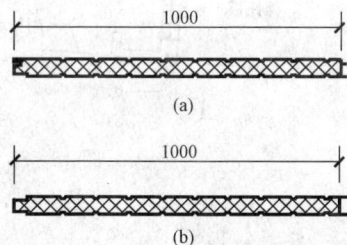

图 15-32　夹芯板墙板常见板型
（a）JXB-Qa1000；（b）JXB-Qb1000

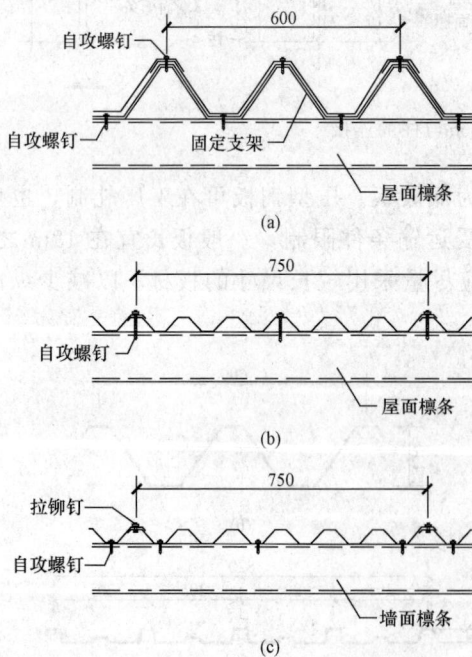

图 15-33　压型钢板与檩条的连接
（a）高波板与屋面檩条连接；（b）低波板与屋面檩条连接；
（c）墙板与墙面檩条连接

（2）板材与檩条的连接。压型钢板、夹芯板用连接件或紧固件（自攻螺钉）固定在檩条上，板与板之间采用拉铆钉连接。自攻螺钉、拉铆钉用于屋面板的连接时应在波峰处，用于墙板的连接时应在波谷处。当屋面板选用高波板时，需采用固定钢支架支撑压型钢板，固定钢支架与檩条采用焊接连接或自攻螺钉连接，固定钢支架与压型钢板采用自攻螺钉连接。压型钢板与檩条的连接如图 15-33 所示，夹芯板与檩条的连接如图 15-34 所示。

（3）夹芯板的安装方法。

1）明檩体系，即夹芯板一次成形，夹层为保温隔热材料，整体安装固定，如图 15-35（a）所示。明檩体系构造简单，施工方便，但檩条明露在室内，室内墙面不平。

2）暗檩体系，即夹芯板二次成形，先安装固定内外层彩钢板，后填夹层玻璃丝

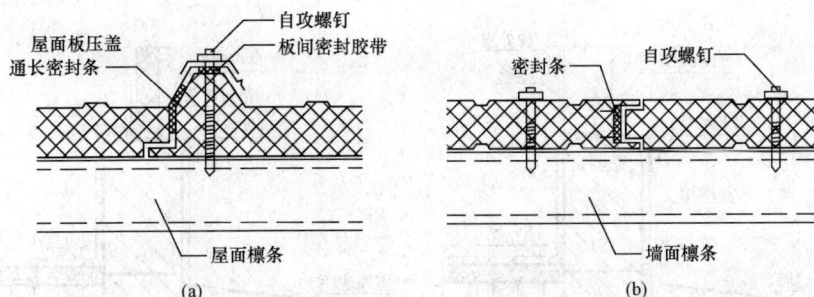

图 15 - 34　夹芯板与檩条的连接

(a) 夹芯板与屋面檩条连接；(b) 夹芯板与墙面檩条连接

棉、矿棉于双层彩钢板之间，如图 15 - 35 (b) 所示。暗檩体系防火性能较好，且室内墙面平整，但构造复杂，局部容易产生冷桥。

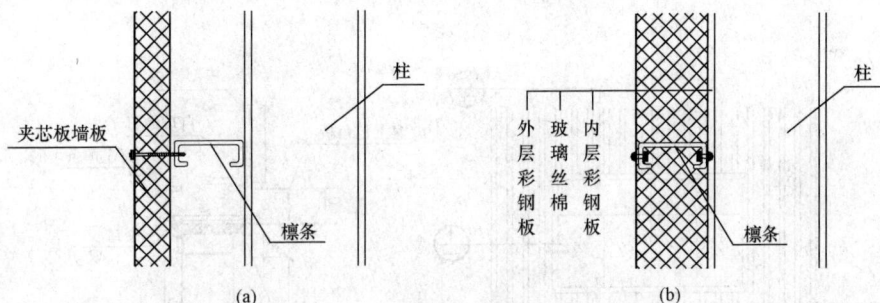

图 15 - 35　夹芯板与檩条的安装方法

(a) 明檩体系；(b) 暗檩体系

15.5.2　轻钢结构厂房细部构造

轻钢结构厂房不仅要处理好各组成部分的连接构造，还应解决好墙体根部、窗洞口、屋面、板材转角、檐口及屋脊等部位的细部构造。

1. 墙体根部构造

为防腐蚀、碰撞影响墙体根部板材的耐久性，室外地面以上 300mm（或至窗台）高度范围内采用实心砖、空心砌块砌筑墙体或现浇混凝土墙体。墙板下部设置彩钢滴水板，防止雨水进入室内。墙板与滴水板接缝处用密封胶条密封，如图 15 - 36 所示。

2. 墙板窗洞口处构造

窗洞口四周的墙板应用包角板封口，包角板用拉铆钉与墙板固定。窗框与包角板接缝处，用密封胶密封。压型钢板窗洞口处构造如图 15 - 37 所示，夹芯板窗洞口处构造如图 15 - 38所示。

3. 外墙转角构造

外墙转角内外封闭处理，用阴阳角包角板封口，如图 15 - 39 所示。包角板用拉铆钉与墙板内外层钢板固定。

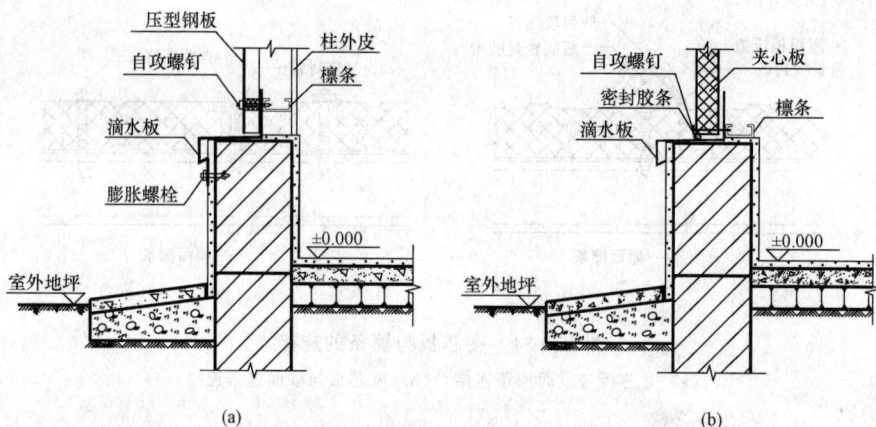

图 15-36　墙体根部构造
(a) 压型钢板墙体根部构造；(b) 夹芯板墙体根部构造

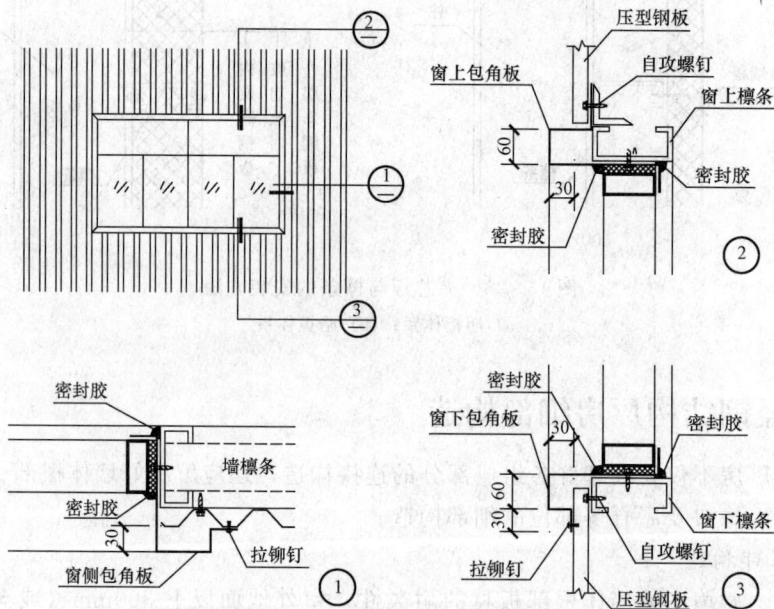

图 15-37　压型钢板窗洞口处构造

4. 檐口构造

(1) 纵墙檐口构造。当屋面采用无组织排水时，可直接将压型钢板挑出墙板之外形成挑檐，挑出长度小于或等于 400mm；如屋面板采用夹芯板，夹芯板端部应用封檐板封口，如图 15-40 所示。檐口处还应做好各部位的接缝密封处理，如封檐板与屋面板的接缝填密封胶条，墙板与屋面板的接缝填 10mm 厚密封胶条。

(2) 山墙悬山檐口构造。屋面板悬挑出山墙之外，形成了悬山檐口，此处的屋面板端头应用封檐板封口，封檐板用拉铆钉与屋面板内外层的钢板固定。墙板与屋面板的接缝处用

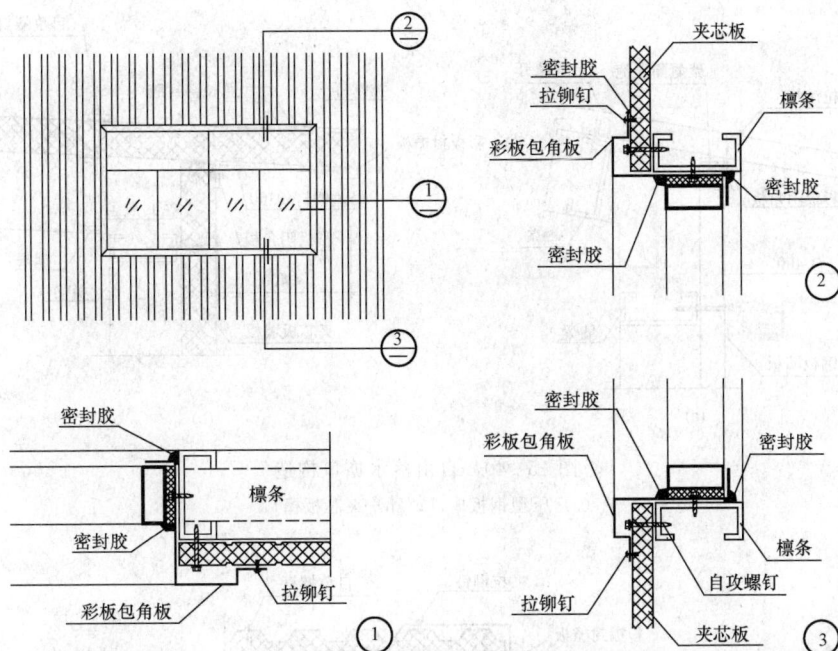

图 15 - 38　夹芯板窗洞口处构造

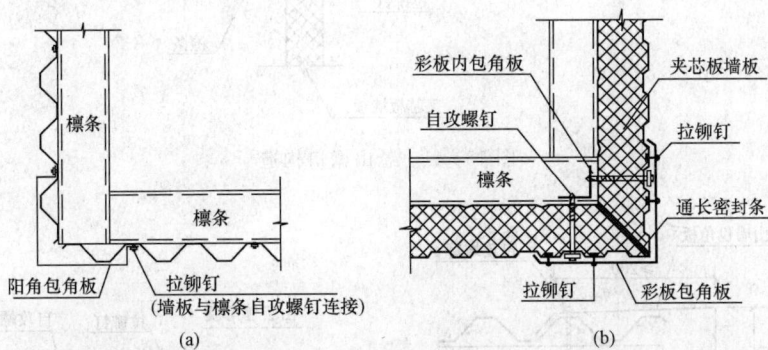

图 15 - 39　外墙转角构造

(a) 压型钢板外墙转角；(b) 夹芯板外墙转角

10mm 厚密封胶条填缝，外用阴角板盖缝，阴角板用拉铆钉分别与墙板、屋面板的外层钢板固定，如图 15 - 41 所示。

(3) 山墙硬山檐口构造。墙板与屋面板交接处外包山墙包角板封口，包角板用拉铆钉分别与墙板、屋面板固定，如图 15 - 42 所示。

5. 屋脊构造

屋面板的脊缝下面用屋脊底板盖缝，上面用屋脊盖板盖缝，屋脊底板、屋脊盖板用自攻螺钉直接与屋面檩条固定，间距一般不超过 300mm，且接缝处填密封胶条防水。夹芯板的脊缝处填聚氨酯泡沫条，如图 15 - 43 所示。

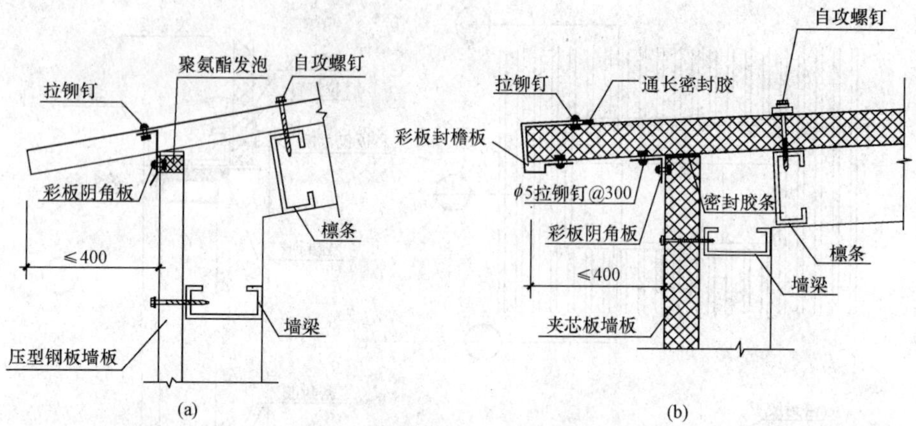

图 15-40 自由落水檐口构造

(a) 压型钢板檐口; (b) 夹芯板檐口

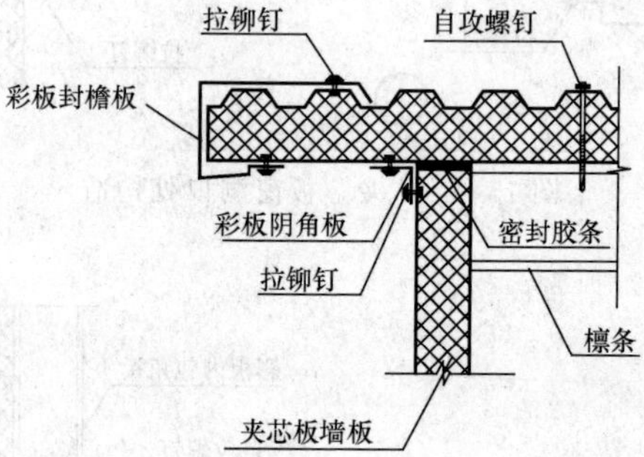

图 15-41 悬山檐口构造

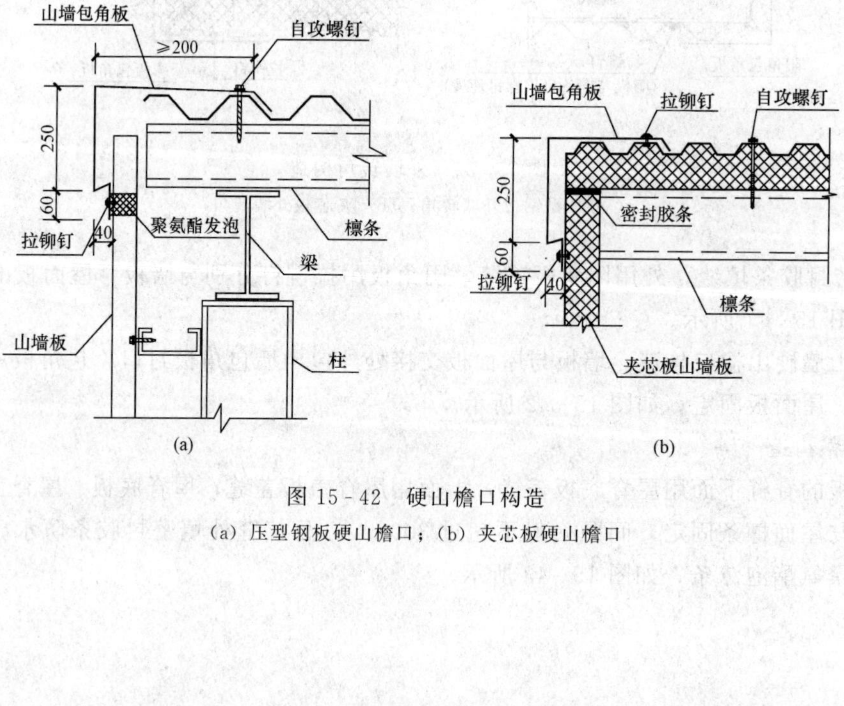

图 15-42 硬山檐口构造

(a) 压型钢板硬山檐口; (b) 夹芯板硬山檐口

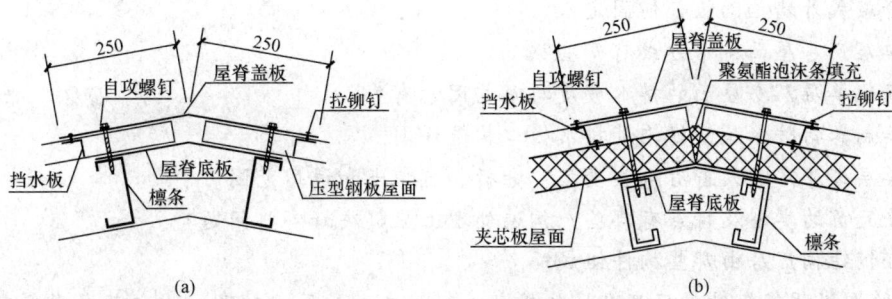

图 15 - 43　屋脊构造

（a）压型钢板屋脊构造；（b）夹芯板屋脊构造

6. 泛水构造

高出屋面的墙板与屋面板之间的接缝填聚氨酯泡沫条密封，转角处盖泛水板，泛水板与墙板用拉铆钉固定。泛水板顶部加盖披水板，披水板与墙板的接缝填密封胶，如图 15 - 44 所示。

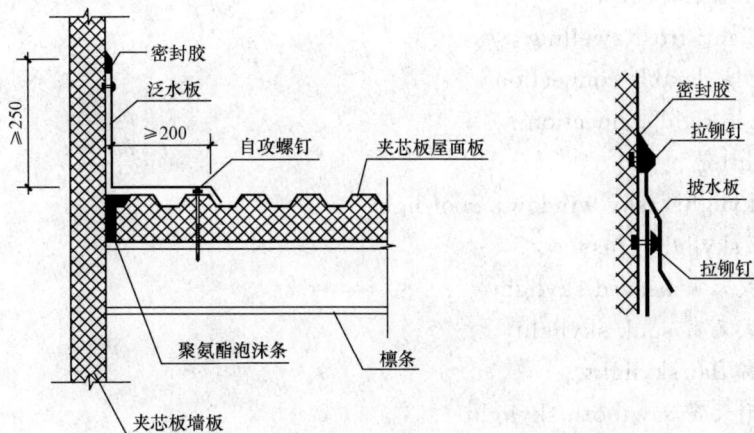

图 15 - 44　泛水构造

本 章 小 结

本章讲述了单层工业厂房墙体、屋面、天窗、侧窗与大门等节点构造，以及轻钢结构厂房构造。重点介绍砌体墙的拉结构造及基础梁的防冻胀构造、卷材屋面防水细部构造、平天窗构造，以及轻钢结构厂房的构件组成及细部构造。

复习思考题

1. 承自重墙与柱、屋架如何拉结？
2. 绘图说明基础梁的防冻胀构造。

3. 开敞式外墙挡雨板如何固定？

4. 单层厂房屋面排水方式有哪些？

5. 简述单层厂房屋面的排水坡度与哪些因素有关。

6. 绘制卷材防水屋面檐沟外排水檐口构造详图。

7. 单层工业厂房天窗有哪些类型？分析各自特点和适用范围。

8. 平天窗的类型及特点有哪些？构造处理上应解决好哪些问题？

9. 轻钢结构厂房由哪些构件组成？

10. 绘图说明轻钢结构厂房在墙体根部、窗洞口、屋面、转角、檐口及屋脊等节点细部构造。

本章专业英语词汇表

1. 封墙 sealing wall

2. 垫块 cushion block

3. 牛腿 bracket，corbel

4. 防冻胀 anti-frost swelling

5. 柔性连接 flexible connection

6. 刚性连接 rigid connection

7. 天沟 gutter

8. 天窗 skylight，sky window，roof light

9. 天窗架 skylight truss

10. 上凸式天窗 heaved skylight

11. 下沉式天窗 sunk skylight

12. 平天窗 flat skylight

13. 锯齿形天窗 sawtooth skylight

14. 眩光 glare

15. 墙梁 wall beam

16. 檩条 purlin

17. 实腹式 solid-web

18. 格构式 lattice

参 考 文 献

[1] 程大锦. 建筑：形式、空间和秩序 [M]. 3 版. 天津：天津大学出版社，2008.

[2] 彭一刚. 建筑空间组合论 [M]. 3 版. 北京：中国建筑工业出版社，2008.

[3] 鲍家声. 建筑设计教程 [M]. 北京：中国建筑工业出版社，2009.

[4] 同济大学，西安建筑科技大学，东南大学、重庆大学. 房屋建筑学 [M]. 北京：中国建筑工业出版社，2005.

[5] 李必瑜，王雪松. 房屋建筑学 [M]. 3 版. 武汉：武汉理工大学出版社，2008.

[6] 叶佐豪. 房屋建筑学 [M]. 上海：同济大学出版社，2004.

[7] 王钢. 房屋建筑学 [M]. 北京：中国电力出版社，2009.

[8] 付云松，李晓玲. 房屋建筑学 [M]. 北京：中国水利水电出版社，2009.

[9] 董黎. 房屋建筑学 [M]. 北京：高等教育出版社，2010.

[10] 舒秋华，李世禹. 房屋建筑学 [M]. 2 版. 武汉：武汉理工大学出版社，2010.

[11] 李必喻，魏宏杨. 建筑构造（上册）[M]. 3 版. 北京：中国建筑工业出版社，2005.

[12] 刘建荣，翁季. 建筑构造（下册）[M]. 3 版. 北京：中国建筑工业出版社，2005.

[13]《建筑设计资料集》编委会. 建筑设计资料集 [M]. 2 版. 北京：中国建筑工业出版社，1995.

[14] 张绮曼，郑曙旸. 室内设计资料集 [M]. 北京：中国建筑工业出版社，1995.

[15] 马占有. 建筑装饰施工技术 [M]. 北京：机械工业出版社，2003.

[16] 李德英. 建筑节能技术 [M]. 北京：机械工业出版社，2006.